本科生用量子力学教材补遗

范洪义 著

中国科学技术大学出版社

内 容 简 介

本书旨在向学习量子力学的本科生补充目前国内外教材匮乏的知识: 关于狄拉克符号法的有序算符内的积分理论、纠缠态表象论、量子衰减机制和算符排序论等. 补遗这些知识的基本重要性在于, 能帮助读者深刻理解量子力学数理结构和量子纠缠的本质, 以用于学研量子论的其他分支; 除了学到新知识、扩大眼界、欣赏科学美外, 读者还可以体会古人所云“智者见于未萌, 离路而得道”, 培养从平凡中探索崎岖、发现并解决科研问题的创新思维能力.

本书适合广大物理系本科生学习, 对于学有潜力、思慧若渴的学生尤然, 也值得理论物理学工作者参考与借鉴.

图书在版编目（CIP）数据

本科生用量子力学教材补遗/范洪义著.—合肥：中国科学技术大学出版社, 2013.12

ISBN 978-7-312-03329-2

I. 本… II. 范… III. 量子力学 — 高等学校 — 教学参考资料 IV. O413.1

中国版本图书馆 CIP 数据核字（2013）第 318309 号

出版 中国科学技术大学出版社
安徽省合肥市金寨路 96 号, 230026
http://press. ustc. edu. cn

印刷 安徽省瑞隆印务有限公司

发行 中国科学技术大学出版社

经销 全国新华书店

开本 710 mm × 960 mm 1/16

印张 21.25

字数 350 千

版次 2013 年 12 月第 1 版

印次 2013 年 12 月第 1 次印刷

定价 38.00 元

前　言

教与学任何一门课, 必须先了解其用语 (notation). 量子论的用语是狄拉克 (Dirac) 符号. 狄拉克在年迈时曾回忆:

"*With regard to this notation, I had to face the problem of writing down symbols which would contain an explicit reference to those factors which it was important to mention explicitly, and which left understood those quantities which it was safe to leave understood, to keep at the back of one's mind and not to write down explicitly. · · ·, this led to to the notation which · · · has become the standard notation for use in quantum mechanics at the present time.*"

但是目前国内外流行的量子力学教科书都有几个方面明显的不足.

首先是对于量子力学的用语 ——狄拉克符号法只有初步的介绍, 因为是"蜻蜓点水", 对于量子力学的表象与变换解释得不深不透 (诚然, 狄拉克符号法本身带有一定的抽象性, 不易被初学者掌握), 所以给人"虚晃一枪"的感觉, 这严重地影响了本科生对量子力学的理解, 以至于他们中的大多数在学完一学期的量子力学后, 对狄拉克符号的了解浮光掠影, 对量子力学数理结构似懂非懂, 没有深刻印象, 更不要说了然于胸了. 以狄拉克符号为语言的量子力学的数理结构不是某种纯形式化的东西, 也不完全是逻辑推导, 它是把对物理现象的感知上升到理论的重要环节与方法. 就像弄文学的人如果缺乏语感写不好文章一样, 不深入了解量子力学的用语也不会娴熟地、恰到好处地应用量子力学表象. 如果学生们一开始就能径以狄拉克符号为其思想之表象, 不必要处处"译"成函数, 那么学量子力学理论就进步快了,坚持数年后就可达到洞若观火的境界.

其次,目前的高等量子力学教材关于算符的基本排序问题,例如,坐标–动量($Q-P$)算符函数的各种排序乏善可陈.

再者,尽管时下量子纠缠与量子信息已风靡物理界,但流行的教科书从未介绍过连续变量量子纠缠态表象的知识,这部分能深刻反映爱因斯坦等三人质疑量子论是否完备的知识体系长期以来被忽略了,更不要谈介绍纠缠态表象的各种应用了.

鉴于以上诸种不足,我们觉得有必要为本科生撰写一本量子力学知识补遗教材. 关于教学,物理学家费恩曼(Feynman)曾写道:“首先想好你为什么要学生学这个专题,然后想好你要学生知道什么,于是讲述的方法就会或多或少地由‘常识’(common sense)而来.”我们这本书要让读者熟悉量子论的用语和表象变换“常识”,这不但能进一步帮助他们扩充与时俱进的必要基础知识,提高研究物理的灵活性和想象力,还可以让他们认识到物理实在是可以用美的数学表现的. 而针对算符函数的各种排序,本书将指出求解此问题的新途径,即把它与量子力学表象变换相关,不但建立新的纯态表象,而且引入混合态表象. 关于量子纠缠态表象,本书在引入它后,将介绍它在研究量子退相干和激光的熵的演化等方面的应用.

“知之者不如好之者,好之者不如乐之者.”要提高本科生对量子力学的兴趣,一定要在基本点上下功夫,努力把寓于狄拉克符号法中深层次的物理内涵与应用潜力揭示出来,使他们达到知其然又知其所以然的新境界. 一如狄拉克本人所言:“符号法,用抽象的方式直接地处理有根本重要意义的一些量……”,“但是符号法看来更能深入事物的本质,它可以使我们用简洁精练的方式来表达物理规律,很可能在将来当它变得更为人们所了解,而且它本身的特殊数学得到发展时,它将更多地被人们所采用.”本书作者不才,几十年独辟蹊径地致力于实现狄拉克的愿望,在艰尝了如晚唐诗人贾岛“独行潭底影,数息树边身”那样的苦辛,又经历了“意有所郁结,不得通其道”的徘徊后,终于对深化与发展狄拉克符号法独有心得,发明了简单却又实用优美的有序算符内的积分技术(the technique of Integration Within an Ordered Product of operators,简称 IWOP 技术)来深化人们对量子力学数理结构的认识, 展现了“大道至简, 大美天成”的景象, 正所谓“二句三年得, 一吟双泪流. 知音如不赏, 归卧故山秋”. 国内优秀的前辈物理学家中最早欣赏有序算符内的积分技术的是两弹一星元勋彭桓武先生, 1989 年中国科学技术大学人事处将本书作者晋升教授的申报材料寄给他审批, 就得到了他的批准; 而后我国氢弹之父于敏先生曾两次赐信本书作者给予鼓励; 著名理论物理学家何祚庥先生等也称赞过这个理论, 可见他们的睿智与识才爱才. 在本书中作者将把平生所学与年轻的大学生们分享, 使得他们: (1) 初步掌握 IWOP 技术对发展狄拉克符号法的贡献, 了解它的若干优美的物理应用; (2) 深入了解量子力学表象与变换的本质; (3) 借助 IWOP 技术了解量子衰减的物理机制; (4) 引入混合态表象来掌握算符排序的新理论; (5) 了解 IWOP 技术对于发展量子力学与经典力学对应的贡献; (6) 了解用 IWOP 技术如何自然地引出压缩算符和纠缠态表象. 总之, 让他们欣赏量子力学中“看似平凡却奇崛”的一道风景, 了解物理–数学中蕴含的科学美, 在科学思想的培养与计算能力的提高方面都得到有效的训练, 以达到移情的目的, 并体会狄拉克所说的“…… 一旦有了发现, 它往往显得那么明显, 以至于人们奇怪为什么以前会没有人想到它”这句话的含义.

虽然天才物理学家费恩曼曾无可奈何地说:“没有一个人懂量子力学, 我认为这样说并不冒风险, 要是你有可能避开的话, 就不要老是问自己‘怎么会是那个样子的呢’……”但是我们相信, 在掌握了对量子力学的 ket-bra 算符积分的 IWOP 技术, 及看到了狄拉克符号法中的韵律和美以后, 原本底气不足的读者对于现行量子力学数理基础正确性的信心就会大大增强.

胡适先生说:“凡成一种科学的学问, 必有一个系统, 决不是一些零碎堆砌的知识.”狄拉克符号法经用 IWOP 技术发展后, 就有了生气与灵动, 不再是“一幅山水画却缺乏动感”, 而是成为一个严密的、自洽的、内部可以自我运作的数理系统, 它把态矢量、表象与算符以积分相联系, 又把表象积分完备性与算符排序相融合, 不但可以导出大量有物理意义的新表象和新幺正算符, 而且提供了量子力学与经典力学对应的自然途径, 因而有重要的科学价值. 读者将体会到 IWOP 技术是如何实现将牛顿–莱布尼茨 (Newton-Leibniz)积分直接用于由狄拉克符号组成的算符以达到发展量子论数理基础之目的, 为量子力学推陈出新开辟了一个崭新的研究方向, 增添了别开生面的有趣篇章, 成为狄拉克符号法的有机组成部分, 也为数学界提供了一个新的研究领域. 人们对狄拉克符号法与连续变量纠缠态表象的认识会"更上一层楼".

苏东坡学士说: "范淳夫讲书, 为今经筵讲官第一. 言简而当, 无一冗字, 无一长语, 义理明白, 而成文粲然, 乃得讲书三昧也." 本书要补遗以往量子力学教科书, "接前人未了之绪, 开后人未启之端", 需有才、有胆、有识、有力; "人有才则心思出, 有胆则笔墨从容, 有识则能取舍, 有力则可自成一家". 这是一个很高的目标, 我们在写作时要以简练的符号和新的角度分析问题与解决问题, 以清晰的思路整理脉络, 以新颖的思想和有效简明的方法给读者以科研启蒙.

在写作过程中本书作者范洪义得到了中国科学技术大学校长侯建国, 副校长张淑林, 研究生院屠兢、古继宝、倪瑞和万红英的支持和有益帮助, 又得到中国科学技术大学出版社的诚挚约稿, 谨致谢意. 作者范洪义也感谢曾在门下求学的本科生和研究生们的合作, 他们是: 陈俊华、胡利云、袁洪春、杨阳、何锐、周军、李学超、王帅、王震、许业军、笪诚、唐绪兵等, 后生可畏对于师长也是一种鞭策. 每当夜深人静身心疲倦想偷点儿懒时, 范洪义脑子里就会闪现慈母毛婉珍五十多年前在灯下为小学生批阅作文时边读边改时的情景, 她那清瘦的脸庞和慈祥的目光浮现在儿子眼前,鞭策着他再打起精神, 坚持工作一会儿.

朱熹说: "人之为学, 当如救火追亡, 犹恐不及 …… 小立课程, 大做功夫." 如今作者虽已年过六旬, 仍然有追求学术境界、补遗优美知识得以滋润身心的上进心和迫切性, 故写出此书与本科生、研究生交流. 但"书被催成墨尚浓", 作者难免受学识之浅、时间有限所囿, 有误之处, 望四方读者不吝指教.

范洪义

2012 年 12 月于中国科学技术大学

目　次

第 1 章 IWOP 技术及单模新表象的建立途径

1.1 正规乘积内的积分技术

狄拉克符号是随着量子力学的诞生应运而生的. 狄拉克曾回忆说:“…… 那时我是一个研究生, 除了研究外没有别的义务. 我感谢自己生逢其时的事实, 年长或者年轻几年都会使我失去机会.”“…… 在量子力学刚诞生时, 一个三流物理学家可以做出一流的工作, 而现在, 一个一流物理学家只能做出三流的成果.”先让我们回顾一下狄拉克符号法或称为 q 数理论, q 理解为 quantum 或 queer(奇怪的), 它的来源和它已经有了哪些应用.

早在量子力学诞生阶段, 狄拉克就率先注意到 q 数的对易关系可与经典力学泊松括号类比, 揭示了量子力学与经典力学的某种对应关系; 其次, 用符号法可将矩阵力学纳入哈密顿形式体系; 再者, 对于薛定谔 (Schrödinger)表象和海森伯(Heisenberg)表象, 两种学派曾因不同的数学形式 (波函数 $\psi(q)$ 形式和矩阵力学形式)争论不休, 后来薛定谔证明它们是殊途同归的, 而狄拉克则运用他的符号法所建立的变换理论使这一证明变得显然. 狄拉克用态矢 ket-bra 一方面把算符写成 $|\rangle\langle|$, 另一方面把 $\psi(q)$ 写为 $\langle q|\psi\rangle$ 提炼出 $\langle q|$ 来, 自然就有了表象的概念, 这极大地简化了量子力学的表述, 降低了运算的难度, 节约了人们的思维脑力, 便于人们

去理解和深化量子力学的新理论, 丰富与发展量子力学的内容. 关于符号法中的变换理论, 狄拉克曾说: “这是我一生中最使我兴奋的一件工作 ······”“变换论是我的至爱 (The transform theory (became) my darling). ”在另一个场合他又说: “我的许多论文仅仅来自一个十分偶然出现的想法的结果 ······ 但是我关于量子力学的物理诠释工作却是一种值得夸奖的成功. ”

那么, 进一步发展符号法的突破口在哪里呢? 巨人在前, 普通人能有机会站在巨人的肩上吗? 寻找有价值的科研方向的入口处, 即使对于有经验的人也有难度, 谁晓得哪个方向有宝可探呢? 作者曾写一对联, “诗境有禅顿悟易, 空门无框遁入难”, 既然不知道门在何处, 就可谓空门, 也就无门框, 无从进入, 所以选题是第一要紧的.

我们注意到狄拉克提出的坐标表象 (坐标算符 Q 的本征态 $|q\rangle$ 的集合)的完备性为

$$\int_{-\infty}^{+\infty} \mathrm{d}q\, |q\rangle \langle q| = 1, \tag{1.1}$$

它是从 $\int_{-\infty}^{+\infty} \mathrm{d}q\, |\psi(q)|^2 = 1$ 提炼出来的, 此数学表达式在物理上代表在全空间找到粒子的概率为 1. 这是玻恩 (Born)为薛定谔的公式找到的解释: 在空间任何一个点上的波动强度 $|\psi(q)|^2$——数学上通过波函数的模的平方来表达, 是在这一点碰到粒子的概率的大小. 据此, 物质波有点类似流感. 假如流感波及一座城市, 这就意味着: 这座城市里的人患流行性感冒的概率增大了. 波动描述的是患病的统计图样, 而非流感病原体自身. 物质波以同样的方式描述的仅仅是概率的统计图样, 而非粒子自身数量. 那么把此式稍作变形为 $\int_{-\infty}^{+\infty} (\mathrm{d}q/\sqrt{\mu})\, |q/\mu\rangle \langle q|, \mu > 0$, 这个积分怎么做呢? 它的结果可能是什么? 又有什么物理意义? 这又是一个挑战, 因为 ket-bra 内包含了不可交换的东西. 这个貌似简单却涵义深刻的问题最早是由作者在 20 世纪 60 年代注意到, 而于 70 年代末给予解决的. 他提出了有序算符内的积分技术, 可以说是牛顿–莱布尼茨积分从对普通函数积分向 ket-bra 投影算符积分的扩充,体现了量子力学对数学进步的一种新需求, 或是说物理学家对发展数学也有责任 (使人想起狄拉克发明的 δ 函数曾促使了广义函数理论的发展).

物理诺贝尔奖得主威格纳 (Wigner)曾说：“在我的整个生涯中，我发现最好是寻找这样的物理问题，其解答看起来原本是简单的，而在具体做的时候会揭示出这样的问题常常是很难完全处理得了的. ”威格纳所开拓的群论在量子物理中的应用就属于这类问题，而积分 $\int_{-\infty}^{+\infty}(\mathrm{d}q/\sqrt{\mu})\,|q/\mu\rangle\langle q|$ 也可以算是威格纳说的那一类问题.

但困难在于经典力学中可以轻易完成的积分在量子物理中难以推广，其根本原因是经典物理变数可对易，而代表量子可观测量的算符通常不可对易 (即 ab 通常不等于 ba). 这一点也许使得人们对算符的积分想也不愿想. 范洪义提出的有序算符内的积分技术利用有序算符 (包括正规乘积、反正规乘积和外尔 (Weyl)编序)内玻色 (Boson)算符相互对易的性质，把积分转变为有序算符内部的显式积分，进行积分时视算符为可对易的普通参数但又不失其算符之本质，并在积分完成之后通过对易关系取消有序算符的记号，在本质上解决了这一问题. 从而赋予了符号法以新的内涵，进一步完善了量子力学的数理基础. IWOP 技术既发展了狄拉克的符号法，又推进微积分理论到一个新的领域，使牛顿–莱布尼茨规则可以应用于对由 ket-bra 符号组成的算符的积分.

在介绍 IWOP 技术之前，我们需要回顾一些原有的基本的量子力学表象基础知识. 表象 (representation)原指客观事物在人类大脑中的映象. 西方经典哲学认为事物背后存在本质，本质通过表象部分地呈现出来，而本质本身并不为人所见，只能通过表象对它加以认识；任何对本质的认识都是不全面的即相对真理；真正完善、全面的认识 (绝对真理)不可达到. 量子力学符号法中的表象同样是作为认识量子态的本质 (体系状态)的方式而存在，态矢本身是抽象的、本质的，它的物理意义只有具体投影到某一特定表象才能为人们加以观察. 所以狄拉克写道: “The way in which the abstract quantities are to be replaced by numbers .... Each of these ways is called a representation and the set of numbers that replace an abstract quantity is called the representative of that abstract quantity in the representation.”即 “表象” 是用以描述不同坐标系下微观粒子体系的状态和力学量的具体表示形式，是表示态矢量的 “几何坐标架. ”力学量的本征函数系即此坐标系的一组基矢，把系统状态的波函数看成抽象空间中的态矢量由这组基矢展开的系数. 完备性是基矢成为表象的必要条件, 但完备性的证明则因其烦琐和缺乏普适性且有力的积分方法而成为历来困扰物理学家的一个难题, 这也极大地限制了新表象的发现. 由于针对不同的问题选取适当的表象进行求解往往可以达到事半功倍的效果, 新表象的缺乏也使得对量子力学中某些问题的探讨变得异常困难. IWOP 技术恰恰提供了解决此难题的新方法, 它赋予基本的坐标、动量表象完备关系以清晰的数学内涵并将其化为纯高斯 (Gauss)积分的形式, 从而使其成为对于数学家而言如同 "2 × 2=4"一样简单的东西. 可以肯定地说, IWOP 技术在表象和变换理论中有着广泛的应用.

力学量的可观测性与相应算符的本征态的完备性是相互呼应的. 例如, 令 Q, $\hat{P}$ 分别为厄米 (Hermite)的坐标和动量算符, 它们满足海森伯正则对易关系 ($\hbar$ 为普朗克 (Planck)常数)

$$\left[Q, \hat{P}\right] = \mathrm{i}\hbar. \tag{1.2}$$

对于我们所熟知的坐标表象, 坐标 Q 的可观测性有相应的本征态, $Q\left|q\right\rangle = q\left|q\right\rangle$. 动量与坐标是一对共轭量, 所以也存在动量表象 $\left|p\right\rangle$, $\hat{P}\left|p\right\rangle = p\left|p\right\rangle$, 其完备性条件为

$$\int_{-\infty}^{+\infty} \mathrm{d}p \left|p\right\rangle \left\langle p\right| = 1. \tag{1.3}$$

属于不同本征值的本征态是相互正交的, 有

$$\left\langle q\right| q'\rangle = \delta(q - q'), \quad \left\langle p\right| p'\rangle = \delta(p - p'), \tag{1.4}$$

且

$$\left\langle q\right| \hat{P} = -\mathrm{i}\hbar\frac{\mathrm{d}}{\mathrm{d}q}\left\langle q\right|, \quad \left\langle p\right| Q = \mathrm{i}\hbar\frac{\mathrm{d}}{\mathrm{d}p}\left\langle p\right|. \tag{1.5}$$

狄拉克指出 $\left\langle q\right|$ 与 $\left|p\right\rangle$ 的内积是

$$\left\langle q\right| p\rangle = (2\pi\hbar)^{-1/2}\,\mathrm{e}^{\frac{\mathrm{i}}{\hbar}qp}, \tag{1.6}$$

这恰是傅里叶 (Fourier)变换的核. 在这里, 我们总结一下狄拉克符号法的优点:

(1) 表象能够反映波–粒二象性, 例如 $\left|p\right\rangle\left\langle p\right| = \delta\left(p - P\right)$ 是 δ 算符, 表明有一个粒子动量为 p, 呈现粒子性; 而 $\left|p\right\rangle$ 在坐标表象的表示 $\left\langle q\right| p\rangle = (2\pi\hbar)^{-1/2}\,\mathrm{e}^{\frac{\mathrm{i}}{\hbar}qp}$ 是

一个平面波, 呈现波动性. $|p\rangle\langle p|$ 又是一个纯态密度算符, 为今后量子统计中混合态的引入做了铺垫.

(2) $|q\rangle\langle q|$ 也是一个测量算符, 将它作用于 $|\psi\rangle$ 导致所谓的 " 塌缩", 所以用狄拉克记号可以简洁地阐述量子测量.

(3) 全体测量是完备的, 故有式 (1.1) 和式 (1.3). 狄拉克给出的完备性关系也可理解为在全空间找到粒子的概率为 1 的物理要求.

(4) $\int_{-\infty}^{+\infty} \mathrm{d}q\, |q\rangle\langle q| = 1$ 的使用十分方便, 它可以插入到任意其他态矢量的前后, 相当于表象变换. 表象不但起到 "坐标系" 的作用, 而且对不同的动力学问题选取适当的表象可以求出能级, 所以选择一个好的表象求解问题往往可以达到事半功倍的效果.

物理上一定会需要同时反映动量与坐标这一对共轭量的表象, 记为 $|p,q\rangle$, 称为相干态表象或相空间表象, 其完备性条件为

$$\iint_{-\infty}^{+\infty} \mathrm{d}p\mathrm{d}q\, |p,q\rangle\langle p,q| = 1. \tag{1.7}$$

数学上也一定会存在坐标–动量中介表象, 它是 $\lambda Q + \sigma P$ 的本征态, 其中 λ 和 σ 是实数, 以后我们再给出它俩的具体形式.

由于受不确定原理的制约, 坐标本征态 $|q\rangle$ 和动量本征态 $|p\rangle$ 都只是理想的态, 因为它们都归一化为 δ 函数, 其物理应用也有限. 于是福克 (Fock)引入粒子数表象, 它可以描述粒子的消灭和产生. 对谐振子哈密顿 (Hamiton)量

$$\hat{H} = \frac{1}{2m}\hat{P}^2 + \frac{1}{2}m\omega^2 Q^2, \tag{1.8}$$

用因式分解法 (factorization method)分解 $\hat{H}$, 即用 Q, $\hat{P}$ 定义湮灭算符 a 和产生算符 $a^\dagger$

$$a = \frac{1}{\sqrt{2}}\left(\sqrt{\frac{m\omega}{\hbar}}Q + \mathrm{i}\frac{\hat{P}}{\sqrt{m\hbar\omega}}\right), \tag{1.9}$$

$$a^\dagger = \frac{1}{\sqrt{2}}\left(\sqrt{\frac{m\omega}{\hbar}}Q - \mathrm{i}\frac{\hat{P}}{\sqrt{m\hbar\omega}}\right). \tag{1.10}$$

根据 $\left[Q,\hat{P}\right]=\mathrm{i}\hbar$, 易得 $\left[a,a^\dagger\right]=1$. 于是一维谐振子的哈密顿量改写为

$$\hat{H}=\hbar\omega\left(a^\dagger a+\frac{1}{2}\right). \tag{1.11}$$

定义粒子数算符 $\hat{N}=a^\dagger a$, 记它的本征态为 $|n\rangle$, 即 $\hat{N}|n\rangle=n|n\rangle$. 由 $\left[a,a^\dagger\right]=1$ 就可证明

$$a|n\rangle=\sqrt{n}|n-1\rangle,\quad a^\dagger|n\rangle=\sqrt{n+1}|n+1\rangle. \tag{1.12}$$

有了升、降算符概念, 就把谐振子相邻能级的本征态联系起来. 由于 $\langle n|N|n\rangle=|a|n\rangle|^2\geqslant 0$, 其最低能级态 $|0\rangle$ 为基态, 则必然有 $a|0\rangle=0$. $|n\rangle$ 态由产生算符 n 次作用于基态生成

$$|n\rangle=\frac{a^{\dagger n}}{\sqrt{n!}}|0\rangle, \tag{1.13}$$

$1/\sqrt{n!}$ 是归一化系数. 粒子数态的全体是完备的, 即

$$\sum_{n=0}^{+\infty}|n\rangle\langle n|=1. \tag{1.14}$$

如果我们有了新的完备关系, 理论上就会存在新的物理态. 那么如何构造和证明各种完备性呢? 这是一个新任务. IWOP 技术可以解决此问题, 从而极大地丰富表象变换论.

以下, 是用一种简洁的方法即在正规乘积内积分法直接证明坐标表象与动量表象的完备性.

所谓正规乘积, 就是利用玻色算符对易关系 $\left[a,a^\dagger\right]=1$, 总可以将任意函数 $f(a,a^\dagger)$ 中所有的产生算符 $a^\dagger$ 都移到所有湮灭算符 a 的左边, 这时我们称 $f(a,a^\dagger)$ 已被排列成正规乘积形式, 以 : : 标记之. 其主要性质如下:

(1) 玻色算符 $a,a^\dagger$ 在正规乘积内是对易的.即 $:a^\dagger a:=:aa^\dagger:=a^\dagger a$, 就是若要把 $:aa^\dagger:$ 中的 : : 删去, 必须事先把它写成 $:a^\dagger a:$, 再去掉 : : . 这个性质十分重要, 因为它提供了一个 “模糊”算符与普通数的明显界限. 在经典力学中人们处理的是数, 而在量子力学中遇到的一般是互不对易的算符, 而借助于正规乘积记号, 就可以在若干种运算中 (例如积分)把算符作为可对易的参数对待, 但算符的本性

并未不丧失. 这就是 IWOP 技术的要旨.

(2) C - 数可以自由出入正规乘积记号, 并且可以对正规乘积内的 C - 数进行积分或微分运算, 前者要求积分收敛.

(3) 正规乘积内部的正规乘积记号可以取消, 即 : $f(a^\dagger,a):g(a^\dagger,a)::=:f(a^\dagger,a)g(a^\dagger,a):$.

(4) 正规乘积与正规乘积之和满足 : $f(a^\dagger,a):+:g(a^\dagger,a):=:[f(a^\dagger,a)+g(a^\dagger,a)]:$.

(5) 真空投影算符 $|0\rangle\langle 0|$ 的正规乘积展开式是

$$|0\rangle\langle 0| =: \exp\left(-a^\dagger a\right):. \tag{1.15}$$

说明: 考虑到 $|0\rangle\langle 0\,|\,0\rangle=|0\rangle$, 知 $|0\rangle$ 是算符 $|0\rangle\langle 0|$ 的本征态, 所以 $|0\rangle\langle 0|$ 必是粒子数算符 $N=a^\dagger a$ 的函数, 又当 $n\neq 0, |0\rangle\langle 0|\,n\rangle=0$, 根据 0^0 是不定型, 故有

$$\begin{aligned}|0\rangle\langle 0| &= 0^N=(1-1)^N\\ &=1-N+\frac{1}{2!}N(N-1)-\frac{1}{3!}N(N-1)(N-2)+\cdots\\ &=\sum_{m=0}^{+\infty}\frac{(-1)^m}{m!}N(N-1)\cdots(N-m+1).\end{aligned} \tag{1.16}$$

又由粒子数态 $|n\rangle$ 的完备性式 (1.14) 和式 (1.12) 得

$$\begin{aligned}a^{\dagger m}a^m &=\sum_{n=0}^{+\infty}a^{\dagger m}|n\rangle\langle n|\,a^m=\sum_{n=0}^{+\infty}(n+1)\cdots(n+m)\,|n+m\rangle\langle n+m|\\ &=N(N-1)\cdots(N-m+1)\,(1-|0\rangle\langle 0|-|1\rangle\langle 1|-\cdots-|m-1\rangle\langle m-1|)\\ &=N(N-1)\cdots(N-m+1).\end{aligned} \tag{1.17}$$

将式 (1.17) 代入式 (1.16), 得

$$|0\rangle\langle 0|=\sum_{n=0}^{+\infty}\frac{(-1)^m}{m!}a^{\dagger m}a^m=:\mathrm{e}^{-a^\dagger a}:. \tag{1.18}$$

此式和 $|n\rangle = \frac{a^{\dagger n}}{\sqrt{n!}}|0\rangle$ 还可以用来验证完备性, 即

$$\begin{aligned}\sum_{n=0}^{+\infty}|n\rangle\langle n| &= \sum_{n=0}^{+\infty}\frac{a^{\dagger n}}{\sqrt{n!}}|0\rangle\langle 0|\frac{a^n}{\sqrt{n!}} = \sum_{n=0}^{+\infty}\frac{a^{\dagger n}}{\sqrt{n!}} : \mathrm{e}^{-a^\dagger a} : \frac{a^n}{\sqrt{n!}} \\ &= \sum_{n=0}^{+\infty} : \frac{\left(a^\dagger a\right)^n}{n!}\mathrm{e}^{-a^\dagger a} : \\ &=: \exp\left(-a^\dagger a + a^\dagger a\right) := 1.\end{aligned} \tag{1.19}$$

(6) 用式 (1.18) 立刻得到关于正规乘积的一个算符恒等式:

$$\begin{aligned}\exp\left(\lambda a^\dagger a\right) &= \sum_{n=0}^{+\infty}\mathrm{e}^{\lambda n}|n\rangle\langle n| = \sum_{n=0}^{+\infty}\mathrm{e}^{\lambda n}\frac{a^{\dagger n}}{\sqrt{n!}}|0\rangle\langle 0|\frac{a^n}{\sqrt{n!}} \\ &= \sum_{n=0}^{+\infty} : \frac{1}{n!}\left(\mathrm{e}^\lambda a^\dagger a\right)^n \mathrm{e}^{-a^\dagger a} : \\ &=: \exp\left[\left(\mathrm{e}^\lambda - 1\right)a^\dagger a\right] : .\end{aligned} \tag{1.20}$$

该公式对于去掉 : : 记号非常有用, 如

$$: \exp\left(\lambda a^\dagger a\right) := \exp\left[a^\dagger a \ln(\lambda+1)\right]. \tag{1.21}$$

(7) 厄米共轭操作可以进入 : : 内部进行, 即 $:(W\cdots V):^\dagger =: (W\cdots V)^\dagger :$.

(8) 在正规乘积内部以下两个等式成立:

$$: \frac{\partial}{\partial a}f(a,a^\dagger) := \left[: f(a,a^\dagger) :, a^\dagger\right], \tag{1.22}$$

$$: \frac{\partial}{\partial a^\dagger}f(a,a^\dagger) := \left[: f(a,a^\dagger) :, a\right]. \tag{1.23}$$

对于多模情形, 上式可推广为

$$: \frac{\partial}{\partial a_i}\frac{\partial}{\partial a_j}f(a_i,a_i^\dagger,a_j,a_j^\dagger) := \left[\left[: f(a_i,a_i^\dagger,a_j,a_j^\dagger) :, a_j^\dagger\right], a_i^\dagger\right]. \tag{1.24}$$

1.2　福克空间中坐标本征态的导出新法

借用正规乘积, 我们可以很方便地导出坐标本征态的福克表示. 考虑 ket-bra $|q\rangle\langle q|$, 物理上它代表测量粒子的坐标得到值为 q 的算符, 所以

$$|q\rangle\langle q| = \delta(q-Q), \tag{1.25}$$

$\delta(q-Q)$ 是狄拉克的 δ 算符函数. 在以下的讨论中, 为方便起见, 我们令式 (1.9) 和式 (1.10) 中的 $\hbar=1, m=1, \omega=1$. 注意到, 当 $[A,[A,B]]=[B,[A,B]]=0$, 由算符恒等式 $\mathrm{e}^{A+B}=\mathrm{e}^{A}\mathrm{e}^{B}\mathrm{e}^{-\frac{1}{2}[A,B]}$ 得

$$\mathrm{e}^{\lambda a^{\dagger}+\mu a} = \mathrm{e}^{\lambda a^{\dagger}}\mathrm{e}^{\mu a}\mathrm{e}^{\frac{1}{2}\lambda\mu}. \tag{1.26}$$

用傅里叶积分变换以及 IWOP 技术可得

$$\begin{aligned}
\delta(q-Q) &= \frac{1}{2\pi}\int_{-\infty}^{+\infty}\mathrm{d}p\exp\left[\mathrm{i}p(q-Q)\right] \\
&= \frac{1}{2\pi}\int_{-\infty}^{+\infty}\mathrm{d}p\exp\left[\mathrm{i}p\left(q-\frac{a+a^{\dagger}}{\sqrt{2}}\right)\right] \\
&= \frac{1}{2\pi}\int_{-\infty}^{+\infty}\mathrm{d}p :\exp\left[-\frac{1}{4}p^{2}+\mathrm{i}p\left(q-\frac{a^{\dagger}}{\sqrt{2}}\right)+\mathrm{i}p\frac{a}{\sqrt{2}}\right]: \\
&= \frac{1}{\sqrt{\pi}}:\exp\left[-\left(q-\frac{a+a^{\dagger}}{\sqrt{2}}\right)^{2}\right]:=\frac{1}{\sqrt{\pi}}:\mathrm{e}^{-(q-Q)^{2}}:.
\end{aligned} \tag{1.27}$$

再用式 (1.18) 把此正规乘积化为

$$\begin{aligned}
|q\rangle\langle q| &= \frac{1}{\sqrt{\pi}}\exp\left(-q^{2}+\sqrt{2}qa^{\dagger}-\frac{a^{\dagger 2}}{2}\right):\mathrm{e}^{-a^{\dagger}a}:\exp\left(\sqrt{2}qa-\frac{a^{2}}{2}\right) \\
&= \frac{1}{\sqrt{\pi}}\exp\left(-\frac{q^{2}}{2}+\sqrt{2}qa^{\dagger}-\frac{a^{\dagger 2}}{2}\right)|0\rangle\langle 0|\exp\left(-\frac{q^{2}}{2}+\sqrt{2}qa-\frac{a^{2}}{2}\right).
\end{aligned} \tag{1.28}$$

可见 $|q\rangle$ 在福克空间中的表示为

$$|q\rangle = \pi^{-1/4} \exp\left(-\frac{q^2}{2} + \sqrt{2}qa^\dagger - \frac{a^{\dagger 2}}{2}\right)|0\rangle\,, \tag{1.29}$$

所以

$$\begin{aligned} a|q\rangle &= \pi^{-1/4}\left[a, \exp\left(-\frac{q^2}{2} + \sqrt{2}qa^\dagger - \frac{a^{\dagger 2}}{2}\right)\right]|0\rangle \\ &= \left(\sqrt{2}q - a^\dagger\right)|q\rangle\,. \end{aligned} \tag{1.30}$$

于是有

$$Q|q\rangle = \frac{a + a^\dagger}{\sqrt{2}}|q\rangle = q|q\rangle\,, \tag{1.31}$$

以及

$$P|q\rangle = \frac{a - a^\dagger}{\sqrt{2}\mathrm{i}}|q\rangle = \mathrm{i}\frac{\mathrm{d}}{\mathrm{d}q}|q\rangle\,. \tag{1.32}$$

类似地, 从

$$|p\rangle\langle p| = \delta(p - P) = \frac{1}{\sqrt{\pi}} : \mathrm{e}^{-(p-P)^2} :, \tag{1.33}$$

可导出动量本征态的福克表示

$$|p\rangle = \pi^{-1/4} \exp\left(-\frac{p^2}{2} + \sqrt{2}\mathrm{i}pa^\dagger + \frac{a^{\dagger 2}}{2}\right)|0\rangle\,. \tag{1.34}$$

可见

$$Q|p\rangle = -\mathrm{i}\frac{\mathrm{d}}{\mathrm{d}p}|p\rangle\,, \quad P|p\rangle = p|p\rangle\,, \tag{1.35}$$

并导出表象变换核 $\langle q|\, p\rangle = \frac{1}{\sqrt{2\pi}}\mathrm{e}^{\mathrm{i}pq}$, 此乃傅里叶变换核. 附带指出, 式 (1.26) 有一个简单的证明法, 即用

$$\begin{aligned} &\mathrm{e}^{\frac{\mu}{2\lambda}a^2}\mathrm{e}^{\lambda a^\dagger}\mathrm{e}^{\frac{-\mu}{2\lambda}a^2} = \mathrm{e}^{\lambda a^\dagger + \mu a}, \\ &\mathrm{e}^{\frac{\mu}{2\lambda}a^2}\mathrm{e}^{\lambda a^\dagger} = \mathrm{e}^{\lambda a^\dagger}\mathrm{e}^{-\lambda a^\dagger}\mathrm{e}^{\frac{\mu}{2\lambda}a^2}\mathrm{e}^{\lambda a^\dagger} = \mathrm{e}^{\lambda a^\dagger}\mathrm{e}^{\frac{\mu}{2\lambda}(a+\lambda)^2}, \end{aligned} \tag{1.36}$$

就可完成.

有了 IWOP 技术和式 (1.29) 就可以积分 $\int_{-\infty}^{+\infty}(\mathrm{d}q/\sqrt{\mu})\,|q/\mu\rangle\,\langle q|$, 这将在第 2 章介绍. 发明 IWOP 技术这个新方法的过程不是一帆风顺的, 它是在经历了很多次的失败后才找到的. 发明人现在只记得成功的过程并把它介绍给读者, 而那些使人沮丧的种种失败的过程慢慢也被发明人遗忘了.

1.3 坐标表象完备性的纯高斯积分形式及其应用

根据式 (1.27) 坐标、动量表象完备性可归纳为

$$\int_{-\infty}^{+\infty}\mathrm{d}q\,|q\rangle\,\langle q| = \int_{-\infty}^{+\infty}\frac{\mathrm{d}q}{\sqrt{\pi}} : \mathrm{e}^{-(q-Q)^2} := 1,$$

$$\int_{-\infty}^{+\infty}\mathrm{d}p\,|p\rangle\,\langle p| = \int_{-\infty}^{+\infty}\frac{\mathrm{d}p}{\sqrt{\pi}} : \mathrm{e}^{-(p-P)^2} := 1. \tag{1.37}$$

它是高斯积分形式, 这就是由 IWOP 技术揭示的狄拉克符号法的美感. 英国物理学家汤姆孙 (J. J. Thomson——从阴极射线中发现电子并首次测定电子荷质比)有一次在课堂上讲课用了 “数学家” 这个词, 话还没有讲完就转向学生说: “ 你们知道数学家是什么吗? ”他走向黑板, 在黑板上写下高斯积分, 然后他用手指着这个公式向全班学生说: “数学家就是这样的人, 他觉得这个公式很明显, 就像 $2 \times 2 = 4$ 一样, 刘维尔 (Liouville)就是这样一个数学家. ” 现在通过式 (1.37) 我们看到这个说法对于物理学家同样成立. 量子力学中表象的完备性公式经作者用 IWOP 技术改写后也成了高斯积分, 也变得像 $2 \times 2=4$ 那么显然, 人们从此能更好地理解表象的完备性并找到更多的有用表象.

记得狄拉克说过, “我和薛定谔都极为欣赏数学美, 这种对数学美的欣赏支配了我们的全部工作”, 相信读者也能欣赏这种数学美, 并体会海森伯这样描述他创立量子力学时的感受: “我窥测到一个异常美丽的内部, 当想到现在必须探明自然界如此慷慨地展开在我面前的数学结构的这一宝藏时, 我几乎晕眩了.”

以下将用坐标表象的高斯积分形式 (1.37) 来推导若干新的有关算符厄米多项式的恒等式:

$$\mathrm{H}_n(Q) =: (2Q)^n :$$

$$Q^n = (2\mathrm{i})^{-n} : \mathrm{H}_n(\mathrm{i}Q) :$$

我们将 $\mathrm{e}^{2\lambda q-\lambda^2}$ 按 λ 的幂级数展开

$$\mathrm{e}^{2\lambda q-\lambda^2} = \sum_{m=0}^{+\infty} \frac{\lambda^m}{m!} \mathrm{H}_m(q), \tag{1.38}$$

这里

$$\mathrm{H}_m(q) = \frac{\mathrm{d}^m}{\mathrm{d}\lambda^m} \mathrm{e}^{2\lambda q-\lambda^2}|_{\lambda=0}, \tag{1.39}$$

那么 $\mathrm{H}_m(q)$ 本身的幂级数展开是什么呢? 以下我们将用算符的正规乘积展开来导出. 把式 (1.38) 中的 q 换为算符 Q, 有

$$\mathrm{e}^{2\lambda Q-\lambda^2} = \sum_{m=0}^{+\infty} \frac{\lambda^m}{m!} \mathrm{H}_m(Q). \tag{1.40}$$

另一方面,

$$\mathrm{e}^{2\lambda Q-\lambda^2} = \mathrm{e}^{\sqrt{2}\lambda\left(a+a^\dagger\right)-\lambda^2} =: \mathrm{e}^{\sqrt{2}\lambda\left(a+a^\dagger\right)} :=: \mathrm{e}^{2\lambda Q} := \sum_{n=0}^{+\infty} : \frac{(2\lambda Q)^n}{n!} : . \tag{1.41}$$

比较式 (1.40) 和式 (1.41) 就有算符恒等式

$$\mathrm{H}_n(Q) =: (2Q)^n : . \tag{1.42}$$

这个公式有很多物理应用, 读者可以先自己联想开去, 我们在后面再用它. 联立式 (1.37) 和式 (1.42) 又得

$$\begin{aligned} \mathrm{H}_n(Q) &= \int_{-\infty}^{+\infty} \mathrm{d}q \mathrm{H}_n(q) |q\rangle \langle q| = \int_{-\infty}^{+\infty} \frac{\mathrm{d}q}{\sqrt{\pi}} \mathrm{H}_n(q) : \mathrm{e}^{-(q-Q)^2} : \\ &=: (2Q)^n :, \end{aligned} \tag{1.43}$$

所以看出有以下的积分结果

$$\int_{-\infty}^{+\infty} \frac{\mathrm{d}q}{\sqrt{\pi}} \mathrm{H}_n(q)\, \mathrm{e}^{-(q-y)^2} = (2y)^n . \tag{1.44}$$

而事实上我们并未做积分演算, 这就暗示了求积分的一种新途径, 即用算符在某个表象中的表示构造有序算符内的积分, 然后用算符恒等式暗示此积分结果. 此法无需直接演算积分而得所求, 故值得推广.

再考虑用式 (1.38) 以正规乘积的方式展开下式

$$\begin{aligned} \mathrm{e}^{2\lambda Q} &= \mathrm{e}^{\sqrt{2}\lambda(a+a^{\dagger})} \\ &=: \mathrm{e}^{\sqrt{2}\lambda(a+a^{\dagger})+\lambda^2} : \\ &=: \mathrm{e}^{2(-\mathrm{i}\lambda)(iQ)-(-\mathrm{i}\lambda)^2} : \\ &=: \sum_{m=0}^{+\infty} \frac{(-\mathrm{i}\lambda)^m}{m!} \mathrm{H}_m(\mathrm{i}Q) :, \end{aligned} \tag{1.45}$$

故给出另一算符恒等式

$$Q^n = (2\mathrm{i})^{-n} : \mathrm{H}_n(\mathrm{i}Q) : . \tag{1.46}$$

比较式 (1.42) 中的 $\mathrm{H}_n(Q) =: (2Q)^n :$, 可见它们互为反演. 联立式 (1.37) 和式 (1.46) 又得

$$\begin{aligned} Q^n &= \int_{-\infty}^{+\infty} \mathrm{d}q q^n |q\rangle \langle q| \\ &= \int_{-\infty}^{+\infty} \frac{\mathrm{d}q}{\sqrt{\pi}} q^n : \mathrm{e}^{-(q-Q)^2} : \\ &= (2\mathrm{i})^{-n} : \mathrm{H}_n(\mathrm{i}Q) :, \end{aligned} \tag{1.47}$$

它暗示了如下积分公式

$$\int_{-\infty}^{+\infty} \frac{\mathrm{d}q}{\sqrt{\pi}} q^n \mathrm{e}^{-(q-y)^2} = (2\mathrm{i})^{-n} \mathrm{H}_n(\mathrm{i}y) . \tag{1.48}$$

再把式 (1.40) 改写为 $e^{2\lambda Q}=e^{\lambda^2}\sum_{m=0}^{+\infty}\frac{\lambda^m}{m!}H_m(Q)$, 用两重求和的重排技巧

$$\sum_{n=0}^{+\infty}\sum_{m=0}^{+\infty}C(m,n)=\sum_{n=0}^{+\infty}\sum_{m=0}^{[n/2]}C(m,n-2m), \tag{1.49}$$

得到

$$\begin{aligned}\sum_{n=0}^{+\infty}\frac{(2\lambda Q)^n}{n!}&=\sum_{m=0}^{+\infty}\frac{\lambda^{2m}}{m!}\sum_{n=0}^{+\infty}\frac{\lambda^n}{n!}H_n(Q)\\&=\sum_{n=0}^{+\infty}\sum_{l=0}^{[n/2]}\frac{H_{n-2l}(Q)\lambda^n}{l!(n-2l)!}.\end{aligned} \tag{1.50}$$

比较两边 λ 的同幂次并从式 (1.46) 和式 (1.42) 看出

$$\begin{aligned}Q^n&=\sum_{l=0}^{[n/2]}\frac{n!H_{n-2l}(Q)}{2^n l!(n-2l)!}\\&=\sum_{l=0}^{[n/2]}\frac{n!}{2^{2l}l!(n-2l)!}:Q^{n-2l}:\\&=(2i)^{-n}:H_n(iQ):.\end{aligned} \tag{1.51}$$

可见

$$:H_n(iQ):=\sum_{l=0}^{[n/2]}\frac{n!(-1)^l}{l!(n-2l)!}:(i2Q)^{n-2l}:, \tag{1.52}$$

也就是有

$$H_n(q)=\sum_{l=0}^{[n/2]}\frac{n!(-1)^l}{l!(n-2l)!}(2q)^{n-2l}, \tag{1.53}$$

这就是厄米多项式 $H_m(q)$ 本身的幂级数展开.

以上是用算符恒等式导出的, 有新鲜感, 故介绍给读者. 由式 (1.53) 知 $\frac{d}{dq}H_n(q)=2nH_{n-1}(q)$.

1.4 厄米多项式算符 $\mathrm{H}_n(Q) =: (2Q)^n :$ 的新用途

1.4.1 用 $\mathrm{H}_n(Q) =: (2Q)^n :$ 简捷方便地给出厄米多项式的递推关系和厄米方程

鉴于

$$\frac{\mathrm{d}}{\mathrm{d}Q}\mathrm{H}_n(Q) = 2n\mathrm{H}_{n-1}(Q) = n2^n : Q^{n-1} := 2^n \frac{\mathrm{d}}{\mathrm{d}Q} : Q^n :, \tag{1.54}$$

这意味着 : $\frac{\mathrm{d}}{\mathrm{d}Q}Q^n := \frac{\mathrm{d}}{\mathrm{d}Q} : Q^n :$, 即 $\frac{\mathrm{d}}{\mathrm{d}Q}$ 运算可以穿过 : : 对其内部算符作用, 故有

$$\left(\frac{\mathrm{d}}{\mathrm{d}Q}\right)^s \mathrm{H}_n(Q) = 2^n \left(\frac{\mathrm{d}}{\mathrm{d}Q}\right)^s : Q^n := \frac{2^s n!}{(n-s)!}\mathrm{H}_{n-s}(Q). \tag{1.55}$$

再从

$$\left[: f\left(a, a^\dagger\right) :, a\right] = - : \frac{\partial}{\partial a^\dagger} f\left(a, a^\dagger\right) :,$$

$$\left[: f\left(a, a^\dagger\right) :, a^\dagger\right] =: \frac{\partial}{\partial a} f\left(a, a^\dagger\right) :, \tag{1.56}$$

可算出

$$[: Q^n :, a] = - : \frac{\partial}{\partial a^\dagger} Q^n := -\frac{1}{\sqrt{2}} n : Q^{n-1} :,$$

$$\left[: Q^n :, a^\dagger\right] =: \frac{\partial}{\partial a} Q^n := \frac{1}{\sqrt{2}} n : Q^{n-1} : . \tag{1.57}$$

于是有

$$\begin{aligned} : Q^n : &= \frac{1}{\sqrt{2}}\left(a^\dagger : Q^{n-1} : + : Q^{n-1} : a\right) \\ &= \frac{1}{\sqrt{2}}\left[a^\dagger : Q^{n-1} : + a : Q^{n-1} : - \frac{1}{\sqrt{2}}(n-1) : Q^{n-2} :\right] \end{aligned}$$

$$= Q : Q^{n-1} : -\frac{1}{2}(n-1) : Q^{n-2} : . \tag{1.58}$$

参照式 (1.42) 立刻导出厄米多项式的递推关系：

$$\mathrm{H}_n(Q) = 2Q\mathrm{H}_{n-1}(Q) - 2(n-1)\mathrm{H}_{n-2}(Q). \tag{1.59}$$

由式 (1.58) 还可见

$$\frac{\mathrm{d}^2}{\mathrm{d}Q^2} : Q^n := n(n-1) : Q^{n-2} := 2n\left(Q : Q^{n-1} : - : Q^n :\right), \tag{1.60}$$

比较式 (1.42) 和式 (1.60) 我们看出 $\mathrm{H}(q)$ 是厄米方程

$$\mathrm{H}_n''(q) = 2x\mathrm{H}_n'(q) - 2n\mathrm{H}(q). \tag{1.61}$$

的解. 以上的推导都是简明的, 原因是把对特殊函数 $\mathrm{H}_n(Q)$ 的研究以单项式 $: Q^n :$ 代替, 简化了问题.

1.4.2 若干新算符恒等式

注意到

$$\mathrm{e}^{2Q} = \mathrm{e}^{\sqrt{2}\left(a+a^\dagger\right)} = \mathrm{e}^{\sqrt{2}a^\dagger}\mathrm{e}^{\sqrt{2}a}\mathrm{e} = \mathrm{e} : \mathrm{e}^{2Q} :,$$

$$\mathrm{e}^{-2Q} = \mathrm{e}^{-\sqrt{2}\left(a+a^\dagger\right)} = \mathrm{e}^{-\sqrt{2}a^\dagger}\mathrm{e}^{-\sqrt{2}a}\mathrm{e} = \mathrm{e} : \mathrm{e}^{-2Q} :, \tag{1.62}$$

用式 (1.42) 就有

$$\sum_{n=0}^{+\infty}\frac{\mathrm{H}_{2n+1}(Q)}{(2n+1)!} = \sum_{n=0}^{+\infty}\frac{1}{(2n+1)!} : (2Q)^{2n+1} :=: \sinh(2Q) :$$

$$=: \frac{\mathrm{e}^{2Q} - \mathrm{e}^{-2Q}}{2} := \frac{\mathrm{e}^{-1}\left(\mathrm{e}^{2Q} - \mathrm{e}^{-2Q}\right)}{2}$$

$$= \mathrm{e}^{-1}\sinh(2Q), \tag{1.63}$$

让 $Q \mapsto x$, 就得 $\mathrm{e}^{-1}\sinh(2x) = \sum\limits_{n=0}^{+\infty}\frac{\mathrm{H}_{2n+1}(x)}{(2n+1)!}$. 类似可得

$$\sum_{n=0}^{+\infty}\frac{1}{(2n)!}\mathrm{H}_{2n}(Q) = \sum_{n=0}^{+\infty}\frac{1}{(2n)!} : (2Q)^{2n} := \mathrm{e}^{-1}\cosh(2Q). \tag{1.64}$$

注意

$$\mathrm{e}^{2\mathrm{i}Q} = \mathrm{e}^{\sqrt{2}\mathrm{i}\left(a+a^{\dagger}\right)} = \mathrm{e}^{\sqrt{2}\mathrm{i}a^{\dagger}}\mathrm{e}^{\sqrt{2}\mathrm{i}a}\mathrm{e}^{-1} = \mathrm{e}^{-1} : \mathrm{e}^{2\mathrm{i}Q} :, \tag{1.65}$$

又得

$$\begin{aligned}\sum_{n=0}^{+\infty}\frac{(-1)^n\mathrm{H}_{2n+1}(Q)}{(2n+1)!} &= \sum_{n=0}^{+\infty}\frac{(-1)^n}{(2n+1)!} : (2Q)^{2n+1} :=: \sin(2Q) : \\ &=: \frac{\mathrm{e}^{2\mathrm{i}Q} - \mathrm{e}^{-2\mathrm{i}Q}}{2\mathrm{i}} := \frac{\mathrm{e}\left(\mathrm{e}^{2\mathrm{i}Q} - \mathrm{e}^{-2\mathrm{i}Q}\right)}{2\mathrm{i}} = \mathrm{e}\sin(2Q).\end{aligned} \tag{1.66}$$

类似于式 (1.66) 有

$$\mathrm{e}\cos(2Q) = \sum_{n=0}^{+\infty}\frac{(-1)^n\mathrm{H}_{2n}(Q)}{(2n)!}. \tag{1.67}$$

有关算符拉盖尔 (Laguerre)多项式的恒等式.

在式 (1.45) 中, 取 $-\lambda = \frac{z}{z-1}$ 可得

$$\begin{aligned}(1-z)^{-1} : \mathrm{e}^{\frac{z}{z-1}Q} : &= (1-z)^{-1}\mathrm{e}^{-\left(\frac{z}{z-1}\right)^2/4 + \frac{z}{z-1}Q} \\ &= \sum_{m=0}^{+\infty}(-1)^m\mathrm{H}_m(Q)\frac{z^m}{2^m m!(1-z)^{m+1}},\end{aligned} \tag{1.68}$$

再用负二项式定理

$$(1-z)^{-(n+1)} = \sum_{l=0}^{+\infty}\binom{l+n}{l}z^l, \tag{1.69}$$

导出

$$\begin{aligned}(1-z)^{-1} : \mathrm{e}^{\frac{z}{z-1}Q} : &= \sum_{m=0}^{+\infty}\sum_{l=0}^{+\infty}(-1)^m\mathrm{H}_m(Q)\binom{l+m}{l}\frac{z^{m+l}}{2^m m!} \\ &= \sum_{n=0}^{+\infty}\sum_{l=0}^{n}(-1)^{n-l}\mathrm{H}_{n-l}(Q)\binom{n}{n-l}\frac{z^n}{2^{n-l}(n-l)!}\end{aligned}$$

$$=\sum_{n=0}^{+\infty}\sum_{l=0}^{n}(-1)^l \mathrm{H}_l(Q)\binom{n}{l}\frac{z^n}{2^l l!}, \tag{1.70}$$

在最后一步中,我们用了求和重排关系

$$\sum_{m=0}^{+\infty}\sum_{l=0}^{+\infty}A_m B_l=\sum_{n=0}^{+\infty}\sum_{l=0}^{n}A_{n-l}B_l. \tag{1.71}$$

另一方面,将式 (1.68) 的左边 $(1-z)^{-1}:\mathrm{e}^{\frac{z}{z-1}Q}:$ 直接以 z^n 展开,有

$$(1-z)^{-1}:\mathrm{e}^{\frac{z}{z-1}Q}:=\sum_{n=0}^{+\infty}:\mathrm{L}_n(Q):z^n, \tag{1.72}$$

其中 $\mathrm{L}_n(Q)$ 是待定的,我们可以定出它,比较式 (1.72) 和式 (1.70) 中 z^n 的系数,得

$$:\mathrm{L}_n(Q):=\sum_{l=0}^{n}\binom{n}{l}\frac{(-1)^l}{2^l l!}\mathrm{H}_l(Q), \tag{1.73}$$

这是一个新恒等式. 再用式 (1.42) 就得

$$:\mathrm{L}_n(Q):=\sum_{l=0}^{n}\binom{n}{l}\frac{(-1)^l}{l!}:Q^l:, \tag{1.74}$$

这说明

$$\mathrm{L}_n(x)=\sum_{l=0}^{n}\binom{n}{l}\frac{(-1)^l}{l!}x^l, \tag{1.75}$$

这正好是拉盖尔多项式的定义,这样我们就从算符厄米多项式给出了拉盖尔多项式的幂级数表示. 读者如果熟悉数学中的二项式反演公式,就可以自己导出上式的反展开. (作为练习)

以上我们展示了如何从式 (1.38) 这个原始的定义式导出厄米多项式和拉盖尔多项式. 这体现了理论物理的特点是出发点的基本性,而演绎结果丰富又有后续工作可做. 式 (1.72) 与式 (1.75) 实际上也证明了拉盖尔多项式的母函数公式 $(1-z)^{-1}\mathrm{e}^{\frac{zx}{z-1}}=\sum_{n=0}^{+\infty}\mathrm{L}_n(x)z^n$. 上述推导可推广为

$$\sum_{n=0}^{+\infty}t^n\mathrm{L}_n^{\alpha}(x)=(1-t)^{-\alpha-1}\mathrm{e}^{\frac{xt}{t-1}}, \tag{1.76}$$

其中

$$\mathrm{L}_n^{\alpha}(x)=\sum_{l=0}^{n}\binom{n+\alpha}{l+\alpha}\frac{(-x)^l}{l!}=\sum_{k}\binom{\alpha+n}{n-k}\frac{(-x)^k}{k!}, \tag{1.77}$$

是伴随拉盖尔多项式.

进一步看, 从坐标表象完备性的纯高斯积分形式又得

$$\begin{aligned}\mathrm{e}^{\lambda Q^2}&=\int_{-\infty}^{+\infty}\mathrm{d}q\mathrm{e}^{\lambda q^2}\left|q\right\rangle\left\langle q\right|=:\int_{-\infty}^{+\infty}\frac{\mathrm{d}q}{\sqrt{\pi}}\mathrm{e}^{\lambda q^2}\mathrm{e}^{-(q-Q)^2}:\\&=(1-\lambda)^{-1/2}:\exp\left(\frac{-\lambda Q^2}{\lambda-1}\right):.\end{aligned} \tag{1.78}$$

把它作用到真空态, 得

$$\mathrm{e}^{\lambda Q^2}\left|0\right\rangle=(1-\lambda)^{-1/2}\exp\left[\frac{-\lambda a^{\dagger 2}}{2(\lambda-1)}\right]\left|0\right\rangle. \tag{1.79}$$

这是一个压缩真空态 (详见第 2 章),说明 $\mathrm{e}^{\lambda Q^2}$ 是一个单模压缩算符. 对照伴随拉盖尔多项式的母函数公式可见, 当 $\alpha=-1/2$ 时, 有

$$:\sum_{n=0}^{+\infty}\lambda^n\mathrm{L}_n^{-1/2}\left(-Q^2\right):=\mathrm{e}^{\lambda Q^2}, \tag{1.80}$$

所以有新算符恒等式

$$Q^{2n}=n!:\mathrm{L}_n^{-1/2}\left(-Q^2\right):. \tag{1.81}$$

再参考 $Q^{2n}=(2\mathrm{i})^{-2n}:\mathrm{H}_{2n}(\mathrm{i}Q):$, 就得到联系厄米多项式和拉盖尔多项式的公式

$$\mathrm{H}_{2n}(\mathrm{i}Q)=(-1)^n\,2^{2n}n!\mathrm{L}_n^{-1/2}\left(-Q^2\right), \tag{1.82}$$

令 $\mathrm{i}Q\mapsto x$, 上式也成立, 即

$$\mathrm{H}_{2n}(x)=(-1)^n\,2^{2n}n!\mathrm{L}_n^{-1/2}\left(x^2\right), \tag{1.83}$$

由于 $\mathrm{H}_{2n}(Q)=2^{2n}:Q^{2n:}:$, 故有

$$:Q^{2n}:=(-1)^n\,n!\mathrm{L}_n^{-1/2}\left(Q^2\right), \tag{1.84}$$

它与式 (1.81) 互为反演. 用坐标表象完备性的纯高斯积分和 IWOP 技术又得

$$
\begin{aligned}
(1-t)^{-\alpha-1}\exp\left(\frac{Q^2 t}{t-1}\right) &= (1-t)^{-\alpha-1}\int_{-\infty}^{+\infty}\mathrm{d}q\mathrm{e}^{\frac{tq^2}{t-1}}\left|q\right\rangle\left\langle q\right| \\
&= (1-t)^{-\alpha-1/2} : \exp\left(-tQ^2\right) :,
\end{aligned} \tag{1.85}
$$

另一方面

$$
(1-t)^{-\alpha-1}\exp\left(\frac{Q^2 t}{t-1}\right) = \sum_{n=0}^{+\infty}\mathrm{L}_n^\alpha\left(Q^2\right)t^n, \tag{1.86}
$$

所以从式 (1.85) 得

$$
\begin{aligned}
:\left(-Q^2\right)^n : &= \frac{\partial^n}{\partial t^n} : \exp\left(-tQ^2\right) : |_{t=0} \\
&=: \sum_{m=0}^{+\infty}\mathrm{L}_m^\alpha\left(Q^2\right)\frac{\partial^n}{\partial t^n}\left[t^m(1-t)^{\alpha+1/2}\right]|_{t=0} : \\
&=: \sum_{m=0}^{+\infty}\mathrm{L}_m^\alpha\left(Q^2\right)\sum_{l=0}^{n}\binom{n}{l}\left(\frac{\partial^{n-l}}{\partial t^{n-l}}t^m\right)\frac{\partial^l}{\partial t^l}(1-t)^{\alpha+1/2}|_{t=0} : \\
&= \sum_{m=0}^{n}\mathrm{L}_m^\alpha\left(Q^2\right)\binom{n}{n-m}(-1)^{n-m}\binom{\alpha+1/2}{n-m}(n-m)!.
\end{aligned} \tag{1.87}
$$

特别在式 (1.85) 中取 $\alpha=1/2$, 有

$$
: \exp\left(-tQ^2\right) :=: \sum_{n=0}^{+\infty}\frac{t^n}{n!}\left(-Q^2\right)^n := (1-t)\sum_{n=0}^{+\infty}\mathrm{L}_n^{1/2}\left(Q^2\right)t^n. \tag{1.88}
$$

比较此式两边 t^n 的系数得到

$$
:\left(-Q^2\right)^n := n!\left[\mathrm{L}_n^{1/2}\left(Q^2\right)-\mathrm{L}_{n-1}^{1/2}\left(Q^2\right)\right]. \tag{1.89}
$$

结合式 (1.89) 与式 (1.84), 可见拉盖尔多项式的递推关系:

$$
\mathrm{L}_n^{1/2}\left(Q^2\right)-\mathrm{L}_{n-1}^{1/2}\left(Q^2\right)=\mathrm{L}_n^{-1/2}\left(Q^2\right). \tag{1.90}
$$

1.4.3 有关算符厄米多项式的若干母函数公式的简便推导

用式 (1.42) 可以简化很多复杂计算, 例如, 为了简便地求 $\sum_{n=0}^{+\infty}\sum_{m=0}^{+\infty}\frac{\mathrm{H}_{n+m}(x)}{n!m!}$ $\times t^n v^m$ 的母函数, 现讨论把 x 换成算符 Q 的情形.

$$\begin{aligned}\sum_{n=0}^{+\infty}\sum_{m=0}^{+\infty}\frac{\mathrm{H}_{n+m}(Q)}{n!m!}t^n v^m &= \sum_{n=0}^{+\infty}\sum_{m=0}^{+\infty}:\frac{(2Q)^{n+m}}{n!m!}t^n v^m:\\ &=:\exp\left[2(t+v)Q\right]:\\ &=\exp\left[2(t+v)Q-(t+v)^2\right]\\ &=\exp\left(2tQ-t^2\right)\exp\left[2(Q-t)-v^2\right]\\ &=\exp\left(2tQ-t^2\right)\sum_{m=0}^{+\infty}\frac{\mathrm{H}_m(Q-t)}{m!}v^m,\end{aligned} \tag{1.91}$$

所以

$$\sum_{n=0}^{+\infty}\sum_{m=0}^{+\infty}\frac{\mathrm{H}_{n+m}(x)}{n!m!}t^n v^m=\exp\left(2tx-t^2\right)\sum_{m=0}^{+\infty}\frac{\mathrm{H}_m(x-t)}{m!}v^m. \tag{1.92}$$

如再比较两边 $\frac{v^m}{m!}$ 的系数, 又得另一母函数公式

$$\sum_{n=0}^{+\infty}\frac{\mathrm{H}_{n+m}(x)}{n!}t^n=\exp\left(2tx-t^2\right)\mathrm{H}_m(x-t). \tag{1.93}$$

作为练习, 读者可以尝试去求和

$$\sum_{n=0}^{+\infty}\sum_{m=0}^{+\infty}\sum_{l=0}^{+\infty}\frac{\mathrm{H}_{n+m+l}(x)}{n!m!l!}t^n v^m u^l. \tag{1.94}$$

我们再用式 (1.42) 证明

$$\sum_{k=0}^{n}\binom{n}{k}\mathrm{H}_{n-k}(x)\,\mathrm{H}_k(y)=\mathrm{H}_n(x+y). \tag{1.95}$$

取 $x \mapsto Q_1, y \mapsto Q_2$, 又 $Q_i = \dfrac{a_i^\dagger + a_i}{\sqrt{2}}$, $[Q_1, Q_2] = 0$, 所以

$$\begin{aligned}\sum_{k=0}^{n}\binom{n}{k}\mathrm{H}_{n-k}(Q_1)\,\mathrm{H}_k(Q_2) &= \sum_{k=0}^{n}\binom{n}{k}2^n : {Q_1}^{n-k} :: {Q_2}^{k} : \\ &= 2^n \sum_{k=0}^{n} : \binom{n}{k} Q_1^{n-k} Q_2^{k} : \\ &= 2^n : (Q_1 + Q_2)^n := \mathrm{H}_n(Q_1 + Q_2).\end{aligned} \tag{1.96}$$

再看

$$\begin{aligned}\sum_{n=0}^{+\infty}\frac{\mathrm{H}_n(Q_1)\mathrm{H}_n(Q_2)}{2^n n!}t^n &= \sum_{n=0}^{+\infty}\frac{:(2Q_1Q_2)^n:}{n!}t^n \\ &=: \exp(2tQ_1Q_2) : .\end{aligned} \tag{1.97}$$

另一方面, 用 IWOP 技术及双模坐标表象完备性得

$$\begin{aligned}&\exp\left[\frac{t^2(Q_1^2+Q_2^2)-2tQ_1Q_2}{t^2-1}\right] \\ &= \iint \frac{\mathrm{d}q_1\mathrm{d}q_2}{\pi}\exp\left[-\frac{t^2(q_1^2+q_2^2)-2tq_1q_2}{1-t^2}\right]|q_1q_2\rangle\langle q_1q_2| \\ &= \iint \frac{\mathrm{d}q_1\mathrm{d}q_2}{\pi}\exp\left[\frac{-(q_1^2+q_2^2)+2tq_1q_2}{1-t^2}\right] \\ &\quad \times : \exp(2q_1Q_1 + 2Q_2q_2 - Q_1^2 - Q_2^2) : \\ &= \frac{1-t^2}{\pi}\iint \mathrm{d}q_1\mathrm{d}q_2 : \exp\left[-\left(q_1^2+q_2^2\right)+2tq_1q_2 + 2\sqrt{1-t^2}\,(q_1Q_1+Q_2q_2)\right. \\ &\quad \left. -Q_1^2 - Q_2^2\right] : \\ &= \sqrt{1-t^2} : \exp(2tQ_2Q_1) : .\end{aligned} \tag{1.98}$$

由于

$$
\begin{aligned}
:\exp\left(2tQ_2Q_1\right):&=:\exp\left[t\left(a_1+a_1^{\dagger}\right)\left(a_2+a_2^{\dagger}\right)\right]: \\
&=\mathrm{e}^{ta_1^{\dagger}a_2^{\dagger}}:\exp\left[t\left(a_2^{\dagger}a_1+a_1^{\dagger}a_2\right)\right]:\mathrm{e}^{ta_1a_2},
\end{aligned}
\tag{1.99}
$$

所以

$$
\sqrt{1-t^2}:\exp\left(2tQ_1Q_2\right):|00\rangle=\sqrt{1-t^2}\mathrm{e}^{ta_1^{\dagger}a_2^{\dagger}}|00\rangle. \tag{1.100}
$$

等到读者看到第 3 章的 3.7 节,就可以知道 $\sqrt{1-t^2}\mathrm{e}^{ta_1^{\dagger}a_2^{\dagger}}|00\rangle$ 是一个双模压缩态. 换言之, $\exp\left[\frac{t^2\left(Q_1^2+Q_2^2\right)-2tQ_1Q_2}{t^2-1}\right]$ 是一个双模压缩算符.

比较式 (1.97) 和式 (1.98), 得到有关 $\mathrm{H}_n\left(x_1\right)\mathrm{H}_n\left(x_2\right)$ 的母函数公式

$$
\sum_{n=0}^{+\infty}\frac{t^n}{2^nn!}\mathrm{H}_n\left(x_1\right)\mathrm{H}_n\left(x_2\right)=\frac{1}{\sqrt{1-t^2}}\exp\left[\frac{t^2\left(x_1^2+x_2^2\right)-2tx_1x_2}{t^2-1}\right]. \tag{1.101}
$$

那么,如何让算符 $:\exp\left(2tQ_2Q_1\right):$ 脱去正规乘积号呢? 这也可以用 IWOP 技术完成:

$$
\begin{aligned}
:\exp\left(2tQ_2Q_1\right):&=:\int\frac{\mathrm{d}^2z}{\pi}\exp\left(-|z|^2+\sqrt{2}tzQ_1+\sqrt{2}tz^*Q_2\right): \\
&=\int\frac{\mathrm{d}^2z}{\pi}\exp\Big[-|z|^2+\sqrt{t}z\left(a_1+a_1^{\dagger}\right)+\sqrt{t}z^*\left(a_2+a_2^{\dagger}\right) \\
&\quad -tz^2-tz^{*2}\Big] \\
&=\int\frac{\mathrm{d}^2z}{\pi}\exp\left(-|z|^2+\sqrt{2t}zQ_1+\sqrt{2t}z^*Q_2-\frac{tz^2}{2}-\frac{tz^{*2}}{2}\right) \\
&=\frac{1}{\sqrt{1-t^2}}\exp\left(\frac{2tQ_1Q_2-t^2Q_1^2-t^2Q_2^2}{1-t^2}\right),
\end{aligned}
$$

此式恰是式 (1.98).

1.4.4 化两个正规乘积的积为一个正规乘积的公式

用 IWOP 技术我们可以直接得到一些有用的积分公式而无需真正地去做积分. 例如, 从

$$\sum_{m=0}^{+\infty}\frac{s^m}{m!}\mathrm{H}_m(Q)\sum_{n=0}^{+\infty}\frac{t^n}{n!}\mathrm{H}_n(Q)=\exp\left[2(s+t)Q-t^2-s^2\right]$$

$$=:\exp\left[2(s+t)Q+2ts\right]:,\tag{1.102}$$

推出

$$\begin{aligned}\mathrm{H}_m(Q)\mathrm{H}_n(Q)&=\frac{\partial^{m+n}}{\partial s^m\partial t^n}:\mathrm{e}^{2(s+t)Q+2ts}:|_{t=s=0}\\&=:\frac{\partial^m}{\partial s^m}\mathrm{e}^{2sQ}\frac{\partial^n}{\partial t^n}\mathrm{e}^{2t(Q+s)}:|_{t=s=0}\\&=:2^n\frac{\partial^m}{\partial s^m}(Q+s)^n\mathrm{e}^{2sQ}|_{s=0}:\\&=:\sum_{l=0}^{\min(m,n)}2^{n+m-l}l!\binom{m}{l}\binom{n}{l}Q^{n+m-2l}:.\end{aligned}\tag{1.103}$$

再用式 (1.42), 可见

$$\mathrm{H}_m(Q)\mathrm{H}_n(Q)=\sum_{l=0}2^l l!\binom{m}{l}\binom{n}{l}\mathrm{H}_{n+m-2l}(Q),\tag{1.104}$$

此关系当 $Q\mapsto x$ 也成立, 即

$$\mathrm{H}_m(x)\mathrm{H}_n(x)=\sum_{l=0}2^l l!\binom{m}{l}\binom{n}{l}\mathrm{H}_{n+m-2l}(x).\tag{1.105}$$

而从式 (1.103) 和式 (1.42) 又得

$$:Q^m::Q^n:=:\sum_{l=0}^{m}2^{-l}l!\binom{m}{l}\binom{n}{l}Q^{n+m-2l}:,\tag{1.106}$$

这是把两个正规乘积的积化为一个正规乘积的公式. 进一步, 用双变数厄米多项式的定义 (详见第 2 章式 (2.4)), 有

$$\mathrm{H}_{m,n}(x,y)=\sum_{l=0}^{\min(m,n)} l!\binom{m}{l}\binom{n}{l}(-1)^l x^{m-l}y^{n-l}, \tag{1.107}$$

可以把式 (1.106) 写为

$$:Q^m::Q^n:=\left(\frac{1}{\sqrt{2}\mathrm{i}}\right)^{m+n}:\mathrm{H}_{m,n}(\mathrm{i}\sqrt{2}Q,\mathrm{i}\sqrt{2}Q):, \tag{1.108}$$

这是易于被记忆的. 再用式 (1.103) 得

$$\begin{aligned}\mathrm{H}_m(Q)\,\mathrm{H}_n(Q)&=\int_{-\infty}^{+\infty}\mathrm{d}q\mathrm{H}_m(q)\,\mathrm{H}_n(q)\,|q\rangle\langle q|\\&=:\int_{-\infty}^{+\infty}\frac{\mathrm{d}q}{\sqrt{\pi}}\mathrm{H}_m(q)\,\mathrm{H}_n(q)\,\mathrm{e}^{-(q-Q)^2}:\\&=:\sum_{l=0}^{m}2^{n+m-l}l!\binom{m}{l}\binom{n}{l}Q^{n+m-2l}:\\&=m!n!\sum_{l=0}\frac{2^l\mathrm{H}_{n+m-2l}(Q)}{(m-l)!l!(n-l)!},\end{aligned} \tag{1.109}$$

我们立刻得到积分公式

$$\begin{aligned}\int_{-\infty}^{+\infty}\frac{\mathrm{d}x}{\sqrt{\pi}}\mathrm{H}_m(x)\,\mathrm{H}_n(x)\,\mathrm{e}^{-(x-y)^2}&=\sum_{l=0}^{m}2^{n+m-l}l!\binom{m}{l}\binom{n}{l}y^{n+m-2l}\\&=2^n m!y^{n-m}\mathrm{L}_m^{n-m}\left(-2y^2\right),\end{aligned} \tag{1.110}$$

而无需真正地去做积分. 在上式的最后一步, 我们用了伴随拉盖尔多项式的定义式 (1.77).

在式 (1.110) 中, 当 $y=0$, 只有 $(n+m)/2=l$ 的项有贡献, 所以

$$\int_{-\infty}^{+\infty}\frac{\mathrm{d}x}{\sqrt{\pi}}\mathrm{H}_m(x)\,\mathrm{H}_n(x)\,\mathrm{e}^{-x^2}=\delta_{mn}m!2^m. \tag{1.111}$$

另一方面,从式 (1.110)和 (1.51)给出

$$
\begin{aligned}
2^n m! Q^{n-m} \mathrm{L}_m^{n-m}\left(-2Q^2\right) &= \sum_{l=0}^{m} 2^{n+m-l} l! \binom{m}{l}\binom{n}{l} Q^{n+m-2l} \\
&= \sum_{l=0}^{m} 2^l l! \binom{m}{l}\binom{n}{l} (\mathrm{i})^{-(n+m-2l)} : \mathrm{H}_{n+m-2l}(\mathrm{i}Q) : .
\end{aligned}
\tag{1.112}
$$

进一步用式 (1.109) 式, (1.106) 和式 (1.42) 我们有

$$
\begin{aligned}
\mathrm{H}_m(Q)\,\mathrm{H}_n(Q)\,\mathrm{H}_r(Q) &=: \sum_{l=0}^{m} 2^{n+m-l} l! \binom{m}{l}\binom{n}{l} Q^{n+m-2l}\left(2^r : Q^r :\right) \\
&=: \sum_{l=0}^{m}\sum_{j=0}^{r} 2^{n+m-l-j} l! j! \binom{m}{l}\binom{n}{l}\binom{n+m-2l}{j}\binom{r}{j} \\
&\quad \times Q^{n+m+r-2l-2j} : \\
&= \sum_{l=0}^{m}\sum_{j=0}^{r} 2^{n+m-l-j} l! j! \binom{m}{l}\binom{n}{l}\binom{n+m-2l}{j}\binom{r}{j} \\
&\quad \times : \mathrm{H}_{n+m+r-2l-2j}(Q) : .
\end{aligned}
\tag{1.113}
$$

再用三模从坐标表象完备性的纯高斯积分形式和 IWOP 技术又得一个新积分公式

$$
\begin{aligned}
&\int_{-\infty}^{+\infty} \frac{\mathrm{d}q}{\sqrt{\pi}} \mathrm{H}_m(q)\,\mathrm{H}_n(q)\,\mathrm{H}_r(q)\,\mathrm{e}^{-(q-y)^2} \\
&\quad = \sum_{l=0}^{m}\sum_{j=0}^{r} 2^{n+m-l-j} l! j! \binom{m}{l}\binom{n}{l}\binom{n+m-2l}{j}\binom{r}{j} \\
&\quad \times y^{n+m+r-2l-2j},
\end{aligned}
\tag{1.114}
$$

而无需真正地去做积分.

1.5 用表象完备性的纯高斯积分形式求粒子态的波函数

要求粒子态的波函数 $\langle q|n\rangle$, 这在以往的文献中是先算出 $\langle q|0\rangle$, 然后用数学归纳法求之, 如狄拉克的《量子力学原理》书中所述. 而我们下述的方法十分简明, 并可以推广到其他表象.

我们用厄米多项式的母函数式把 $|q\rangle\langle q|$ 改写为

$$|q\rangle\langle q| = \frac{1}{\sqrt{\pi}}\mathrm{e}^{-q^2} : \mathrm{e}^{2qQ-Q^2} : = \mathrm{e}^{-q^2}\sum_{m=0}^{+\infty} : \frac{Q^m}{n!}\mathrm{H}_m(q) : , \tag{1.115}$$

记住在正规乘积内部玻色算符 $a^\dagger$ 与 a 相互对易以及 $a|0\rangle = 0, \langle n|m\rangle = \delta_{nm}$, 从上式给出

$$\begin{aligned}
\langle n|q\rangle\langle q|0\rangle &= \frac{1}{\sqrt{\pi}}\mathrm{e}^{-q^2}\sum_{m=0}\frac{\mathrm{H}_m(q)}{m!}\langle n| : \left(\frac{a+a^\dagger}{\sqrt{2}}\right)^m : |0\rangle \\
&= \frac{1}{\sqrt{\pi}}\mathrm{e}^{-q^2}\sum_{m=0}\frac{\mathrm{H}_m(q)}{\sqrt{2^m}m!}\langle n|a^{\dagger m}|0\rangle \\
&= \frac{1}{\sqrt{\pi}}\mathrm{e}^{-q^2}\sum_{n=0}\frac{\mathrm{H}_m(q)}{\sqrt{2^m m!}}\langle n|m\rangle \\
&= \frac{1}{\sqrt{\pi}}\mathrm{e}^{-q^2}\frac{\mathrm{H}_n(q)}{\sqrt{2^n n!}}.
\end{aligned} \tag{1.116}$$

上式中当 $n=0, \mathrm{H}_0(q) = 1$, 得到

$$|\langle q|0\rangle|^2 = \frac{1}{\sqrt{\pi}}\mathrm{e}^{-q^2}, \tag{1.117}$$

即真空态的波函数为

$$\langle q|0\rangle = \pi^{-1/4}\mathrm{e}^{-q^2/2}. \tag{1.118}$$

代回式 (1.116) 可见

$$\langle q|n\rangle = \mathrm{e}^{-q^2/2}\frac{\mathrm{H}_n(q)}{\sqrt{\sqrt{\pi}2^n n!}} = \langle n|q\rangle , \tag{1.119}$$

这就是坐标表象中粒子数态波函数. 现在来推导粒子态在动量表象中的波函数 $\langle p|\,n\rangle$, 先把动量表象完备性纳入纯高斯积分形式, 有

$$\int_{-\infty}^{+\infty}\mathrm{d}p\,|p\rangle\,\langle p| = \int_{-\infty}^{+\infty}\frac{dp}{\sqrt{\pi}}:\mathrm{e}^{-(p-P)^2}:=1, \tag{1.120}$$

用厄米多项式的母函数式把 $|p\rangle\,\langle p|$ 改写为

$$|p\rangle\,\langle p| = \frac{1}{\sqrt{\pi}}\mathrm{e}^{-p^2}:\mathrm{e}^{2pP-P^2}: = \mathrm{e}^{-p^2}\sum_{m=0}^{+\infty}:\frac{P^m}{n!}\mathrm{H}_m(p):, \tag{1.121}$$

如记住在正规乘积内部玻色算符 $a^\dagger$ 与 a 相互对易以及 $a\,|0\rangle=0$, $\langle n|\,m\rangle=\delta_{nm}$ 从上式给出

$$\begin{aligned}\langle n|p\rangle\,\langle p|0\rangle &= \frac{1}{\sqrt{\pi}}\mathrm{e}^{-p^2}\sum_{m=0}\frac{\mathrm{H}_m(p)}{m!}\langle n|:\left(\frac{a-a^\dagger}{\sqrt{2}\mathrm{i}}\right)^m:|0\rangle \\ &= \frac{1}{\sqrt{\pi}}\mathrm{e}^{-p^2}\sum_{m=0}\frac{\mathrm{i}^m\mathrm{H}_m(p)}{\sqrt{2^m}m!}\langle n|\,a^{\dagger m}\,|0\rangle \\ &= \frac{1}{\sqrt{\pi}}\mathrm{e}^{-p^2}\sum_{n=0}\frac{\mathrm{H}_m(p)}{\sqrt{2^m m!}}\langle n|\,m\rangle \\ &= \frac{1}{\sqrt{\pi}}\mathrm{e}^{-p^2}\frac{\mathrm{i}^n\mathrm{H}_n(p)}{\sqrt{2^n n!}}.\end{aligned} \tag{1.122}$$

上式中取 $n=0$, 得到

$$|\,\langle p|0\rangle\,|^2 = \frac{1}{\sqrt{\pi}}\mathrm{e}^{-p^2}, \tag{1.123}$$

即真空态的波函数为

$$\langle p|0\rangle = \pi^{-1/4}\mathrm{e}^{-p^2/2}. \tag{1.124}$$

代回式 (1.122) 可见动量表象中的波函数 $\langle n|p\rangle$.

表象的建立在数学物理方程方面有特殊的用途. 例如, 注意到

$$\mathrm{e}^{-\lambda P^2} = \int_{-\infty}^{+\infty}\frac{\mathrm{d}v}{\sqrt{\pi}}\exp(-v^2+2\mathrm{i}\sqrt{\lambda}vP) \tag{1.125}$$

及

$$\langle q|\,\mathrm{e}^{\mathrm{i}\lambda P} = \mathrm{e}^{\lambda\frac{\mathrm{d}}{\mathrm{d}q}}\,\langle q| = \langle q+\lambda| \tag{1.126}$$

可得

$$\begin{aligned}\langle q|\,\mathrm{e}^{-\lambda P^2}\,|\psi\rangle &= \mathrm{e}^{\lambda\frac{\mathrm{d}^2}{\mathrm{d}q^2}}\psi(x) = \int_{-\infty}^{+\infty}\frac{\mathrm{d}v}{\sqrt{\pi}}\langle q|\exp\left(-v^2+2\mathrm{i}\sqrt{\lambda}vP\right)|\psi\rangle \\ &= \int_{-\infty}^{+\infty}\frac{\mathrm{d}v}{\sqrt{\pi}}\mathrm{e}^{-v^2}\langle q|\exp\left(2\mathrm{i}\sqrt{\lambda}vP\right)|\psi\rangle \\ &= \int_{-\infty}^{+\infty}\frac{\mathrm{d}v}{\sqrt{\pi}}\mathrm{e}^{-v^2}\psi\left(q+2\sqrt{\lambda}v\right) \\ &= \int_{-\infty}^{+\infty}\frac{\mathrm{d}y}{2\sqrt{\pi\lambda}}\exp\left[\frac{-(q-y)^2}{4\lambda}\right]\psi(y).\end{aligned} \tag{1.127}$$

此方程类似于热传导方程解的形式, 当将 $\lambda\mapsto-\mathrm{i}\lambda$, 也与光学菲涅耳 (Fresnel)变换类似 . 当 $\lambda=1/4$, 上式等价于

$$\begin{aligned}\exp\left(\frac{1}{4}\frac{\partial^2}{\partial x^2}\right)f(x) &= \sum_{n=0}^{+\infty}\frac{1}{n!}\left(\frac{1}{4}\right)^n\int_{-\infty}^{+\infty}\mathrm{d}sf(s)\left(\frac{\partial^2}{\partial x^2}\right)^n\delta(x-s) \\ &= \sum_{n=0}^{+\infty}\frac{1}{n!}\left(-\frac{1}{4}\right)^n\frac{1}{2\pi}\int_{-\infty}^{+\infty}\mathrm{d}sf(s)\int_{-\infty}^{+\infty}\mathrm{d}tt^{2n}\mathrm{e}^{-\mathrm{i}(x-s)t} \\ &= \frac{1}{2\pi}\int_{-\infty}^{+\infty}\mathrm{d}sf(s)\int_{-\infty}^{+\infty}\mathrm{d}t\exp\left(-\frac{1}{4}t^2-\mathrm{i}xt+\mathrm{i}st\right) \\ &= \sqrt{\frac{1}{\pi}}\int_{-\infty}^{+\infty}\mathrm{d}sf(s)\exp\left[-(x-s)^2\right],\end{aligned} \tag{1.128}$$

取 $f(x)=\mathrm{H}_n(x)$ 时 , 从式 (1.44) 可见

$$\exp\left(\frac{1}{4}\frac{\partial^2}{\partial x^2}\right)\mathrm{H}_n(x) = \sqrt{\frac{1}{\pi}}\int_{-\infty}^{+\infty}\mathrm{d}s\mathrm{H}_n(s)\exp\left[-(x-s)^2\right] = 2^nx^n. \tag{1.129}$$

而当取 $f(x)=x^n$ 时 , 从式 (1.48) 可见

$$\exp\left(\frac{1}{4}\frac{\partial^2}{\partial x^2}\right)x^n = \sqrt{\frac{1}{\pi}}\int_{-\infty}^{+\infty}\mathrm{d}ss^n\exp\left[-(x-s)^2\right] = (2\mathrm{i})^{-n}\,\mathrm{H}_n(\mathrm{i}x). \tag{1.130}$$

这也意味着

$$\exp\left(-\frac{1}{4}\frac{\partial^2}{\partial x^2}\right)x^n = 2^{-n}\mathrm{H}_n(x), \tag{1.131}$$

以及

$$\exp\left(-\frac{1}{4}\frac{\partial^2}{\partial Q}\right)Q^n = 2^{-n}\mathrm{H}_n\left(Q\right) =: Q^n :, \tag{1.132}$$

这是一个有趣的关系.

1.6 $1/Q$ 的厄米多项式展开

$Q = \left(a+a^{\dagger}\right)/\sqrt{2}$, 式 (1.46) 已经告知我们对于 n 是正整数, 有 $Q^n = \sum\limits_{l=0}^{[n/2]}\dfrac{n!\mathrm{H}_{n-2l}\left(Q\right)}{2^n l!\left(n-2l\right)!}$, 那么 $\dfrac{1}{Q}$ 的厄米多项式展开是什么? 以下我们来验证

$$\frac{1}{Q} = \sum_{n=0}\frac{\left(-1\right)^n}{2^n\left(2n+1\right)!!}\mathrm{H}_{2n+1}\left(Q\right), \tag{1.133}$$

事实上, 用

$$Q\mathrm{H}_{2n+1}\left(Q\right) = \frac{1}{2}\left[\mathrm{H}_{2n+2}\left(Q\right)+\mathrm{H}'_{2n+1}\left(Q\right)\right] = \frac{1}{2}\left[\mathrm{H}_{2n+2}+2\left(2n+1\right)\mathrm{H}_{2n}\right], \tag{1.134}$$

算出

$$\begin{aligned}
Q\frac{1}{Q} &= \frac{1}{2}\sum_{n=0}\frac{\left(-1\right)^n}{2^n\left(2n+1\right)!!}\left[\mathrm{H}_{2n+2}+2\left(2n+1\right)\mathrm{H}_{2n}\right] \\
&= \sum_{n=0}\frac{\left(-1\right)^n}{2^{n+1}\left(2n+1\right)!!}\mathrm{H}_{2n+2}+\sum_{n=1}\frac{\left(-1\right)^n}{2^n\left(2n-1\right)!!}\mathrm{H}_{2n}+1 \\
&= \sum_{n=0}\frac{\left(-1\right)^n}{2^{n+1}\left(2n+1\right)!!}\mathrm{H}_{2n+2}+\sum_{n=0}\frac{\left(-1\right)^{n+1}}{2^{n+1}\left(2n+1\right)!!}\mathrm{H}_{2n+2}+1 = 1.
\end{aligned} \tag{1.135}$$

用式 (1.42) 得

$$\frac{1}{Q} = \sqrt{\pi}\sum\frac{\left(-1\right)^n}{\Gamma\left(n+\frac{3}{2}\right)} : Q^{2n+1} :, \tag{1.136}$$

其中

$$\Gamma\left(n+\frac{3}{2}\right)=\sqrt{\pi}2^{-(n+1)}(2n+1)!!. \tag{1.137}$$

用 IWOP 技术及双模坐标表象完备性得

$$\begin{aligned}\frac{1}{Q}&=\frac{1}{Q}\int_{-\infty}^{+\infty}\mathrm{d}q\,|q\rangle\langle q|=\int_{-\infty}^{+\infty}\mathrm{d}q\frac{1}{q}:\exp\left[-(q-Q)^2\right]:\\&=\sqrt{\pi}\sum_{n=0}\frac{(-1)^n}{\Gamma(n+3/2)}:Q^{2n+1}:,\end{aligned} \tag{1.138}$$

说明存在积分

$$\int_{-\infty}^{+\infty}\mathrm{d}q\frac{1}{q}\exp\left[-(q-y)^2\right]=\sqrt{\pi}\sum\frac{(-1)^n}{\Gamma(n+3/2)}y^{2n+1}. \tag{1.139}$$

再用式 (1.138) 和式 (1.42) 可得

$$\frac{1}{Q^2}=-\frac{\mathrm{d}}{\mathrm{d}Q}\frac{1}{Q}=\sqrt{\pi}\sum_{n=0}\frac{(-1)^{n+1}(2n+1)}{2^{2n}\Gamma(n+3/2)}\mathrm{H}_{2n}(Q). \tag{1.140}$$

1.7 构建坐标 – 动量中介表象、完备性的纯高斯积分形式

用 IWOP 技术可以构建很多新表象. 考虑如下积分值为 1 的积分

$$\frac{1}{\sqrt{2\pi}\sigma}\int_{-\infty}^{+\infty}\mathrm{d}y:\exp\left[\frac{-(y-\lambda Q-\nu P)^2}{2\sigma^2}\right]:=1 \tag{1.141}$$

其中 $2\sigma^2=\lambda^2+\nu^2$, 用 $|0\rangle\langle 0|=:\exp(-a^\dagger a):$ 把指数算符拆为

$$\begin{aligned}1=&\frac{1}{\sqrt{2\pi}\sigma}\int_{-\infty}^{+\infty}\mathrm{d}y:\exp\left\{\frac{-1}{\lambda^2+\nu^2}\left[y^2-\sqrt{2}y[a^\dagger(\lambda+\mathrm{i}\nu)+a(\lambda-\mathrm{i}\nu)\right]\right.\\&\left.+\frac{1}{2}\left[(\lambda+\mathrm{i}\nu)^2a^{\dagger 2}+(\lambda-\mathrm{i}\nu)^2a^2+2(\lambda^2+\nu^2)a^\dagger a\right]\right\}:\\=&\int_{-\infty}^{+\infty}\mathrm{d}y\,|y\rangle_{\lambda,\nu\,\lambda,\nu}\langle y|,\end{aligned} \tag{1.142}$$

其中

$$|y\rangle_{\lambda,\nu}=\frac{\pi^{-1/4}}{\sqrt{s^*+r^*}}\exp\left(-\frac{y^2}{\lambda^2+\nu^2}+\frac{\sqrt{2}y}{\lambda-\mathrm{i}\nu}a^\dagger-\frac{\lambda+\mathrm{i}\nu}{\lambda-\mathrm{i}\nu}\frac{a^{\dagger 2}}{2}\right)|0\rangle\,, \tag{1.143}$$

是一个新的态矢量,满足

$$a\,|y\rangle_{\lambda,\nu}=\left(\frac{\sqrt{2}\mathrm{i}x}{\mathrm{i}\lambda+\nu}-\frac{\mathrm{i}\lambda-\nu}{\mathrm{i}\lambda+\nu}a^\dagger\right)|y\rangle_{s,r}\,, \tag{1.144}$$

而式 (1.144) 变为

$$(\lambda Q+\nu P)\,|y\rangle_{\lambda,\nu}=y\,|y\rangle_{\lambda,\nu}\,, \tag{1.145}$$

$$Q=\frac{a+a^\dagger}{\sqrt{2}},\qquad P=\mathrm{i}\frac{a^\dagger-a}{\sqrt{2}}. \tag{1.146}$$

可以证明

$$_{\lambda,\nu}\langle y'\,|y\rangle_{\lambda,\nu}=\delta\left(y-y'\right), \tag{1.147}$$

当 $\lambda=1,\nu=0$, 上式约化为坐标表象 $1=\int_{-\infty}^{+\infty}\frac{\mathrm{d}q}{\sqrt{\pi}}:\exp[-(q-Q)^2]:$, 而当 $\lambda=0,\nu=1$, 上式约化为动量表象 $1=\int_{-\infty}^{+\infty}\frac{\mathrm{d}p}{\sqrt{\pi}}:\exp[-(p-P)^2]:$, 所以我们称 $|y\rangle_{\lambda,\nu}$ 为坐标–动量中介表象.

1.8 相干态表象完备性的高斯积分形式及导出新法

受上节的启发,我们可以构造如下的关于 $z=x+\mathrm{i}y$ 的有序算符内的积分

$$\begin{aligned}1&=\int\frac{\mathrm{d}^2z}{\pi}:\mathrm{e}^{-|z-a|^2}:\\&=\int\frac{\mathrm{d}^2z}{\pi}:\exp\left(-|z|^2+za^\dagger+z^*a-a^\dagger a\right):\quad(\mathrm{d}^2z=\mathrm{d}x\mathrm{d}y),\end{aligned} \tag{1.148}$$

用 $|0\rangle\langle 0|=:\exp\left(-a^\dagger a\right):$ 将指数分拆后,得到

$$\int \frac{\mathrm{d}^2 z}{\pi} \mathrm{e}^{-|z|^2/2+za^\dagger} : \mathrm{e}^{-a^\dagger a} : \mathrm{e}^{-|z|^2/2+z^* a} = \int \frac{\mathrm{d}^2 z}{\pi} |z\rangle \langle z|, \tag{1.149}$$

表明

$$|z\rangle = \mathrm{e}^{-|z|^2/2+za^\dagger} |0\rangle = D(z) |0\rangle, \tag{1.150}$$

$$D(z) = \exp\left(za^\dagger - z^* a\right), \tag{1.151}$$

$D(z)$ 称为平移算符, $|z\rangle$ 称为相干态, 它是湮灭算符的本征态, $a|z\rangle = z|z\rangle$. 这里已经暗示

$$D(z) = \mathrm{e}^{-|z|^2/2+za^\dagger} \mathrm{e}^{-z^* a} = \mathrm{e}^{|z|^2/2-z^* a} \mathrm{e}^{za^\dagger}. \tag{1.152}$$

这实际上与式 (1.26) 一致, 可以用 IWOP 技术证明之. 事实上,由

$$D(z) a^\dagger D^{-1}(z) = a^\dagger - z^*, \tag{1.153}$$

及式 (1.73) 可见

$$\begin{aligned}
D(z) &= \int \frac{\mathrm{d}^2 z'}{\pi} D(z) |z'\rangle \langle z'| \\
&= \int \frac{\mathrm{d}^2 z'}{\pi} D(z) \exp\left(\frac{-|z'|^2}{2} + z' a^\dagger\right) D^{-1}(z) D(z) |0\rangle \langle z'| \\
&= \int \frac{\mathrm{d}^2 z'}{\pi} \exp\left[\frac{-|z'|^2}{2} + z'\left(a^\dagger - z^*\right)\right] |z\rangle \langle z'| \\
&= \int \frac{\mathrm{d}^2 z'}{\pi} \exp\left[\frac{-|z'|^2}{2} + z'\left(a^\dagger - z^*\right) \frac{-|z|^2}{2} + za^\dagger\right] |0\rangle \langle 0| \\
&\quad \times \exp\left(\frac{-|z'|^2}{2} + z'^* a\right) \\
&= \exp\left(\frac{-|z|^2}{2} + za^\dagger\right) \int \frac{\mathrm{d}^2 z'}{\pi} : \exp\left[-|z'|^2 + z'\left(a^\dagger - z^*\right) + z'^* a - a^\dagger a\right] : \\
&= \exp\left(\frac{-|z|^2}{2} + za^\dagger\right) : \exp\left[\left(a^\dagger - z^*\right) a - a^\dagger a\right] :
\end{aligned}$$

$$= \exp\left(\frac{-|z|^2}{2} + za^\dagger\right) \mathrm{e}^{-z^* a} \tag{1.154}$$

此即式 (1.152). 若令 $z = \frac{1}{\sqrt{2}}(q + \mathrm{i}p)$,则 $|z\rangle$ 改写为

$$|p, q\rangle = \exp\left[-\frac{1}{4}\left(q^2 + p^2\right) + \frac{1}{\sqrt{2}}(q + \mathrm{i}p)\, a^\dagger\right]|0\rangle, \tag{1.155}$$

它满足式 (1.7). $|p, q\rangle$ 是 $q - p$ 相空间中定义的态.

平移福克态定义为

$$|z, n\rangle = D(z)|n\rangle = D(z)\frac{a^{\dagger n}}{\sqrt{n!}} D^{-1}(z) D(z)|0\rangle = \frac{1}{\sqrt{n!}}\left(a^\dagger - z^*\right)^n |z\rangle, \tag{1.156}$$

其完备性用 IWOP 技术立得之, 有

$$\int \frac{\mathrm{d}^2 z}{\pi}|z, n\rangle\langle z, m| = \int \frac{\mathrm{d}^2 z}{\pi} : \frac{1}{\sqrt{m!n!}}(a^\dagger - z^*)^n (a - z)^m \mathrm{e}^{-(z^* - a^\dagger)(z - a)} :$$

$$= \int \frac{\mathrm{d}^2 z}{\pi}\frac{1}{\sqrt{n!m!}} z^m z^{*n} \mathrm{e}^{-|z|^2}(-1)^{m+n} = \delta_{mn}. \tag{1.157}$$

其中, $\mathrm{e}^{\frac{-|z|^2}{2}} z^{*n}/\sqrt{n!} = \langle z|n\rangle$ 是构成完备函数空间的基函数. 从式 (1.157) 可以导出

$$\int \frac{\mathrm{d}^2 z}{\pi}(z + \mathrm{i}\sigma)^m (z^* + \mathrm{i}\lambda)^n \mathrm{e}^{-|z|^2}$$

$$= \sum_{l=0}^{+\infty}\sum_{k=0}^{+\infty}\binom{n}{l}\binom{m}{k}(\mathrm{i}\lambda)^{n-l}(\mathrm{i}\sigma)^{m-k}\int \frac{\mathrm{d}^2 z}{\pi} z^k z^{*l} \mathrm{e}^{-|z|^2}$$

$$= \sum_{l=0}^{+\infty}\sum_{k=0}^{+\infty}\binom{n}{l}\binom{m}{k}(\mathrm{i}\lambda)^{n-l}(\mathrm{i}\sigma)^{m-k}\sqrt{l!k!}\,\delta_{l,k}$$

$$= \mathrm{i}^{m+n}\sum_{l=0}\frac{(-1)^l n!m!}{l!(m-l)!(n-l)!}\sigma^{m-l}\lambda^{n-l}, \tag{1.158}$$

这启发我们引入一个称为双模厄米多项式的特殊函数, 即

$$\mathrm{H}_{m,n}(\sigma, \lambda) = \sum_{l=0}^{\min(n,m)}\frac{(-1)^l n!m!}{l!(m-l)!(n-l)!}\sigma^{m-l}\lambda^{n-l}, \tag{1.159}$$

(参见式 (2.4)).故式 (1.158) 改写为

$$\int \frac{d^2 z}{\pi} (z + i\sigma)^m (z^* + i\lambda)^n e^{-|z|^2} = i^{m+n} H_{m,n} (\sigma, \lambda), \tag{1.160}$$

或

$$\int \frac{d^2 z}{\pi} z^m z^{*n} e^{-(z^* - i\lambda)(z - i\sigma)} = i^{m+n} H_{m,n} (\sigma, \lambda). \tag{1.161}$$

这是把函数空间的基函数 $z^m z^{*n}/\sqrt{m!n!}$ 转换为双模厄米多项式的积分变换, 在第 2 章我们还要从算符展开的角度来导出它.

1.9　厄米多项式激发态

用厄米多项式引入一个新态 (g 为实数), 有

$$|\psi\rangle = \mathfrak{N}^{-\frac{1}{2}} H_m \left(g a^\dagger\right) |0\rangle, \tag{1.162}$$

此处, $\mathfrak{N}$ 是待定的归一化常数, $H_m \left(g a^\dagger\right)$ 是算符厄米多项式, 故 $|\psi\rangle$ 称为厄米多项式激发态.

为了导出归一化常数 $\mathfrak{N}$, 需要将 $H_n (fa) H_m (g a^\dagger)$ 化为正规乘积, 用 $\int \frac{d^2 z}{\pi} \times |z\rangle \langle z| = 1$, 有

$$H_n (fa) H_m \left(g a^\dagger\right) = \int \frac{d^2 z}{\pi} : H_n (fz) H_m (g z^*) \exp\left[-\left(z^* - a^\dagger\right)(z - a)\right] : . \tag{1.163}$$

为计算此积分, 考虑

$$\int \frac{d^2 z}{\pi} H_n (fz) H_m (g z^*) \exp\left[-(z^* - \lambda)(z - \sigma)\right], \tag{1.164}$$

将单变量厄米多项式的母函数形式代入上式得

$$\frac{\partial^{n+m}}{\partial t^n \partial \tau^m}\int \frac{\mathrm{d}^2 z}{\pi}\exp\left[-|z|^2+(2ft+\lambda)z+(2g\tau+\sigma)z^*-\lambda\sigma-t^2-\tau^2\right]|_{t,\tau=0}. \tag{1.165}$$

借助于积分公式

$$\int \frac{\mathrm{d}^2 z}{\pi}\exp\left(\zeta|z|^2+\xi z+\eta z^*+fz^2+gz^{*2}\right)$$
$$=\frac{1}{\sqrt{\zeta^2-4fg}}\exp\left(\frac{-\zeta\xi\eta+\xi^2 g+\eta^2 f}{\zeta^2-4fg}\right), \tag{1.166}$$

其收敛条件是 $\mathrm{Re}(\zeta\pm f\pm g)<0$ 和 $\mathrm{Re}\left(\frac{\zeta^2-4fg}{\zeta\pm f\pm g}\right)<0$, 积分式 (1.165) 后得

$$\frac{\partial^{n+m}}{\partial t^n \partial \tau^m}\exp\left(4fgt\tau+2f\sigma t+2g\lambda\tau-t^2-\tau^2\right)|_{t,\tau=0}. \tag{1.167}$$

展开 $\exp(4fgt\tau)$ 为幂级数, 并用式 (1.39) 以及厄米多项式的递推关系

$$\frac{\mathrm{d}^l}{\mathrm{d}x^l}\mathrm{H}_n(x)=\frac{2^l n!}{(n-l)!}\mathrm{H}_{n-l}(x), \tag{1.168}$$

最终将式 (1.166) 变为

$$\int \frac{\mathrm{d}^2 z}{\pi}\mathrm{H}_n(fz)\mathrm{H}_m(gz^*)\exp\left[-(z^*-\lambda)(z-\sigma)\right]$$
$$=\frac{\partial^{n+m}}{\partial t^n \partial \tau^m}\frac{\partial^{2k}}{\partial(2f\sigma)^k\partial(2g\lambda)^k}\sum_{k=0}^{+\infty}\frac{(4fg)^k}{k!}\exp\left[2f\sigma t+2g\lambda\tau\right.$$
$$\left.-t^2-\tau^2\right]|_{t,\tau=0}$$
$$=\frac{\partial^{2k}}{\partial(f\sigma)^k\partial(g\lambda)^k}\sum_{k=0}^{+\infty}\frac{(fg)^k}{k!}\mathrm{H}_n(f\sigma)\mathrm{H}_m(g\lambda)$$
$$=\sum_{k=0}^{\min(n,m)}\frac{(4fg)^k n!m!}{k!(n-k)!(m-k)!}\mathrm{H}_{n-k}(f\sigma)\mathrm{H}_{m-k}(g\lambda). \tag{1.169}$$

这是一个很有用的公式. 作为其应用, 式 (1.165)中的 $\mathrm{H}_n(fa)\mathrm{H}_m(ga^\dagger)$ 化为了正规

乘积

$$\begin{aligned}\mathrm{H}_n(fa)\,\mathrm{H}_m\left(ga^\dagger\right) &= \int\frac{\mathrm{d}^2z}{\pi}:\mathrm{H}_n(fz)\,\mathrm{H}_m(gz^*)\exp\left[-\left(z^*-a^\dagger\right)(z-a)\right]: \\ &= \sum_{k=0}^{\min(n,m)}\frac{(4fg)^k}{k!}\frac{n!m!}{(n-k)!\,(m-k)!}:\mathrm{H}_{n-k}(fa)\,\mathrm{H}_{m-k}\left(ga^\dagger\right):. \end{aligned} \tag{1.170}$$

由此及

$$\begin{aligned}\mathrm{H}_{2n}(0) &= (-1)^n\,2^n\,(2n-1)!! \\ \mathrm{H}_{2n+1}(0) &= 0\end{aligned} \tag{1.171}$$

导出归一化常数

$$\begin{aligned}\mathfrak{N} = \langle 0|\,\mathrm{H}_m(ga)\,\mathrm{H}_m\left(ga^\dagger\right)|0\rangle &= \sum_{k=0}^{m}\frac{\left(4g^2\right)^k}{k!}\frac{(m!)^2}{\left[(m-k)!\right]^2}\left[\mathrm{H}_{m-k}(0)\right]^2 \\ &= \sum_{k=0}^{m}\frac{\left(4g^2\right)^k}{k!}\frac{(m!)^2}{\left[(m-k)!\right]^2}2^{m-k}\,(m-k-1)!! \\ &= \sum_{k=0}^{m}\frac{g^{2k}2^{m+k}\,(m!)^2}{k!\,(m-k)!\,(m-k)!!},\end{aligned} \tag{1.172}$$

这里 $m-k$ 须为偶数. 现在我们计算福克空间矩阵元 $\langle m|\,\mathrm{H}_n(Q)\,|k\rangle$, 用

$$a^l a^{\dagger k} = \int\frac{\mathrm{d}^2z}{\pi}z^l z^{*k}\,|z\rangle\langle z| = \sum_{s=0}^{\min(l,k)}\frac{l!k!a^{\dagger k-s}a^{l-s}}{s!\,(l-s)!\,(k-s)!}, \tag{1.173}$$

把 $\mathrm{H}_n(Q)\,a^{\dagger k}$ 化为正规乘积

$$\begin{aligned}\mathrm{H}_n(Q)\,a^{\dagger k} = 2^n:Q^n:a^{\dagger k} &= \sqrt{2^n}\sum_{l=0}\binom{n}{l}a^{\dagger n-l}a^l a^{\dagger k} \\ &= \sqrt{2^n}\sum_{l=0}\binom{n}{l}\sum_{s=0}^{\min(l,k)}\frac{l!k!a^{\dagger n-l+k-s}a^{l-s}}{s!\,(l-s)!\,(k-s)!}.\end{aligned} \tag{1.174}$$

于是有

$$\mathrm{H}_n(Q)|k\rangle=\frac{1}{\sqrt{k!}}\mathrm{H}_n(Q)\,a^{\dagger k}|0\rangle=\sqrt{2^n k!}\sum_{l=0}\binom{n}{l}\frac{a^{\dagger n+k-2l}}{(k-l)!}|0\rangle$$

$$=\sqrt{2^n k!}\sum_{l=0}\binom{n}{l}\frac{\sqrt{(n+k-2l)!}}{(k-l)!}|n+k-2l\rangle, \tag{1.175}$$

特别有

$$\mathrm{H}_n(Q)|0\rangle=\sqrt{2^n}\sqrt{n!}\,|n\rangle, \tag{1.176}$$

故

$$\langle m|\,\mathrm{H}_n(Q)|k\rangle=\sqrt{2^n k!}\binom{n}{(n+k-m)/2}\frac{\sqrt{m!}}{[(k+m-n)/2]!}. \tag{1.177}$$

1.10 计算 $\langle m|\,Q^k\,|n\rangle$ 和矩

在用微扰论处理物理问题时常常需要计算福克空间矩阵元 $\langle m|\,Q^k\,|n\rangle$，用以上的结果可以直接得到它. 由式 (1.176) 得

$$\langle m|\,Q^k\,|n\rangle=\left(\sqrt{m!n!2^{n+m}}\right)^{-1}\langle 0|\,\mathrm{H}_m(Q)\,\mathrm{H}_n(Q)\,Q^k\,|0\rangle. \tag{1.178}$$

用式 (1.109), 式 (1.51), 式 (1.53) 和式 (1.78) 又见

$$\langle 0|\,\mathrm{H}_m(Q)\,\mathrm{H}_n(Q)\,Q^k\,|0\rangle$$

$$=(2\mathrm{i})^{-k}\langle 0|\,\mathrm{H}_m(Q)\,\mathrm{H}_n(Q):\mathrm{H}_k\left(\mathrm{i}\frac{a+a^\dagger}{\sqrt{2}}\right):|0\rangle$$

$$=(2)^{-k}\,n!m!\,\langle 0|\sum_{s=0}\frac{2^s\mathrm{H}_{m+n-2s}(Q)}{(m-s)!s!\,(n-s)!}\sum_{l=0}^{[k/2]}\frac{k!\left(\sqrt{2}\right)^{k-2l}}{l!\sqrt{(k-2l)!}}|k-2l\rangle$$

$$=(2)^{-k}\,n!m!\sum_{s=0}\langle m+n-2s|\,\frac{\sqrt{(m+n-2s)!2^{m+n-2s}}2^s}{(m-s)!s!\,(n-s)!}$$

$$\times \sum_{l=0}^{[k/2]} \frac{k!\left(\sqrt{2}\right)^{k-2l}}{l!\sqrt{(k-2l)!}} |k-2l\rangle$$

$$= 2^{\frac{m+n-k}{2}} n!m! \sum_{s=0} \frac{k!}{(m-s)!s!(n-s)!(k-m-n+2s)!!}. \tag{1.179}$$

把式 (1.179) 代入式 (1.178), 有

$$\langle m| Q^k |n\rangle = (2)^{-k/2} \sqrt{m!n!} \sum_{s=0} \frac{k!}{(m-s)!s!(n-s)!(k-m-n+2s)!!}, \tag{1.180}$$

特别地, 当 $m=n$ 时, 有

$$\langle m| Q^k |m\rangle = (2)^{-k/2} m! \sum_{s=0} \frac{k!}{(m-s)!s!(m-s)!(k-2m+2s)!!}, \tag{1.181}$$

称为是量子场的正交分量 Q 的 $k-$阶矩分布, 矩决定累积量.

以上讨论充分说明, 用 IWOP 技术可以极大地简化很多运算.

1.11　计算 $\langle m| \mathrm{e}^{fQ} |n\rangle$ 和累积量

在概率论和数理统计中可以代替描述随机变量矩分布的是概率分布的累积量. 矩决定累积量的意义在于：任何两个矩相同的概率分布有相同的累积量, 反之亦然. 以上结果还可以方便地计算 $\langle m| \mathrm{e}^{fQ} |n\rangle$, 当 $m=n$, 它就是场的正交分量 Q 的累积量. 用式 (1.176) 和式 (1.109) 直接得到

$$\begin{aligned}
\langle m| \mathrm{e}^{fQ} |n\rangle &= \left(\sqrt{m!n!2^{m+n}}\right)^{-1} \langle 0| \mathrm{e}^{f\left(a+a^\dagger\right)/\sqrt{2}} \mathrm{H}_m(Q)\mathrm{H}_n(Q)|0\rangle \\
&= \sqrt{m!n!}\left(\sqrt{2^{m+n}}\right)^{-1} \mathrm{e}^{|f|^2/4} \langle 0| \mathrm{e}^{fa/\sqrt{2}} \sum_{s=0} \frac{2^s \mathrm{H}_{m+n-2s}(Q)}{(m-s)!s!(n-s)!} |0\rangle \\
&= \sqrt{m!n!}\mathrm{e}^{|f|^2/4} \sum_{s=0} \frac{\sqrt{(m+n-2s)!}}{(m-s)!s!(n-s)!} \sum_k \frac{f^k}{\sqrt{2^k k!}} \langle k|\ m+n-2s\rangle
\end{aligned}$$

$$=\sqrt{m!n!}\mathrm{e}^{|f|^2/4}\sum_{s=0}\frac{1}{(m-s)!s!(n-s)!}\frac{f^{m+n-2s}}{\sqrt{2^{m+n-2s}}}. \tag{1.182}$$

作为额外得到的结果,有

$$\begin{aligned}\langle m|\,\mathrm{e}^{fQ}\,|n\rangle &= \langle m|\int_{-\infty}^{+\infty}\mathrm{d}q'\,|q'\rangle\,\langle q'|\,\mathrm{e}^{fQ}\int_{-\infty}^{+\infty}\mathrm{d}q\,|q\rangle\,\langle q|\,n\rangle \\ &= \left(\sqrt{\sqrt{\pi}n!2^n}\sqrt{\sqrt{\pi}m!2^m}\right)^{-1}\int\mathrm{d}q\mathrm{H}_n\,(q)\,\mathrm{H}_m\,(q)\,\mathrm{e}^{-q^2+fq}.\end{aligned} \tag{1.183}$$

与式 (1.182) 比较,得新积分公式

$$\begin{aligned}&\int\mathrm{d}x\mathrm{H}_n\,(x)\,\mathrm{H}_m\,(x)\,\mathrm{e}^{-x^2+fx} \\ &= \sqrt{2^{m+n}\pi}m!n!\mathrm{e}^{|f|^2/4}\sum_{s=0}\frac{1}{(m-s)!s!(n-s)!}\frac{f^{m+n-2s}}{\sqrt{2^{m+n-2s}}}.\end{aligned} \tag{1.184}$$

但实际上我们并没有真正实施通常意义下的牛顿–莱布尼茨积分. 参照双模厄米多项式的定义式 (1.159), 又可将式 (1.182) 写为紧致形式

$$\langle m|\,\mathrm{e}^{fQ}\,|n\rangle = \left(\sqrt{m!n!}\right)^{-1}(-\mathrm{i})^{m+n}\,\mathrm{e}^{|f|^2/4}\mathrm{H}_{m,n}\left(\frac{\mathrm{i}f}{\sqrt{2}},\frac{\mathrm{i}f}{\sqrt{2}}\right). \tag{1.185}$$

实际上,它也可以如下导出:

由于粒子数态与未归一化的相干态 $\|z\rangle$ 有如下关系:

$$|n\rangle = \frac{1}{\sqrt{n!}}\frac{\partial^n}{\partial z^n}\mathrm{e}^{za^\dagger}\,|0\rangle\,|_{z=0} = \frac{1}{\sqrt{n!}}\frac{\partial^n}{\partial z^n}\,\|z\rangle\,|_{z=0}, \tag{1.186}$$

所以根据双变量厄米多项式的母函数公式得

$$\begin{aligned}\langle m|\,\mathrm{e}^{fQ}\,|n\rangle &= \frac{1}{\sqrt{m!n!}}\mathrm{e}^{|f|^2/4}\frac{\partial^m}{\partial z'^{*m}}\frac{\partial^n}{\partial z^n}\,\langle z'|:\mathrm{e}^{fQ}:|z\rangle\,|_{z=0,z'=0} \\ &= \frac{1}{\sqrt{m!n!}}\mathrm{e}^{|f|^2/4}\frac{\partial^m}{\partial z'^{*m}}\frac{\partial^n}{\partial z^n}\mathrm{e}^{z'^*z+\left(fz'^*+fz\right)/\sqrt{2}} \\ &= \left(\sqrt{m!n!}\right)^{-1}(-\mathrm{i})^{m+n}\,\mathrm{e}^{|f|^2/4}\mathrm{H}_{m,n}\left(\frac{\mathrm{i}f}{\sqrt{2}},\frac{\mathrm{i}f}{\sqrt{2}}\right).\end{aligned} \tag{1.187}$$

再用 $\mathrm{H}_{m,n}\,(x,y)$ 与伴随拉盖尔多项式 $\mathrm{L}_n^{m-n}\,(xy)$ 的关系

$$\mathrm{H}_{m,n}(x,y)=\begin{cases} n!\,(-1)^n\,x^{m-n}\mathrm{L}_n^{m-n}(xy) & (m>n)\,, \\ m!\,(-1)^m\,y^{n-m}\mathrm{L}_m^{n-m}(xy) & (n>m)\,. \end{cases} \tag{1.188}$$

伴随拉盖尔多项式的定义是

$$\mathrm{L}_n^{\alpha}(x)=\sum_k \binom{\alpha+n}{n-k}\frac{(-x)^k}{k!}, \tag{1.189}$$

我们得到

$$\langle m|\,\mathrm{e}^{fQ}\,|n\rangle=\sqrt{\frac{n!}{m!}}\mathrm{e}^{|f|^2/4}f^{m-n}\mathrm{L}_n^{m-n}\left(-f^2/2\right)\quad(m>n)\,,$$

$$\langle m|\,\mathrm{e}^{fQ}\,|n\rangle=\sqrt{\frac{m!}{n!}}\mathrm{e}^{|f|^2/4}f^{n-m}\mathrm{L}_m^{n-m}\left(-f^2/2\right)\quad(m<n)\,. \tag{1.190}$$

1.12　计算高斯势的微扰能级修正

考虑到谐振子能态受高斯势的微扰, 计算 $\langle m|\,\mathrm{e}^{fQ^2}\,|n\rangle$. 用 e^{fQ^2} 的正规乘积展开

$$\mathrm{e}^{fQ^2}=\left(\sqrt{(1-f)}\right)^{-1}:\mathrm{e}^{\frac{f}{1-f}Q^2}:, \tag{1.191}$$

和式 (1.176), 式 (1.109) 我们有

$$\begin{aligned}\langle m|\,\mathrm{e}^{fQ^2}\,|n\rangle &=\left(\sqrt{m!n!2^{m+n}}\right)^{-1}\langle 0|\,\mathrm{e}^{fQ^2}\mathrm{H}_m(Q)\,\mathrm{H}_n(Q)\,|0\rangle \\ &=\left(\sqrt{(1-f)\,m!n!2^{m+n}}\right)^{-1}\langle 0|:\mathrm{e}^{\frac{f}{1-f}Q^2}:\mathrm{H}_m(Q)\,\mathrm{H}_n(Q)\,|0\rangle \\ &=\frac{1}{\sqrt{(1-f)\,m!n!2^{m+n}}} \\ &\quad\times\sum_{s=0}\frac{\sqrt{(m+n-2s)!}}{(m-s)!s!\,(n-s)!}\langle 0|\,\mathrm{e}^{\frac{f}{2(1-f)}a^2}\,|m+n-2s\rangle\,,\end{aligned} \tag{1.192}$$

其中

$$\langle 0|\,\mathrm{e}^{\frac{f}{2(1-f)}a^2}=\sum_k\frac{\sqrt{(2k)!}f^k}{[2(1-f)]^k k!}\langle 2k|. \tag{1.193}$$

代回式 (1.192) 导出

$$\langle m|\,\mathrm{e}^{fQ^2}\,|n\rangle=\frac{1}{\sqrt{(1-f)\,m!n!2^{m+n}}}$$

$$\times\sum_{s=0}\frac{(m+n-2s)!}{(m-s)!s!\,(n-s)!\,\left(\frac{m+n}{2}-s\right)!}\left(\frac{f}{2(1-f)}\right)^{\frac{m+n}{2}-s}, \tag{1.194}$$

特别是, 当 f 足够小时, 取 $m=n$, 上式就给出高斯势微扰对 n-能态的一级能量修正.

以上的所有推导都是简明的, 说明关于特殊函数 $\mathrm{H}_n(Q)$ 的算符恒等式相当有用.

1.13 IWOP 技术用于推导径向坐标算符的公式

在式 (1.37) 中, 用 IWOP 技术我们已经把一维坐标表象 $|x\rangle$ 的完备性纳入了正规乘积内的高斯积分形式

$$\int_{-\infty}^{+\infty}\mathrm{d}x\,|x\rangle\langle x|=\int_{-\infty}^{+\infty}\frac{\mathrm{d}x}{\sqrt{\pi}}:\mathrm{e}^{-(x-X)^2}:=1. \tag{1.195}$$

这里将坐标表象以 $|x\rangle$ 表示, 坐标算符以 X 记. 那么, 三维坐标表象 $|\boldsymbol{r}\rangle=|x,y,z\rangle$ 的完备性是

$$\iiint|\boldsymbol{r}\rangle\langle\boldsymbol{r}|\,\mathrm{d}^3\boldsymbol{r}=\int\frac{1}{\pi^{3/2}}:\exp\left[-(\boldsymbol{r}-\hat{r})^2\right]:\mathrm{d}^3\boldsymbol{r}=1, \tag{1.196}$$

这里, $\hat{r}=(X,Y,Z)$. 下面我们给出式 (1.196) 的应用.

令 $V(x,y,z)$ 是亥姆霍兹 (Helmholtz)方程的解

$$\nabla^2 V + \lambda^2 V = 0, \tag{1.197}$$

那么, $U_{\alpha,\beta,\gamma}(x,y,z) = V(x+\alpha, y+\beta, z+\gamma)$ 也满足亥姆霍兹方程

$$\nabla^2 U + \lambda^2 U = 0. \tag{1.198}$$

引入球坐标 $x = r\sin\theta\cos\varphi$, $y = r\sin\theta\sin\varphi$, $z = r\cos\theta$, 则拉普拉斯 (Laplace)运算为

$$\begin{aligned}\nabla^2 &= \frac{1}{r^2}\frac{\partial}{\partial r}\left(r^2\frac{\partial}{\partial r}\right) + \frac{1}{r^2}\left(\frac{\partial^2}{\partial\theta^2} + \cot\theta\frac{\partial}{\partial\theta} + \frac{1}{\sin^2\theta}\frac{\partial^2}{\partial\varphi^2}\right)\\ &= \frac{1}{r^2}\frac{\partial}{\partial r}\left(r^2\frac{\partial}{\partial r}\right) - \frac{L^2}{\hbar^2 r^2},\end{aligned} \tag{1.199}$$

这里, L 是角动量算符, L^2 的本征值是 $l(l+1)$. 令 $\mu = \cos\theta$, 我们可以改写式 (1.198) 为

$$\frac{1}{r^2}\left[\frac{\partial}{\partial r}\left(r^2\frac{\partial U}{\partial r}\right) + \frac{\partial}{\partial\mu}\left(\left(1-\mu^2\right)\frac{\partial U}{\partial\mu}\right) + \frac{1}{1-\mu^2}\frac{\partial^2 U}{\partial\varphi^2}\right] + \lambda^2 U = 0. \tag{1.200}$$

定义 $U_{\alpha,\beta,\gamma}(x,y,z)$ 在 θ-φ 空间的平均为 $u_{\alpha,\beta,\gamma}(r)$, 则

$$\begin{aligned}u_{\alpha,\beta,\gamma}(r) &= \int_0^{\pi}\int_{-\pi}^{\pi} U_{\alpha,\beta,\gamma}(x,y,z)\sin\theta \mathrm{d}\theta\mathrm{d}\varphi = \int_{-1}^{1}\int_{-\pi}^{\pi} U_{\alpha,\beta,\gamma}(x,y,z)\,\mathrm{d}\mu\mathrm{d}\varphi\\ &= \int_{-1}^{1}\int_{-\pi}^{\pi} V(x+\alpha, y+\beta, z+\gamma)\,\mathrm{d}\mu\mathrm{d}\varphi,\end{aligned} \tag{1.201}$$

那么,$u_{\alpha,\beta,\gamma}(r)$ 满足径向方程

$$\frac{1}{r^2}\frac{\partial}{\partial r}\left(r^2\frac{\partial u_{\alpha,\beta,\gamma}(r)}{\partial r}\right) + \lambda^2 u_{\alpha,\beta,\gamma}(r) = 0, \tag{1.202}$$

$u_{\alpha,\beta,\gamma}(r)$ 也可被视为亥姆霍兹方程在 $l=0$ 情形下的解 . 式 (1.202) 的解为

$$u_{\alpha,\beta,\gamma}(r) = u_{\alpha,\beta,\gamma}(0)\frac{\sin\lambda r}{\lambda r} = 4\pi V(\alpha,\beta,\gamma)\frac{\sin\lambda r}{\lambda r}. \tag{1.203}$$

注意到 $\sqrt{\dfrac{2}{\pi}}\dfrac{\sin\lambda r}{r}$ 是归一化好了的球贝赛尔 (Bessel)函数

$$\frac{2}{\pi}\int_0^{+\infty}\frac{\sin\lambda r}{r}\frac{\sin\lambda' r}{r}r^2\mathrm{d}r=\delta\left(\lambda-\lambda'\right),\tag{1.204}$$

于是我们就有一个关于亥姆霍兹方程的球贝赛尔函数解的推论.

设 $V\left(x',y',z'\right)$ 满足亥姆霍兹方程 (1.197), 则用式 (1.203) 和式 (1.201), 有

$$\iiint V\left(x',y',z'\right)\exp\{-p^2\left[\left(x-x'\right)^2+\left(y-y'\right)^2+\left(z-z'\right)^2\right]\}\mathrm{d}x'\mathrm{d}y'\mathrm{d}z'$$

$$\overset{x'-x=x'',y'-y=y'',z'-z=z''}{=}\iiint V\left(x''+x,y''+y,z''+z\right)$$

$$\times\exp\left\{-p^2\left[x''^2+y''^2+z''^2\right]\right\}\times\mathrm{d}x''\mathrm{d}y''\mathrm{d}z''$$

$$\overset{\text{将}x'',y'',z''\text{变为}r'',\theta'',\varphi''}{=}\int_0^{+\infty}r''^2\mathrm{d}r''\mathrm{e}^{-p^2r''^2}\int_{-1}^{1}\int_{-\pi}^{\pi}U_{x,y,z}\left(x'',y'',z''\right)\mathrm{d}\mu''\mathrm{d}\varphi''$$

$$=\int_0^{+\infty}r''^2\mathrm{d}r''\mathrm{e}^{-p^2r''^2}u_{x,y,z}\left(r''\right)$$

$$=u_{\alpha,\beta,\gamma}\left(0\right)\int_0^{+\infty}r''^2\mathrm{d}r''\mathrm{e}^{-p^2r''^2}\frac{\sin\lambda r''}{\lambda r''}.\tag{1.205}$$

鉴于

$$\int_0^{+\infty}r''^2\mathrm{e}^{-p^2r''^2}\frac{\sin\lambda r''}{\lambda r''}\mathrm{d}r''=\frac{1}{2}\int_{-\infty}^{+\infty}t^2\mathrm{e}^{-p^2t^2}\frac{\sin\lambda t}{\lambda t}\mathrm{d}t=\frac{1}{2\lambda}\mathrm{Im}\int_{-\infty}^{+\infty}t\mathrm{e}^{-p^2t^2+\mathrm{i}\lambda t}\mathrm{d}t$$

$$=\frac{1}{2\lambda}\mathrm{Im}\frac{\partial}{\mathrm{i}\partial\lambda}\int_{-\infty}^{+\infty}\mathrm{e}^{-p^2t^2+\mathrm{i}\lambda t}\mathrm{d}t$$

$$=\frac{1}{2\lambda}\mathrm{Im}\frac{\partial}{\mathrm{i}\partial\lambda}\left(\sqrt{\frac{\pi}{p^2}}\mathrm{e}^{-\frac{\lambda^2}{4p^2}}\right)=\frac{\sqrt{\pi}}{4p^3}\mathrm{e}^{-\frac{\lambda^2}{4p^2}},\tag{1.206}$$

由此得出推论: 对于亥姆霍兹方程式 (1.197) 的解 $V\left(x',y',z'\right)$ 我们有积分公式

$$\iiint V\left(x',y',z'\right)\exp\left\{-p^2\left[\left(x-x'\right)^2+\left(y-y'\right)^2+\left(z-z'\right)^2\right]\right\}\mathrm{d}x'\mathrm{d}y'\mathrm{d}z'$$

$$=\frac{\pi^{3/2}}{p^3}\mathrm{e}^{-\frac{\lambda^2}{4p^2}}V\left(x,y,z\right).\tag{1.207}$$

让径向坐标算符 $\hat{r}$ 的本征值是 $\boldsymbol{r}$, 有

$$\hat{r}\,|\boldsymbol{r}\rangle = r\,|\boldsymbol{r}\rangle\,, \tag{1.208}$$

根据式 (1.207), 我们导出新的算符公式

$$\begin{aligned}\frac{\sin\lambda\hat{r}}{\lambda\hat{r}} &= \int\frac{\sin\lambda r}{\lambda r}|\boldsymbol{r}\rangle\langle\boldsymbol{r}|\,\mathrm{d}^3\boldsymbol{r} = \frac{1}{\pi^{3/2}}\int\frac{\sin\lambda r}{\lambda r} : \exp\left[-\left(\boldsymbol{r}-\hat{r}\right)^2\right] : \mathrm{d}^3\boldsymbol{r}\\ &= \mathrm{e}^{-\frac{\lambda^2}{4}} : \frac{\sin\lambda\hat{r}}{\lambda\hat{r}} : .\end{aligned} \tag{1.209}$$

这是一个值得注记的算符恒等式. 为了证实它, 一方面我们用泰勒 (Taylor)展开

$$\frac{\sin\lambda\hat{r}}{\lambda\hat{r}} = \sum_{n=0}^{+\infty}\frac{(-1)^n\lambda^{2n}\hat{r}^{2n}}{(2n+1)!}, \tag{1.210}$$

另一方面, 我们有

$$\begin{aligned}\mathrm{e}^{-\frac{\lambda^2}{4}} : \frac{\sin\lambda\hat{r}}{\lambda\hat{r}} : &= \sum_{l=0}^{+\infty}\frac{(-1)^l\lambda^{2l}}{4^l l!} : \frac{\sin\lambda\hat{r}}{\lambda\hat{r}} :\\ &= \sum_{l=0}^{+\infty}\sum_{m=0}^{+\infty}\frac{(-1)^{m+l}\lambda^{2m+2l}}{4^l(2m+1)!l!} : \hat{r}^{2m} :\\ &= \sum_{l=0}^{+\infty}\sum_{n=l}^{+\infty}\frac{(-1)^n\lambda^{2n}}{(2n+1)!}\frac{(2n+1)!}{4^l(2n+1-2l)!l!} : \hat{r}^{2n-2l} :\\ &= \sum_{n=0}^{+\infty}\frac{(-1)^n\lambda^{2n}}{(2n+1)!}\sum_{l=0}^{n}\frac{(2n+1)!}{4^l(2n+1-2l)!l!} : \hat{r}^{2n-2l} : .\end{aligned} \tag{1.211}$$

比较式 (1.210) 和式 (1.211), 我们得到径向坐标算符的幂的正规乘积展开

$$\hat{r}^{2n} = \sum_{l=0}^{n}\frac{(2n+1)!}{4^l(2n+1-2l)!l!} : \hat{r}^{2n-2l} : . \tag{1.212}$$

例如

$$\begin{aligned}\hat{r}^2 &=: \hat{r}^2 : +\frac{3}{2},\\ \hat{r}^4 &=: \hat{r}^4 : +5 : \hat{r}^2 : +\frac{15}{4}.\end{aligned} \tag{1.213}$$

以上我们充分利用了亥姆霍兹方程的解的性质.

第 2 章　IWOP 技术及双模新表象的建立途径

在第 1 章中我们已经看到了 IWOP 技术在开拓 ket-bra 应用范围时的优点. 狄拉克非常注意在发展新理论时采用好的符号, 他认为撰写新问题的论文的人应该十分注意记号问题, “因为他们正在开创某种可能将要永垂不朽的东西”. 而 IWOP 技术作为符号法的后续发展, 从另一个侧面补充了算符代数的运算规则, 深化了量子力学中若干符号的物理意义, 使得符号法能够直观简洁地解决更多问题, 体现了量子理论数理结构的内在美, 这不能不令人惊叹狄拉克符号法和 IWOP 技术的和谐以及相辅相成的威力. 可以预见在不远的将来, IWOP 技术将在量子力学各个领域得到更加广泛的应用.

上节已经指出, IWOP 技术赋予基本的坐标、动量表象完备关系以清晰的数学内涵并将其化为纯高斯积分的形式, 本章我们将继续用此技术发展双模表象论. 合适表象的选取有利于看出问题的物理本质进而解决之. 读者将看到量子纠缠这个物理概念有相应的数学匹配, 数学和物理在这里真是珠联璧合, 相得益彰.

2.1 双模厄米多项式的引入与算符恒等式

$$a^m a^{\dagger n} = (-\mathrm{i})^{m+n} : \mathrm{H}_{m,n}\left(\mathrm{i}a^\dagger, \mathrm{i}a\right) :$$

由于 $a|z\rangle = z|z\rangle$, 我们可以利用相干态的完备性和 IWOP 技术化反正规乘积函数 $\vdots\rho\left(a^\dagger, a\right)\vdots$ 为正规乘积:

$$\vdots\rho\left(a^\dagger, a\right)\vdots = \int \frac{\mathrm{d}^2 z}{\pi}\rho(z, z^*)\left|z\right\rangle\left\langle z\right|, \tag{2.1}$$

这里, $\vdots\ \vdots$ 代表反正规乘积, $\rho(z, z^*)$ 称为 P-表示. 例如

$$\begin{aligned}
\mathrm{e}^{\lambda a}\mathrm{e}^{\sigma a^\dagger} &= \int \frac{\mathrm{d}^2 z}{\pi}\mathrm{e}^{\lambda z}\left|z\right\rangle\left\langle z\right|\mathrm{e}^{\sigma z^*} \\
&= \int \frac{\mathrm{d}^2 z}{\pi} : \exp\left[-|z|^2 + z\left(a^\dagger + \lambda\right) + z^*\left(a + \sigma\right) - a^\dagger a\right] : \\
&=: \exp\left(\lambda a + \sigma a^\dagger + \lambda\sigma\right) :,
\end{aligned} \tag{2.2}$$

上式右边使我们想起把指数函数 $\exp\left(tx + \tau y - t\tau\right)$ 展开为如下幂级数

$$\exp\left(tx + \tau y - t\tau\right) = \sum_{n,m=0}^{+\infty} \frac{t^m \tau^n}{m!n!}\mathrm{H}_{m,n}(x, y). \tag{2.3}$$

其中 $H_{n,m}(x, y)$ 待定, 注意其简并情形就是单变数厄米多项式 $\mathrm{H}_n\left(x\right) = \frac{\partial^n}{\partial t^n}\exp\left(2xt - t^2\right)|_{t=0}$. 直接微商得

$$\begin{aligned}
\mathrm{H}_{m,n}(x, y) &= \frac{\partial^{n+m}}{\partial t^m \partial \tau^n}\exp\left(tx + \tau y - t\tau\right)|_{t=\tau=0} \\
&= \frac{\partial^m}{\partial t^m}\mathrm{e}^{tx}\frac{\partial^n}{\partial \tau^n}\exp\left[\tau\left(y - t\right)\right]|_{t=\tau=0} \\
&= \frac{\partial^m}{\partial t^m}\left[\mathrm{e}^{tx}\left(y - t\right)^n\right]|_{t=0} \\
&= \sum_{l=0}\binom{m}{l}\frac{\partial^l}{\partial t^l}\left(y - t\right)^n \frac{\partial^{m-l}}{\partial t^{m-l}}\mathrm{e}^{tx}|_{t=0}
\end{aligned}$$

$$= \sum_{l=0}^{\min(m,n)} \frac{m!n!(-1)^l}{l!(m-l)!(n-l)!} x^{m-l} y^{n-l}, \tag{2.4}$$

这恰好是式 (1.161) 中的双变数厄米多项式. 于是式 (2.2) 的右边可以展开为

$$\begin{aligned} :\mathrm{e}^{\lambda a+\sigma a^\dagger+\lambda\sigma}: &=: \exp\left[(-\mathrm{i}\sigma)\left(\mathrm{i}a^\dagger\right)+(-\mathrm{i}\lambda)(\mathrm{i}a)-(-\mathrm{i}\lambda)(-\mathrm{i}\sigma)\right]: \\ &= \sum_{n,m=0}^{+\infty} \frac{(-\mathrm{i}\sigma)^m(-\mathrm{i}\lambda)^n}{m!n!} : \mathrm{H}_{m,n}\left(\mathrm{i}a^\dagger, \mathrm{i}a\right):. \end{aligned} \tag{2.5}$$

另一方面, 又有

$$\sum_{m,n} \frac{\lambda^m \sigma^n}{m!n!} a^m a^{\dagger n} = \mathrm{e}^{\lambda a} \mathrm{e}^{\sigma a^\dagger}. \tag{2.6}$$

比较式 (2.6) 和式 (2.5) 得简洁的算符恒等式

$$a^l a^{\dagger k} = (-\mathrm{i})^{l+k} : \mathrm{H}_{l,k}\left(\mathrm{i}a^\dagger, \mathrm{i}a\right): = \sum_{s=0}^{\min(l,k)} \frac{l!k!a^{\dagger k-s} a^{l-s}}{s!(l-s)!(k-s)!}. \tag{2.7}$$

利用相干态的完备性和 IWOP 技术也可得此公式

$$\begin{aligned} a^m a^{\dagger n} &= \int \frac{\mathrm{d}^2 z}{\pi} a^m |z\rangle \langle z| a^{\dagger n} \\ &= \int \frac{\mathrm{d}^2 z}{\pi} z^m z^{*n} : \exp\left(-|z|^2 + z a^\dagger + z^* a - a^\dagger a\right): \\ &= (-\mathrm{i})^{m+n} : \mathrm{H}_{m,n}\left(\mathrm{i}a^\dagger, \mathrm{i}a\right):. \end{aligned} \tag{2.8}$$

关于双模厄米多项式的物理背景及性质, 读者可参考《量子力学数理基础进展》一书, 由范洪义和唐绪兵著.

2.2 算符恒等式 $a^{\dagger n} a^m =: \mathrm{H}_{n,m}\left(a^\dagger, a\right):$ 与相应的积分变换

本节讨论算符的反正规乘积展开情况.

将 $\mathrm{e}^{\lambda Q}$ 以反正规乘积展开, 以 $\vdots\ \vdots$ 标记之, 有

$$\mathrm{e}^{\lambda Q}=\mathrm{e}^{\lambda\left(a+a^{\dagger}\right)/\sqrt{2}}=\vdots\mathrm{e}^{\lambda Q-\lambda^{2}/4}\vdots=\vdots\sum_{l=0}^{+\infty}\frac{(\lambda/2)^{n}}{n!}\vdots\mathrm{H}_{n}\left(Q\right)\vdots, \tag{2.9}$$

就导出 Q^n 的反正规乘积展开公式

$$Q^{n}=2^{-n}\vdots\mathrm{H}_{n}\left(Q\right)\vdots. \tag{2.10}$$

让 $z=z_1+\mathrm{i}z_2$, 利用式 (2.10), 式 (2.1) 和式 (1.46) 得到

$$\begin{aligned}
Q^{n}&=2^{-n}\int\frac{\mathrm{d}^{2}z}{\pi}\mathrm{H}_{n}\left(\frac{z+z^{*}}{\sqrt{2}}\right)\left|z\right\rangle\left\langle z\right| \\
&=2^{-n}\int\frac{\mathrm{d}^{2}z}{\pi}\mathrm{H}_{n}\left(\sqrt{2}z_{1}\right):\exp\left(-|z|^{2}+za^{\dagger}+z^{*}a-a^{\dagger}a\right): \\
&=(2\mathrm{i})^{-n}:\mathrm{H}_{n}\left(\mathrm{i}Q\right):.
\end{aligned} \tag{2.11}$$

故有积分公式

$$\int\frac{\mathrm{d}^{2}z}{\pi}\mathrm{H}_{n}\left(\sqrt{2}z_{1}\right)\mathrm{e}^{-|z|^{2}+zx+z^{*}y}=\mathrm{i}^{-n}\mathrm{H}_{n}\left(\mathrm{i}\frac{x+y}{\sqrt{2}}\right)\mathrm{e}^{xy}, \tag{2.12}$$

进而我们有

$$\begin{aligned}
\mathrm{e}^{2tfQ-t^{2}}&=\sum_{m=0}^{+\infty}\frac{t^{m}}{m!}\mathrm{H}_{m}\left(fQ\right)=\vdots\exp\left[2tfQ-\left(f^{2}+1\right)t^{2}\right]\vdots \\
&=\sum_{n=0}^{+\infty}\frac{\left(\sqrt{\left(f^{2}+1\right)^{n}}t\right)^{n}}{n!}\vdots\mathrm{H}_{n}\left(\frac{fQ}{\sqrt{f^{2}+1}}\right)\vdots.
\end{aligned} \tag{2.13}$$

这说明当 $f=1$ 时有算符恒等式

$$\mathrm{H}_{n}\left(Q\right)=\sqrt{2^{n}}\vdots\mathrm{H}_{n}\left(\frac{Q}{2}\right)\vdots. \tag{2.14}$$

从式 (2.3) 我们又得

$$\mathrm{e}^{ta^{\dagger}}\mathrm{e}^{\tau a}=\vdots\exp\left(\tau a+ta^{\dagger}-\tau t\right)\vdots=\sum_{n,m=0}^{+\infty}\frac{t^{n}\tau^{m}}{n!m!}\vdots\mathrm{H}_{n,m}\left(a^{\dagger},a\right)\vdots$$

$$= \sum_{n,m=0}^{+\infty} \frac{t^n \tau^m}{n!m!} a^{\dagger n} a^m, \tag{2.15}$$

因此 $a^{\dagger n}a^m$ 的反正规乘积是

$$a^{\dagger n} a^m = \vdots \mathrm{H}_{n,m}\left(a^\dagger, a\right) \vdots. \tag{2.16}$$

联立式 (2.16), 式 (2.4) 和式 (2.8) 给出

$$\begin{aligned} a^{\dagger n} a^m &= \vdots \mathrm{H}_{n,m}\left(a, a^\dagger\right) \vdots = \sum_{l=0} \frac{n!m!}{(k-l)!l!\,(k-l)!} (-1)^l a^{n-l} a^{\dagger m-l} \\ &= \sum_{l=0} \frac{n!m!}{(k-l)!l!\,(k-l)!} (-\mathrm{i})^{m+n} : \mathrm{H}_{m-l,n-l}\left(\mathrm{i}a^\dagger, \mathrm{i}a\right) : \\ &=: a^{\dagger n} a^m :, \end{aligned} \tag{2.17}$$

这表明有以下展开

$$z^{*n} z^m = \sum_{l=0} \frac{n!m!}{(k-l)!l!\,(k-l)!} (-\mathrm{i})^{m+n} \mathrm{H}_{m-l,n-l}\left(\mathrm{i}z^*, \mathrm{i}z\right), \tag{2.18}$$

此式与式 (2.4) 互为反演. 了解了函数空间的多项式基函数 $z^m z^{*n}/\sqrt{m!n!}$ 和双模厄米多项式的互换关系 (通过积分来实现)后易于理解量子纠缠 (见 2.3 节). 用相干态的完备性和 IWOP 技术以及式 (2.16) 可看出

$$\begin{aligned} \vdots \mathrm{H}_{m,n}\left(a^\dagger, a\right) \vdots &= \int \frac{\mathrm{d}^2 z}{\pi} \vdots \mathrm{H}_{m,n}\left(a^\dagger, a\right) \vdots |z\rangle \langle z| \\ &=: \int \frac{\mathrm{d}^2 z}{\pi} \mathrm{H}_{m,n}\left(z^*, z\right) \exp\left[-\left(z^* - a^\dagger\right)(z - a)\right] : \\ &= a^{\dagger m} a^n. \end{aligned} \tag{2.19}$$

把 $a^\dagger$ 和 a 分别代之以 λ 和 σ, 我们就得到

$$\int \frac{\mathrm{d}^2 z}{\pi} \mathrm{H}_{m,n}\left(z^*, z\right) \exp\left[-\left(z^* - \lambda\right)(z - \sigma)\right] = \lambda^m \sigma^n. \tag{2.20}$$

它是式 (1.163) 的伴随积分,将双模厄米多项式的定义式代入式 (2.20), 并用

式 (1.163) 得

$$\sum_{l=0}^{\min(m,n)} \frac{m!n!}{l!(m-l)!(n-l)!}(-1)^l \int \frac{\mathrm{d}^2 z}{\pi} z^{m-l} z^{*n-l} \exp\left[-\left(z^*-\lambda\right)\left(z-\sigma\right)\right]$$

$$= \sum_{l=0}^{\min(m,n)} \frac{m!n!}{l!(m-l)!(n-l)!}(-1)^l \left(-\mathrm{i}\right)^{m+n} \mathrm{H}_{m-l,n-l}\left(\mathrm{i}\lambda, \mathrm{i}\sigma\right). \tag{2.21}$$

可见存在新公式

$$(-\mathrm{i})^{m+n} \sum_{l=0}^{\min(m,n)} \frac{m!n!(-1)^l}{l!(m-l)!(n-l)!} \mathrm{H}_{m-l,n-l}\left(\mathrm{i}\lambda, \mathrm{i}\sigma\right) = \lambda^m \sigma^n, \tag{2.22}$$

这是式 (1.161) 的反演式.

用双模厄米多项式的母函数式 (2.3) 可得递推关系

$$n\mathrm{H}_{m,n-1}(z,z^*) + \mathrm{H}_{m+1,n}(z,z^*) = z\mathrm{H}_{m,n}(z,z^*), \tag{2.23}$$

$$m\mathrm{H}_{m-1,n}(z,z^*) + \mathrm{H}_{m,n+1}(z,z^*) = z^*\mathrm{H}_{m,n}(z,z^*), \tag{2.24}$$

以及

$$\exp\left(-tt' + tz + t'z^*\right) \exp\left(-t^*t'^* + t^*z^* + t'^*z\right) \mathrm{e}^{-|z|^2}$$

$$= \sum_{m,n=0}^{+\infty} \sum_{m',n'=0}^{+\infty} \mathrm{e}^{-|z|^2} \frac{t^m t'^n}{m!n!} \frac{t^{*m} t'^{*n}}{m'!n'!} \mathrm{H}_{m,n}(z,z^*) \mathrm{H}^*_{m',n'}(z,z^*). \tag{2.25}$$

上式两边对 $\mathrm{d}^2 z$ 积分得到

$$\exp\left(tt^* + t't'^*\right) = \sum_{m,n=0}^{+\infty} \sum_{m',n'=0}^{+\infty} \frac{t^m t'^n}{\sqrt{m!n!}} \frac{t^{*m} t'^{*n}}{\sqrt{m'!n'!}} \int \frac{\mathrm{d}^2 z}{\pi} \mathrm{e}^{-|z|^2}$$

$$\times \frac{\mathrm{H}_{m,n}(z,z^*)}{\sqrt{m!n!}} \frac{\mathrm{H}^*_{m',n'}(z,z^*)}{\sqrt{m'!n'!}}. \tag{2.26}$$

比较此式两边的 $\dfrac{t^m t^{*m}}{m!} \dfrac{t'^n t'^{*n}}{n!}$ 得

$$\int \frac{\mathrm{d}^2 z}{\pi} \mathrm{e}^{-|z|^2} \mathrm{H}_{m,n}(z,z^*) \mathrm{H}^*_{m',n'}(z,z^*) = m!n!\delta_{mm'}\delta_{nn'}, \tag{2.27}$$

这是 $\mathrm{H}_{m,n}(z,z^*)$ 的正交完备性. 令 $z=r\mathrm{e}^{\mathrm{i}\theta}$, 则 $\mathrm{H}_{m,n}(z,z^*)=\mathrm{e}^{\mathrm{i}(m-n)\theta}\mathrm{H}_{m,n}(r,r)$, 故式 (2.27) 可改写为

$$\delta_{m-n,m'-n'}\int_0^{+\infty}\mathrm{d}r(2r\mathrm{e}^{-r^2})\frac{1}{\sqrt{m!n!}}\mathrm{H}_{m,n}(r,r)\frac{1}{\sqrt{m'!n'!}}\mathrm{H}_{m',n'}(r,r)=\delta_{mm'}\delta_{nn'}. \tag{2.28}$$

以上讨论表明 $\mathrm{H}_{n,m}(z,z^*)$ 是双模函数空间的完备正交基.

2.3 双模厄米多项式的一个应用——求正规乘积算符的 P-表示

量子光场一般用密度算符 $\rho(a,a^\dagger)$ 表示, 从式 (2.1) 我们看到当知道了一个密度算符的反正规乘积形式, 其 P-表示 (即在相干态表象中的表示)也就晓得了. 现在我们问: 当知道了密度算符的正规乘积形式, 例如

$$\rho(a,a^\dagger)=:F(a,a^\dagger):, \tag{2.29}$$

那么如何求出 $\rho(a,a^\dagger)$ 的 P-表示 $P(\alpha)$ 呢? 以下我们将导出一个公式

$$P(\alpha)=\exp\left(-\frac{\partial^2}{\partial z\partial z^*}+\alpha^*\frac{\partial}{\partial z}+\alpha\frac{\partial}{\partial z^*}\right)F(z,z^*)|_{z=0}, \tag{2.30}$$

其中 $F(z,z^*)=\langle z|:F(a,a^\dagger):|z\rangle$ 是 $:F:$ 在相干态的期望值.

证明 根据式 (2.1) 有

$$\frac{2}{\pi}\int\mathrm{d}^2\alpha\colon\exp\left[-(\alpha^*-a^\dagger)(\alpha-a)\right]:P(\alpha)=:F(a,a^\dagger):, \tag{2.31}$$

这是一个正规排序的弗雷德霍姆 (Fredholm)积分方程, 积分核为 $:\mathrm{e}^{-(\alpha^*-a^\dagger)(\alpha-a)}:$, 目标是求 $P(\alpha)$. 为此目的, 展开

$$P(\alpha)=\sum_{m,n=0}^{+\infty}C'_{m,n}\mathrm{H}_{m,n}(\alpha,\alpha^*), \tag{2.32}$$

这里展开系数 $C_{m,n}$ 待求. 另一方面, 将 $:\mathrm{e}^{-(\alpha^*-a^\dagger)(\alpha-a)}:$ 展开为

$$:\mathrm{e}^{-(\alpha^*-a^\dagger)(\alpha-a)}:=:\mathrm{e}^{-|\alpha|^2}\sum_{m,n=0}^{+\infty}\frac{a^{\dagger m}a^n}{m!n!}\mathrm{H}_{m,n}(\alpha,\alpha^*)::. \tag{2.33}$$

把式 (2.32) 和式 (2.33) 代入式 (2.31), 并用式 (2.27) 得到

$$\begin{aligned}&:\int\frac{\mathrm{d}^2\alpha}{\pi}\mathrm{e}^{-|\alpha|^2}\sum_{m,n=0}^{+\infty}\frac{a^{\dagger m}a^n}{m!n!}\mathrm{H}_{m,n}(\alpha,\alpha^*)\sum_{m',n'=0}^{+\infty}C'_{m',n'}\mathrm{H}_{m',n'}(\alpha,\alpha^*):\\&=\sum_{m,n=0}^{+\infty}C'_{m,n}:a^{\dagger m}a^n:=\rho(a,a^\dagger),\end{aligned} \tag{2.34}$$

取式 (2.34) 的相干态期望值可看出

$$\langle z|:\sum_{m,n=0}^{+\infty}C'_{m,n}a^{\dagger m}a^n:|z\rangle=\langle z|:F(a,a^\dagger):|z\rangle, \tag{2.35}$$

即

$$\sum_{m,n=0}^{+\infty}C'_{m,n}z^{*m}z^n=F(z,z^*), \tag{2.36}$$

故

$$C'_{m,n}=\frac{\partial^m\partial^n}{m!n!\,\partial z^{*m}\,\partial z^n}F(z,z^*)|_{z=0}. \tag{2.37}$$

将式 (2.37) 代入式 (2.32), 当 $\langle z|:F(a,a^\dagger):|z\rangle=F(z,z^*)$ 为已知时, 我们得到弗雷德霍姆方程的解

$$P(\alpha)=\sum_{m,n=0}^{+\infty}\frac{1}{m!n!}\mathrm{H}_{m,n}(\alpha,\alpha^*)\frac{\partial^m}{\partial z^{*m}}\frac{\partial^n}{\partial z^n}F(z,z^*)|_{z=0}, \tag{2.38}$$

此即式 (2.30). 例如, 当 $\rho=a^{\dagger m}a^n=:a^{\dagger m}a^n:$ 时, 从式 (2.38) 给出

$$P(\alpha)=\mathrm{H}_{m,n}(\alpha,\alpha^*), \tag{2.39}$$

这暗示了 $a^{\dagger m}a^n$ 的反正规排序是 $\vdots\mathrm{H}_{m,n}(a,a^\dagger)\vdots=a^{\dagger m}a^n$. 当 $\rho=|\gamma\rangle\langle\gamma|$ 是一个纯相干态, 已知其 P-表示为 $\delta(\gamma^*-\alpha^*)\delta(\gamma-\alpha)$. 另一方面, 用式 (2.38) 和式 (2.4)

以及 $\langle z|\gamma\rangle\langle\gamma|z\rangle=\mathrm{e}^{-(z^*-\gamma^*)(z-\gamma)}$ 我们有

$$\begin{aligned}P(\alpha)&=\sum_{m,n=0}^{+\infty}\frac{1}{m!n!}\mathrm{H}_{m,n}(\alpha,\alpha^*)\frac{\partial^m\partial^n}{\partial z^{*m}\partial z^n}\mathrm{e}^{-(z^*-\gamma^*)(z-\gamma)}|_{z=0}\\&=\mathrm{e}^{-\gamma^*\gamma}\sum_{m,n=0}^{+\infty}\frac{1}{m!n!}\mathrm{H}_{m,n}(\alpha,\alpha^*)\mathrm{H}_{m,n}(\gamma,\gamma^*),\end{aligned}\tag{2.40}$$

故

$$\delta(\gamma^*-\alpha^*)\,\delta(\gamma-\alpha)=\frac{\mathrm{e}^{-\gamma^*\gamma}}{\pi}\sum_{m,n=0}^{+\infty}\frac{1}{m!n!}\mathrm{H}_{m,n}(\alpha,\alpha^*)\mathrm{H}_{m,n}(\gamma,\gamma^*),\tag{2.41}$$

这是关于双变数厄米多项式的另一完备正交性关系.

2.4 从双模厄米多项式构建连续变量双模纠缠态 $|\xi\rangle$

本节将说明：IWOP 技术是寻找新的表象和量子态的有力工具. 例如, 可以轻易地找到两粒子相对坐标和总动量的共同本征态.

1935 年爱因斯坦、波多尔斯基和罗森 (EPR)的文章《能认为量子力学对物理的实在的描述是完备的吗?》在实在论和定域性原理的前提下构造了一个理想实验, 试图论证量子力学不是完备的理论体系：由于两粒子的相对坐标和总动量的算符对易（即存在共同本征态）, 必然可以同时得到它们的确定值. 那么当两粒子相距足够远并精确测量粒子 1 的坐标或动量时, 就可以确定粒子 2 的坐标或动量, 而粒子 2 不能得知被测物理量是哪一个, 因此它的这两个量必须是同时存在和有精确值的, 但根据不确定原理, 粒子的坐标和动量不可能被同时确定！这就是 “EPR 悖论”．“EPR 悖论” 展示的两粒子态实际上是一个典型的纠缠态. 量子纠缠的概念也出现在薛定谔关于“既死又活的猫”这篇论文中. 根据量子力学正统观点, 纠缠态是不能表示成直积形式的量子态, 若对处于相互纠缠状态的两个子系统之一进行测量, 就可以使另一个立刻坍缩到某特定的状态, 而这一过程不受到光速的限制. 纠缠态反映的量子非定域性构成了量子信息学的理论基础, 也使得量子远程通信成为可能.

那么, 两粒子相对坐标和总动量的共同本征态是什么形式, 是否对应某种表象? 这一问题被我国物理学家用 IWOP 技术解决了, 并且这是目前证明该表象完备性的最佳方法. 不但如此, IWOP 技术还揭示并发现了许多其他物理系统都存在纠缠态表象, 这对推动量子信息学和量子光学的发展具有一定的意义.

基于双模厄米多项式的母函数式 (2.3), 我们有

$$\sum_{n,m=0}^{+\infty}\frac{a_1^{\dagger n}a_2^{\dagger m}}{n!m!}\mathrm{H}_{n,m}(\xi,\xi^*)=\exp\left(a_1^\dagger\xi+a_2^\dagger\xi^*-a_1^\dagger a_2^\dagger\right), \tag{2.42}$$

于是就可以构建如下的态矢量 ($|00\rangle$ 是双模真空态)

$$\begin{aligned}&\mathrm{e}^{-|\xi|^2/2}\sum_{n,m=0}^{+\infty}\frac{a_1^{\dagger n}a_2^{\dagger m}}{n!m!}\mathrm{H}_{n,m}(\xi,\xi^*)\left|00\right\rangle\\&=\exp\left(\frac{-|\xi|^2}{2}+a_1^\dagger\xi+a_2^\dagger\xi^*-a_1^\dagger a_2^\dagger\right)\left|00\right\rangle\equiv\left|\xi\right\rangle.\end{aligned} \tag{2.43}$$

这就是双模纠缠态, 因为它满足

$$\left(a_1+a_2^\dagger\right)\left|\xi\right\rangle=\xi\left|\xi\right\rangle,\quad\left(a_1^\dagger+a_2\right)\left|\xi\right\rangle=\xi^*\left|\xi\right\rangle. \tag{2.44}$$

而

$$\left[\left(a_1+a_2^\dagger\right),\left(a_1^\dagger+a_2\right)\right]=0, \tag{2.45}$$

又有

$$\frac{1}{2}\left(Q_1+Q_2\right)\left|\xi\right\rangle=\frac{1}{\sqrt{2}}\xi_1\left|\xi\right\rangle,\quad\left(P_1-P_2\right)\left|\xi\right\rangle=\sqrt{2}\xi_2\left|\xi\right\rangle. \tag{2.46}$$

即 $|\xi\rangle$ 是两粒子的质心坐标和相对动量的共同本征态, 符合爱因斯坦在 1935 年提出的量子纠缠的概念. 可见, 当将 $\frac{z^n}{\sqrt{n!}}$ 扩展为 $\frac{1}{\sqrt{n!m!}}\mathrm{H}_{n,m}(\xi,\xi^*)$, 就自然伴随出现了从相干态到纠缠态的推广, 这可列表如下:

相干态	纠缠态
$\langle z\|n\rangle=\frac{z^n}{\sqrt{n!}}$	$\langle\xi\|n,m\rangle=\frac{1}{\sqrt{n!m!}}\mathrm{e}^{-\|\xi\|^2/2}\mathrm{H}_{n,m}(\xi,\xi^*)$
$\int\frac{\mathrm{d}^2z}{\pi}\frac{z^nz^{*m}}{\sqrt{n!m!}}\mathrm{e}^{-\|z\|^2}=\delta_{nm}$	$\frac{1}{\sqrt{n!m!n'!m'!}}\int\frac{\mathrm{d}^2\xi}{\pi}\mathrm{e}^{-\|\xi\|^2}\mathrm{H}_{n,m}(\xi,\xi^*)$ $\times\mathrm{H}^*_{n,m}(\xi,\xi^*)=\delta_{mm'}\delta_{nn'}$
$\|z\rangle=\sum_n\|n\rangle\langle n\|z\rangle=\mathrm{e}^{za^\dagger}\|0\rangle$	$\|\xi\rangle=\sum_{n,m=0}^{+\infty}\|n,m\rangle\langle n,m\|\xi\rangle$ $=\exp\left(-\|\xi\|^2/2+a_1^\dagger\xi+a_2^\dagger\xi^*-a_1^\dagger a_2^\dagger\right)\|00\rangle$

我们看到相干态和纠缠态之间可以通过积分变换相联系, 这也进一步说明纠缠态的引进是不可避免的.

用 IWOP 技术和

$$|00\rangle\langle 00|=:\exp\left(-a_1^\dagger a_1-a_2^\dagger a_2\right):,\tag{2.47}$$

可得完备性

$$\int\frac{\mathrm{d}^2\xi}{\pi}|\xi\rangle\langle\xi|=\int\frac{\mathrm{d}^2\xi}{\pi}:\mathrm{e}^{-|\xi-a_1-a_2^\dagger|^2}:=1\quad(\mathrm{d}^2\xi\equiv\mathrm{d}\xi_1 d\xi_2),\tag{2.48}$$

与正交性关系

$$\left\langle\xi'\middle|\xi\right\rangle=\pi\delta\left(\xi-\xi'\right)\delta\left(\xi^*-\xi'^*\right).\tag{2.49}$$

所以 $|\xi\rangle$ 有资格成为一个表象. 用式 (2.44) 和式 (2.48) 可得

$$\begin{aligned}\left(a_1+a_2^\dagger\right)^n\left(a_1^\dagger+a_2\right)^m&=\int\frac{\mathrm{d}^2\xi}{\pi}\xi^n\xi^{*m}|\xi\rangle\langle\xi|=\int\frac{\mathrm{d}^2\xi}{\pi}\xi^n\xi^{*m}:\mathrm{e}^{-|\xi-a_1-a_2^\dagger|^2}:\\&=:\mathrm{H}_{n,m}(a_1+a_2^\dagger,a_1^\dagger+a_2):,\end{aligned}\tag{2.50}$$

以及

$$\begin{aligned}\mathrm{H}_{n,m}(a_1+a_2^\dagger,a_1^\dagger+a_2)&=\int\frac{\mathrm{d}^2\xi}{\pi}\mathrm{H}_{n,m}(\xi,\xi^*)|\xi\rangle\langle\xi|\\&=\int\frac{\mathrm{d}^2\xi}{\pi}\mathrm{H}_{n,m}(\xi,\xi^*):\mathrm{e}^{-|\xi-a_1-a_2^\dagger|^2}:\end{aligned}$$

$$=:\left(a_1+a_2^\dagger\right)^n\left(a_1^\dagger+a_2\right)^m:. \tag{2.51}$$

另一方面, 构建态矢量

$$\exp\left(\frac{-|\eta|^2}{2}+a_1^\dagger\eta-a_2^\dagger\eta^*+a_1^\dagger a_2^\dagger\right)|00\rangle=|\eta\rangle. \tag{2.52}$$

$|\eta\rangle$ 即两粒子的相对坐标和总动量的共同本征态, 有

$$(Q_1-Q_2)|\eta\rangle=\eta|\eta\rangle,\quad (P_1+P_2)|\eta\rangle=\eta^*|\eta\rangle. \tag{2.53}$$

爱因斯坦就是基于

$$\left(a_1-a_2^\dagger\right)|\eta\rangle=\eta|\eta\rangle,\quad \left(a_2-a_1^\dagger\right)|\eta\rangle=-\eta^*|\eta\rangle,$$

$$[(Q_1-Q_2),(P_1+P_2)]=0, \tag{2.54}$$

在 1935 年提出了量子纠缠的概念, 我们在这里给补上了相应的表象, 以便能更好地描述量子纠缠. 用 IWOP 技术容易证明 $|\eta\rangle$ 满足完备性

$$\int\frac{\mathrm{d}^2\eta}{\pi}|\eta\rangle\langle\eta|=\int\frac{\mathrm{d}^2\eta}{\pi}:\mathrm{e}^{-|\eta-a_1+a_2^\dagger|^2}:=1, \tag{2.55}$$

和正交性

$$\left\langle\eta'\middle|\eta\right\rangle=\pi\delta(\eta-\eta')\delta(\eta^*-\eta'^*). \tag{2.56}$$

鉴于 (Q_1-Q_2,P_1+P_2) 与 (P_1-P_2,Q_1+Q_2) 互为共轭, 故它们的本征态 $|\eta\rangle$ 与 $|\xi\rangle$ 互为共轭.

狄拉克说: "物理学理论都应该具备数学美, 理论物理学家的工作, 就是以漫长的一生来追求数学美." 这是为什么呢? 以爱因斯坦的话作答, "…… 创造的原则在于数学". 因此在一定的意义上我认为下面这点是对的: 纯粹的思维可以把握实在, 正如古人所梦想的. 在所有可能的图像中, 理论物理学家的世界图像占有什么地位呢? 在描述各种关系时, 它要求严密的精确性, 即达到那种只有用数学语言才能达到的最高的标准.

物理诺贝尔奖得主温伯格 (Weinberg)则更进一步认为:科学发现的方法通常

包括从经验水平到前提的或逻辑上的不连续性的飞跃, 对于某些科学家来说（如爱因斯坦和狄拉克）, 数学形式主义的美学魅力常常提示着这种飞跃的方向. 式(2.55) 就具备这种数学美. 在第 10 章我们还要详尽地研究 $|\eta\rangle$ 与 $|\xi\rangle$.

2.5 $|\eta\rangle$ 的施密特分解的导出

纠缠态的定义是：复合系统的一个纯态, 如其不能写成两个子系统纯态的直积态, 那么此态即为纠缠态. 而把多模态分解为多个单模态的直积形式一般称为施密特分解. 以两模态 $|\psi\rangle$ 为例, 它的施密特 (Schmidt)分解是指

$$|\psi\rangle=\sum_{i=1}^{m}\sqrt{s_i}\,|v_i\rangle\otimes|v_i'\rangle\,, \tag{2.57}$$

其中, $|v_i\rangle$ 和 $|v_i'\rangle$ 是两个独立的单模态, 分别形成自个的完备性, s_i 是正整数. 那么 $|\eta\rangle$ 的施密特分解如何呢? 引入平移算符 $D(\eta)=\exp\left(\eta a_1^\dagger-\eta^* a_1\right)$, 就可以知道

$$\begin{aligned}D_1(\eta)\exp\left(a_1^\dagger a_2^\dagger\right)|00\rangle&=D_1(\eta)\exp\left(a_1^\dagger a_2^\dagger\right)D_1^{-1}(\eta)\,D_1(\eta)\,|00\rangle\\&=\exp\left[\left(a_1^\dagger-\eta^*\right)a_2^\dagger\right]\exp\left(\eta a_1^\dagger-\eta^* a_1\right)|00\rangle\\&=\exp\left[\left(a_1^\dagger-\eta^*\right)a_2^\dagger\right]\exp\left(-\frac{1}{2}|\eta|^2+\eta a_1^\dagger\right)|00\rangle=|\eta\rangle\,.\end{aligned} \tag{2.58}$$

即可把 $|\eta\rangle$ 改写为

$$|\eta\rangle=D_1(\eta)\exp\left(a_1^\dagger a_2^\dagger\right)|00\rangle\,. \tag{2.59}$$

进一步用坐标本征态的福克表示

$$|q\rangle_i=\frac{1}{\pi^{1/4}}\exp\left(-\frac{q^2}{2}+\sqrt{2}qa_i^\dagger-\frac{a_i^{\dagger 2}}{2}\right)|0\rangle_i\quad(i=1,2), \tag{2.60}$$

可计算出

$$
\begin{aligned}
\int_{-\infty}^{+\infty} \mathrm{d}q\, |q\rangle_1 \otimes |q\rangle_2 &= \frac{1}{\pi^{1/2}} \int_{-\infty}^{+\infty} \mathrm{d}q \exp\left[-q^2 + \sqrt{2}q\left(a_1^\dagger + a_2^\dagger\right) - \frac{a_1^{\dagger 2} + a_2^{\dagger 2}}{2}\right] |00\rangle \\
&= \exp\left(a_1^\dagger a_2^\dagger\right) |00\rangle .
\end{aligned} \tag{2.61}
$$

结合式 (2.59), 式 (2.61) 和

$$
P_1 |q\rangle_1 = \mathrm{i}\frac{\mathrm{d}}{\mathrm{d}q} |q\rangle_1 , \tag{2.62}
$$

我们就得到

$$
\begin{aligned}
|\eta\rangle &= D_1(\eta) \exp\left(a_1^\dagger a_2^\dagger\right) |00\rangle \\
&= \exp\left(\eta a_1^\dagger - \eta^* a_1\right) \int_{-\infty}^{+\infty} \mathrm{d}q\, |q\rangle_1 \otimes |q\rangle_2 \\
&= \exp\left[\frac{\eta_1 + \mathrm{i}\eta_2}{2}(Q_1 - \mathrm{i}P_1) - \frac{\eta_1 - \mathrm{i}\eta_2}{2}(Q_1 + \mathrm{i}P_1)\right] \int_{-\infty}^{+\infty} \mathrm{d}q\, |q\rangle_1 \otimes |q\rangle_2 \\
&= \mathrm{e}^{\mathrm{i}\eta_1\eta_2/2} \exp(-\mathrm{i}P_1\eta_1) \exp(\mathrm{i}\eta_2 Q_1) \int_{-\infty}^{+\infty} \mathrm{d}q\, |q\rangle_1 \otimes |q\rangle_2 \\
&= \mathrm{e}^{\mathrm{i}\eta_1\eta_2/2} \int_{-\infty}^{+\infty} \mathrm{d}q \exp(\mathrm{i}\eta_2 q) |q + \eta_1\rangle_1 \otimes |q\rangle_2 \\
&= \mathrm{e}^{-\mathrm{i}\eta_1\eta_2/2} \int_{-\infty}^{+\infty} \mathrm{d}q\, |q\rangle_1 \otimes |q - \eta_1\rangle_2\, \mathrm{e}^{\mathrm{i}\eta_2 q} \quad \left(\eta = \frac{1}{\sqrt{2}}(\eta_1 + \mathrm{i}\eta_2)\right).
\end{aligned} \tag{2.63}
$$

这就是 $|\eta\rangle$ 在坐标表象中的施密特分解. 从式 (2.63) 我们可以看出：当测量第一个粒子知道它处于坐标本征态 $|q\rangle_1$ 时, 那么第二个粒子就塌缩到 $|q-\eta_1\rangle_2$, 而不管两个粒子相距有多远. 类似地, 我们可得 $|\eta\rangle$ 在动量表象中的施密特分解.

用动量本征态 $|p\rangle_i$ 的福克表示

$$
|p\rangle_i = \frac{1}{\pi^{1/4}} \exp\left(-\frac{p^2}{2} + \sqrt{2}\mathrm{i}pa_i^\dagger + \frac{a_i^{\dagger 2}}{2}\right) |0\rangle_i \quad (i = 1, 2). \tag{2.64}
$$

我们可以计算出

$$\int_{-\infty}^{+\infty}\mathrm{d}p\,|p\rangle_1\otimes|-p\rangle_2=\frac{1}{\pi^{1/2}}\int_{-\infty}^{+\infty}\mathrm{d}p\exp\left[-p^2+\sqrt{2}\mathrm{i}p\left(a_1^\dagger-a_2^\dagger\right)+\frac{a_1^{\dagger 2}+a_2^{\dagger 2}}{2}\right]|00\rangle$$

$$=\exp\left(a_1^\dagger a_2^\dagger\right)|00\rangle. \tag{2.65}$$

结合式 (2.65) 和式 (2.58) 以及

$$Q_1\,|p\rangle_1=-\mathrm{i}\frac{\mathrm{d}}{\mathrm{d}p}\,|p\rangle_1\,, \tag{2.66}$$

我们就得到

$$\begin{aligned}\left|\eta=\frac{\eta_1+\mathrm{i}\eta_2}{\sqrt{2}}\right\rangle&=\exp\left(\eta a_1^\dagger-\eta^* a_1\right)\int_{-\infty}^{+\infty}\mathrm{d}p\,|p\rangle_1\otimes|-p\rangle_2\\&=\mathrm{e}^{\mathrm{i}\eta_1\eta_2/2}\exp\left(-\mathrm{i}P_1\eta_1\right)\exp\left(\mathrm{i}\eta_2 Q_1\right)\int_{-\infty}^{+\infty}\mathrm{d}p\,|p\rangle_1\otimes|-p\rangle_2\\&=\mathrm{e}^{\mathrm{i}\eta_1\eta_2/2}\int_{-\infty}^{+\infty}\mathrm{d}p\exp\left(-\mathrm{i}P_1\eta_1\right)|p+\eta_2\rangle_1\otimes|-p\rangle_2\\&=\mathrm{e}^{\mathrm{i}\eta_1\eta_2/2}\int_{-\infty}^{+\infty}\mathrm{d}p\exp\left[-\mathrm{i}\eta_1\left(p+\eta_2\right)\right]|p+\eta_2\rangle_1\otimes|-p\rangle_2\\&=\mathrm{e}^{-\mathrm{i}\eta_1\eta_2/2}\int_{-\infty}^{+\infty}\mathrm{d}p\,|p+\eta_2\rangle_1\otimes|-p\rangle_2\,\mathrm{e}^{-\mathrm{i}\eta_1 p}\\&=\mathrm{e}^{\mathrm{i}\eta_1\eta_2/2}\int_{-\infty}^{+\infty}\mathrm{d}p\,|p\rangle_1\otimes|\eta_2-p\rangle_2\,\mathrm{e}^{-\mathrm{i}\eta_1 p}.\end{aligned} \tag{2.67}$$

这就是 $|\eta\rangle$ 在动量表象中的施密特分解. 从式 (2.67) 我们可以看出：当测量第二个粒子知道它处于动量本征态 $|-p\rangle_2$ 时, 那么第一个粒子就塌缩到 $|p+\eta_2\rangle_1$, 而不管两个粒子相距有多远. 式 (2.63) 和式 (2.67) 说明 $|\eta\rangle$ 的纠缠行为和方式. 以后我们还可以在粒子数表象中研究其纠缠. 用同样的方法可以导出 $|\xi\rangle$ 的施密特分解

$$\left|\xi=\frac{\xi_1+\mathrm{i}\xi_2}{\sqrt{2}}\right\rangle=\mathrm{e}^{\mathrm{i}\xi_1\xi_2/2}\int_{-\infty}^{+\infty}\mathrm{d}q\,|q\rangle_1\otimes|\xi_2-q\rangle_2\,\mathrm{e}^{-\mathrm{i}\xi_1 q}. \tag{2.68}$$

现在讨论转换矩阵元

$$\langle\eta=\eta_1+\mathrm{i}\eta_2|\,\mathrm{e}^{\mathrm{i}\left(\frac{\pi}{2}+\alpha\right)\left(a_1^\dagger a_1+a_2^\dagger a_2\right)}\,|\xi=\xi_1+\mathrm{i}\xi_2\rangle$$

$$= \mathrm{e}^{-\mathrm{i}\eta_1\eta_2}\mathrm{e}^{\mathrm{i}\xi_1\xi_2}\iint_{-\infty}^{+\infty}\mathrm{d}p\mathrm{d}q_1\,\langle p|\,\mathrm{e}^{\mathrm{i}\left(\frac{\pi}{2}+\alpha\right)a_1^\dagger a_1}\,|q\rangle_1\,\mathrm{e}^{\mathrm{i}\sqrt{2}\eta_1 p}$$

$$\times\,{}_2\left\langle\sqrt{2}\eta_2 - p\right|\mathrm{e}^{\mathrm{i}\left(\frac{\pi}{2}+\alpha\right)a_2^\dagger a_2}\left|\sqrt{2}\xi_2 - q\right\rangle{}_2\mathrm{e}^{-\mathrm{i}\sqrt{2}\xi_1 q}, \tag{2.69}$$

其中

$${}_1\langle p|\,\mathrm{e}^{\mathrm{i}\left(\frac{\pi}{2}+\alpha\right)a_1^\dagger a_1}\,|q\rangle_1 = \frac{1}{\sqrt{-2\pi\mathrm{i}\sin\alpha\mathrm{e}^{\mathrm{i}\alpha}}}\exp\left[\frac{-\mathrm{i}\left(p^2+q^2\right)}{2\tan\alpha} + \frac{\mathrm{i}qp}{\sin\alpha}\right], \tag{2.70}$$

是第一模的分数傅里叶变换, ${}_2\left\langle\sqrt{2}\eta_2 - p\right|\mathrm{e}^{\mathrm{i}\left(\frac{\pi}{2}+\alpha\right)a_2^\dagger a_2}\left|\sqrt{2}\xi_2 - q\right\rangle{}_2$ 是相应的第二模分数傅里叶变换. 把这些结果代入式 (2.69) 后再完成积分, 可得

$$\langle\eta|\,\mathrm{e}^{\mathrm{i}\left(\frac{\pi}{2}+\alpha\right)\left(a_1^\dagger a_1 + a_2^\dagger a_2\right)}\,|\xi\rangle = \exp\left(\frac{-\mathrm{i}|\eta|^2 + |\xi|^2}{2\tan\alpha} - \frac{\xi\eta^* - \xi^*\eta}{2\sin\alpha}\right), \tag{2.71}$$

此乃复分数傅里叶变换式.

2.6　$|\eta\rangle$ 的施密特分解式在研究量子压缩时的应用

用 $|\eta\rangle$ 的施密特分解, 即式 (2.63) 我们可以研究 $|\eta\rangle$ 在单模压缩下的纠缠特性.引入坐标表象积分型的 ket-bra 算符

$$S_1(\mu) = \int_{-\infty}^{+\infty}\frac{\mathrm{d}q}{\sqrt{\mu}}\left|\frac{q}{\mu}\right\rangle_1{}_1\langle q| \quad \left(\mu = \mathrm{e}^{\lambda}\right), \tag{2.72}$$

它是单模压缩算符, 因为

$$S_1\,|q\rangle_1 = \frac{1}{\sqrt{\mu}}\,|q/\mu\rangle_1\,, \tag{2.73}$$

在第 3 章我们将用 IWOP 技术对它积分, 得到其显示的正规乘积形式. 现在我们对 $|\eta\rangle$ 实行单模 (第一个模)压缩, 根据式 (2.53) 和式 (2.73) 得到

$$S_1(\mu)\,|\eta\rangle = \mathrm{e}^{-\mathrm{i}\eta_1\eta_2/2}\int_{-\infty}^{+\infty}\mathrm{d}q\frac{1}{\sqrt{\mu}}\,|q/\mu\rangle_1\otimes|q-\eta_1\rangle_2\,\mathrm{e}^{\mathrm{i}\eta_2 q}$$

$$= \mathrm{e}^{-\mathrm{i}\eta_1\eta_2/2}\int_{-\infty}^{+\infty}\sqrt{\mu}\mathrm{d}q'\left|q'\right\rangle_1\otimes\left|\mu\left(q'-\frac{\eta_1}{\mu}\right)\right\rangle_2\mathrm{e}^{\mathrm{i}\eta_2\mu q'} \tag{2.74}$$

把它与式 (2.63) 比较, 并注意 $S_2(1/\mu)=\int_{-\infty}^{+\infty}\sqrt{\mu}\mathrm{d}q\left|\mu q\right\rangle_{22}\left\langle q\right|$, 就得到

$$S_1(\mu)\left|\eta\right\rangle = S_2(1/\mu)\left|\eta'=\frac{\eta_1/\mu+\mathrm{i}\eta_2\mu}{\sqrt{2}}\right\rangle, \tag{2.75}$$

可见对态矢 $\left|\eta=\dfrac{(\eta_1+\mathrm{i}\eta_2)}{\sqrt{2}}\right\rangle$ 的第一模的压缩 (压缩参数为 μ) 等价于对另一态矢 $\left|\eta'\right\rangle$ 的第二模的反压缩 (压缩参数为 $1/\mu$), 而 $\eta'=\dfrac{(\eta_1/\mu+\mathrm{i}\eta_2\mu)}{\sqrt{2}}$. 这充分体现了 $\left|\eta\right\rangle$ 这个态具有量子纠缠的本性.

我们再用 $\left|\eta\right\rangle$ 的施密特分解研究 $\left|\eta\right\rangle$ 在双模压缩下的纠缠特性. 引入双模坐标表象的积分型 ket-bra 算符, 有

$$S_2^{-1}(\mu)\equiv\int_{-\infty}^{+\infty}\mathrm{d}q_1\mathrm{d}q_2\left|q_1\cosh\lambda-q_2\sinh\lambda,-q_1\sinh\lambda+q_2\cosh\lambda\right\rangle\left\langle q_1,q_2\right|\quad(\mu=\mathrm{e}^{\lambda}), \tag{2.76}$$

它把双模坐标本征态 $\left|q_1,q_2\right\rangle$ 变为

$$S_2^{-1}(\mu)\left|q_1,q_2\right\rangle=\left|q_1\cosh\lambda-q_2\sinh\lambda,-q_1\sinh\lambda+q_2\cosh\lambda\right\rangle, \tag{2.77}$$

为了了解 $S_2^{-1}(\mu)$ 的功能, 将它作用于 $\left|\eta\right\rangle$, 根据式 (2.53) 和式 (2.76) 得到

$$\begin{aligned}
S_2^{-1}(\mu)\left|\eta\right\rangle &= \int_{-\infty}^{+\infty}\mathrm{d}q_1\mathrm{d}q_2\left|q_1\cosh\lambda-q_2\sinh\lambda,-q_1\sinh\lambda+q_2\cosh\lambda\right\rangle\left\langle q_1,q_2\right| \\
&\quad\times\mathrm{e}^{-\mathrm{i}\eta_1\eta_2/2}\int_{-\infty}^{+\infty}\mathrm{d}q'\left|q'\right\rangle_1\otimes\left|q'-\eta_1\right\rangle_2\mathrm{e}^{\mathrm{i}\eta_2 q'} \\
&= \mathrm{e}^{-\mathrm{i}\eta_1\eta_2/2}\int_{-\infty}^{+\infty}\mathrm{d}q'\int_{-\infty}^{+\infty}\mathrm{d}q_1\mathrm{d}q_2 \\
&\quad\times\left|q_1\cosh\lambda-q_2\sinh\lambda,-q_1\sinh\lambda+q_2\cosh\lambda\right\rangle \\
&\quad\times\delta(q_1-q')\,\delta(q_2-q'+\eta_1)\,\mathrm{e}^{\mathrm{i}\eta_2 q'} \\
&= \mathrm{e}^{-\mathrm{i}\eta_1\eta_2/2}\int_{-\infty}^{+\infty}\mathrm{d}q'\left|q'\cosh\lambda-(q'-\eta_1)\sinh\lambda\right\rangle_1\otimes\left|-q'\sinh\lambda\right.
\end{aligned}$$

$$+\left(q'-\eta_1\right)\cosh\lambda\rangle_2\mathrm{e}^{\mathrm{i}\eta_2 q'}$$

$$=\mathrm{e}^{-\mathrm{i}\eta_1\eta_2/2}\int_{-\infty}^{+\infty}\mathrm{d}q'|q'\mathrm{e}^{-\lambda}+\eta_1\sinh\lambda\rangle_1\otimes|q'\mathrm{e}^{-\lambda}-\eta_1\cosh\lambda\rangle_2\mathrm{e}^{\mathrm{i}\eta_2 q'}$$

$$=\mathrm{e}^{\lambda}\mathrm{e}^{-\mathrm{i}\eta_1\eta_2/2}\int_{-\infty}^{+\infty}\mathrm{d}q''|q''\rangle_1\otimes|q''-\mathrm{e}^{\lambda}\eta_1\rangle_2\mathrm{e}^{\mathrm{i}\mathrm{e}^{\lambda}\eta_2\left(q''-\eta_1\sinh\lambda\right)}$$

$$=\mathrm{e}^{\lambda}\mathrm{e}^{-\mathrm{i}\mathrm{e}^{2\lambda}\eta_1\eta_2/2}\int_{-\infty}^{+\infty}\mathrm{d}q''|q''\rangle_1\otimes|q''-\mathrm{e}^{\lambda}\eta_1\rangle_2\mathrm{e}^{\mathrm{i}\mathrm{e}^{\lambda}\eta_2 q''}\tag{2.78}$$

对照纠缠态 $|\eta\rangle$ 的施密特分解的标准形式式 (2.63), 可知上式可简写为

$$S_2^{-1}\left(\mu\right)|\eta\rangle=\mathrm{e}^{\lambda}\left|\mathrm{e}^{\lambda}\eta\right\rangle\quad\left(\mu=\mathrm{e}^{\lambda}\right).\tag{2.79}$$

这表明 $S_2^{-1}\left(\mu\right)$ 把 $|\eta\rangle$ 压缩为 $\mathrm{e}^{\lambda}\left|\mathrm{e}^{\lambda}\eta\right\rangle$, 所以

$$S_2\left(\mu\right)=\int\frac{\mathrm{d}^2\eta}{\pi\mu}\left|\eta/\mu\right\rangle\left\langle\eta\right|,\tag{2.80}$$

我们可以称 $S_2\left(\mu\right)$ 为双模压缩算符, 这样我们就用 $|\eta\rangle$ 的施密特分解导出了 $S_2\left(\mu\right)$ 在纠缠态表象中的一个简洁自然的表示, 这表明双模压缩也起了纠缠的作用. 在第 3 章我们将用 IWOP 技术对式 (2.80)直接积分, 以得到其显然的正规乘积形式.

2.7　单边双模压缩算符

由 $|\eta\rangle$ 在坐标表象中的施密特分解式得

$$\left(Q_1+Q_2\right)|\eta=\eta_1+\mathrm{i}\eta_2\rangle$$

$$=\mathrm{e}^{-\mathrm{i}\eta_1\eta_2}\int_{-\infty}^{+\infty}\mathrm{d}q\left(2q-\sqrt{2}\eta_1\right)|q\rangle_1\otimes|q-\sqrt{2}\eta_1\rangle_2\mathrm{e}^{\mathrm{i}\left(\sqrt{2}q-\eta_1\right)\eta_2}$$

$$=-\mathrm{i}\sqrt{2}\frac{\partial}{\partial\eta_2}|\eta=\eta_1+\mathrm{i}\eta_2\rangle.\tag{2.81}$$

另一方面, 由 $|\eta\rangle$ 在动量表象中的施密特分解式得

$$
\begin{aligned}
(P_1-P_2)\,|\eta=\eta_1+\mathrm{i}\eta_2\rangle
&=\mathrm{e}^{-\mathrm{i}\eta_1\eta_2}\int_{-\infty}^{+\infty}\mathrm{d}p\left(2p+\sqrt{2}\eta_2\right)|p+\sqrt{2}\eta_2\rangle_1\otimes|-p\rangle_2\mathrm{e}^{-\mathrm{i}\sqrt{2}\eta_1 p}\\
&=\mathrm{i}\sqrt{2}\frac{\partial}{\partial\eta_1}|\eta=\eta_1+\mathrm{i}\eta_2\rangle.
\end{aligned}\tag{2.82}
$$

可见在 $\langle\eta|\equiv\langle\eta_1,\eta_2|$ 表象下,

$$
(Q_1+Q_2)\mapsto\mathrm{i}\sqrt{2}\frac{\partial}{\partial\eta_2},\quad (P_1-P_2)\mapsto-\mathrm{i}\sqrt{2}\frac{\partial}{\partial\eta_1},\tag{2.83}
$$

于是

$$
\langle\eta_1,\eta_2|\,\frac{1}{2}\,(P_1+P_2)\,(Q_1+Q_2)=\mathrm{i}\eta_2\frac{\partial}{\partial\eta_2}\,\langle\eta_1,\eta_2|\,.\tag{2.84}
$$

令 $\eta_2=\mathrm{e}^y$, 有

$$
\begin{aligned}
\langle\eta_1,\eta_2|\,\frac{1}{2}\,(P_1+P_2)\,(Q_1+Q_2)&=\mathrm{i}\mathrm{e}^y\frac{\partial y}{\partial\eta_2}\frac{\partial}{\partial y}\,\langle\eta_1,\eta_2=\mathrm{e}^y|\\
&=\mathrm{i}\frac{\partial}{\partial y}\,\langle\eta_1,\eta_2=\mathrm{e}^y|\,.
\end{aligned}\tag{2.85}
$$

再注意到 $\exp\left(-\lambda\frac{\partial}{\partial y}\right)f\,(y)=f\,(y-\lambda)$, 有

$$
\begin{aligned}
\langle\eta_1,\eta_2|\exp\left[\frac{\mathrm{i}\lambda}{2}\,(P_1+P_2)\,(Q_1+Q_2)\right]&=\exp\left[-\lambda\frac{\partial}{\partial y}\right]\langle\eta_1,\eta_2=\mathrm{e}^y|\\
&=\left\langle\eta_1,\mathrm{e}^{y-\lambda}\right|=\left\langle\eta_1,\mathrm{e}^{-\lambda}\eta_2\right|.
\end{aligned}\tag{2.86}
$$

这说明 $\exp\left[\frac{1}{2}\,(P_1+P_2)\,(Q_1+Q_2)\right]$ 是一个单边双模压缩算符

$$
\exp\left[\frac{\mathrm{i}\lambda}{2}\,(P_1+P_2)\,(Q_1+Q_2)-\frac{\lambda}{2}\right]=\mathrm{e}^{-\lambda/2}\int\frac{\mathrm{d}^2\eta}{\pi}\,|\eta\rangle\left\langle\eta_1,\mathrm{e}^{-\lambda}\eta_2\right|.\tag{2.87}
$$

类似可证,

$$
\langle\eta_1,\eta_2|\,\frac{1}{2}\,(Q_1-Q_2)\,(P_1-P_2)=-\mathrm{i}\eta_1\frac{\partial}{\partial\eta_1}\,\langle\eta_1,\eta_2|\,.\tag{2.88}
$$

令 $\eta_1 = \mathrm{e}^x$, 有

$$\langle\eta_1, \eta_2| \frac{1}{2}(Q_1 - Q_2)(P_1 - P_2) = -\mathrm{i}\mathrm{e}^x \frac{\partial x}{\partial \eta_1} \frac{\partial}{\partial x} \langle\eta_1 = \mathrm{e}^x, \eta_2|$$

$$= -\mathrm{i}\frac{\partial}{\partial x} \langle\eta_1 = \mathrm{e}^x, \eta_2|, \tag{2.89}$$

所以

$$\exp\left[\frac{-\mathrm{i}\lambda}{2}(Q_1 - Q_2)(P_1 - P_2) - \frac{\lambda}{2}\right] = \mathrm{e}^{-\lambda/2} \int \frac{\mathrm{d}^2\eta}{\pi} |\eta\rangle \left\langle \mathrm{e}^{-\lambda}\eta_1, \eta_2\right|. \tag{2.90}$$

2.8 $|\eta\rangle$ 在粒子数表象中的施密特分解

用双变量厄米多项式 $\mathrm{H}_{m,n}(\xi, \xi^*)$ 的生成函数公式

$$\sum_{m,n=0}^{+\infty} \frac{t^m t'^n}{m!n!} \mathrm{H}_{m,n}(\xi, \xi^*) = \exp(-tt' + t\xi + t'\xi^*), \tag{2.91}$$

其中

$$\mathrm{H}_{m,n}(\xi, \xi^*) = \sum_{l=0}^{\min(m,n)} \frac{m!n!}{l!(m-l)!(n-l)!} (-1)^l \xi^{m-l} \xi^{*n-l}. \tag{2.92}$$

把 $|\eta\rangle$ 展开

$$|\eta\rangle = \mathrm{e}^{-\frac{1}{2}|\eta|^2} \exp\left[-\left(\mathrm{i}a_1^\dagger\right)\left(\mathrm{i}a_2^\dagger\right) + \left(\mathrm{i}a_1^\dagger\right)(-\mathrm{i}\eta) + \left(\mathrm{i}a_2^\dagger\right)\mathrm{i}\eta^*\right] |00\rangle$$

$$= \mathrm{e}^{-\frac{1}{2}|\eta|^2} \sum_{m,n} \frac{\left(\mathrm{i}a_1^\dagger\right)^m \left(\mathrm{i}a_2^\dagger\right)^n}{m!n!} \mathrm{H}_{m,n}(-\mathrm{i}\eta, \mathrm{i}\eta^*) |00\rangle$$

$$= \mathrm{e}^{-\frac{1}{2}|\eta|^2} \sum_{m,n} \frac{\mathrm{i}^{m+n}}{\sqrt{m!n!}} \mathrm{H}_{m,n}(-\mathrm{i}\eta, \mathrm{i}\eta^*) |m, n\rangle. \tag{2.93}$$

因此, 取 $|\eta\rangle$ 与双模福克态 $|m,n\rangle=|m\rangle_1|n\rangle_2$ 的内积, $|m\rangle_i=\frac{1}{\sqrt{m!}}a_i^{\dagger m}|0\rangle_i$, 得

$$\langle m,n|\eta\rangle=\mathrm{e}^{-\frac{1}{2}|\eta|^2}\frac{\mathrm{i}^{m+n}}{\sqrt{m!n!}}\mathrm{H}_{m,n}(-\mathrm{i}\eta,\mathrm{i}\eta^*)\,. \tag{2.94}$$

另一方面, 由式 (2.53) 及

$$_1\langle q|m\rangle_1=\frac{1}{\sqrt{\sqrt{\pi}2^m m!}}\mathrm{H}_m(q)\,\mathrm{e}^{-q^2/2}={}_1\langle m|q\rangle_1, \tag{2.95}$$

其中 $\mathrm{H}_m(q)$ 是单变量厄米多项式, 可得

$$\begin{aligned}\langle m,n|\eta\rangle&=\mathrm{e}^{-\mathrm{i}\eta_1\eta_2/2}\int_{-\infty}^{+\infty}\mathrm{d}q_1\,\langle m|q\rangle_1\otimes{}_2\langle n|q-\eta_1\rangle_2\mathrm{e}^{\mathrm{i}\eta_2 q}\\&=\mathrm{e}^{-\mathrm{i}\eta_1\eta_2/2}\frac{1}{\sqrt{\pi}\sqrt{2^{m+n}m!n!}}\int_{-\infty}^{+\infty}\mathrm{d}q\mathrm{e}^{-q^2+q\eta_1-\eta_1^2/2}\mathrm{H}_m(q)\,\mathrm{H}_n(q-\eta_1)\,\mathrm{e}^{\mathrm{i}\eta_2 q}.\end{aligned} \tag{2.96}$$

所以比较式 (2.97) 和式 (2.94) 得到

$$\mathrm{H}_{m,n}(-\mathrm{i}\eta,\mathrm{i}\eta^*)=\mathrm{e}^{-\eta^2/2}\frac{(-\mathrm{i})^{m+n}}{\sqrt{\pi 2^{m+n}}}\int_{-\infty}^{+\infty}\mathrm{d}q\mathrm{e}^{-q^2}\mathrm{H}_m(q)\,\mathrm{H}_n(q-\eta_1)\,\mathrm{e}^{\sqrt{2}\eta q}. \tag{2.97}$$

可见双变量厄米多项式是两个单变数厄米多项式的纠缠形式. 而式 (2.93) 是 $|\eta\rangle$ 在粒子数表象中的施密特分解, 当测量粒子 1 并发现它处于福克态 $|m\rangle_1$ 时, 粒子 2 也处于福克态, 而后者事先并不知道对粒子 1 做何种方式的测量.

$|\eta\rangle$ 的施密特分解直接给出平移算符在福克空间的矩阵元.

由于 $_1\langle m|q\rangle_1={}_1\langle q|m\rangle_1$, 我们就可把式 (2.96) 中的第二步改写为

$$\begin{aligned}\langle m,n|\eta\rangle&=\mathrm{e}^{-\mathrm{i}\eta_1\eta_2/2}\int_{-\infty}^{+\infty}\mathrm{d}q_1\,\langle m|\,\mathrm{e}^{\mathrm{i}\eta_2 Q_1}\,|q\rangle_1\otimes{}_2\langle n|\,\mathrm{e}^{\mathrm{i}\eta_1 P_2}\,|q\rangle_2\\&=\mathrm{e}^{-\mathrm{i}\eta_1\eta_2/2}\int_{-\infty}^{+\infty}\mathrm{d}q_1\,\langle m|\,\mathrm{e}^{\mathrm{i}\eta_2 Q_1}\,|q\rangle_1\otimes{}_2\langle q|\,\mathrm{e}^{-\mathrm{i}\eta_1 P_2}\,|n\rangle_2.\end{aligned} \tag{2.98}$$

为了实现对 $\mathrm{d}q$ 的积分, 引入一个置换算符 $\mathfrak{P}_{12}$, 它能把 $|q\rangle_2$ 变为 $|q\rangle_1$, 即

$$|q\rangle_1=\mathfrak{P}_{12}|q\rangle_2,\quad \mathfrak{P}_{12}|q\rangle_1=|q\rangle_2,\quad \mathfrak{P}_{12}^2=1,\quad \mathfrak{P}_{12}=\mathfrak{P}_{12}^\dagger=\mathfrak{P}_{12}^{-1}. \tag{2.99}$$

这样定义的 $\mathfrak{P}_{12}$ 还具有性质

$$\mathfrak{P}_{12}\mathrm{e}^{-\mathrm{i}\eta_1 P_2}\mathfrak{P}_{12}^{-1}=\mathrm{e}^{-\mathrm{i}\eta_1 P_1}, \tag{2.100}$$

和

$$\mathfrak{P}_{12}a_2\mathfrak{P}_{12}^{-1}=a_1,\quad \mathfrak{P}_{12}a_1\mathfrak{P}_{12}^{-1}=a_2,\quad \mathfrak{P}_{12}\left|n\right\rangle_2=\left|n\right\rangle_1,\quad \mathfrak{P}_{12}\left|n\right\rangle_1=\left|n\right\rangle_2. \tag{2.101}$$

利用 $\mathfrak{P}_{12}$ 就把式 (2.98) 变为

$$\begin{aligned}\left\langle m,n\right|\eta\rangle &= \mathrm{e}^{-\mathrm{i}\eta_1\eta_2/2}\int_{-\infty}^{+\infty}\mathrm{d}q_1\left\langle m\right|\mathrm{e}^{\mathrm{i}\eta_2 Q_1}\left|q\right\rangle_{11}\left\langle q\right|\mathfrak{P}_{12}\mathfrak{P}_{12}\mathrm{e}^{-\mathrm{i}\eta_1 P_2}\left|n\right\rangle_2\\ &= \mathrm{e}^{-\mathrm{i}\eta_1\eta_2/2}\int_{-\infty}^{+\infty}\mathrm{d}q_1\left\langle m\right|\mathrm{e}^{\mathrm{i}\eta_2 Q_1}\left|q\right\rangle_{11}\left\langle q\right|\mathfrak{P}_{12}\mathrm{e}^{-\mathrm{i}\eta_1 P_2}\left|n\right\rangle_2\\ &= \mathrm{e}^{-\mathrm{i}\eta_1\eta_2/2}\int_{-\infty}^{+\infty}\mathrm{d}q_1\left\langle m\right|\mathrm{e}^{\mathrm{i}\eta_2 Q_1}\left|q\right\rangle_{11}\left\langle q\right|\mathfrak{P}_{12}\mathrm{e}^{-\mathrm{i}\eta_1 P_2}\mathfrak{P}_{12}^{-1}\mathfrak{P}_{12}\left|n\right\rangle_2\\ &= \mathrm{e}^{-\mathrm{i}\eta_1\eta_2/2}|\left\langle m\right|\mathrm{e}^{\mathrm{i}\eta_2 Q_1}\mathrm{e}^{-\mathrm{i}\eta_1 P_1}\mathfrak{P}_{12}\left|n\right\rangle_2\\ &= \mathrm{e}^{-\mathrm{i}\eta_1\eta_2/2}|\left\langle m\right|\mathrm{e}^{\mathrm{i}\eta_2 Q_1}\mathrm{e}^{-\mathrm{i}\eta_1 P_1}\left|n\right\rangle_1\end{aligned} \tag{2.102}$$

所以结合式 (2.94) 就有

$$_1\left\langle m\right|\mathrm{e}^{\mathrm{i}\eta_2 Q_1}\mathrm{e}^{-\mathrm{i}\eta_1 P_1}\left|n\right\rangle{}_1=\mathrm{e}^{-\frac{1}{2}|\eta|^2}\mathrm{e}^{\mathrm{i}\eta_1\eta_2/2}\frac{\mathrm{i}^{m+n}}{\sqrt{m!n!}}\mathrm{H}_{m,n}\left(-\mathrm{i}\eta,\mathrm{i}\eta^*\right). \tag{2.103}$$

由于

$$\begin{aligned}\exp\left(\mathrm{i}\eta_2 Q_1\right)\exp\left(-\mathrm{i}P_1\eta_1\right) &= \exp\left(\mathrm{i}\eta_2 Q_1-\mathrm{i}P_1\eta_1\right)\mathrm{e}^{\frac{\mathrm{i}\eta_1\eta_2}{2}}\\ &= \exp\left[\frac{\eta_1+\mathrm{i}\eta_2}{2}\left(Q_1-\mathrm{i}P_1\right)-\frac{\eta_1-\mathrm{i}\eta_2}{2}\left(Q_1+\mathrm{i}P_1\right)\right]\mathrm{e}^{\frac{\mathrm{i}\eta_1\eta_2}{2}}\\ &= \exp\left(\eta a_1^\dagger-\eta^* a_1\right)\mathrm{e}^{\frac{\mathrm{i}\eta_1\eta_2}{2}}=D_1\left(\eta\right)\mathrm{e}^{\frac{\mathrm{i}\eta_1\eta_2}{2}}.\end{aligned} \tag{2.104}$$

所以从式 (2.103) 给出平移算符在福克空间的矩阵元

$$_1\left\langle m\right|D_1\left(\eta\right)\left|n\right\rangle{}_1=\mathrm{e}^{-\frac{1}{2}|\eta|^2}\frac{\mathrm{i}^{m+n}}{\sqrt{m!n!}}\mathrm{H}_{m,n}\left(-\mathrm{i}\eta,\mathrm{i}\eta^*\right). \tag{2.105}$$

这恰是强迫振子矩阵元, 它是以 $\mathrm{H}_{m,n}(-\mathrm{i}\eta, \mathrm{i}\eta^*)$ 形式表现的表达式, 这样我们就用 $|\eta\rangle$ 在福克空间的施密特分解导出了强迫振子矩阵元. 该矩阵元在固体物理、量子光学中都有广泛的应用.

以上的讨论揭示了如何做施密特分解和它对分析量子纠缠的功效以及各种应用, 这些将来可以推广到对多粒子连续纠缠态表象.

2.9 描述“荷”上升、下降的算符与表象

从纠缠态 $|\xi\rangle$ 表象可以派生出描述“荷”上升、下降的表象, 有利于阐述介观电路的荷量子化理论. 用式 (2.42) 将 $|\xi\rangle$ 展开为

$$\begin{aligned}|\xi\rangle &= \mathrm{e}^{-\frac{r}{2}} \sum_{m,n=0}^{+\infty} \frac{a_1^{\dagger m} a_2^{\dagger n}}{m!n!} \mathrm{H}_{m,n}(\xi, \xi^*) |00\rangle \\ &= \mathrm{e}^{-\frac{r}{2}} \sum_{k,n=0}^{+\infty} \frac{a_1^{\dagger k} a_2^{\dagger n}}{k!n!} \mathrm{e}^{\mathrm{i}(k-n)\varphi} \mathrm{H}_{k,n}(\sqrt{r}, \sqrt{r}) |00\rangle .\end{aligned} \tag{2.106}$$

这里

$$\xi = \xi_1 + \mathrm{i}\xi_2 = \sqrt{r}\mathrm{e}^{\mathrm{i}\varphi}. \tag{2.107}$$

借助于双重求和的重排公式

$$\sum_{k=0}^{+\infty}\sum_{n=0}^{+\infty} A_k B_n = \sum_{m=0}^{+\infty}\sum_{n=0}^{m} A_{m-n} B_n, \tag{2.108}$$

得到

$$\begin{aligned}|\xi\rangle &= \mathrm{e}^{-\frac{r}{2}} \sum_{m=0}^{+\infty}\sum_{n=0}^{m} \frac{a_1^{\dagger m-n} a_2^{\dagger n}}{(m-n)!n!} \mathrm{e}^{\mathrm{i}(m-2n)\varphi} \mathrm{H}_{m-n,n}(\sqrt{r}, \sqrt{r}) |00\rangle \\ &= \mathrm{e}^{-\frac{r}{2}} \sum_{q=-\infty}^{+\infty} \mathrm{e}^{\mathrm{i}q\varphi} \sum_{n=\max(0,-q)}^{+\infty} \mathrm{H}_{n+q,n}(\sqrt{r}, \sqrt{r}) \frac{1}{\sqrt{(n+q)!n!}} |n+q, n\rangle ,\end{aligned} \tag{2.109}$$

其中 q 是整数. 从此式可以抽象出一个态矢量

$$\mathrm{e}^{-\frac{r}{2}}\sum_{n=\max(0,-q)}^{+\infty}\mathrm{H}_{n+q,n}(\sqrt{r},\sqrt{r})\frac{1}{\sqrt{(n+q)!n!}}\left|n+q,n\right\rangle\equiv\left|q,r\right\rangle, \tag{2.110}$$

则

$$\left|\xi\right\rangle=\sum_{q=-\infty}^{+\infty}\left|q,r\right\rangle\mathrm{e}^{\mathrm{i}q\varphi}, \tag{2.111}$$

称为 $|\xi\rangle$ 在基 $|q,r\rangle$ 的荷展开谱. 因为 $|q,r\rangle$ 是荷算符

$$\mathfrak{Q}=a_1^{\dagger}a_1-a_2^{\dagger}a_2, \tag{2.112}$$

(例如 $a_1^{\dagger}a_1$ 代表电荷为正的模, $a_2^{\dagger}a_2$ 代表电荷为负的模)的本征态, 有

$$\mathfrak{Q}\left|q,r\right\rangle=q\left|q,r\right\rangle. \tag{2.113}$$

式 (2.111) 的逆关系是

$$\left|q,r\right\rangle=\frac{1}{2\pi}\int_0^{2\pi}\mathrm{d}\varphi\left|\xi\right\rangle\mathrm{e}^{-\mathrm{i}q\varphi}\quad(\xi=\sqrt{r}\mathrm{e}^{\mathrm{i}\varphi}). \tag{2.114}$$

注意到

$$\left[\mathfrak{Q},\left(a_1+a_2^{\dagger}\right)\right]=-\left(a_1+a_2^{\dagger}\right),\quad\left[\mathfrak{Q},\left(a_1^{\dagger}+a_2\right)\right]=a_1^{\dagger}+a_2, \tag{2.115}$$

引入算符

$$\left(a_1+a_2^{\dagger}\right)\left(a_1^{\dagger}+a_2\right)\equiv\mathfrak{R}, \tag{2.116}$$

则有

$$[\mathfrak{R},\mathfrak{Q}]=0. \tag{2.117}$$

$\mathfrak{R}$ 对 $|q,r\rangle$ 的作用效果是

$$\begin{aligned}\mathfrak{R}\left|q,r\right\rangle&=\frac{1}{2\pi}\left(a_1+a_2^{\dagger}\right)\left(a_1^{\dagger}+a_2\right)\int_0^{2\pi}\mathrm{d}\varphi\left|\xi\right\rangle\mathrm{e}^{-\mathrm{i}q\varphi}\\&=\frac{r}{2\pi}\int_0^{2\pi}\mathrm{d}\varphi\left|\xi\right\rangle\mathrm{e}^{-\mathrm{i}q\varphi}=r\left|q,r\right\rangle\quad(r\geqslant0).\end{aligned} \tag{2.118}$$

用式 (2.110) 和式 (2.27) 我们计算

$$\sum_{q=-\infty}^{+\infty}\int_0^{+\infty}\mathrm{d}r\,|q,r\rangle\langle q,r|=\sum_{q=-\infty}^{+\infty}\sum_{n,n'=\max(0,-q)}^{+\infty}|n+q,n\rangle\langle n'+q,n'|$$

$$\times\int_0^{+\infty}\mathrm{d}r\mathrm{e}^{-r}\frac{\mathrm{H}_{n+q,n}(\sqrt{r},\sqrt{r})}{\sqrt{(n+q)!n!}}\frac{\mathrm{H}_{n'+q,n'}(\sqrt{r},\sqrt{r})}{\sqrt{(n'+q)!n'!}}$$

$$=\sum_{q=-\infty}^{+\infty}\sum_{n=\max(0,-q)}^{+\infty}|n+q,n\rangle\langle n+q,n|=1. \tag{2.119}$$

这是 $|q,r\rangle$ 的完备性.

另一方面, 由于 $\mathfrak{Q}$ 与 $\mathfrak{R}$ 都是厄米算符, 有

$$\langle q',r'|\mathfrak{Q}|q,r\rangle=q'\langle q',r'|q,r\rangle=q\langle q',r'|q,r\rangle,$$

$$\langle q',r'|\mathfrak{R}|q,r\rangle=r'\langle q',r'|q,r\rangle=r\langle q',r'|q,r\rangle, \tag{2.120}$$

这意味着正交性

$$\langle q',r'|q,r\rangle=\delta_{qq'}\delta(r'-r). \tag{2.121}$$

于是 $|q,r\rangle$ 构成一个新的完备正交表象. 鉴于 $\left[\left(a_1+a_2^\dagger\right),\left(a_1^\dagger+a_2\right)\right]=0$, 所以它们可以住在同一个 $\sqrt{\ }$ 里, 故可再定义

$$\mathrm{e}^{\mathrm{i}\Phi}=\sqrt{\frac{a_1+a_2^\dagger}{a_2+a_1^\dagger}},\quad\left(\mathrm{e}^{\mathrm{i}\Phi}\right)^\dagger=\sqrt{\frac{a_2+a_1^\dagger}{a_1+a_2^\dagger}}=\mathrm{e}^{-\mathrm{i}\Phi}, \tag{2.122}$$

$\mathrm{e}^{\mathrm{i}\Phi}$ 是幺正的, 有

$$\mathrm{e}^{\mathrm{i}\Phi}\left(\mathrm{e}^{\mathrm{i}\Phi}\right)^\dagger=1. \tag{2.123}$$

$|\xi\rangle$ 是其本征态

$$\mathrm{e}^{\mathrm{i}\Phi}|\xi\rangle=\mathrm{e}^{\mathrm{i}\varphi}|\xi\rangle,\quad\left(\mathrm{e}^{\mathrm{i}\Phi}\right)^\dagger|\xi\rangle=\mathrm{e}^{-\mathrm{i}\varphi}|\xi\rangle. \tag{2.124}$$

鉴于

$$(a_2+a_1^\dagger)|q,r\rangle=\frac{1}{2\pi}\int\mathrm{d}\varphi\xi^*|\xi\rangle\mathrm{e}^{-\mathrm{i}q\varphi}=\sqrt{r}|q+1,r\rangle,$$

$$\left(a_1 + a_2^\dagger\right)|q, r\rangle = \sqrt{r}\,|q-1, r\rangle\,, \tag{2.125}$$

所以

$$\left[\mathfrak{Q}, (a_2 + a_1^\dagger)\right] = a_2 + a_1^\dagger, \quad \left[\mathfrak{Q}, (a_1 + a_2^\dagger)\right] = -\left(a_1 + a_2^\dagger\right),$$

$$\left[\mathfrak{Q}, (a_2 + a_1^\dagger)(a_1 + a_2^\dagger)\right] = 0,$$

$$\left[\mathfrak{Q}, \mathrm{e}^{\mathrm{i}\varPhi}\right] = \left[\mathfrak{Q}, \frac{a_1 + a_2^\dagger}{\sqrt{\left(a_1 + a_2^\dagger\right)\left(a_2 + a_1^\dagger\right)}}\right] = -\mathrm{e}^{\mathrm{i}\varPhi}, \quad \left[\mathfrak{Q}, \left(\mathrm{e}^{\mathrm{i}\varPhi}\right)^\dagger\right] = \left(\mathrm{e}^{\mathrm{i}\varPhi}\right)^\dagger,$$

$$\left[\mathfrak{Q}, \left(\mathrm{e}^{\mathrm{i}n\varPhi}\right)^\dagger\right] = n\left(\mathrm{e}^{\mathrm{i}n\varPhi}\right)^\dagger, \tag{2.126}$$

因而若构造态 $(\mathrm{e}^{\mathrm{i}n\varPhi})^\dagger|m, m\rangle$, $|m, m\rangle$ 是福克空间态, 则可见它是 $\mathfrak{Q}$ 的本征态,

$$\mathfrak{Q}\left(\mathrm{e}^{\mathrm{i}n\varPhi}\right)^\dagger|m, m\rangle = \left[\mathfrak{Q}, \left(\mathrm{e}^{\mathrm{i}n\varPhi}\right)^\dagger\right]|m, m\rangle = n\left(\mathrm{e}^{\mathrm{i}n\varPhi}\right)^\dagger|m, m\rangle$$

$$\mathrm{e}^{\mathrm{i}\varPhi}|q, r\rangle = \sqrt{\frac{a_1 + a_2^\dagger}{a_2 + a_1^\dagger}}\,|q, r\rangle = |q-1, r\rangle\,, \quad \left(\mathrm{e}^{\mathrm{i}\varPhi}\right)^\dagger|q, r\rangle = |q+1, r\rangle\,, \tag{2.127}$$

可见 $\mathrm{e}^{\mathrm{i}\varPhi}$ 与 $(\mathrm{e}^{\mathrm{i}\varPhi})^\dagger$ 分别是“荷”上升、下降的算符, $|q, r\rangle$ 确实是描述“荷”上升、下降的表象. 特别令人值得关注的是：荷算符作用于 $|\xi\rangle$ 上, 其行为是对相角的微商,

$$\begin{aligned}\mathfrak{Q}|\xi\rangle &= \left[a_1^\dagger\left(\xi - a_2^\dagger\right) - a_2^\dagger\left(\xi^* - a_1^\dagger\right)\right]|\xi\rangle \\ &= \sqrt{r}\left(a_1^\dagger \mathrm{e}^{\mathrm{i}\varphi} - a_2^\dagger \mathrm{e}^{-\mathrm{i}\varphi}\right)\exp\left[-\frac{1}{2}r + \sqrt{r}\left(a_1^\dagger \mathrm{e}^{\mathrm{i}\varphi} + a_2^\dagger \mathrm{e}^{-\mathrm{i}\varphi}\right) - a_1^\dagger a_2^\dagger\right]|00\rangle \\ &= -\mathrm{i}\frac{\partial}{\partial\varphi}|\xi\rangle\,,\end{aligned} \tag{2.128}$$

这使人回忆起诺特尔 (Noether)定律：一个连续相变换导致荷守恒.

2.10 描述约瑟夫森结方程的导出和库珀对数 – 相测不准关系

上节的理论可以用于研究超导约瑟夫森 (Josephson)效应, 它是指电子的库珀(Cooper)对能通过两块超导体之间夹薄绝缘层 (厚度约 10 Å的势垒, 称为 “弱连接” 的约瑟夫森结)的量子隧道效应. 即使当结两端的电压 $V=0$ 时, 结中也存在有超导电流, 这是势垒穿透的范例. 只要该超导电流小于某一临界流 I_{cr}, 就始终保持此零电压现象. 而当结两端的直流电压 $V\neq 0$ 时, 通过结的电流是交变的振荡超导电流. 费恩曼 (Feynman)这样分析它: “电子对的行为宛如玻色子, …… 几乎所有的电子对会被锁定在同一个最低能态上.” 然后他给每个超导体区指定波函数 $\psi_i=\sqrt{\rho_i}\mathrm{e}^{\mathrm{i}\theta_i}$, 这里 $\theta_i, i=1,2$, 是结两边的相, ρ_i 是电子密度. 费恩曼建立两个方程,

$$\mathrm{i}\hbar\frac{\mathrm{d}\psi_1}{\mathrm{d}t}=eV\psi_1+K\psi_2, \tag{2.129}$$

$$\mathrm{i}\hbar\frac{\mathrm{d}\psi_1}{\mathrm{d}t}=-eV\psi_2+K\psi_1, \tag{2.130}$$

其中 K 是跨结的两个波函数的耦合常数, V 是施加于结两边的电压. 从式 (2.129) ~ 式 (2.130) 费恩曼证明了结电流与跨结的相差 $\theta_2-\theta_1\equiv\varphi$ 有关, 即得到两个 C-数约瑟夫森方程

$$J=e\frac{\mathrm{d}}{\mathrm{d}t}\left(\rho_2-\rho_1\right)=\frac{4eK\sqrt{\rho_1\rho_2}}{\hbar}\sin\varphi, \tag{2.131}$$

$$\frac{\mathrm{d}\varphi}{\mathrm{d}t}=\frac{2e}{\hbar}V,\quad \varphi\left(t\right)=\varphi_0+\frac{2e}{\hbar}\int V\left(t\right)\mathrm{d}t, \tag{2.132}$$

这里 $2e$ 是一个库珀对电荷, J 是约瑟夫森流, 甚至在外电压 V 为零时它也存在.

现在我们可以给出约瑟夫森效应的另一种物理解释理论, 用上一节的 $(\varPhi,\varOmega)$

构造出一个描述约瑟夫森结功能的算符哈密顿量

$$H=\frac{E_c}{2}\mathfrak{Q}^2+E_j\left(1-\cos\varPhi\right),$$

$$\cos\varPhi=\frac{\mathrm{e}^{\mathrm{i}\varPhi}+\mathrm{e}^{-\mathrm{i}\varPhi}}{2}. \tag{2.133}$$

这里 E_j 和 $E_c=\dfrac{(2e)^2}{C}$ 分别是约瑟夫森耦合常数 (与式 (2.131) 中的 K 相同)和库仑 (Coulomb)耦合常数, $\mathfrak{Q}$ 称为是净库珀对数算符, $\dfrac{E_c}{2}\mathfrak{Q}^2$ 是与结上的荷相关的诱导电压, C 是结电容, e 是电荷量, $\mathrm{e}^{\mathrm{i}\varPhi}$ 是两个超导体之间的相差算符, $\varPhi$ 是相角差, 共轭于库珀对数算符 (见式 (2.128)), 这是因为在 $\langle\xi|$ 表象中库珀对算符表现为对 ξ 的相角的一个微商运算, 所以, 形式上 $\varPhi$ 与 $\mathfrak{Q}$ 的行为宛如一对正则共轭变数, 这导致

$$\langle\xi|\left[\varPhi,\mathfrak{Q}\right]=\left[\varphi,\mathrm{i}\frac{\partial}{\partial\varphi}\right]\langle\xi|=-\mathrm{i}\left\langle\xi\eta\right|,$$

$$[\varPhi,\mathfrak{Q}]=-\mathrm{i}, \tag{2.134}$$

用式 (2.128) 和式 (2.124) 我们知道

$$\langle\xi|\,H=\left[-\frac{1}{2}E_c\partial_\varphi^2+E_J\left(1-\cos\varphi\right)\right]\langle\xi|, \tag{2.135}$$

根据海森伯运动方程和式 (2.133) 我们导出

$$\frac{\partial}{\partial t}\mathfrak{Q}=\frac{1}{\mathrm{i}\hbar}\left[\mathfrak{Q},H\right]=\frac{1}{\mathrm{i}\hbar}\left[\mathfrak{Q},-E_j\cos\varPhi\right]=\frac{E_j}{\hbar}\sin\varPhi, \tag{2.136}$$

或者

$$\partial_t\left\langle 2e\mathfrak{Q}\right\rangle=I_{cr}<\sin\varPhi>, \tag{2.137}$$

这里 $I_{cr}=2e\dfrac{E_j}{\hbar}$ 是临界流 (这里恢复了普朗克常数 $\hbar$), 所以式 (2.83) 是式 (2.87) 的算符版本. 我们进一步计算

$$\partial_t\varPhi=\frac{1}{\mathrm{i}\hbar}\left[\varPhi,H\right]=\frac{1}{\mathrm{i}\hbar}\left[\varPhi,\frac{E_c}{2}\mathfrak{Q}^2\right]=-\frac{E_c}{\hbar}\mathfrak{Q}. \tag{2.138}$$

这与第二个 C-数约瑟夫森方程式 (2.132) 相应. 方程式 (2.136) 和 (2.138) 是玻色

算符约瑟夫森方程, 分别控制相和流.

我们这里为描述约瑟夫森机制而引入的玻色性相算符提供了理解超导电流的新观点, 事实上, 从

$$[\mathfrak{Q}, \cos\Phi] = -\mathrm{i}\sin\Phi, \quad [\mathfrak{Q}, \sin\Phi] = \mathrm{i}\cos\Phi, \tag{2.139}$$

我们知道库珀对数 – 相不确定关系是

$$\Delta\mathfrak{Q}\Delta\cos\Phi \geqslant \frac{1}{2}\left|\langle\sin\Phi\rangle\right|. \tag{2.140}$$

这里存在的极小值 $\langle\sin\Phi\rangle \neq 0$ 意味着约瑟夫森流必定存在. 有兴趣的读者请比较一下坐标 – 动量不确定关系 $\Delta P\Delta Q \geqslant \frac{1}{2}$, 其当等号成立时相应的量子态是相干态 (最接近于经典情形), 想一想当约瑟夫森结处于什么量子态时库珀对数 – 相测不准关系取极小值? 若处在这个态, 当 $\cos\Phi$ 的涨落增加时, 库珀对 $\mathfrak{Q}$ 的涨落必定减少, 以致于 $\Delta\mathfrak{Q}\Delta\cos\Phi$ 仍然等于 $\frac{1}{2}\left|\langle\sin\varphi\rangle\right|$. 我们还看到 $\left(\mathrm{e}^{\mathrm{i}n\Phi}\right)^{\dagger}|m,m\rangle$ 是净库珀对数算符 $\mathfrak{Q}$ 的本征态, 即约瑟夫森结处在此态上, 从量子纠缠的观点看, 这是一个纠缠态.

2.11 相干 – 纠缠态的构造

前面用 IWOP 技术, 得到相干态 $|z\rangle$ 的完备高斯积分形式和纠缠态表象 $|\eta\rangle$, $|\eta\rangle$ 是相互对易的相对坐标 $Q_1 - Q$ 和动量 $\hat{P}_1 + \hat{P}_2$ 的共同本征态, 满足

$$(Q_1 - Q_2)|\eta\rangle = \sqrt{2}\eta_1|\eta\rangle, \quad \left(\hat{P}_1 + \hat{P}_2\right)|\eta\rangle = \sqrt{2}\eta_2|\eta\rangle, \tag{2.141}$$

式中 $\eta = \eta_1 + \mathrm{i}\eta_2$, 其完备性

$$\int\frac{\mathrm{d}^2\eta}{\pi}|\eta\rangle\langle\eta| = \int\frac{\mathrm{d}^2\eta}{\pi}:\exp\left[-\left(\eta_1 - \frac{Q_1 - Q_2}{\sqrt{2}}\right)^2 - \left(\eta_2 - \frac{\hat{P}_1 + \hat{P}_2}{\sqrt{2}}\right)^2\right]: = 1. \tag{2.142}$$

考虑到

$$\left[\frac{Q_1+Q_2}{\sqrt{2}}, a_1-a_2\right]=0. \tag{2.143}$$

这样它们必然存在共同本征态, 记为 $|q,z\rangle$, 令它满足下列本征方程

$$\frac{Q_1+Q_2}{\sqrt{2}}|q,z\rangle=q|q,z\rangle, \quad (a_1-a_2)|q,z\rangle=z|q,z\rangle, \tag{2.144}$$

其中 $Q_j=(a_j+a_j^\dagger)/\sqrt{2}$. 为了找到 $|q,z\rangle$ 明确的表达式, 根据坐标表象和相干态表象的正规乘积高斯积分形式, 由式 (2.142), 构造如下正规乘积高斯算符

$$:\exp\left\{-\left(q-\frac{Q_1+Q_2}{\sqrt{2}}\right)^2-\frac{1}{2}\left[z-(a_1-a_2)\right]\left[z^*-\left(a_1^\dagger-a_2^\dagger\right)\right]\right\}: \equiv O(q,z). \tag{2.145}$$

并用积分公式

$$\int\frac{\mathrm{d}^2z}{\pi}\exp\left(\lambda|z|^2+\mu z+\nu z^*\right)=-\frac{1}{\lambda}\mathrm{e}^{-\frac{\mu\nu}{\lambda}} \quad (\mathrm{Re}\,\lambda<0), \tag{2.146}$$

求它的边缘分布积分, 分别得

$$\int\frac{\mathrm{d}^2z}{2\pi}O(q,z)=:\exp\left[-\left(q-\frac{Q_1+Q_2}{\sqrt{2}}\right)^2\right]:, \tag{2.147}$$

$$\int_{-\infty}^{+\infty}\frac{\mathrm{d}q}{\sqrt{\pi}}O(q,z)=:\exp\left\{-\frac{1}{2}\left[z-(a_1-a_2)\right]\left[z^*-\left(a_1^\dagger-a_2^\dagger\right)\right]\right\}:. \tag{2.148}$$

随之有

$$\begin{aligned}\int_{-\infty}^{+\infty}\frac{\mathrm{d}q}{\sqrt{\pi}}\int\frac{\mathrm{d}^2z}{2\pi}O(q,z)&=\int_{-\infty}^{+\infty}\frac{\mathrm{d}q}{\sqrt{\pi}}:\exp\left[-\left(q-\frac{Q_1+Q_2}{\sqrt{2}}\right)^2\right]:\\&=1,\end{aligned} \tag{2.149}$$

也就说明了 $O(q,z)$ 构成一完备系列. 根据式 (2.148) 和式 (2.149), 必然有

$$O(q,z)=|z,q\rangle\langle z,q|. \tag{2.150}$$

即

$$\int\frac{\mathrm{d}^2z}{2\pi}\int_{-\infty}^{+\infty}\frac{\mathrm{d}q}{\sqrt{\pi}}|z,q\rangle\langle z,q|=1. \tag{2.151}$$

将 $Q_j=(a_j+a_j^\dagger)/\sqrt{2}$ 代入式 (2.145) 并利用式 (2.47), 我们能进一步分解算符 $O(q,z)$, 可得

$$|z,q\rangle=\exp\left[-\frac{1}{4}|z|^2-\frac{1}{2}q^2+\left(q+\frac{1}{2}z\right)a_1^\dagger+\left(q-\frac{1}{2}z\right)a_2^\dagger-\frac{1}{4}\left(a_1^\dagger+a_2^\dagger\right)^2\right]|00\rangle\,. \tag{2.152}$$

利用公式

$$\left[a_j,f(a_1^\dagger,a_2^\dagger)\right]=\frac{\partial}{\partial a_j^\dagger}f(a_1^\dagger,a_2^\dagger), \tag{2.153}$$

可以得到

$$a_1|z,q\rangle=\left[q+\frac{z}{2}-\frac{1}{2}(a_1^\dagger+a_2^\dagger)\right]|z,q\rangle\,, \tag{2.154}$$

$$a_2|z,q\rangle=\left[q-\frac{z}{2}-\frac{1}{2}(a_1^\dagger+a_2^\dagger)\right]|z,q\rangle\,, \tag{2.155}$$

综合上面两式, 就可得到式 (2.147). 为了考察 $|z,q\rangle$ 的内积, 利用双模相干态完备性以及 δ 函数的极限形式 $\delta(q)=\lim\limits_{\epsilon\mapsto 0}\frac{1}{\sqrt{\pi\epsilon}}\exp\left(-q^2/\epsilon\right)$, 有

$$\begin{aligned}\langle z',q'\,|z,q\rangle&=\int\frac{\mathrm{d}^2\alpha\mathrm{d}^2\beta}{\pi^2}\langle z',q'\,|\alpha,\beta\rangle\langle\alpha,\beta\,|z,q\rangle\\&=K\int\frac{\mathrm{d}^2\alpha\mathrm{d}^2\beta}{\pi^2}\exp\left[-|\alpha|^2-|\beta|^2-\frac{1}{4}\left(\alpha^2+\alpha^{*2}+\beta^2+\beta^{*2}\right)\right.\\&\quad+\left(q'+\frac{1}{2}z'^*-\frac{1}{2}\beta\right)\alpha+\left(q+\frac{1}{2}z-\frac{1}{2}\beta^*\right)\alpha^*\\&\quad\left.+\left(q'-\frac{1}{2}z'^*\right)\beta+\left(q-\frac{1}{2}z\right)\beta^*\right]\\&=\sqrt{\pi}\exp\left[-\frac{1}{4}\left(|z|^2+|z'|^2\right)+\frac{1}{2}zz'^*\right]\delta(q-q'),\end{aligned} \tag{2.156}$$

式中

$$K=\exp\left[-\frac{1}{4}\left(|\alpha|^2+|\alpha'|^2\right)-\frac{1}{2}(q^2+q'^2)\right]. \tag{2.157}$$

如果我们改写

$$|z,q\rangle = \exp\left[-\frac{1}{4}|z|^2 + \frac{1}{\sqrt{2}}z\frac{a_1^\dagger - a_2^\dagger}{\sqrt{2}} - \frac{1}{2}q^2 + \sqrt{2}q\frac{a_1^\dagger + a_2^\dagger}{\sqrt{2}} - \frac{1}{2}\left(\frac{a_1^\dagger + a_2^\dagger}{\sqrt{2}}\right)^2\right]|00\rangle, \tag{2.158}$$

则由于 $(a_1^\dagger - a_2^\dagger)/\sqrt{2}$ 与 $(a_1^\dagger + a_2^\dagger)/\sqrt{2}$ 独立, 可把它们视为独立模, 其中

$$\left[\frac{a_1 - a_2}{\sqrt{2}}, \frac{a_1^\dagger + a_2^\dagger}{\sqrt{2}}\right] = 0. \tag{2.159}$$

则很易于理解此结果. 从式 (2.158) 与式 (2.144) 看出, $|z,q\rangle$ 是一个相干–纠缠态表象, 它具有相干态的性质, 也具有纠缠态的性质.

2.12　三模纠缠态的构造

受式 (2.61) 的启发, 考虑积分如下三模直积态

$$\begin{aligned}
&\int_{-\infty}^{+\infty} \mathrm{d}q\, |q\rangle_1 \otimes |-2q\rangle_2 \otimes |q\rangle_3 \\
&= \frac{1}{\pi^{3/4}}\int_{-\infty}^{+\infty} \mathrm{d}q \exp\left[-3q^2 + \sqrt{2}q\left(a_1^\dagger - 2a_2^\dagger + a_3^\dagger\right) - \frac{a_1^{\dagger 2} + a_2^{\dagger 2} + a_3^{\dagger 2}}{2}\right]|000\rangle \\
&= \frac{1}{\sqrt{3}\pi^{1/4}}\exp\left[\frac{-1}{6}\left(2a_1^{\dagger 2} - a_2^{\dagger 2} + 2a_3^{\dagger 2}\right) - \frac{1}{3}\left(2a_1^\dagger a_2^\dagger - a_1^\dagger a_3^\dagger + 2a_2^\dagger a_3^\dagger\right)\right]|00\rangle,
\end{aligned} \tag{2.160}$$

就有

$$(Q_1 - Q_3)\int_{-\infty}^{+\infty} \mathrm{d}q\, |q\rangle_1 \otimes |-2q\rangle_2 \otimes |q\rangle_3 = 0, \tag{2.161}$$

$$(Q_1 + Q_2 + Q_3)\int_{-\infty}^{+\infty} \mathrm{d}q\, |q\rangle_1 \otimes |-2q\rangle_2 \otimes |q\rangle_3 = 0, \tag{2.162}$$

$$(P_1 - 2P_2 + P_3)\int_{-\infty}^{+\infty} \mathrm{d}q\, |q\rangle_1 \otimes |-2q\rangle_2 \otimes |q\rangle_3$$

$$
\begin{aligned}
&= \int_{-\infty}^{+\infty} \mathrm{d}q \mathrm{i}\frac{\mathrm{d}}{\mathrm{d}q} |q\rangle_1 \otimes |-2q\rangle_2 \otimes |q\rangle_3 - |q\rangle_1 \otimes 2\frac{\mathrm{d}}{\mathrm{d}(-2q)} |-2q\rangle_2 \otimes |q\rangle_3 \\
&\quad + |q\rangle_1 \otimes |-2q\rangle_2 \otimes \frac{\mathrm{d}}{\mathrm{d}q} |q\rangle_3 \\
&= \frac{\mathrm{i}\mathrm{d}}{\mathrm{d}q} \int_{-\infty}^{+\infty} \mathrm{d}q\, |q\rangle_1 \otimes |-2q\rangle_2 \otimes |q\rangle_3 = 0.
\end{aligned} \tag{2.163}
$$

注意

$$
[(Q_1 - Q_3), (P_1 - 2P_2 + P_3)] = 0,
$$

$$
[(Q_1 + Q_2 + Q_3), (P_1 - 2P_2 + P_3)] = 0,
$$

用平移算符 $\mathrm{e}^{\mathrm{i}Q_1 p}\mathrm{e}^{-\mathrm{i}P_2(\chi_1+\chi_2)}\mathrm{e}^{\mathrm{i}\chi_1 P_3}$ 作用于式 (2.160) 左边, 并用 $P|q\rangle = \mathrm{i}\frac{\mathrm{d}}{\mathrm{d}q}|q\rangle$ 得

$$
\begin{aligned}
&\mathrm{e}^{\mathrm{i}Q_1 p}\mathrm{e}^{-\mathrm{i}P_2(\chi_1+\chi_2)}\mathrm{e}^{\mathrm{i}\chi_1 P_3} \int_{-\infty}^{+\infty} \mathrm{d}q\, |q\rangle_1 \otimes |-2q\rangle_2 \otimes |q\rangle_3 \\
&= \int_{-\infty}^{+\infty} \mathrm{d}q \mathrm{e}^{\mathrm{i}qp} |q\rangle_1 \otimes \mathrm{e}^{(\chi_1+\chi_2)\frac{\mathrm{d}}{\mathrm{d}(-2q)}} |-2q\rangle_2 \otimes \mathrm{e}^{-\chi_1 \frac{\mathrm{d}}{\mathrm{d}q}} |q\rangle_3 \\
&= \int_{-\infty}^{+\infty} \mathrm{d}q \mathrm{e}^{\mathrm{i}qp} |q\rangle_1 \otimes |-2q + \chi_1 + \chi_2\rangle_2 \otimes |q - \chi_1\rangle_3 \equiv |p, \chi_1, \chi_2\rangle.
\end{aligned} \tag{2.164}
$$

这是一个三模纠缠态. 显然, 它满足

$$
(Q_1 - Q_3)|p, \chi_1, \chi_2\rangle = \chi_1 |p, \chi_1, \chi_2\rangle, \tag{2.165}
$$

$$
(Q_1 + Q_2 + Q_3)|p, \chi_1, \chi_2\rangle = \chi_2 |p, \chi_1, \chi_2\rangle, \tag{2.166}
$$

从式 (2.163) 又可证

$$
\begin{aligned}
&(P_1 - 2P_2 + P_3)|p, \chi_1, \chi_2\rangle \\
&= \left[P_1 - 2P_2 + P_3, \mathrm{e}^{\mathrm{i}Q_1 p}\mathrm{e}^{-\mathrm{i}P_2(\chi_1+\chi_2)}\mathrm{e}^{\mathrm{i}\chi_1 P_3}\right] \int_{-\infty}^{+\infty} \mathrm{d}q\, |q\rangle_1 \otimes |-2q\rangle_2 \otimes |q\rangle_3 \\
&= p|p, \chi_1, \chi_2\rangle
\end{aligned} \tag{2.167}
$$

所以 $|p,\chi_1,\chi_2\rangle$ 是 (Q_1-Q_3), $(Q_1+Q_2+Q_3)$ 和 $(P_1-2P_2+P_3)$ 的共同本征态,是一个三模纠缠态.

在本章中我们用 IWOP 技术构建了新的双模、三模完备表象, 这为人们今后要构建多模完备表象打下了基础. 可以说, IWOP 技术是发现并建立新完备表象的有效方法.

第 3 章　IWOP 技术在构建与研究新光场态矢量时的若干重要应用

IWOP 技术在量子光学理论中有广泛和深入的应用, 特别是在理论上提出新的光场态矢量.

3.1　从经典尺度变换到量子压缩算符的映射

光场的压缩态在光通讯、高精度干涉测量以及弱信号检测等方面有潜在的重要应用, 它是一类非经典光场, 呈现非经典性质, 如反聚束效应、亚泊松(Sub-Poisson)分布等, 读者可以从专门的量子光学书中了解这些性质. 在这里我们主要介绍如何用 IWOP 技术直接得到压缩算符, 并发展一般的压缩态理论.

我们已知道, 相干态是最小测不准态, 而且两个正交位相振幅算符有着相同的起伏, 在相空间中, 相干态的起伏呈圆形, 相干态在相空间平移或者转动时此圆保持不变. 而压缩态是泛指一个正交相位振幅算符的起伏比相干态相应分量的起伏小的量子态, 其代价是另一个正交相位振幅算符的起伏增大, 但两者的乘积等同于

相干态的相应量. 如何直接从相干态过渡到到压缩态呢？捷径是用正则相干态

$$\left|\begin{pmatrix} q \\ p \end{pmatrix}\right\rangle \equiv |q,p\rangle = \exp\left[\mathrm{i}(pQ-qP)\right]|0\rangle$$

$$= \exp\left[-\frac{1}{4}\left(p^2+q^2\right)+\frac{q+\mathrm{i}p}{\sqrt{2}}a^\dagger\right]|0\rangle, \tag{3.1}$$

构建 ket-bra 算符

$$\sqrt{\cosh\lambda}\iint_{-\infty}^{+\infty}\mathrm{d}q\mathrm{d}p\left|\begin{pmatrix} \frac{1}{\mu} & 0 \\ 0 & \mu \end{pmatrix}\begin{pmatrix} q \\ p \end{pmatrix}\right\rangle\left\langle\begin{pmatrix} q \\ p \end{pmatrix}\right| \quad (\mu = \mathrm{e}^\lambda). \tag{3.2}$$

用 IWOP 技术积分后, 就得到压缩算符, 这是经典标度变换 $q\mapsto q/\mu$及$p\mapsto \mu p$ 的量子力学对应. 下面我们要说明在坐标表象中, 让 $|q\rangle\mapsto|q/\mu\rangle$, 也对应量子力学压缩变换.

基于这一物理考虑, 构造如下 ket-bra 积分形式

$$S_1 \equiv \int_{-\infty}^{+\infty}\frac{\mathrm{d}q}{\sqrt{\mu}}\left|\frac{q}{\mu}\right\rangle\langle q|. \tag{3.3}$$

它是经典尺度变换 $q\mapsto q/\mu$ 的量子力学映射, 所以以这样的途径引入压缩算符是捷径, 也是物理的. 于是就存在一个定理：经典尺度变换的量子对应变换是单模压缩算符.

证明　根据坐标本征态的福克形式 (见第 1 章 $\hbar=m=\omega=1$)以及 $|0\rangle\langle 0| =: \mathrm{e}^{-a^\dagger a}:$, 用 IWOP 技术对上述算符函数积分有

$$S_1 = \int_{-\infty}^{+\infty}\frac{\mathrm{d}q}{\sqrt{\pi\mu}}\exp\left(-\frac{q^2}{2\mu^2}+\sqrt{2}\frac{q}{\mu}a^\dagger-\frac{a^{\dagger 2}}{2}\right)|0\rangle\langle 0|\exp\left(-\frac{q^2}{2}+\sqrt{2}qa-\frac{a^2}{2}\right)$$

$$= \int_{-\infty}^{+\infty}\frac{\mathrm{d}q}{\sqrt{\pi\mu}}:\exp\left[-\frac{q^2}{2}\left(1+\frac{1}{\mu^2}\right)+\sqrt{2}q\left(\frac{a^\dagger}{\mu}+a\right)-\frac{1}{2}\left(a^\dagger+a\right)^2\right]:$$

$$= \operatorname{sech}^{1/2}\lambda:\exp\left[-\frac{a^{\dagger 2}}{2}\tanh\lambda+(\operatorname{sech}\lambda-1)a^\dagger a+\frac{a^2}{2}\tanh\lambda\right]:, \tag{3.4}$$

其中

$$\mathrm{e}^{\lambda}=\mu, \quad \operatorname{sech}\lambda=\frac{2\mu}{1+\mu^{2}}, \quad \tanh\lambda=\frac{\mu^{2}-1}{1+\mu^{2}}. \tag{3.5}$$

再根据 $\mathrm{e}^{\lambda a^{\dagger}a}=:\mathrm{e}^{(\mathrm{e}^{\lambda}-1)a^{\dagger}a}:$ 去掉式 (3.4) 中的记号 : : , 即得

$$S_{1}=\exp\left(-\frac{a^{\dagger 2}}{2}\tanh\lambda\right)\exp\left[\left(a^{\dagger}a+\frac{1}{2}\right)\ln\operatorname{sech}\lambda\right]\exp\left(\frac{a^{2}}{2}\tanh\lambda\right). \tag{3.6}$$

这就是 IWOP 方法的魅力. 无需用李群和李代数的理论我们就导出压缩算符的显示的正规乘积形式, 这也体现了符号法的应用潜力、数学美感和 IWOP 方法的简单性. 国际量子力学专家们这样评价 IWOP 技术: “It joints the two formalism (integral representation and operators) in a very clever way. The IWOP technique should be widely known.I believe it will be rather useful for many PhD students as well as researchers working in the field of quantum optics. ”这样一来, 许多量子理论中貌似艰深的, 常令人敬而远之的公式变得很容易解读, 它们的物理意义更加明了, 数理结构的内在美通过数学的发展而再次折射于世人眼前. 黎曼 (Riemann)说过: “只有在微积分发明之后, 物理学才成为一门科学.” 对于狄拉克符号法而言, 在 IWOP 技术被发明之后, 便更能显示出它的巨大价值所在了. 人们也进一步领会了狄拉克发明符号的天才.

狄拉克坦陈数学美 “是我们的一种信条, 相信描述自然界的基本规律的方程都必定有显著的数学美” , 因为自然界为它的物理定律选择优美的数学结构. 揭示自然规律的数学美要求开拓者除了要有微妙的洞察力, 独具慧眼, 还要有解决深奥而重要的问题的能力, 而 IWOP 技术恰恰体现了艺术的科学魅力. 对于某些科学家来说, 数学形式主义的美学魅力常常提示着这种飞跃的方向. 假如狄拉克早在 20 世纪 30 年代就能发明 IWOP 技术, 那么他马上就会做积分式 (3.4) 进而在理论上首先发现压缩态, 而不会等到 20 世纪 80 年代才开始压缩态的研究. 尽管科学研究可能不会像凡高的名作那样给我们带来狂喜, 但科学的气氛却有其内在的美——清晰、朴素和富于思想. 有人打比方, “读唐诗犹如学一条物理中的数学定理” , 如果你接受这种说法, 那么你应该体会到, 证明一条数学物理定理就如同是在做一首永远传诵的好诗.

对式 (3.6) 两边的参数 λ 求微商, 并利用下列算符恒等式

$$\mathrm{e}^{\gamma a^{\dagger 2}} a=\left(a-2\gamma a^{\dagger}\right)\mathrm{e}^{\gamma a^{\dagger 2}}, \tag{3.7}$$

$$\mathrm{e}^{\gamma a^{\dagger 2}} a^2=\left(a^2+4\gamma^2 a^{\dagger 2}-4\gamma a^{\dagger} a-2\gamma\right)\mathrm{e}^{\gamma a^{\dagger 2}}, \tag{3.8}$$

导出

$$\frac{\partial}{\partial\lambda}S_1=-\frac{\lambda}{2}\left(a^2-a^{\dagger 2}\right)S_1. \tag{3.9}$$

注意到边界条件是 $S_1|_{\lambda=0}=1$, 因此式 (3.9) 的解为

$$S_1=\exp\left[-\frac{\lambda}{2}\left(a^2-a^{\dagger 2}\right)\right]. \tag{3.10}$$

把它改写为 QP(乘积)算符, 即

$$\begin{aligned}\exp\left[-\frac{\lambda}{2}\left(a^2-a^{\dagger 2}\right)\right]&=\exp\left\{-\frac{\lambda}{4}\left[\left(Q+\mathrm{i}\hat{P}\right)^2-\left(Q-\mathrm{i}\hat{P}\right)^2\right]\right\}\\&=\exp\left[-\mathrm{i}\lambda\left(QP-\frac{\mathrm{i}}{2}\right)\right].\end{aligned} \tag{3.11}$$

可见造成压缩效应的算符是 $\exp\left[-\mathrm{i}\lambda\left(QP-\frac{\mathrm{i}}{2}\right)\right]$. 另外, 由坐标本征态的完备性, 有

$$\begin{aligned}&S_1\left|q\right\rangle=\sqrt{\mu}\left|\mu q\right\rangle,\quad \left|\mu q\right\rangle=\sum_{n=0}^{+\infty}\frac{(\mu-1)^n}{n!}q^n\frac{\mathrm{d}^n}{\mathrm{d}q^n}\left|q\right\rangle,\\&S_1\left|p\right\rangle=1/\sqrt{\mu}\left|p/\mu\right\rangle,\end{aligned} \tag{3.12}$$

故知 S_1 确实为单模压缩算符, 且有如下性质:

(1) 幺正性.

根据 $\langle q|\,q'\rangle=\delta\left(q-q'\right)$, 则

$$\begin{aligned}S_1S_1^{\dagger}&=\int_{-\infty}^{+\infty}\frac{\mathrm{d}q\mathrm{d}q'}{\mu}\left|\frac{p}{\mu}\right\rangle\left\langle\frac{p'}{\mu}\right|\delta\left(q-q'\right)\\&=\int_{-\infty}^{+\infty}\mathrm{d}q\left|q\right\rangle\left\langle q\right|=1=S_1^{\dagger}S_1.\end{aligned} \tag{3.13}$$

(2) 压缩性.

利用算符恒等式

$$\mathrm{e}^{\hat{A}}\hat{B}\mathrm{e}^{-\hat{A}} = \hat{B} + \left[\hat{A},\hat{B}\right] + \frac{1}{2!}\left[\hat{A},\left[\hat{A},\hat{B}\right]\right] + \frac{1}{3!}\left[\hat{A},\left[\hat{A},\left[\hat{A},\hat{B}\right]\right]\right] + \cdots, \tag{3.14}$$

诱导出压缩变换

$$S_1 a S_1^\dagger = a\cosh\lambda + a^\dagger \sinh\lambda,$$

$$S_1 a^\dagger S_1^\dagger = a^\dagger\cosh\lambda + a \sinh\lambda, \tag{3.15}$$

这也就是著名的伯格留波夫 (Bogolyubov)变换 (也称为压缩变换), 它被广泛地应用于量子光学、超导理论和原子核理论中. 上述讨论表明用狄拉克的坐标本征态按式 (3.3) 构造算符, 并用 IWOP 技术积分后就给出诱导伯格留波夫变换的么正算符, 即在经典相空间中的尺度变换 $|q\rangle \mapsto |q/\mu\rangle$ 能够映射出量子么正变换 $S_1 Q S_1^\dagger = \mu Q$, $S_1 \hat{P} S_1^\dagger = \hat{P}/\mu$. 事实上, 用狄拉克的动量本征态也能构造出单模压缩算符,

$$\sqrt{\mu}\int_{-\infty}^{+\infty}\mathrm{d}p\,|\mu p\rangle\langle p| = \exp\left[-\frac{\lambda}{2}\left(a^2 - a^{\dagger 2}\right)\right]. \tag{3.16}$$

这些例子都表明了：狄拉克的符号是可以用 IWOP 技术积分的, 构造有物理意义的 ket-bra 积分式并积分之, 就可以从狄拉克的基本表象出发构造出许多量子力学么正变换, 从而定义新的量子力学态矢. 变换理论被狄拉克称为 " 我一生中最使我兴奋的一件工作" " 是我的至爱", 量子态与算符在不同表象下的幺正变换是经典力学中切变换的类比, "变换的应用日益广泛, 是理论物理学新方法的精华" . IWOP 技术也发展了量子力学的变换理论, 在量子力学不同表象之间、经典变换与量子幺正变换之间架起了 " 桥梁" . 量子力学中的许多表象变换都可以通过构造各种 ket-bra 型积分投影算符由经典变换映射而得以实现, 用 IWOP 技术完成这些积分运算就直接得到它们的显式形式, 直截了当地完成两种变换间的过渡, 从而很自洽地补充了狄拉克原有理论中关于对易括号和经典泊松括号的类比关系的讨论.

3.2　单模压缩真空态

根据式 (3.4) 的结果, 易得

$$S_1|0\rangle = \mathrm{sech}^{1/2}\lambda \exp\left(-\frac{a^{\dagger 2}}{2}\tanh\lambda\right)|0\rangle, \tag{3.17}$$

这就是单模压缩真空态. 也可以转化为

$$S_1|0\rangle = \mathrm{sech}^{1/2}\lambda \sum_{n=0}^{+\infty} \frac{\sqrt{2n!}}{n!2^n}(-\tanh\lambda)^n |2n\rangle. \tag{3.18}$$

包含光子数为偶数的态的叠加, 故其也被称为双光子态. 很容易算出场的两个正交分量 $\hat{Y}_1 = \frac{1}{2}(a+a^\dagger)$, $\hat{Y}_2 = \frac{1}{2\mathrm{i}}(a-a^\dagger)$ 在压缩真空态的平均值, 即

$$\langle 0| S_1^\dagger \hat{Y}_1 S_1 |0\rangle = \langle 0| S_1^\dagger \hat{Y}_2 S_1 |0\rangle = 0. \tag{3.19}$$

而

$$\langle 0| S_1^\dagger \hat{Y}_1^2 S_1 |0\rangle = \frac{\mathrm{e}^{2\lambda}}{4}, \tag{3.20}$$

$$\langle 0| S_1^\dagger \hat{Y}_2^2 S_1 |0\rangle = \frac{\mathrm{e}^{-2\lambda}}{4}. \tag{3.21}$$

由此导出

$$\left\langle \left(\Delta\hat{Y}_1\right)^2 \right\rangle = \left\langle \hat{Y}_1^2 \right\rangle - \left\langle \hat{Y}_1 \right\rangle^2 = \frac{\mathrm{e}^{2\lambda}}{4}, \tag{3.22}$$

$$\left\langle \left(\Delta\hat{Y}_2\right)^2 \right\rangle = \left\langle \hat{Y}_2^2 \right\rangle - \left\langle \hat{Y}_2 \right\rangle^2 = \frac{\mathrm{e}^{-2\lambda}}{4}, \tag{3.23}$$

$$\Delta\hat{Y}_1 \Delta\hat{Y}_2 = \sqrt{\left(\Delta\hat{Y}_1\right)^2 \left(\Delta\hat{Y}_2\right)^2} = \frac{1}{4}. \tag{3.24}$$

表明压缩态的一个正交分量具有比相干态小的量子起伏, 其代价是另一正交分量的量子起伏增大. 因而它在引力波检测、光学检测、光学精密测量、超弱光信号探测、量子密集编码以及高保真的量子通信等领域都有着广泛的应用. 光场的压缩可分为单模压缩、双模压缩以及多模压缩等, 它们都可以用 IWOP 技术导出.

3.3 量子力学小波变换算符

自 20 世纪 80 年代起小波变换分析方法成为数学–物理中一个迅速发展的新领域, 它同时具有数学理论深刻和物理运用广泛的特点. 与傅里叶变换、窗口傅里叶变换相比, 小波变换是一个时间和频率的局域变换, 因而能有效地从信号中提取信息, 通过伸缩和平移等运算对函数或信号进行多尺度细化分析, 解决傅里叶变换(长波变换)许多难以克服的困难, 故被誉为“数学显微镜”, 它的出现是调和分析发展历史上里程碑式的进展.

小波分析的运用十分广泛, 包括数学、光学与信息领域的信号分析及图像处理; 军事电子对抗和武器的智能化; 计算机分类与识别; 音乐与语言的人工合成; 医学成像与诊断; 地震勘探数据处理; 大型机器的故障诊断等方面. 例如, 在数学方面, 它已用于数学分析、构造快速数值方法、曲线曲面构造、微分方程求解、控制论等; 在信号分析方面, 它已用于信号滤波、去噪、压缩和传递等; 在图像处理方面, 它已用于图像压缩、分类、识别、诊断与去污; 在医学成像方面, 它已用于减少 B 超、CT、核磁共振成像的时间, 提高分辨率等.

小波变换与传统的傅里叶变换相比有其显著的特点. 傅里叶变换使用的变换基是正弦和余弦函数, 这些基函数在时间或频率域上无限延展; 而小波变换基则局域在一定的时间、频率空间中. 正是这一特点, 使得小波变换在很多情况下比傅里叶变换更有优势.

数学上, 具有实参数的小波 $\psi(q)$ 须局域又振荡（故称为波）, 即满足资格条件 $\int_{-\infty}^{+\infty}\psi(q)\,\mathrm{d}q=0$, 上式表明当 q 趋向无穷大的时候, 小波的值迅速衰减为零. 小波变换是将信号用一系列双参数的函数基展开, 同时得到信号在时域和频域上的信息. 具体而言, 就是从某一个母小波函数出发, 通过膨胀和平移变换, 构建一组子小波

$$\psi_{(\mu,s)}(q)=\frac{1}{\sqrt{\mu}}\psi\left(\frac{q-s}{\mu}\right). \tag{3.25}$$

其中 μ 为膨胀参量, s 是平移参量. 利用子小波可以对信号函数进行小波积分变换

$$W_f(\mu,s)=\frac{1}{\sqrt{\mu}}\int_{-\infty}^{+\infty}f(q)\,\psi^*\left(\frac{q-s}{\mu}\right)\mathrm{d}q. \tag{3.26}$$

条件 $\int_{-\infty}^{+\infty}\psi(q)\,\mathrm{d}q=0$ 保证了小波变换的反变换 (重构)和帕塞瓦尔 (Parseval)公式成立.

本节将从量子力学表象变换的观点出发, 构造与小波变换对应的量子力学算符的表示形式.

利用坐标表象改写式 (3.26) 的经典小波积分变换, 可以定义量子力学态矢量的小波变换为

$$W_f(\mu,s)=\frac{1}{\sqrt{\mu}}\int_{-\infty}^{+\infty}\left\langle\psi\right|\left.\frac{q-s}{\mu}\right\rangle\left\langle q\right|\left.f\right\rangle\mathrm{d}q. \tag{3.27}$$

这里, $\langle\psi|$ 相应于给定母小波的态, $|f\rangle$ 是待变换的态, $\langle q|$ 是坐标本征态. 从式 (3.27) 可以看出

$$\frac{1}{\sqrt{\mu}}\int_{-\infty}^{+\infty}\left|\frac{q-s}{\mu}\right\rangle\left\langle q\right|\mathrm{d}q\equiv U(\mu,d), \tag{3.28}$$

是压缩–平移算符. 由式 (3.27) 可知, 一旦对应于母小波的态矢 $\langle\psi|$ 选定, 那么对于任意态矢 $|f\rangle$ 求得的矩阵元

$$W_f(\mu,s)=\left\langle\psi\right|U(\mu,d)\left|f\right\rangle, \tag{3.29}$$

就对应于对信号 $f(q)$ 的小波变换. $U(\mu,d)$ 或称为量子力学小波变换算符, 读者可以自己用 IWOP 技术对它积分.

另一方面, 把 $\int_{-\infty}^{+\infty}\psi(q)\,\mathrm{d}q=0$ 用狄拉克符号改写为 $\int_{-\infty}^{+\infty}\psi(q)\,\mathrm{d}q=\int_{-\infty}^{+\infty}\left\langle q\right|\mathrm{d}q\left|\psi\right\rangle=\left\langle p=0\right|\left.\psi\right\rangle$ 还可以发现很多满足资格条件的母小波.

用式 (3.29) 可研究各种量子态的小波变换特性, 通过数值计算, 得到量子态的小波变换谱给以鉴别.

3.4 光子减除单模压缩态——勒让德多项式的新级数展开

记单模压缩态

$$S(\lambda)|0\rangle = \operatorname{sech}^{1/2}\lambda \mathrm{e}^{a^{\dagger 2}\tanh\lambda/2}|0\rangle \equiv |\lambda\rangle, \tag{3.30}$$

检测压缩态的机制是用仪器吸收光子, 会造成光子减除单模压缩态, 理论上记为

$$a^m S(\lambda)|0\rangle = a^m|\lambda\rangle \equiv |\lambda\rangle_m. \tag{3.31}$$

那么如何求光子减除单模压缩态的归一化呢? 先给出

$$\left(\mu a+\nu a^{\dagger}\right)^m = \left(-\mathrm{i}\sqrt{\frac{\mu\nu}{2}}\right)^m : \mathrm{H}_m\left(\mathrm{i}\sqrt{\frac{\mu}{2\nu}}a+\mathrm{i}\sqrt{\frac{\nu}{2\mu}}a^{\dagger}\right):, \tag{3.32}$$

这里 $\mathrm{H}_m(x)$ 是 m 阶厄米多项式, 上式可以用其母函数公式得以证明, 即

$$\begin{aligned}
\mathrm{e}^{\mu a+\nu a^{\dagger}} &=: \mathrm{e}^{\mu a+\nu a^{\dagger}+\mu\nu/2}: \\
&= \exp\left[2\left(\mathrm{i}\sqrt{\frac{\mu}{2\nu}}a+\mathrm{i}\sqrt{\frac{\nu}{2\mu}}a^{\dagger}\right)\left(-\mathrm{i}\sqrt{\frac{\mu\nu}{2}}\right)-\left(-\mathrm{i}\sqrt{\frac{\mu\nu}{2}}\right)^2\right]: \\
&=: \sum_{m=0}^{+\infty}\frac{\left(-\mathrm{i}\sqrt{\frac{\mu\nu}{2}}\right)^m}{m!}\mathrm{H}_m\left(\mathrm{i}\sqrt{\frac{\mu}{2\nu}}a+\mathrm{i}\sqrt{\frac{\nu}{2\mu}}a^{\dagger}\right): \\
&= \sum_{m=0}^{+\infty}\frac{1}{m!}\left(\mu a+\nu a^{\dagger}\right)^m.
\end{aligned} \tag{3.33}$$

故有

$$\begin{aligned}
\left(a\cosh\lambda+a^{\dagger}\sinh\lambda\right)^m &= (-\mathrm{i})^m\frac{(\sinh 2\lambda)^{m/2}}{2^m}: \\
&\quad\times \mathrm{H}_m\left(\mathrm{i}\sqrt{\frac{\coth\lambda}{2}}a+\mathrm{i}\sqrt{\frac{\tanh\lambda}{2}}a^{\dagger}\right):.
\end{aligned} \tag{3.34}$$

所以 $|\lambda\rangle_m$ 是

$$
\begin{aligned}
|\lambda\rangle_m &= S(\lambda) S^\dagger(\lambda) a^m S(\lambda)|0\rangle \\
&= S(\lambda)\left(a\cosh\lambda + a^\dagger \sinh\lambda\right)^m |0\rangle \\
&= (-\mathrm{i})^m \frac{\sinh^{m/2} 2\lambda}{2^m} S(\lambda) \mathrm{H}_m\left(\mathrm{i}\sqrt{\frac{\tanh\lambda}{2}} a^\dagger\right)|0\rangle,
\end{aligned} \tag{3.35}
$$

可见光子减除单模压缩态可作为压缩厄米多项式的激发态.

为了定出 $|\lambda\rangle_m$ 的归一化系数, 用厄米多项式的母函数公式计算

$$
\begin{aligned}
{}_m\langle\lambda|\lambda\rangle_m &= \frac{(\sinh 2\lambda)^{m/2}}{2^{2m}} \langle 0| \mathrm{H}_m\left(-\mathrm{i}\sqrt{\frac{\tanh\lambda}{2}} a\right) \mathrm{H}_m\left(\mathrm{i}\sqrt{\frac{\tanh\lambda}{2}} a^\dagger\right)|0\rangle \\
&= \frac{(\sinh 2\lambda)^{m/2}}{2^{2m}} \frac{\partial^{2m}}{\partial t^m \partial \tau^m} \exp\left(-t^2 - \tau^2\right) \\
&\quad \times \langle 0| \exp\left(-\mathrm{i}\sqrt{2\tanh\lambda} a t\right) \exp\left(\mathrm{i}\sqrt{2\tanh\lambda}\right) a^\dagger \tau |0\rangle \Big|_{t,\tau=0} \\
&= \frac{(\sinh 2\lambda)^{m/2}}{2^{2m}} \frac{\partial^{2m}}{\partial t^m \partial \tau^m} \exp\left(-t^2 - \tau^2 + 2\tau t \tanh\lambda\right)\Big|_{t,\tau=0},
\end{aligned} \tag{3.36}
$$

注意

$$
\begin{aligned}
&\frac{\partial^{2m}}{\partial t^m \partial \tau^m} \exp\left(-t^2 - \tau^2 + 2x\tau t\right)\big|_{t,\tau=0} \\
&\quad = \sum_{n,l,k=0}^{+\infty} \frac{(-1)^{n+l}}{n!l!k!} (2x)^k \frac{\partial^{2m}}{\partial t^m \partial \tau^m} \tau^{2n+k} t^{2l+k} \Big|_{t,\tau=0} \\
&\quad = 2^m x^m m! \sum_{l=0}^{[m/2]} \frac{m!}{2^{2l} (l!)^2 (m-2l)!} \left(\frac{1}{x^2}\right)^l.
\end{aligned} \tag{3.37}
$$

因此

$$
{}_m\langle\lambda|\lambda\rangle_m = (\sinh\lambda)^{2m} \sum_{l=0}^{[m/2]} \frac{m!m!}{2^{2l} (l!)^2 (m-2l)!} (\tanh\lambda)^{-2l}. \tag{3.38}
$$

作者曾指出勒让德 (Legendre)多项式 $\mathrm{P}_m(x)$ 有新的级数表达式

$$x^m \sum_{l=0}^{[m/2]} \frac{m!}{2^{2l}(l!)^2(m-2l)!}\left(1-\frac{1}{x^2}\right)^l = \mathrm{P}_m(x), \tag{3.39}$$

所以 ${}_m\langle\lambda|\lambda\rangle_m$ 可以简略表示为

$$\begin{aligned} {}_m\langle\lambda|\lambda\rangle_m &= (\sinh\lambda)^{2m} \sum_{l=0}^{[m/2]} \frac{m!m!}{2^{2l}(l!)^2(m-2l)!}\left(1-\frac{-1}{\sinh^2\lambda}\right)^l \\ &= m!(-\mathrm{i}\sinh\lambda)^m \mathrm{P}_m(\mathrm{i}\sinh\lambda). \end{aligned} \tag{3.40}$$

$|\lambda\rangle_m$ 的归一化系数是

$$N_{\lambda,m} = [m!(-\mathrm{i}\sinh\lambda)^m \mathrm{P}_m(\mathrm{i}\sinh\lambda)]^{-1/2}. \tag{3.41}$$

所以归一化的光子减除单模压缩态是

$$\|\lambda\rangle_m \equiv N_{\lambda,m}|\lambda\rangle_m. \tag{3.42}$$

由此算出处于 $\|\lambda\rangle_m$ 的光子数期望值

$$\begin{aligned} {}_m\langle\lambda\|N\|\lambda\rangle_m &= {}_m\langle\lambda|S^\dagger(\lambda)a^{\dagger m+1}a^{m+1}S(\lambda)|\lambda\rangle_m N_{\lambda,m}^2 \\ &= {}_{m+1}\langle\lambda|\lambda\rangle_{m+1}N_{\lambda,m}^2 \\ &= (m+1)(-\mathrm{i}\sinh\lambda)\frac{\mathrm{P}_{m+1}(\mathrm{i}\sinh\lambda)}{\mathrm{P}_m(\mathrm{i}\sinh\lambda)}, \end{aligned} \tag{3.43}$$

和

$$\begin{aligned} {}_m\langle\lambda\|a^{\dagger 2}a^2\|\lambda\rangle_m &= {}_m\langle\lambda|S^\dagger(\lambda)a^{\dagger m+2}a^{m+2}S(\lambda)|\lambda\rangle_m N_{\lambda,m}^2 \\ &= m(m+1)(-\mathrm{i}\sinh\lambda)^2\frac{\mathrm{P}_{m+2}(\mathrm{i}\sinh\lambda)}{\mathrm{P}_m(\mathrm{i}\sinh\lambda)}. \end{aligned} \tag{3.44}$$

光子数涨落为上面两式之差.

3.5　用 IWOP 技术构造压缩相干态表象

用式 (1.37) 我们可以构造一个新的高斯型算符

$$\Delta_h(q,p)=\frac{\sqrt{\kappa}}{1+\kappa}:\exp\left[-\frac{\kappa}{1+\kappa}(q-Q)^2-\frac{(p-P)^2}{1+\kappa}\right]:,\tag{3.45}$$

它满足

$$\iint_{-\infty}^{+\infty}\mathrm{d}p\mathrm{d}q\Delta_h(q,p)=1.\tag{3.46}$$

用 $|0\rangle\langle 0|=:\mathrm{e}^{-a^{\dagger}a}:$ 可以将它分拆为

$$\Delta_h(q,p)=|p,q\rangle_{\kappa\,\kappa}\langle p,q|,\tag{3.47}$$

其中

$$|p,q\rangle_{\kappa}=\sqrt{\frac{2\sqrt{\kappa}}{1+\kappa}}\exp\left\{\frac{1}{1+\kappa}\left[\frac{-\kappa q^2}{2}-\frac{p^2}{2}+\sqrt{2}(\kappa q+\mathrm{i}p)a^{\dagger}+\frac{(1-\kappa)a^{\dagger 2}}{2}\right]\right\}|0\rangle.\tag{3.48}$$

可以进一步证明

$$|p,q\rangle_{\kappa}=S^{-1}(\sqrt{\kappa})D(\alpha)|0\rangle.\tag{3.49}$$

这里 $D(\alpha)=\exp(\alpha a^{\dagger}-\alpha^{*}a)$ 是平移算符, 而

$$S(\sqrt{\kappa})=\exp\left[\frac{1}{2}\left(a^{\dagger 2}-a^2\right)\ln\sqrt{\kappa}\right]\tag{3.50}$$

是压缩算符, 所以 $|p,q\rangle_{\kappa}$ 是压缩相干态, 满足

$$\frac{1}{2\pi}\iint_{-\infty}^{+\infty}\mathrm{d}p\mathrm{d}q\,|p,q\rangle_{\kappa\,\kappa}\langle p,q|=1\tag{3.51}$$

注意 $\langle\psi|\Delta_h(q,p)|\psi\rangle=|_{\kappa}\langle p,q|\,\psi\rangle|^2$, 所以 $\Delta_h(q,p)$ 是一个在相空间中定义的正定算符. 可见用 IWOP 技术构造压缩相干态表象是简捷的.

3.6 双模压缩算符的自然表象和正规乘积形式

在第 2 章式 (2.80) 中我们已经指出 $\int \frac{\mathrm{d}^2\eta}{\pi\mu}|\eta/\mu\rangle\langle\eta|$ 是一个双模压缩算符, 它是 $\eta\mapsto\eta/\mu,\mu=\mathrm{e}^{\lambda}$ 在纠缠态表象的映射, 现在用 IWOP 技术对它积分得

$$\begin{aligned}
\int \frac{\mathrm{d}^2\eta}{\pi\mu}|\eta/\mu\rangle\langle\eta| &= \int \frac{\mathrm{d}^2\eta}{\pi\mu}\colon \exp\left[-\frac{|\eta|^2}{2}\left(1+\frac{1}{\mu^2}\right)+\eta\left(\frac{a_1^\dagger}{\mu}-a_2\right)\right.\\
&\quad\left.+\eta^*\left(a_1-\frac{a_2^\dagger}{\mu}\right)+a_1^\dagger a_2^\dagger+a_1a_2-a_1^\dagger a_1-a_2^\dagger a_2\right]\\
&=\frac{2\mu}{1+\mu^2}\colon \exp\left[\frac{\mu^2}{1+\mu^2}\left(\frac{a_1^\dagger}{\mu}-a_2\right)\left(a_1-\frac{a_2^\dagger}{\mu}\right)\right.\\
&\quad\left.-\left(a_1-a_2^\dagger\right)\left(a_1^\dagger-a_2\right)\right]\colon\\
&=\mathrm{e}^{a_1^\dagger a_2^\dagger\tanh\lambda}\exp\left[\left(a_1^\dagger a_1+a_2^\dagger a_2+1\right)\ln\operatorname{sech}\lambda\right]\exp\left(-a_1a_2\tanh\lambda\right)\\
&=\exp\left[\left(a_1^\dagger a_2^\dagger-a_1a_2\right)\lambda\right]\equiv S_2,
\end{aligned}\tag{3.52}$$

这是其正规乘积形式, 由式 (2.56) 看出 S_2 以自然的方式压缩 $|\eta\rangle$

$$S_2|\eta\rangle=\int \frac{\mathrm{d}^2\eta'}{\pi\mu}|\eta'/\mu\rangle\langle\eta'|\,\eta\rangle=\frac{1}{\mu}|\eta/\mu\rangle\quad(\mu=\mathrm{e}^{\lambda}),\tag{3.53}$$

可见 $|\eta\rangle$ 是双模压缩算符的自然表象, 故引入 $|\eta\rangle$ 表象是必要的, 式 (3.52) 为我国学者首先构建和推出, 其美感与基础性日益为人们体会. 双模压缩态本身又是纠缠态, 它纠缠了光学参量转换过程产生的信号模 (signal mode)和惰性模 (idler mode).

回忆单模压缩算符 $S_1=\mathrm{e}^{\frac{\lambda}{2}\left(a_1^2-a_1^{\dagger 2}\right)}$, 它的坐标表示 $S_1(\mu)=\int_{-\infty}^{+\infty}\frac{\mathrm{d}q}{\sqrt{\mu}}|\frac{q}{\mu}\rangle\langle q|$, $\mu=\mathrm{e}^{\lambda}$. 我们看到单模压缩与双模压缩的对应通过 $\int_{-\infty}^{+\infty}\frac{\mathrm{d}q}{\sqrt{\mu}}|\frac{q}{\mu}\rangle\langle q|$ 与 $\int\frac{\mathrm{d}^2\eta}{\pi\mu}\left|\frac{\eta}{\mu}\right\rangle\langle\eta|$ 表现出来, 而且 $\left(a_1^\dagger a_2^\dagger, a_1^\dagger a_1+a_2^\dagger a_2+1, a_1a_2\right)$ 的代数结构与 $\left(a^{\dagger 2},\left(a^{+}a+\frac{1}{2}\right),a^2\right)$

相似，这是多么奇妙的事！通过这恰好展现了“大道至简，大美天成”的景象.

3.7　双模压缩光场与热光场的关系

用 IWOP 技术还可以研究双模压缩光场与热光场的关系. 双模压缩真空光场为

$$S_2 \left|00\right\rangle \left\langle 00\right| S_2^{\dagger} = \operatorname{sech}^2 \lambda \mathrm{e}^{a_1^{\dagger} a_2^{\dagger} \tanh \lambda} \left|00\right\rangle \left\langle 00\right| \mathrm{e}^{a_1 a_2 \tanh \lambda} \equiv \rho_t, \tag{3.54}$$

这里 $\left|00\right\rangle \equiv \left|0\right\rangle_1 \left|0\right\rangle_2$. 对它的第二个模统计求和（即部分求迹），插入相干态完备性 $\int \frac{\mathrm{d}^2 z_2}{\pi} \left|z_2\right\rangle \left\langle z_2\right| = 1$ 得到

$$\begin{aligned}
\operatorname{tr}_{a_2}(\rho_t) &= \operatorname{sech}^2 \lambda \operatorname{tr}_{a_2}\left(\mathrm{e}^{a_1^{\dagger} a_2^{\dagger} \tanh \lambda} \left|00\right\rangle \left\langle 00\right| \mathrm{e}^{a_1 a_2 \tanh \lambda}\right) \\
&= \operatorname{sech}^2 \lambda \int \frac{\mathrm{d}^2 z_2}{\pi} \left\langle z_2\right| \mathrm{e}^{a_1^{\dagger} a_2^{\dagger} \tanh \lambda} \left|00\right\rangle \left\langle 00\right| \mathrm{e}^{a_1 a_2 \tanh \lambda} \left|z_2\right\rangle \\
&= \operatorname{sech}^2 \lambda \int \frac{\mathrm{d}^2 z_2}{\pi} \mathrm{e}^{-|z_2|^2 + a_1^{\dagger} z_2^* \tanh \lambda} \left|0\right\rangle \left\langle 0\right| \mathrm{e}^{a_1 z_2 \tanh \lambda} \\
&= \operatorname{sech}^2 \lambda \int \frac{\mathrm{d}^2 z_2}{\pi} : \exp\left(-|z_2|^2 + a_1^{\dagger} z_2^* \tanh \lambda + a_1 z_2 \tanh \lambda - a_1^{\dagger} a_1\right) : \\
&= \operatorname{sech}^2 \lambda : \exp\left[a_1^{\dagger} a_1 \left(\tanh^2 \lambda - 1\right)\right] := \operatorname{sech}^2 \lambda \exp(a_1^{\dagger} a_1 \ln \tanh^2 \lambda) \\
&= \operatorname{sech}^2 \lambda \sum_{n=0}^{+\infty} \mathrm{e}^{n \ln \tanh^2 \lambda} \left|n\right\rangle \left\langle n\right| = \operatorname{sech}^2 \lambda \sum_{n=0}^{+\infty} (\tanh \lambda)^{2n} \left|n\right\rangle \left\langle n\right|.
\end{aligned} \tag{3.55}$$

即知式 (3.55) 右边代表热光场密度算符. 令

$$\mathrm{e}^{-\beta\omega} = \tanh^2 \lambda, \tag{3.56}$$

则

$$\operatorname{tr}_{a_2}(\rho_t) = \left(1 - \mathrm{e}^{-\omega\beta}\right) \sum_{n=0}^{+\infty} \mathrm{e}^{-n\beta\omega} \left|n\right\rangle \left\langle n\right|. \tag{3.57}$$

它代表一个热态, 其平均光子数为 $\bar{n}=\sinh^2\lambda$.

以上例子说明 IWOP 技术在构建与研究新的光场态矢量的应用前景十分广泛.

3.8 测双模压缩光场的单模光子数

双模压缩光处于纠缠态, 那么测双模压缩光场的其中一个模的光子数会有什么结果呢? 自从爱因斯坦用量子论解释光电效应后, 大多数有关电磁场的测量是基于光电效应原理的光子吸收. 迄今为止, 用光电器件的光子计数是量子光学的一个热门课题, 借助于它人们可以判断光场的非经典特征, 例如压缩光的光子计数是不同于相干光的. 量子力学的理想光子计数算符是粒子数投影算符 $|n\rangle\langle n|, |n\rangle=\frac{a^{\dagger n}}{\sqrt{n!}}|0\rangle$, 所以 $|n\rangle\langle n|=:\frac{(a^\dagger a)^n}{n!}\mathrm{e}^{-a^\dagger a}:$, 当计入光电器件的量子效率 $\xi\,(\xi\leqslant 1)$ 后, 光子计数算符为 $:\frac{(\xi a^\dagger a)^n}{n!}\mathrm{e}^{-\xi a^\dagger a}:$, $::$ 表示正规乘积. 在时间间隔 $\Delta\tau$ 内光电器件计数（记录）到单模光场 n 个光电子的几率分布是 $\mathfrak{p}(n,\xi)$

$$\mathfrak{p}(n,\xi)=\mathrm{tr}\left[\rho{:}\,\frac{(\xi a^\dagger a)^n}{n!}\mathrm{e}^{-\xi a^\dagger a}{:}\right], \tag{3.58}$$

这里 ρ 是受检测的光场的密度算符. 例如, 当 ρ 是纯相干态密度算符 (代表一束激光), $\rho_0\equiv|\alpha\rangle\langle\alpha|, |\alpha\rangle=\exp\left(-\frac{|\alpha|^2}{2}+\alpha a^\dagger\right)|0\rangle$, 则用式 (3.58) 得

$$\mathfrak{p}(n)=\mathrm{tr}\left[|\alpha\rangle\langle\alpha|:\frac{(\xi a^\dagger a)^n}{n!}\mathrm{e}^{-\xi a^\dagger a}:\right]=\frac{(\xi|\alpha|^2)^n}{n!}\mathrm{e}^{-\xi|\alpha|^2}, \tag{3.59}$$

它在 $\xi\to 1$ 的情形下趋于泊松分布 . 我们称

$$:\frac{(\xi a^\dagger a)^n}{n!}\mathrm{e}^{-\xi a^\dagger a}:\ \equiv M_a(\xi), \tag{3.60}$$

是探测器量子效率为 ξ 的计数算符. 自然就产生这样的问题: 对双模压缩光场的其中一个模的光子数测量得到 n, 会对第二个模造成什么后果? 换言之, 双模压缩

光场的另一个模在一个模的 n 光子得以记录后是如何塌缩的?

当 ρ 是一个双模（a,b 模）密度算符, 自然要把式 (3.58) 改为部分求迹

$$\mathfrak{p}(n,\xi)\to \mathrm{tr}_a\left[\rho_{a,b}\colon\frac{(\xi a^\dagger a)^n}{n!}\mathrm{e}^{-\xi a^\dagger a}\colon\right]\equiv\rho_b, \tag{3.61}$$

对 a-模的求迹导致一个 b-模算符.注意到式 (3.58) 的 $\mathfrak{p}(n,\xi)$ 表达式不适合计算这个具体问题, 我们把它纳入相干态表象. 用密度算符的 P-表示

$$\rho=\int\frac{\mathrm{d}^2\alpha}{\pi}P(\alpha)\left|\alpha\right\rangle\left\langle\alpha\right| \tag{3.62}$$

$\left|\alpha\right\rangle=\exp\left[-\left|\alpha\right|^2/2+\alpha a^\dagger\right]\left|0\right\rangle_1$ 是相干态, 把式 (3.62) 代入式 (3.58) 得到

$$\begin{aligned}\mathfrak{p}(n)&=\int\frac{\mathrm{d}^2\alpha}{\pi}P(\alpha)\left\langle\alpha\right|\colon\frac{(\xi a^\dagger a)^n}{n!}\mathrm{e}^{-\xi a^\dagger a}\colon\left|\alpha\right\rangle\\&=\int\frac{\mathrm{d}^2\alpha}{\pi}P(\alpha)\frac{(\xi|\alpha|^2)^n}{n!}\mathrm{e}^{-\xi|\alpha|^2}.\end{aligned} \tag{3.63}$$

再用 $P(\alpha)$ 的表达式

$$P(\alpha)=\mathrm{e}^{|\alpha|^2}\int\frac{\mathrm{d}^2\beta}{\pi}\left\langle-\beta\right|\rho\left|\beta\right\rangle\exp\left(|\beta|^2+\alpha\beta^*-\beta\alpha^*\right), \tag{3.64}$$

这里 $\left|\beta\right\rangle$ 也是相干态, 可把式 (3.63) 改为

$$\mathfrak{p}(n,\xi)=\frac{\xi^n}{n!}\int\frac{\mathrm{d}^2\beta}{\pi}\mathrm{e}^{|\beta|^2}\left\langle-\beta\right|\rho\left|\beta\right\rangle\int\frac{\mathrm{d}^2\alpha}{\pi}|\alpha|^{2n}\exp\left[(1-\xi)|\alpha|^2+\alpha\beta^*-\beta\alpha^*\right]. \tag{3.65}$$

借助于积分公式

$$(-1)^n\mathrm{e}^{\mu\nu}\int\frac{\mathrm{d}^2z}{\pi}z^nz^{*m}\exp\left(-|z|^2+\mu z-\nu z^*\right)=\mathrm{H}_{m,n}(\mu,\nu), \tag{3.66}$$

这里 $\mathrm{H}_{m,n}(x,y)$ 是双变数厄米多项式

$$\mathrm{H}_{m,n}(x,y)=\sum_{l=0}^{\min(m,n)}\frac{m!n!(-1)^l x^{m-l}y^{n-l}}{l!(m-l)!(n-l)!}, \tag{3.67}$$

$\mathrm{H}_{m,n}(x,y)$ 与 n 阶拉盖尔多项式 $\mathrm{L}_n(x)$

$$\mathrm{L}_n(x)=\sum_{l=0}^{n}\binom{n}{l}\frac{(-x)^l}{l!}, \tag{3.68}$$

有如下关系：

$$\frac{(-1)^n}{n!}\mathrm{H}_{n,n}(x,y)=\mathrm{L}_n(xy), \tag{3.69}$$

就可把式 (3.65) 演算为

$$\mathfrak{p}(n,\xi)=\frac{\xi^n}{(\xi-1)^{n+1}}\int\frac{\mathrm{d}^2\beta}{\pi}\langle-\beta|\rho|\beta\rangle\mathrm{L}_n\left(\frac{|\beta|^2}{\xi-1}\right)\exp\left(\frac{\xi-2}{\xi-1}|\beta|^2\right). \tag{3.70}$$

$\mathfrak{p}(n,\xi)$ 的这个表达式适合计算上面的具体问题. 现在我们把式 (3.54) 代入式 (3.70) 并用 $|0\rangle_{2\,2}\langle 0|=:\mathrm{e}^{-b^\dagger b}:$, 得到

$$\begin{aligned}\rho_b=&\frac{\xi^n\mathrm{sech}^2\lambda}{(\xi-1)^{n+1}}\int\frac{\mathrm{d}^2\beta}{\pi}\langle-\beta|\mathrm{e}^{a^\dagger b^\dagger\tanh\lambda}|00\rangle\langle 00|\mathrm{e}^{ab\tanh\lambda}|\beta\rangle\\&\times\exp\left[\frac{\xi-2}{\xi-1}|\beta|^2\right]\mathrm{L}_n\left(\frac{|\beta|^2}{\xi-1}\right)\\=&\frac{\xi^n\mathrm{sech}^2\lambda}{(\xi-1)^{n+1}}\int\frac{\mathrm{d}^2\beta}{\pi}-\beta^*b^\dagger\tanh\lambda|0\rangle_{22}\langle 0|\mathrm{e}^{\beta b\tanh\lambda}\\&\times\exp\left[\left(\frac{\xi-2}{\xi-1}-1\right)|\beta|^2\right]\mathrm{L}_n\left(\frac{|\beta|^2}{\xi-1}\right)\\=&\frac{\xi^n\mathrm{sech}^2\lambda}{(\xi-1)^{n+1}}\int\frac{d^2\beta}{\pi}:\exp\left[\frac{-1}{\xi-1}|\beta|^2+\left(\beta b-\beta^*b^\dagger\right)\tanh\lambda-b^\dagger b\right]\mathrm{L}_n\left(\frac{|\beta|^2}{\xi-1}\right):\\=&\frac{\xi^n\mathrm{sech}^2\lambda}{n!(\xi-1)^{n+1}}\frac{\partial^n}{\partial t^n}:\int\frac{\mathrm{d}^2\beta}{\pi(1-t)}\exp\left[\frac{|\beta|^2}{(\xi-1)(t-1)}\right.\\&\left.\left.+\left(\beta b-\beta^*b^\dagger\right)\tanh\lambda-b^\dagger b\right]\right|_{t=0}:.\end{aligned} \tag{3.71}$$

在最后一步我们用了拉盖尔多项式 $\mathrm{L}_n(x)$ 的母函数公式

$$\sum_{n=0}^{+\infty}\mathrm{L}_n(x)t^n=\frac{\exp\left(\frac{-xt}{1-t}\right)}{1-t}, \tag{3.72}$$

或

$$\mathrm{L}_n(x)=\frac{1}{n!}\frac{\partial^n}{\partial t^n}\frac{\exp\left(\frac{-xt}{1-t}\right)}{1-t}\bigg|_{t=0}, \tag{3.73}$$

用 IWOP 技术对式 (3.71) 积分得

$$
\begin{aligned}
\rho_b &= \frac{\xi^n \mathrm{sech}^2 \lambda}{n!\,(\xi-1)^n} \frac{\partial^n}{\partial t^n} : \exp\left\{\left[(\xi-1)(t-1)\tanh^2\lambda - 1\right] b^\dagger b\right\} : \Big|_{t=0} \\
&= \frac{\xi^n \mathrm{sech}^2 \lambda}{n!\,(\xi-1)^n} \frac{\partial^n}{\partial t^n} : \exp\left\{\left[(\xi-1)\,t\tanh^2\lambda - \xi\tanh^2\lambda - \mathrm{sech}^2\lambda\right] b^\dagger b\right\} : \Big|_{t=0} \\
&= \xi^n \mathrm{sech}^2\lambda \tanh^{2n}\lambda : \frac{1}{n!} b^{\dagger n} b^n \exp\left[\left(-\xi\tanh^2\lambda - \mathrm{sech}^2\lambda\right) b^\dagger b\right] : .
\end{aligned}
\tag{3.74}
$$

比较式 (3.60), 并让

$$
\xi' = \xi \tanh^2\lambda + \mathrm{sech}^2\lambda, \tag{3.75}
$$

则式 (3.74) 变为

$$
\rho_b = \frac{\left(\xi\tanh^2\lambda\right)^n \mathrm{sech}^2\lambda}{\xi'^n} : \frac{\left(\xi' b^\dagger b\right)^n}{n!} \mathrm{e}^{-\xi' b^\dagger b} : = \frac{\left(\xi\tanh^2\lambda\right)^n \mathrm{sech}^2\lambda}{\xi'^n} M_b\left(\xi'\right). \tag{3.76}
$$

其中 b-模算符 $M_b(\xi')$ 是效率为 ξ' 的计数算符. 从式 (3.75) 看到 $\xi'-1 = (\xi-1)\tanh^2\lambda$, 故 $\xi' \leqslant \xi$, 于是我们看到双模压缩光场的另一个模在一个模的 n 光子得以记录后塌缩到量子效率趋小的 $M_b(\xi')$. 特别地, 当 $\xi \to 1, \xi' \to 1$, $: \mathrm{e}^{-b^\dagger b} : = |0\rangle_{22}\langle 0|$, 有

$$
\rho_b(n) \to \tanh^{2n}\lambda \mathrm{sech}^2\lambda : \frac{\left(b^\dagger b\right)^n}{n!} \mathrm{e}^{-b^\dagger b} : = \mathrm{sech}^2\lambda \tanh^{2n}\lambda\, |n\rangle_{22}\langle n|, \tag{3.77}
$$

它比例于 b-模数算符. 这告诉我们, 当一个 $\xi = 1$ 的理想的探测器 (由算符 $: \frac{\left(a^\dagger a\right)^n}{n!} \mathrm{e}^{-a^\dagger a} :$ 表示)检测到双模压缩态的 n 个 a-模光子, 则其 b-模肯定处于态 $|n\rangle_b$; 而当 $\xi < 1$, b-模保持在 $M_b(\xi')$. 例如, 对于纯数态 $|m\rangle\langle m|$, 式 (3.76) 给出

$$
\begin{aligned}
\mathrm{tr}\left[\rho_b(n)\,|m\rangle\langle m|\right] &= \frac{\left(\xi\tanh^2\lambda\right)^n \mathrm{sech}^2\lambda}{\xi'^n} \langle m| M_b(\xi') |m\rangle \\
&= \frac{1}{n!}\left(\xi\tanh^2\lambda\right)^n \mathrm{sech}^2\lambda \langle m| : \left(b^\dagger b\right)^n \mathrm{e}^{-\xi' b^\dagger b} : |m\rangle .
\end{aligned}
\tag{3.78}
$$

用

$$
\begin{aligned}
:\left(b^{\dagger}b\right)^{n}\mathrm{e}^{-\xi' b^{\dagger}b}: &= b^{\dagger n}:\mathrm{e}^{-\xi' b^{\dagger}b}:b^{n} = b^{\dagger n}\mathrm{e}^{b^{\dagger}b\ln\left(1-\xi'\right)}b^{n} \\
&= b^{\dagger n}b^{n}\mathrm{e}^{b^{\dagger}b\ln\left(1-\xi'\right)}\frac{1}{\left(1-\xi'\right)^{n}},
\end{aligned} \tag{3.79}
$$

以及

$$
b^{\dagger n}b^{n} = N\left(N-1\right)\cdots\left(N-n+1\right) \quad \left(N\equiv b^{\dagger}b\right), \tag{3.80}
$$

得到

$$
\langle m|:\left(b^{\dagger}b\right)^{n}\mathrm{e}^{-\xi' b^{\dagger}b}:|m\rangle = \frac{m!}{(m-n)!}\left(1-\xi'\right)^{m-n}. \tag{3.81}
$$

所以

$$
\mathrm{tr}\left[\rho_{b}\left(n\right)|m\rangle\langle m|\right] = \mathrm{sech}^{2}\lambda\binom{m}{n}\left(\xi\tanh^{2}\lambda\right)^{n}\left(1-\xi'\right)^{m-n}. \tag{3.82}
$$

这是一个二项分布. 这表明对于处在 b-模的 m-光子态, 观测到 n 光子的几率正比于 $\left(\xi\tanh^{2}\lambda\right)^{n}$ (探到 n 光子)和 $\left(1-\xi'\right)^{m-n}$ (未探到 $m-n$ 光子)的乘积. 进一步, 用式 (2.16), 有

$$
b^{\dagger k+n}b^{k+n} = \vdots\mathrm{H}_{k+n,k+n}\left(b,b^{\dagger}\right)\vdots, \tag{3.83}
$$

其中, $\vdots\ \vdots$ 表示反正规排序, 以及公式

$$
\begin{aligned}
\sum_{k=0}^{+\infty}\frac{f^{k}}{k!}\mathrm{H}_{k+m,k+n}\left(x,y\right) &= \left(f+1\right)^{-(m+n+2)/2}\mathrm{e}^{fxy/(f+1)} \\
&\times\mathrm{H}_{m,n}\left(\frac{x}{\sqrt{f+1}},\frac{y}{\sqrt{f+1}}\right).
\end{aligned} \tag{3.84}
$$

我们把式 (3.74) 表达为

$$
\begin{aligned}
\rho_{b} &= \xi^{n}\mathrm{sech}^{2}\lambda\tanh^{2n}\lambda:\frac{1}{n!}b^{\dagger n}b^{n}\exp\left[\left(-\xi\tanh^{2}\lambda-\mathrm{sech}^{2}\lambda\right)b^{\dagger}b\right]: \\
&= \frac{\xi^{n}}{n!}\mathrm{sech}^{2}\lambda\tanh^{2n}\lambda\sum_{k}b^{\dagger k+n}b^{k+n}\frac{\left(-\xi\tanh^{2}\lambda-\mathrm{sech}^{2}\lambda\right)^{k}}{k!}
\end{aligned}
$$

$$= \frac{\xi^n}{n!}\operatorname{sech}^2\lambda\tanh^{2n}\lambda\sum_k \vdots \mathrm{H}_{k+n,k+n}\left(b,b^\dagger\right)\vdots\frac{\left(-\xi\tanh^2\lambda-\operatorname{sech}^2\lambda\right)^k}{k!}$$

$$= \frac{\xi^n}{n!\sinh^2\lambda\left(1-\xi\right)^n}\vdots\exp\left[\frac{\left[\left(-\xi\tanh^2\lambda-\operatorname{sec h}^2\lambda\right)bb^\dagger\right]}{\left[\left(1-\xi\right)\tanh^2\lambda\right]}\right]$$

$$\times\mathrm{H}_{n,n}\left(\frac{b}{\tanh\lambda\sqrt{1-\xi}},\frac{b^\dagger}{\tanh\lambda\sqrt{1-\xi}}\right)\vdots. \tag{3.85}$$

所以 ρ_b 的 P-表示是

$$\exp\left[\frac{-\left(\xi\tanh^2\lambda+\operatorname{sech}^2\lambda\right)|\alpha|^2}{\left(1-\xi\right)\tanh^2\lambda}\mathrm{L}_n\left[\frac{|\alpha|^2}{\tanh^2\lambda\left(1-\xi\right)}\right].\right. \tag{3.86}$$

3.9 怎样对预设的幺正变换构建积分型的 ket–bra 投影算符

怎样合理地选择非对称 ket-bra 投影算符并对之积分来实现解物理问题的目标呢？我们以如何求解一对全同耦合振子的幺正演化算符为例, 即寻找能对角化哈密顿

$$H = \frac{1}{2m}\left(P_1^2+P_2^2\right)+\frac{1}{2}m\omega^2\left(Q_1^2+Q_2^2\right)-\lambda Q_1Q_2. \tag{3.87}$$

的算符, 而且是积分型的 ket-bra 投影算符. 令 $a_i=\frac{1}{\sqrt{2}}\left[\sqrt{\frac{m\omega}{\hbar}}Q_i+\mathrm{i}\frac{P_i}{\sqrt{m\omega\hbar}}\right]$, 则

$$H=\omega\left(a_1^\dagger a_1+a_2^\dagger a_2+1\right)-\lambda Q_1Q_2. \tag{3.88}$$

我们要找出能对角化 H 的 U, 使得

$$H=U\left[\omega_1\left(a_1^\dagger a_1+\frac{1}{2}\right)+\omega_2\left(a_2^\dagger a_2+\frac{1}{2}\right)\right]U^{-1}, \tag{3.89}$$

其中两个全同耦合振子的简并被耦合项 λQ_1Q_2 解除了, 即

$$\omega_1^2=\omega^2-\frac{\lambda}{m},\quad \omega_2^2=\omega^2+\frac{\lambda}{m}. \tag{3.90}$$

为了实现式 (3.89), 就要求 Q_i 和 P_i 在 U 变换下的行为是

$$UQ_1U^{-1} = \sqrt{\frac{\omega_1}{2\omega}}\left(Q_1 + Q_2\right), \quad UQ_2U^{-1} = \sqrt{\frac{\omega_2}{2\omega}}\left(Q_1 - Q_2\right), \tag{3.91}$$

$$UP_1U^{-1} = \sqrt{\frac{\omega}{2\omega_1}}\left(P_1 + P_2\right), \quad UP_2U^{-1} = \sqrt{\frac{\omega}{2\omega_2}}\left(P_1 - P_2\right). \tag{3.92}$$

因子 $\sqrt{\omega_i/\omega}$ 是频率跳变压缩因子, 我们发现 U 的非对称 ket-bra 投影积分是

$$U = \left(\frac{\omega^2}{\omega_1\omega_2}\right)^{1/4} \iint_{-\infty}^{+\infty} \mathrm{d}q_1\mathrm{d}q_2 \left| u \begin{pmatrix} q_1 \\ q_2 \end{pmatrix} \right\rangle \left\langle \begin{pmatrix} q_1 \\ q_2 \end{pmatrix} \right|, \tag{3.93}$$

其中因子 $(\omega^2/\omega_1\omega_2)^{1/4}$ 是幺正性的需要,

$$u = \begin{pmatrix} \sqrt{\omega/2\omega_1} & \sqrt{\omega/2\omega_2} \\ \sqrt{\omega/2\omega_1} & -\sqrt{\omega/2\omega_2} \end{pmatrix} \quad \left(\det u = \frac{\omega}{\sqrt{\omega_1\omega_2}}\right). \tag{3.94}$$

U 不仅包含转动, 还包含压缩变换. 用

$$|q\rangle_i = \left(\frac{m\omega}{\pi\hbar}\right)^{1/4} \exp\left(-\frac{m\omega}{2\hbar}q^2 + \sqrt{\frac{2m\omega}{\hbar}}qa_i^\dagger - \frac{a_i^{\dagger 2}}{2}\right)|0\rangle_i, \tag{3.95}$$

及 IWOP 技术我们做式 (3.93) 的积分, 得到

$$\begin{aligned} U &= (\operatorname{sech} r_1 \operatorname{sech} r_2)^{1/2} \exp\left[\frac{1}{4}\left(a_1^\dagger + a_2^\dagger\right)^2 \tanh r_1 + \frac{1}{4}\left(a_1^\dagger - a_2^\dagger\right)^2 \tanh r_2\right] \\ &\quad \times : \exp\left[\left(\frac{1}{\sqrt{2}}\operatorname{sech} r_2 - 1\right) a_2^\dagger a_2 + \left(\frac{1}{\sqrt{2}}\operatorname{sech} r_1 - 1\right) a_1^\dagger a_1 \right. \\ &\quad \left. + \frac{1}{\sqrt{2}} a_2^\dagger a_1 \operatorname{sech} r_1 - \frac{1}{\sqrt{2}} a_1^\dagger a_2 \operatorname{sech} r_2\right] : \exp\left[-\frac{a_1^2}{2}\tanh r_1 - \frac{a_2^2}{2}\tanh r_2\right], \end{aligned} \tag{3.96}$$

其中

$$\tanh r_i = \frac{\omega - \omega_i}{\omega + \omega_i}, \quad \operatorname{sech} r_i = \frac{2\sqrt{\omega\omega_i}}{\omega + \omega_i}. \tag{3.97}$$

把它作用于真空态, 得

$$U|00\rangle = (\operatorname{sech} r_1 \operatorname{sech} r_2)^{1/2} \exp\left[\frac{1}{4}\left(a_1^\dagger + a_2^\dagger\right)^2 \tanh r_1 + \frac{1}{4}\left(a_1^\dagger - a_2^\dagger\right)^2 \tanh r_2\right]|00\rangle$$

$$= \mathrm{e}^{-\mathrm{i}\pi J_y/2} \left(\operatorname{sech} r_1 \operatorname{sech} r_2\right)^{1/2} \exp\left[\frac{1}{2}\left(a_1^{\dagger 2} \tanh r_1 + a_2^{\dagger 2} \tanh r_2\right)\right] |00\rangle . \quad (3.98)$$

可见 U 不仅包含转动 $\mathrm{e}^{-\mathrm{i}\pi J_y/2}$, $J_y = 1/\left[2\mathrm{i}\left(a_1^{\dagger} a_2 - a_2^{\dagger} a_1\right)\right]$, 还包含压缩变换机制. $U|00\rangle$ 是一个含转动的双模压缩态, 由于双模压缩态本身是一个纠缠态, 所以两个振子的耦合与纠缠也有关, 海森伯是物理史上第一个用耦合振子的模型解释化学键的, 那么我们也许可以认为, 化学键的形成与量子纠缠有关, 用量子纠缠的思想研究化学键的形成也许是一个新的研究方向.

从此例读者可以看到怎样用 IWOP 技术发现新幺正算符及伴随着的物理概念.

第 4 章　IWOP 技术在研究量子振幅衰减中的应用

IWOP 技术可用于研究量子衰减, 为此先导出一个广义转动算符恒等式.

4.1　广义转动算符恒等式的简捷导出

对于 n-模的相干态

$$|Z\rangle \equiv |z_1, z_2, \cdots, z_n\rangle = \prod_{l=1}^{n} \exp\left(-\frac{1}{2}|z_l|^2 + z_l a_l^\dagger\right)|\mathbf{0}\rangle \quad (a_l |Z\rangle = z_l |Z\rangle), \tag{4.1}$$

这里 $|\mathbf{0}\rangle$ 是 n-模真空态, 其完备性为

$$\int \prod_l \frac{\mathrm{d}^2 z_l}{\pi} |Z\rangle\langle Z| = \int \prod_l \frac{\mathrm{d}^2 z_l}{\pi} : \exp\left[\sum_{l=1}^{n}(-|z_l|^2 + z_l a_l^\dagger + z_l^* a_l - a_l^\dagger a_l)\right] := 1, \tag{4.2}$$

这里已经用了积分公式

$$\int \frac{\mathrm{d}^2 z}{\pi} \exp\left(\lambda|z|^2 + fz + gz^*\right) = -\frac{1}{\lambda}\mathrm{e}^{-\frac{fg}{\lambda}} \quad (\mathrm{Re}\,\lambda < 0). \tag{4.3}$$

以下我们要导出算符恒等式

$$\mathrm{e}^{a_i^\dagger \Lambda_{ij} a_j} =: \exp\left[a_i^\dagger \left(\mathrm{e}^{\Lambda} - 1\right)_{ij} a_j\right] :, \tag{4.4}$$

这里每一项的重复指标表示从 1 到 n 求和 . 事实上, 用

$$\exp\left(a_i^\dagger \Lambda_{ij} a_j\right)|\mathbf{0}\rangle = |\mathbf{0}\rangle, \tag{4.5}$$

以及 $\left[a_i, a_j^\dagger\right] = \delta_{ij}$ 得

$$\mathrm{e}^{a_i^\dagger \Lambda_{ij} a_j} a_l^\dagger \mathrm{e}^{-a_i^\dagger \Lambda_{ij} a_j} = a_i^\dagger \left(\mathrm{e}^{\Lambda}\right)_{il}, \quad \mathrm{e}^{a_i^\dagger \Lambda_{ij} a_j} a_l \mathrm{e}^{-a_i^\dagger \Lambda_{ij} a_j} = \left(\mathrm{e}^{-\Lambda}\right)_{li} a_i. \tag{4.6}$$

再用 IWOP 技术, 有

$$\begin{aligned}
\mathrm{e}^{a_i^\dagger \Lambda_{ij} a_j} &= \int \prod_i \frac{\mathrm{d}^2 z_i}{\pi} \mathrm{e}^{a_i^\dagger \Lambda_{ij} a_j} |Z\rangle \langle Z| \\
&= \int \prod_i \frac{\mathrm{d}^2 z_i}{\pi} \mathrm{e}^{a_i^\dagger \Lambda_{ij} a_j} \mathrm{e}^{a_i^\dagger z_i} \mathrm{e}^{a_i^\dagger \Lambda_{ij} a_j} \mathrm{e}^{-a_i^\dagger \Lambda_{ij} a_j} |\mathbf{0}\rangle \langle Z| \mathrm{e}^{-\frac{1}{2}|z_i|^2} \\
&= \int \prod_i \frac{\mathrm{d}^2 z_i}{\pi} : \exp\left[-|z_i|^2 + a_i^\dagger \left(\mathrm{e}^{\Lambda}\right)_{il} z_l + z_i^* a_i - a_i^\dagger a_i\right] : \\
&=: \exp\left[a_i^\dagger \left(\mathrm{e}^{\Lambda} - 1\right)_{ij} a_j\right] : .
\end{aligned} \tag{4.7}$$

此公式十分有用, 由此导出

$$\mathrm{e}^{a_i^\dagger \Lambda_{ij} a_j} |Z\rangle = \exp\left[\frac{-|z_i|^2}{2} + a_i^\dagger \left(\mathrm{e}^{\Lambda}\right)_{ij} z_j\right] |\mathbf{0}\rangle. \tag{4.8}$$

4.2 su(2) 转动的量子映射和角速度公式的导出

把上节的讨论局限在双模相干态情形, $\left|\begin{pmatrix} z_1 \\ z_2 \end{pmatrix}\right\rangle \equiv |z_1, z_2\rangle$ 是双模相干态, 让 $u(t)$ 是复参数空间中的含时的 2×2 转动矩阵 (属 su(2)群), 满足 $|u_{ij} z_j|^2 = |z_i|^2$, 于是产生一个有趣的问题, 什么是生成这个转动的量子力学动力学哈密顿量, 转动的角速度又是什么?

引入在此表象中的含时 ket-bra 算符

$$D\left(u\left(t\right)\right)=\pi^{-2}\int \mathrm{d}^2z_1\mathrm{d}^2z_2\left|u\left(t\right)\begin{pmatrix} z_1\\ z_2\end{pmatrix}\right\rangle\left\langle\begin{pmatrix} z_1\\ z_2\end{pmatrix}\right|, \tag{4.9}$$

使从 $u(t)$ 过渡到 $D(u(t))$. 用 IWOP 技术积分之, 得到

$$\begin{aligned}D\left(u\left(t\right)\right)&=\iint_{-\infty}^{+\infty}\frac{\mathrm{d}^2z_1\mathrm{d}^2z_2}{\pi^2}:\ \exp\left(-\left|z_i\right|^2+a_i^{\dagger}u_{ij}z_j+a_iz_i^*-a_i^{\dagger}a_i\right):\\ &=:\ \exp\left[a_i^{\dagger}\left(u_{ij}-\delta_{ij}\right)a_j\right]:\ =\exp\left[a_i^{\dagger}\left(\ln u\right)_{ij}a_j\right],\end{aligned} \tag{4.10}$$

在最后一步我们用了式 (4.4).

为了回答是什么哈密顿量支配了这种量子转动, 注意到 a_i 与 $a_i^{\dagger}$ 在 : : 内部对易, 我们在式 (4.10) 两边对 t 微商, 得到

$$\begin{aligned}\partial_tD\left(u\left(t\right)\right)&=\partial_t:\ \exp\left[a_i^{\dagger}\left(u_{ij}-\delta_{ij}\right)a_j\right]:\\ &=a_i^{\dagger}\dot{u}_{ij}:\ \exp\left[a_i^{\dagger}\left(u_{ij}-\delta_{ij}\right)a_j\right]:a_j=a_i^{\dagger}\dot{u}_{ij}Da_jD^{-1}D.\end{aligned} \tag{4.11}$$

其中

$$\begin{aligned}\dot{u}_{ij}&=\frac{\mathrm{d}u_{ij}}{\mathrm{d}t},\\ Da_lD^{-1}&=\exp\left[a_i^{\dagger}\left(\ln u\right)_{ij}a_j\right]a_l\exp\left[a_i^{\dagger}\left(-\ln u\right)_{ij}a_j\right]\\ &=\exp\left[-\ln\left(u\right)_{lk}\right]a_k=u_{lk}^{\dagger}a_k,\end{aligned} \tag{4.12}$$

把式 (4.12) 代入式 (4.11) 导出

$$\partial_tD\left(u\left(t\right)\right)=a_i^{\dagger}\dot{u}_{ij}u_{jl}^{\dagger}a_lD\left(u\left(t\right)\right). \tag{4.13}$$

把式 (4.13) 与标准的薛定谔方程 $\mathrm{i}\partial_tD\left(u\left(t\right)\right)=HD\left(u\left(t\right)\right)$ 比较, 这里取 $\hbar=1$, 我们认识到引起 su(2)量子转动的哈密顿量为

$$H=\mathrm{i}a_i^{\dagger}\dot{u}_{ij}u_{jl}^{\dagger}a_l=\tilde{a}^{\dagger}\left(\mathrm{i}\dot{u}u^{\dagger}\right)a. \tag{4.14}$$

其中 $\tilde{a} \equiv (a_1, a_2)$, $\tilde{a}^\dagger \equiv \left(a_1^\dagger, a_2^\dagger\right)$.

现在我们选择描写 su(2)转动的三个参数为欧拉 (Euler)角 (α, β, γ), 即

$$u = \exp\left(-\frac{\mathrm{i}}{2}\sigma_z\beta\right)\exp\left(-\frac{\mathrm{i}}{2}\sigma_y\alpha\right)\exp\left(-\frac{\mathrm{i}}{2}\sigma_z\gamma\right). \tag{4.15}$$

其中 σ_i 是 3 个泡利 (Pauli)矩阵

$$\sigma_x = \begin{pmatrix} 0 & 1 \\ 1 & 0 \end{pmatrix}, \quad \sigma_y = \begin{pmatrix} 0 & -\mathrm{i} \\ \mathrm{i} & 0 \end{pmatrix}, \quad \sigma_z = \begin{pmatrix} 1 & 0 \\ 0 & -1 \end{pmatrix}. \tag{4.16}$$

用

$$\begin{aligned}
&\mathrm{e}^{-\frac{\mathrm{i}}{2}\sigma_z\beta} \cdot \sigma_y \cdot \mathrm{e}^{\frac{\mathrm{i}}{2}\sigma_z\beta} = \sigma_y\cos\beta - \sigma_x\sin\beta, \\
&\mathrm{e}^{-\frac{\mathrm{i}}{2}\sigma_y\alpha} \cdot \sigma_z \cdot \mathrm{e}^{\frac{\mathrm{i}}{2}\sigma_y\alpha} = \sigma_z\cos\alpha + \sigma_x\sin\alpha, \\
&\mathrm{e}^{-\frac{\mathrm{i}}{2}\sigma_z\beta} \cdot \sigma_x \cdot \mathrm{e}^{\frac{\mathrm{i}}{2}\sigma_z\beta} = \sigma_x\cos\beta + \sigma_y\sin\beta.
\end{aligned} \tag{4.17}$$

可以导出

$$\begin{aligned}
\mathrm{i}\dot{u}u^\dagger &= \frac{1}{2}\sigma_z\dot{\beta} + \frac{1}{2}\dot{\alpha}\cdot(\sigma_y\cos\beta - \sigma_x\sin\beta) \\
&\quad + \frac{1}{2}\dot{\gamma}\cdot[\sigma_z\cos\alpha + \sin\alpha\,(\sigma_x\cos\beta + \sigma_y\sin\beta)] \\
&= \begin{pmatrix} w_z/2 & \mathrm{i}(w_0/2) \\ -\mathrm{i}(w_0^*/2) & -(w_z/2) \end{pmatrix}.
\end{aligned} \tag{4.18}$$

其中

$$\begin{aligned}
&w_z = \dot{\beta} + \dot{\gamma}\cos\alpha, \\
&w_0 = -(\dot{\alpha} + \mathrm{i}\dot{\gamma}\sin\alpha)\,\mathrm{e}^{-\mathrm{i}\beta}, \\
&w_x = \frac{w_0^* - w_0}{2\mathrm{i}} = \dot{\gamma}\sin\alpha\cos\beta - \dot{\alpha}\sin\beta,
\end{aligned}$$

$$w_y = -\frac{w_0^* + w_0}{2} = \dot{\gamma}\sin\alpha\sin\beta + \dot{\alpha}\cos\beta, \tag{4.19}$$

这与经典力学熟知的角速度公式一致. 另一方面, 用角动量算符的施温格(Schwinger)玻色子实现

$$\hat{J} = \left(a_1^\dagger, a_2^\dagger\right)\frac{\vec{\sigma}}{2}\begin{pmatrix} a_1 \\ a_2 \end{pmatrix},$$

$$\boldsymbol{J}_x = \frac{a_1^\dagger a_2 + a_2^\dagger a_1}{2},$$

$$\boldsymbol{J}_y = \frac{a_1^\dagger a_2 - a_2^\dagger a_1}{2\mathrm{i}},$$

$$\boldsymbol{J}_z = \frac{a_1^\dagger a_1 - a_2^\dagger a_2}{2}. \tag{4.20}$$

我们把式 (4.14) 表达为

$$\begin{aligned} H &= \tilde{a}^\dagger\left(\mathrm{i}\dot{u}u^\dagger\right)a = \left(a_1^\dagger, a_2^\dagger\right)\begin{pmatrix} \dfrac{w_z}{2} & \mathrm{i}\dfrac{-w_y - \mathrm{i}w_x}{2} \\ -\mathrm{i}\dfrac{-w_y + \mathrm{i}w_x}{2} & -\dfrac{w_z}{2} \end{pmatrix}\begin{pmatrix} a_1 \\ a_2 \end{pmatrix} \\ &= \left(a_1^\dagger, a_2^\dagger\right)\left[\frac{w_z}{2}\begin{pmatrix} 1 & 0 \\ 0 & -1 \end{pmatrix} + \frac{w_y}{2}\begin{pmatrix} 0 & -\mathrm{i} \\ \mathrm{i} & 0 \end{pmatrix} + \frac{w_x}{2}\begin{pmatrix} 0 & 1 \\ 1 & 0 \end{pmatrix}\right] \\ &\quad\times\begin{pmatrix} a_1 \\ a_2 \end{pmatrix} \\ &= \boldsymbol{w}\cdot\hat{J}. \end{aligned} \tag{4.21}$$

其中, $\boldsymbol{w} = (w_x, w_y, w_z)$.

对照式 (4.21) 和 (4.14), 我们自然导出角速度 $\boldsymbol{w}$ 和 su(2)变换的关系

$$\frac{1}{2}\boldsymbol{\sigma}\cdot\boldsymbol{w} = \mathrm{i}\dot{u}u^\dagger. \tag{4.22}$$

以上讨论表明, IWOP 技术是把经典变换过渡到量子幺正变换的一条捷径.

4.3　三维欧几里得转动的量子映射

用 IWOP 技术我们有能力积分

$$\int \mathrm{d}^3\boldsymbol{q}\,|R\boldsymbol{q}\rangle\langle\boldsymbol{q}| \equiv \hat{R}. \tag{4.23}$$

R 是欧几里得空间的转动矩阵, 例如可以用 3 个欧拉角表示, $\boldsymbol{q}$ 是三维矢量 ,

$$|R\boldsymbol{q}\rangle = \left| R\begin{pmatrix} q_1 \\ q_2 \\ q_3 \end{pmatrix}\right\rangle = \left|\begin{pmatrix} R_{1i}q_i \\ R_{2i}q_i \\ R_{3i}q_i \end{pmatrix}\right\rangle, \tag{4.24}$$

式 (4.23) 表示经典转动 R 到量子算符的映射. 由于转动保持矢径长度不变, $(R_{ij}q_j)^2 = q_i^2$, 按照坐标本征态的表达式 (1.29), 有

$$|R\boldsymbol{q}\rangle = \pi^{-3/4}\exp\left(-\frac{q_i^2}{2} + \sqrt{2}a_i^\dagger R_{ij}q_j - \frac{a_i^{\dagger 2}}{2}\right)|000\rangle, \tag{4.25}$$

这里每一项中的重复指标暗示了从 1~3 的求和, 用 IWOP 技术我们就可计算出

$$\begin{aligned}
\int \mathrm{d}^3\boldsymbol{q}\,|R\boldsymbol{q}\rangle\langle\boldsymbol{q}| &= \pi^{\frac{-3}{2}}\int \mathrm{d}^3\boldsymbol{q}\exp\left(-q_i^2 + \sqrt{2}a_i^\dagger R_{ij}q_j - \frac{a_i^{\dagger 2}}{2}\right)|000\rangle\langle 000| \\
&\quad\times\exp\left(\sqrt{2}q_i a_i - \frac{a_i^2}{2}\right) \\
&= \pi^{\frac{-3}{2}} :\int \mathrm{d}^3\boldsymbol{q}\exp\Big(-q_i^2 + \sqrt{2}a_i^\dagger R_{ij}q_j + \sqrt{2}q_i a_i \\
&\quad - \frac{a_i^{\dagger 2} + a_i^2}{2} - a_i^\dagger a_i\Big): \\
&=: \exp\left[\frac{1}{2}\left(R_{ji}a_i^\dagger + a_i\right)^2 - \frac{a_i^{\dagger 2} + a_i^2}{2} - a_i^\dagger a_i\right]: \\
&=: \exp\left[a_i^\dagger\left(R_{ji} - \delta_{ji}\right)a_i\right]:,
\end{aligned} \tag{4.26}$$

再用式 (4.7) 得

$$\hat{R} = \int \mathrm{d}^3\boldsymbol{q} \left|R\boldsymbol{q}\right\rangle \left\langle\boldsymbol{q}\right| = \exp\left[a_i^\dagger \left(\ln R\right)_{ij} a_j\right]. \tag{4.27}$$

这就是转动算符, 给出一个欧几里得转动矩阵 R, 算出 $\ln R$(留给读者作为练习), 最终可将 $\hat{R}$ 表达为 $\exp\left(\mathrm{i}\psi\boldsymbol{n}\cdot\boldsymbol{J}\right)$ 的形式, $\boldsymbol{J}$ 是角动量算符,

$$J_i = \left(a_1^\dagger\ a_2^\dagger\ a_3^\dagger\right) L_i \begin{pmatrix} a_1 \\ a_2 \\ a_3 \end{pmatrix},$$

$$L_1 = \begin{pmatrix} & & \\ & & -\mathrm{i} \\ & \mathrm{i} & \end{pmatrix},\quad L_2 = \begin{pmatrix} & & \mathrm{i} \\ & & \\ -\mathrm{i} & & \end{pmatrix},\quad L_3 = \begin{pmatrix} & -\mathrm{i} & \\ \mathrm{i} & & \\ & & \end{pmatrix}. \tag{4.28}$$

$\boldsymbol{n}$ 与 Ψ 分别是由 R 决定的方向矢量和转角, 这里没有写出其具体形式.

4.4 振子–振子两体相互作用引起的衰减

一般量子力学教科书中所叙述的量子理论都是针对孤立或封闭的量子系统而言的. 对于一个哈密顿量为 H 的封闭量子系统, 量子态的演化是幺正的:

$$\left|\psi(0)\right\rangle \xrightarrow{U(t)} \left|\psi(t)\right\rangle = U(t)\left|\psi(0)\right\rangle,\quad U^\dagger(t)U(t) = 1. \tag{4.29}$$

如果 H 不显含时间, 则 $U = \exp\left(-\mathrm{i}Ht/\hbar\right)$. 可见, 对于封闭系统中量子态的演化, 用一个幺正算符 U 就可表示. 但实际情况是系统处在热库中, 是与外界有相互作用的开放系统. 那么对于开放系统中的量子态的演化又如何描述呢?

设一封闭系统有两个开放子系统 A, B 构成, 则总系统的初始状态用密度算符

表示为 (以下均用密度算符表示系统状态):

$$H_A \otimes H_B : \rho_A \otimes |0\rangle_{B\,B}\langle 0|, \tag{4.30}$$

其中子系统 A 处于状态 ρ_A, 子系统 B 处于状态 $|0\rangle_{B\,B}\langle 0|$. A, B 两子系统之间存在相互作用, 导致了 A 的态与 B 的态的量子纠缠. 设总系统演化的幺正算符为 U_{AB}, 其演化可表示为

$$\rho_A \otimes |0\rangle_{B\,B}\langle 0| \longrightarrow U_{AB}(\rho_A \otimes |0\rangle_{BB}\langle 0|)U_{AB}^{\dagger}. \tag{4.31}$$

由于局限在子系 A 中的观察者看不到总系统的整体情况, 只能观察到 A 中的态及其演化, 因此, 对子系 A 中的观察者而言, 上述过程应为

$$\rho_A \to \rho_A', \tag{4.32}$$

此过程实际上是统计地考虑系统 B 的影响, 即对子系统希尔伯特 (Hilbert)空间 H_B 进行部分求迹. 为此, 在 H_B 中选一组正交完备的基 $|\mu\rangle_B$, 将总系统对该基取迹后, 剩下的即为希尔伯特空间 H_A 中观察者观察到的态 (即局限于 A 中的观察者观测到的演化):

$$\begin{aligned}\rho_A' &= \mathrm{tr}_B\left[U_{AB}(\rho_A \otimes |0\rangle_{B\,B}\langle 0|)U_{AB}^{\dagger}\right] \\ &= \sum\nolimits_{\mu}{}_B\langle \mu| U_{AB}|0\rangle_B \rho_A \left({}_B\langle 0| U_{AB}^{\dagger}|\mu\rangle_B\right),\end{aligned} \tag{4.33}$$

注意式中 ${}_B\langle 0| U_{AB}^{\dagger}|\mu\rangle_B$ 是一个作用于 H_A 的算符, 它表示在子系统 A 与子系统 B 相互作用下, 系统 B 由基态向 ${}_B\langle \mu|$ 的跳变对子系统 A 状态的影响. 不妨记为 $M_\mu = {}_B\langle \mu| U_{AB}|0\rangle_B$, 则子系统 ρ_A 演化为

$$\rho_A \longrightarrow \rho_A' = \sum_{\mu} M_\mu \rho_A M_\mu^{\dagger}, \tag{4.34}$$

即总系统随时间幺正演化的结果, 在子系统中表现为算符和的形式, 这就是克劳斯(Kraus)算符的求和定理. 但是对具体的量子退相干过程, 克劳斯算符往往是十分难求的, 其算符和形式尤然, 特别是对于连续变量的量子退相干情形更是如此. 从

算符 U_{AB} 的幺正性可知

$$\sum_\mu M_\mu^\dagger M_\mu = \sum\nolimits_\mu {}_B\langle 0|\, U_{AB}^\dagger \,|\mu\rangle_B \, {}_B\langle\mu|\, U_{AB} \,|0\rangle_B$$

$$= {}_B\langle 0|\, U_{AB}^\dagger U_{AB} \,|0\rangle_B = I_A. \tag{4.35}$$

I_A 是单位算符. 若算符 M_μ 满足式 (4.21), 则称式 (4.20)为算符和表示 (或克劳斯表示), 而将 M_μ 称为克劳斯算符, 它的功能为:

(1) 保持 ρ_A 的厄米性.

若 $\rho_A^\dagger = \rho_A$, 则

$$\rho_A^{'\dagger} = \sum_\mu M_\mu \rho_A^\dagger M_\mu^\dagger = \sum_\mu M_\mu \rho_A M_\mu^\dagger = \rho_A^{'}. \tag{4.36}$$

(2) 保持 ρ_A 的幺迹性.

若 $\mathrm{tr}\,\rho_A = 1$, 则

$$\mathrm{tr}\,\rho_A^{'\dagger} = \mathrm{tr}\sum_\mu M_\mu \rho_A^\dagger M_\mu^\dagger = \mathrm{tr}\left(\rho_A \sum_\mu M_\mu^\dagger M_\mu\right) = \mathrm{tr}\,\rho_A = 1. \tag{4.37}$$

(3) 保持 ρ_A 的半正定性.

若对任意态 $|\psi\rangle_A$, ${}_A\langle\psi|\,\rho_A\,|\psi\rangle_A \geqslant 0$, 则

$${}_A\langle\psi|\,\rho_A^{'}\,|\psi\rangle_A = \sum_\mu {}_A\langle\psi|\, M_\mu \rho_A^\dagger M_\mu^\dagger \,|\psi\rangle_A$$

$$= \sum_\mu {}_A\langle\phi|\,\rho_A\,|\phi\rangle_A \geqslant 0. \tag{4.38}$$

为了具体说明系统–环境相互作用的退相干量子理论, 考虑一个谐振子受另一个振子的"牵连"而振幅衰减, 相互作用哈密顿量是

$$H = \chi\left(a^\dagger b + b^\dagger a\right), \tag{4.39}$$

时间演化算符是

$$U = \exp\left[-\mathrm{i}\chi t\left(a^\dagger b + b^\dagger a\right)\right], \tag{4.40}$$

我们想知道由于系统与环境相互耦合的存在, 所引起的使体系 (a-模)发生量子衰减的算符是什么？为此我们可以研究当作为环境的态从初始真空态 $|0_b\rangle$ 变为 $\langle k_b|$ 时, ($\langle k_b|$ 是 $b^\dagger b$ 的本征态), 系统 $a^\dagger a$ 的情形如何变？显然, 运算矩阵元 $\langle k_b| U |0_b\rangle$ 恰恰反映了系统受环境的作用发生振幅衰减的这个算符 (克劳斯算子).

我们的物理动机是演示：求运算矩阵元 $\langle k_b| U |0_b\rangle$ 的结果等价于解一个描述系统振幅衰减的量子主方程

$$\frac{\mathrm{d}\rho(t)}{\mathrm{d}t} = \kappa\left(2a\rho a^\dagger - a^\dagger a\rho - \rho a^\dagger a\right). \tag{4.41}$$

即求解式 (4.41) 的克劳斯算符和计算出 $\langle k_b| U |0_b\rangle$ (注意 $\langle k_b| U |0_b\rangle$ 是一个在 a-模空间的算符)是等价的. 为此目标, 我们先给出算符恒等式

$$W \equiv \exp\left[\left(a^\dagger\ b^\dagger\right) \Lambda \begin{pmatrix} a \\ b \end{pmatrix}\right] =: \exp\left[\left(a^\dagger\ b^\dagger\right)\left(\mathrm{e}^\Lambda - I\right)\begin{pmatrix} a \\ b \end{pmatrix}\right]:, \tag{4.42}$$

其中 Λ 是一个 2×2 矩阵, I 是 2×2 单位矩阵. 其证明如下, 首先注意到

$$\begin{aligned} Wa^\dagger W^{-1} &= a^\dagger\left(\mathrm{e}^\Lambda\right)_{11} + b^\dagger\left(\mathrm{e}^\Lambda\right)_{21}, \\ Wb^\dagger W^{-1} &= a^\dagger\left(\mathrm{e}^\Lambda\right)_{12} + b^\dagger\left(\mathrm{e}^\Lambda\right)_{22}, \end{aligned} \tag{4.43}$$

和

$$\begin{aligned} &W|00\rangle = |00\rangle, \\ &|00\rangle\langle 00| =: \mathrm{e}^{-a^\dagger a - b^\dagger b}:. \end{aligned} \tag{4.44}$$

再用双模相干态

$$|z_1, z_2\rangle = \mathrm{e}^{-\frac{1}{2}\left(|z_1|^2+|z_2|^2\right)+z_1 a^\dagger + z_2 b^\dagger}|00\rangle, \tag{4.45}$$

完备性

$$\int \frac{\mathrm{d}^2 z_1 \mathrm{d}^2 z_2}{\pi^2}|z_1, z_2\rangle\langle z_1, z_2| = 1, \tag{4.46}$$

以及 IWOP 技术导出

$$
\begin{aligned}
W &= \int \frac{\mathrm{d}^2 z_1 \mathrm{d}^2 z_2}{\pi^2} W \left| z_1, z_2 \right\rangle \left\langle z_1, z_2 \right| \\
&= \int \frac{\mathrm{d}^2 z_1 \mathrm{d}^2 z_2}{\pi^2} W \exp\left[-\frac{1}{2}\left(|z_1|^2 + |z_2|^2 \right) + z_1 a^\dagger + z_2 b^\dagger \right] W^{-1} W \left| 0, 0 \right\rangle \left\langle z_1, z_2 \right| \\
&= \int \frac{\mathrm{d}^2 z_1 \mathrm{d}^2 z_2}{\pi^2} : \exp\left\{ -|z_1|^2 - |z_2|^2 + z_1 \left[a^\dagger \left(\mathrm{e}^{\Lambda}\right)_{11} + b^\dagger \left(\mathrm{e}^{\Lambda}\right)_{21} \right] \right. \\
&\quad \left. + z_2 \left[a^\dagger \left(\mathrm{e}^{\Lambda}\right)_{12} + b^\dagger \left(\mathrm{e}^{\Lambda}\right)_{22} \right] + z_1^* a + z_2^* b - a^\dagger a - b^\dagger b \right\} : \\
&=: \exp\left\{ \left[a^\dagger \left(\mathrm{e}^{\Lambda}\right)_{11} + b^\dagger \left(\mathrm{e}^{\Lambda}\right)_{21} \right] a + \left[a^\dagger \left(\mathrm{e}^{\Lambda}\right)_{12} + b^\dagger \left(\mathrm{e}^{\Lambda}\right)_{22} \right] b - a^\dagger a - b^\dagger b \right\} : \\
&=: \exp\left[\left(a^\dagger \; b^\dagger \right) \left(\mathrm{e}^{\Lambda} - I \right) \begin{pmatrix} a \\ b \end{pmatrix} \right] : .
\end{aligned} \tag{4.47}
$$

故式 (4.42) 得证. 于是有

$$
\begin{aligned}
U &= \exp\left[-\mathrm{i}\chi t \left(a^\dagger b + b^\dagger a \right) \right] = \exp\left[-\mathrm{i}\chi t \left(a^\dagger \; b^\dagger \right) \begin{pmatrix} 0 & 1 \\ 1 & 0 \end{pmatrix} \begin{pmatrix} a \\ b \end{pmatrix} \right] \\
&=: \exp\left\{ \left(a^\dagger \; b^\dagger \right) \left[\begin{pmatrix} \cos\chi t & -\mathrm{i}\sin\chi t \\ -\mathrm{i}\sin\chi t & \cos\chi t \end{pmatrix} - 1 \right] \begin{pmatrix} a \\ b \end{pmatrix} \right\} : \\
&=: \exp\left[f \left(a^\dagger a + b^\dagger b \right) + g \left(a^\dagger b + b^\dagger a \right) \right] : .
\end{aligned} \tag{4.48}
$$

其中

$$
f = \cos(\chi t) - 1, \quad g = -\mathrm{i}\sin(\chi t) . \tag{4.49}
$$

再从式 (4.48) 和 $b\left|0\right\rangle = 0$, 得到

$$
\begin{aligned}
E_k &\equiv \left\langle k_b \right| U \left| 0_b \right\rangle = \left\langle k_b \right| : \exp\left(f a^\dagger a + g b^\dagger a \right) : \left| 0_b \right\rangle \\
&= \sum_{m=0}^{+\infty} \left\langle k_b \right| \frac{\left(f a^\dagger + g b^\dagger \right)^m a^m}{m!} \left| 0_b \right\rangle
\end{aligned}
$$

$$
\begin{aligned}
&= \sum_{m=0}^{+\infty} \sum_{i=0}^{m} \langle k_b | \frac{f^{m-i} g^i a^{\dagger(m-i)} a^m b^{\dagger i}}{(m-i)!i!} |0_b\rangle \\
&= \sum_{m=k}^{+\infty} \sqrt{k!} \frac{f^{m-k} g^k a^{\dagger(m-k)} a^m}{k!\,(m-k)!} = \frac{g^k}{\sqrt{k!}} \sum_{j=0}^{+\infty} \frac{f^j a^{\dagger j} a^{j+k}}{j!} \\
&= \frac{g^k}{\sqrt{k!}} : \exp\left(f a^\dagger a\right) : a^k \\
&= \frac{g^k}{\sqrt{k!}} \exp\left[a^\dagger a \ln(1+f)\right] a^k.
\end{aligned} \tag{4.50}
$$

可见 $E_k \equiv \langle k_b | U | 0_b \rangle$ 确实是体系与环境相互耦合所引起的使体系 (a-模)发生量子跃迁的一个算符. 此问题也可理解为测量 (外界因素)导致系统的退相干. 用 a-模的福克空间完备性

$$
\sum_{n=0}^{+\infty} |n\rangle_{a\,a} \langle n| = 1, \quad |n\rangle_a = \frac{a^{\dagger n}}{\sqrt{n!}} |0\rangle_a, \tag{4.51}
$$

我们把 E_k 表达为

$$
E_k = \sum_{n=k}^{+\infty} \sqrt{\begin{pmatrix} n \\ k \end{pmatrix}} \cos^{n-k}(\chi t)\, g^k\, |n-k\rangle_{a\,a} \langle n|. \tag{4.52}
$$

接着有 $\sum\limits_{k=0}^{\infty} E_k^\dagger E_k = 1$. 另一方面, 计算

$$
\begin{aligned}
E_k E_k^\dagger &= \sum_{n=k}^{+\infty} \sum_{m=k}^{+\infty} \sqrt{\begin{pmatrix} n \\ k \end{pmatrix}} \cos^{n-k}(\chi t)\, g^k \sqrt{\begin{pmatrix} m \\ k \end{pmatrix}} \cos^{m-k}(\chi t) \\
&\quad \times g^{*k} |n-k\rangle_{a\,a} \langle m-k| \delta_{mn} \\
&= |g|^{2k} \sum_{n=k}^{+\infty} \begin{pmatrix} n \\ k \end{pmatrix} \cos^{2n-2k}(\chi t)\, |n-k\rangle_{a\,a} \langle n-k|
\end{aligned}
$$

$$=|g|^{2k}\sum_{n=0}^{+\infty}\begin{pmatrix} n+k \\ k \end{pmatrix}\cos^{2n}(\chi t)\,|n\rangle_{a\,a}\langle n|\,. \tag{4.53}$$

再用负二项式定理

$$(1+x)^{-(n+1)}=\sum_{k=0}^{+\infty}\begin{pmatrix} n+k \\ k \end{pmatrix}(-1)^k x^k, \tag{4.54}$$

得到

$$\sum_{k=0}^{+\infty}E_kE_k^{\dagger}=\sum_{k=0}^{+\infty}|g|^{2k}\sum_{n=0}^{+\infty}\begin{pmatrix} n+k \\ k \end{pmatrix}\cos^{2n}(\chi t)\,|n\rangle_{a\,a}\langle n|$$

$$=\sum_{n=0}^{+\infty}|n\rangle_{a\,a}\langle n|\,\frac{\cos^{2n}(\chi t)}{\left(1-|g|^2\right)^{n+1}}=\frac{1}{\cos^2(\chi t)}. \tag{4.55}$$

这是需要注意的.

4.5 与振幅衰减的密度矩阵主方程的解的等价性

以下我们要说明上述求演化算符 $U=\exp\left[-\mathrm{i}\chi t\left(a^{\dagger}b+b^{\dagger}a\right)\right]$ 在 b-模中的1转换矩阵元的做法在效果上等价于解一个 a-模的密度矩阵 ρ 的主方程式 (4.41), 此方程代表振幅衰减, κ 是衰减率. 为了求解式 (4.41), 我们引入另一个虚模 $\tilde{a}^{\dagger}$, 构建纠缠态表象

$$|\eta\rangle=\exp\left(-\frac{1}{2}|\eta|^2+\eta a^{\dagger}-\eta^*\tilde{a}^{\dagger}+a^{\dagger}\tilde{a}^{\dagger}\right)|0\tilde{0}\rangle, \tag{4.56}$$

把算符主方程转变为 C-数方程. 具体做法是把式 (4.41) 两边作用到 $|\eta=0\rangle\equiv|I\rangle$ 上 , 由

$$a|\eta=0\rangle=\tilde{a}^{\dagger}|\eta=0\rangle,$$

$$a^\dagger|\eta=0\rangle=\tilde{a}|\eta=0\rangle,$$

$$(a^\dagger a)^n|\eta=0\rangle=(\tilde{a}^\dagger\tilde{a})^n|\eta=0\rangle. \tag{4.57}$$

使之转变为

$$\begin{aligned}\frac{\mathrm{d}}{\mathrm{d}t}|\rho\rangle&=\kappa\left(2a\rho a^\dagger-a^\dagger a\rho-\rho a^\dagger a\right)|I\rangle\\&=\kappa\left(2a\tilde{a}-a^\dagger a-\tilde{a}^\dagger\tilde{a}\right)|\rho\rangle,\end{aligned} \tag{4.58}$$

其中 $|\rho\rangle=\rho|I\rangle$, 式 (4.58) 的形式解是

$$|\rho\rangle=\exp\left[\kappa t\left(2a\tilde{a}-a^\dagger a-\tilde{a}^\dagger\tilde{a}\right)\right]|\rho_0\rangle, \tag{4.59}$$

这里 $|\rho_0\rangle\equiv\rho_0|I\rangle$, ρ_0 是初始密度算符. 注意到

$$\left[a^\dagger a+\tilde{a}^\dagger\tilde{a},a\tilde{a}\right]=-2a\tilde{a}, \tag{4.60}$$

我们就可以利用算符恒等式

$$\mathrm{e}^{\lambda(A+\sigma B)}=\mathrm{e}^{\lambda A}\exp\left[\frac{\sigma\left(1-\mathrm{e}^{-\lambda\tau}\right)B}{\tau}\right],\quad [A,B]=\tau B. \tag{4.61}$$

将式 (4.59) 右边的指数算符分解为

$$|\rho\rangle=\exp\left[-\kappa t\left(a^\dagger a+\tilde{a}^\dagger\tilde{a}\right)\right]\exp\left[\left(1-\mathrm{e}^{-2\kappa t}\right)a\tilde{a}\right]|\rho_0\rangle. \tag{4.62}$$

式 (4.61) 的证明如下.

考虑到算符 $a^\dagger a$ 与 a^2 满足的对易关系为

$$\left[a^\dagger a,a^2\right]=-2a^2, \tag{4.63}$$

与式 (4.61) 的 $[A,B]=\tau B$ 的对易关系相同, 所以我们用 IWOP 技术分解

$$\begin{aligned}\mathrm{e}^{\lambda a^\dagger a+\sigma a^2}&=\int\frac{\mathrm{d}^2z}{\pi}\mathrm{e}^{\lambda a^\dagger a+\sigma a^2}\mathrm{e}^{za^\dagger}\mathrm{e}^{-\left(\lambda a^\dagger a+\sigma a^2\right)}|0\rangle\langle z|\,\mathrm{e}^{-|z|^2/2}\\&=\int\frac{\mathrm{d}^2z}{\pi}\exp\left[-\frac{|z|^2}{2}+z\left(a^\dagger\mathrm{e}^\lambda+\frac{2\sigma}{\lambda}a\sinh\lambda\right)\right]|0\rangle\langle z|\end{aligned}$$

$$
\begin{aligned}
&= \int \frac{\mathrm{d}^2 z}{\pi} : \exp\left(-|z|^2 + z a^{\dagger} \mathrm{e}^{\lambda} + z^* a + \frac{\sigma \mathrm{e}^{\lambda}}{\lambda} z^2 \sinh\lambda - a^{\dagger} a\right) : \\
&=: \exp\left[\left(\mathrm{e}^{\lambda} - 1\right) a^{\dagger} a + \frac{\sigma \mathrm{e}^{\lambda}}{\lambda} a^2 \sinh\lambda\right] : \\
&= \mathrm{e}^{\lambda a^{\dagger} a} \exp\left(\frac{\sigma \mathrm{e}^{\lambda}}{\lambda} a^2 \sinh\lambda\right). \qquad (4.64)
\end{aligned}
$$

可见有式 (4.61) 成立, 这就导致式 (4.62). 进一步用式 (4.57) 把式 (4.62) 改写为

$$
\begin{aligned}
|\rho\rangle &= \exp\left[-\kappa t\left(a^{\dagger} a + \tilde{a}^{\dagger} \tilde{a}\right)\right] \sum_{n=0}^{+\infty} \frac{T^n}{n!} a^n \tilde{a}^n \rho_0 |I\rangle \\
&= \sum_{n=0}^{+\infty} \frac{T^n}{n!} \mathrm{e}^{-\kappa t a^{\dagger} a} a^n \rho_0 a^{\dagger n} \mathrm{e}^{-\kappa t a^{\dagger} a} |I\rangle. \qquad (4.65)
\end{aligned}
$$

可见 $\rho(t)$ 的无穷算符和表示为

$$
\rho(t) = \sum_{k=0}^{+\infty} \frac{T^k}{k!} \mathrm{e}^{-\kappa t a^{\dagger} a} a^k \rho_0 a^{\dagger k} \mathrm{e}^{-\kappa t a^{\dagger} a} = \sum_{k=0}^{+\infty} M_k \rho_0 M_k^{\dagger}, \qquad (4.66)
$$

这里 $T = 1 - \mathrm{e}^{-2\kappa t}$, M_k 的表达式为

$$
M_k \equiv \sqrt{\frac{(-T)^k}{k!}} \mathrm{e}^{-\kappa t a^{\dagger} a} a^k, \qquad (4.67)
$$

式 (4.66) 反映了退相干过程, 从纯态 ρ_0 变为混合态 $\rho(t)$. 现在我们对照式 (4.50) 做如下对应

$$
M_k \equiv \sqrt{\frac{(\mathrm{i}T)^k}{k!}} \mathrm{e}^{-\kappa t a^{\dagger} a} a^k \mapsto \frac{g^k}{\sqrt{k!}} \exp\left[a^{\dagger} a \ln(1+f)\right] a^k. \qquad (4.68)
$$

从中看到

$$
\begin{aligned}
&-\kappa t \mapsto \ln(1+f) = \ln\cos(\chi t), \\
&\sqrt{(-T)} \mapsto g = -\mathrm{i}\sin(\chi t), \quad T = 1 - \mathrm{e}^{-2\kappa t} = \sin^2(\chi t). \qquad (4.69)
\end{aligned}
$$

可见计算 $\langle k_b| U |0_b\rangle$ 与解主方程式 (4.27) 的效果确实是等价的, 也说明了如式 (4.13) 那样将总系统对环境的基取迹后, 剩下的东西即为系统的态的演化的结论

是可靠的.

4.6 振子 – 多模振子的相互作用引起的衰减

在 4.4 节中为了说明系统 – 环境相互作用的量子衰减理论, 我们考虑一个谐振子只受另一个振子的"牵连"而振幅衰减, 相互作用哈密顿量是 $\chi\left(a^{\dagger}b+b^{\dagger}a\right)$. 而当环境是多模热库情形时, 相互作用哈密顿量应是

$$\sum_{l=1}^{N}\left(w_l a^{\dagger}b_l+w_l^{*}b_l^{\dagger}a\right), \tag{4.70}$$

时间演化算符是

$$\exp\left[-\mathrm{i}t\sum_{l=1}^{N}\left(w_l a^{\dagger}b_l+w_l^{*}b_l^{\dagger}a\right)\right]\equiv S, \tag{4.71}$$

可以用式 (4.47) 证明

$$\mathrm{e}^{-S}a\mathrm{e}^{S}=a\cos\Omega+\frac{\mathrm{i}}{\Omega}\sin\Omega\sum_{l=1}^{N}g_l^{*}b_l. \tag{4.72}$$

其中

$$\Omega=t\left(\sum_{l=1}^{N}|w_l|^2\right)^{1/2},\quad g_l=tw_l, \tag{4.73}$$

以及

$$\mathrm{e}^{-S}b_l\mathrm{e}^{S}=b_l+\mathrm{i}a\frac{g_l}{\Omega}\sin\Omega-\frac{g_l}{\Omega^2}\left(1-\cos\Omega\right)\sum_{l'=1}^{N}g_{l'}^{*}b_{l'}. \tag{4.74}$$

类似于式 (4.47) 的推导, 用多模相干态的完备性以及 IWOP 技术导出

$$\begin{aligned}\mathrm{e}^{-S}=&:\exp\left[a^{\dagger}a(\cos\Omega-1)-\mathrm{i}\sum_{l=1}^{N}\frac{g_l b_l^{\dagger}}{\Omega}a\sin\Omega\right.\\&\left.-\mathrm{i}\sum_{l=1}^{N}\frac{g_l^{*}b_l}{\Omega}a^{\dagger}\sin\Omega-\sum_{l=1}^{N}\frac{g_l^{*}b_l}{\Omega^2}\left(1-\cos\Omega\right)\sum_{k=1}^{N}g_k b_k^{\dagger}\right]:.\end{aligned} \tag{4.75}$$

求在环境中的运算矩阵元

$$
{}_b\langle k,k,\cdots,k|\,\mathrm{e}^{-S}\,|00,\cdots,0\rangle_b = {}_b\langle k,k,\cdots,k|\exp\Big[a^\dagger a(\cos\Omega-1) - \mathrm{i}\sum_{l=1}^{N}\frac{g_l b_l^\dagger}{\Omega}a\sin\Omega\Big]|00,\cdots,0\rangle_b\,. \tag{4.76}
$$

类似于式 (4.50) 的演算, 其结果也等价于解一个描述系统振幅衰减的量子主方程的克劳斯算符.

4.7 用 IWOP 技术发现角动量算符的新玻色子实现

用双模真空投影算符的正规乘积形式

$$
|00\rangle\langle 00| =: \exp\left(-a_1^\dagger a_1 - a_2^\dagger a_2\right):, \tag{4.77}
$$

及 IWOP 技术我们计算

$$
\begin{aligned}
U &= \iint \mathrm{d}q_1\mathrm{d}q_2 \left|\begin{pmatrix} A & B \\ C & D\end{pmatrix}\begin{pmatrix} q_1 \\ q_2\end{pmatrix}\right\rangle\left\langle\begin{pmatrix} q_1 \\ q_2\end{pmatrix}\right| \\
&= \iint \frac{\mathrm{d}q_1\mathrm{d}q_2}{\pi} :\exp\Big\{-\frac{1}{2}\left[(Aq_1+Bq_2)^2+(Cq_1+Dq_2)^2+q_1^2+q_2^2\right] \\
&\quad + \sqrt{2}\,(Aq_1+Bq_2)\,a_1^\dagger + \sqrt{2}\,(Cq_1+Dq_2)\,a_2^\dagger + \sqrt{2}\,(a_1q_1+a_2q_2)^2 \\
&\quad - \frac{1}{2}\left(a_1+a_1^\dagger\right)^2 - \frac{1}{2}\left(a_2+a_2^\dagger\right)^2\Big\}:.
\end{aligned} \tag{4.78}
$$

当 $AD-BC=\pm1$, 一重积分 $\mathrm{d}q_1$ 后得

$$
U = \sqrt{\frac{2}{A^2+C^2+1}}\int\frac{\mathrm{d}q_2}{\sqrt{\pi}} :\exp\Big\{\frac{1}{A^2+C^2+1}\Big[-\frac{L}{2}q_2^2+\sqrt{2}q_2\left[(B\mp C)\,a_1^\dagger\right.
$$

$$
+\left(D\pm A\right)a_2^\dagger\Big]+a_2\left(A^2+C^2+1\right)-a_1\left(AB+CD\right)\Big]
$$

$$
+\left(Aa_1^\dagger+Ca_2^\dagger+a_1\right)^2-\frac{1}{2}\left(a_1+a_1^\dagger\right)^2-\frac{1}{2}\left(a_2+a_2^\dagger\right)^2\Big\}:, \tag{4.79}
$$

其中

$$
L\equiv A^2+B^2+C^2+D^2+2. \tag{4.80}
$$

当 $AD-BC=1$, 进一步积分式 (4.79) 给出

$$
\begin{aligned}
U_{AD-BC=1}=&\frac{2}{\sqrt{L}}\exp\left\{\frac{1}{2L}\Big[\left(A^2+B^2-C^2-D^2\right)\left(a_1^{\dagger 2}-a_2^{\dagger 2}\right)\right.\\
&\left.+4\left(AC+BD\right)a_1^\dagger a_2^\dagger\Big]\right\}:\exp\left[\left(a_1^\dagger,a_2^\dagger\right)\left(g-I\right)\begin{pmatrix}a_1\\a_2\end{pmatrix}\right]:\\
&\times\exp\left\{\frac{1}{2L}\Big[\left(D^2+B^2-C^2-A^2\right)\left(a_1^2-a_2^2\right)-4\left(AB+CD\right)a_1a_2\Big]\right\},
\end{aligned} \tag{4.81}
$$

这里 I 是 2×2 单位矩阵,

$$
g=\frac{2}{L}\begin{pmatrix}A+D & B-C\\ B-C & A+D\end{pmatrix}. \tag{4.82}
$$

从式 (4.81) 我们看到在幺正算符的指数内出现了 $a^{\dagger 2},b^{\dagger 2},a^2,b^2,a^\dagger b^\dagger,ab,a^\dagger b,b^\dagger a$, 这暗示我们这些算符的某种组合会构成封闭的代数. 事实的确如此, 我们发现存在如下封闭的对易关系

$$
\begin{aligned}
&\left[\left(a^\dagger b^\dagger-ab\right),\left(a^\dagger b+ab^\dagger\right)\right]=-\left(a^{\dagger 2}+b^{\dagger 2}+a^2+b^2\right),\\
&\left[\left(a^\dagger b+ab^\dagger\right),\left(a^{\dagger 2}+b^{\dagger 2}+a^2+b^2\right)\right]=4\left(a^\dagger b^\dagger-ab\right),\\
&\left[\left(a^{\dagger 2}+b^{\dagger 2}+a^2+b^2\right),\left(a^\dagger b^\dagger-ab\right)\right]=4\left(a^\dagger b+ab^\dagger\right).
\end{aligned} \tag{4.83}
$$

令

$$
\frac{1}{2}\left(a^\dagger b^\dagger-ab\right)=J_x,
$$

$$\frac{1}{2}\left(a^\dagger b + ab^\dagger\right) = J_y,$$

$$\frac{\mathrm{i}}{4}\left(a^{\dagger 2} + b^{\dagger 2} + a^2 + b^2\right) = J_z, \tag{4.84}$$

于是有

$$[J_x, J_y] = \mathrm{i}J_z,$$

$$[J_y, J_z] = \mathrm{i}J_x,$$

$$[J_z, J_x] = \mathrm{i}J_y, \tag{4.85}$$

这恰好是角动量算符的对易关系, 可见式 (4.84) 是角动量算符的新的玻色子实现. 从以上章节我们已知 $a^\dagger b^\dagger - ab$ 是双模压缩算符的生成元, $a^\dagger b + ab^\dagger$ 是转动算符的生成元, 故继续来分析幺正指数算符

$$\exp\left[-\frac{\mathrm{i}\theta}{4}\left(a^{\dagger 2} + a^2\right)\right] \equiv V. \tag{4.86}$$

所引起的变换性质.

$$V^{-1}aV = a\cosh\frac{\theta}{2} - \mathrm{i}a^\dagger \sinh\frac{\theta}{2},$$

$$Va^\dagger V^{-1} = a^\dagger \cosh\frac{\theta}{2} - \mathrm{i}a\sinh\frac{\theta}{2}. \tag{4.87}$$

令

$$V\left|0\right\rangle = \left|\left|0\right\rangle\right., \tag{4.88}$$

则有

$$a||0\rangle = VV^{-1}aV\left|0\right\rangle = V\left(-\mathrm{i}a^\dagger \sinh\frac{\theta}{2}\right)V^{-1}V\left|0\right\rangle$$

$$= -\mathrm{i}\sinh\frac{\theta}{2}\left(a^\dagger \cosh\frac{\theta}{2} - \mathrm{i}a\sinh\frac{\theta}{2}\right)||0\rangle\,. \tag{4.89}$$

即

$$\left(1+\sinh^2\frac{\theta}{2}\right)a\|0\rangle = a^\dagger\left(-\mathrm{i}\sinh\frac{\theta}{2}\cosh\frac{\theta}{2}\right)\|0\rangle\,. \tag{4.90}$$

故

$$a\|0\rangle = -\mathrm{i}a^\dagger\tanh\frac{\theta}{2}\|0\rangle\,. \tag{4.91}$$

$\|0\rangle$ 的解是

$$\|0\rangle = c\exp\left(-\mathrm{i}\frac{a^{\dagger 2}}{2}\tanh\frac{\theta}{2}\right)|0\rangle\,. \tag{4.92}$$

c 是归一化常数, 可由下式求得

$$\begin{aligned}1 = \langle 0\|0\rangle &= |c|^2\langle 0|\exp\left(\mathrm{i}\frac{a^2}{2}\tanh\frac{\theta}{2}\right)\int\frac{\mathrm{d}^2z}{\pi}|z\rangle\langle z|\exp\left(-\mathrm{i}\frac{a^{\dagger 2}}{2}\tanh\frac{\theta}{2}\right)|0\rangle \\ &= |c|^2\int\frac{\mathrm{d}^2z}{\pi}\exp\left[-|z|^2+\mathrm{i}\tanh\frac{\theta}{2}\left(\frac{z^2}{2}-\frac{z^{*2}}{2}\right)\right] \\ &= \frac{|c|^2}{\sqrt{1-\tanh^2\frac{\theta}{2}}} = \frac{|c|^2}{\operatorname{sech}\frac{\theta}{2}}.\end{aligned} \tag{4.93}$$

所以

$$\|0\rangle = \operatorname{sech}^{1/2}\frac{\theta}{2}\exp\left(-\mathrm{i}\frac{a^{\dagger 2}}{2}\tanh\frac{\theta}{2}\right)|0\rangle\,. \tag{4.94}$$

现在求 V 的正规乘积展开, 用相干态完备性及 IWOP 技术得

$$\begin{aligned}V &= \int\frac{\mathrm{d}^2z}{\pi}\mathrm{e}^{-\frac{|z|^2}{2}}V\mathrm{e}^{za^\dagger}V^{-1}V|0\rangle\langle z| \\ &= \operatorname{sech}\frac{\theta}{2}\int\frac{\mathrm{d}^2z}{\pi}\mathrm{e}^{-\frac{|z|^2}{2}}\exp\left[z\left(a^\dagger\cosh\frac{\theta}{2}-\mathrm{i}a\sin\frac{\theta}{2}\right)\right]\exp\left(-\mathrm{i}\tanh\frac{\theta}{2}\frac{a^{\dagger 2}}{2}\right)|0\rangle\langle z| \\ &= \operatorname{sech}\frac{\theta}{2}\int\frac{\mathrm{d}^2z}{\pi}\mathrm{e}^{-\frac{|z|^2}{2}}\exp\left(-\frac{1}{2}z^2\sinh\frac{\theta}{2}\cosh\frac{\theta}{2}\right)\exp\left(za^\dagger\cosh\frac{\theta}{2}\right) \\ &\quad\times\exp\left[-\frac{1}{2}\tanh\frac{\theta}{2}\left(a^{\dagger 2}-2z\sinh\frac{\theta}{2}a^\dagger+z^2\sinh^2\frac{\theta}{2}\right)\right]|0\rangle\langle z| \\ &= \operatorname{sech}\frac{\theta}{2}:\exp\left[\left(\operatorname{sech}\frac{\theta}{2}-1\right)a^\dagger a-\frac{\mathrm{i}}{2}\tanh\frac{\theta}{2}\left(a^2+a^{\dagger 2}\right)\right]:\end{aligned}$$

$$=\exp\left(-\mathrm{i}\frac{a^{\dagger 2}}{2}\tanh\frac{\theta}{2}\right)\exp\left[\left(a^{\dagger}a+\frac{1}{2}\right)\ln\operatorname{sech}\frac{\theta}{2}\right]\exp\left(-\mathrm{i}\frac{a^{2}}{2}\tanh\frac{\theta}{2}\right) \tag{4.95}$$

另外, 从

$$\mathrm{e}^{-\mathrm{i}J_z\theta}J_x\mathrm{e}^{\mathrm{i}J_z\theta}=J_x\cos\theta+J_y\sin\theta, \tag{4.96}$$

对照式 (4.85) 就有

$$\exp\left[\frac{1}{4}\left(a^{\dagger 2}+b^{\dagger 2}+a^2+b^2\right)\theta\right]\left(a^{\dagger}b^{\dagger}-ab\right)\exp\left[\frac{-1}{4}\left(a^{\dagger 2}+b^{\dagger 2}+a^2+b^2\right)\theta\right]$$

$$=\left(a^{\dagger}b^{\dagger}-ab\right)\cos\theta+\left(a^{\dagger}b+ab^{\dagger}\right)\sin\theta. \tag{4.97}$$

以上讨论表明, 用 IWOP 技术可以统一处理量子压缩与量子转动理念.

第 5 章　用纯态表象研究算符排序

自量子力学理论诞生日起, 算符排序问题就是量子力学的基本问题之一, 例如如何方便地将 P^mQ^n 重排为 Q 置于 P 左边的函数呢？我们认为处理算符的基本排序问题的简便方法是将它与量子力学表象变换相关, 伴之以有效的 IWOP 技术. 例如, 由积分公式

$$\int_{-\infty}^{+\infty}\frac{\mathrm{d}q}{\sqrt{\pi}}q^n\mathrm{e}^{-(q-y)^2}=(2\mathrm{i})^{-n}H_n(\mathrm{i}y), \tag{5.1}$$

并借用坐标表象的完备性的高斯积分形式式 (1.37) 可得 Q^n 的正规乘积排序展开

$$\begin{aligned}Q^n&=\int_{-\infty}^{+\infty}\mathrm{d}qq^n|q\rangle\langle q|=\int_{-\infty}^{+\infty}\frac{\mathrm{d}q}{\sqrt{\pi}}q^n:\mathrm{e}^{-(q-Q)^2}:\\&=(2\mathrm{i})^{-n}:H_n(\mathrm{i}Q):.\end{aligned} \tag{5.2}$$

类似的用动量表象的完备性的高斯积分形式式 (1.38) 可得 P^n 的正规乘积排序展开

$$\begin{aligned}P^n&=\int_{-\infty}^{+\infty}\mathrm{d}pp^n|p\rangle\langle p|=\frac{1}{\sqrt{\pi}}\int_{-\infty}^{+\infty}\mathrm{d}pp^n:\mathrm{e}^{-(p-P)^2}:\\&=(2\mathrm{i})^{-n}:H_n(\mathrm{i}P):.\end{aligned} \tag{5.3}$$

可见表象的完备性和 IWOP 技术对于算符排序有用. 对于算符乘积 Q^nP^m, 有

$$\begin{aligned} Q^nP^m &= Q^n\int_{-\infty}^{+\infty}\mathrm{d}q\,|q\rangle\langle q|\int_{-\infty}^{+\infty}\mathrm{d}p\,|p\rangle\langle p|\,P^m \\ &= \frac{1}{\sqrt{2\pi}}\iint\mathrm{d}p\mathrm{d}q q^n p^m\,|q\rangle\langle p|\,\mathrm{e}^{\mathrm{i}pq} \end{aligned} \tag{5.4}$$

其积分核为 $|q\rangle\langle p|\,\mathrm{e}^{\mathrm{i}pq}$. 而对于算符乘积 P^mQ^n

$$\begin{aligned} P^mQ^n &= P^m\int_{-\infty}^{+\infty}\mathrm{d}p\,|p\rangle\langle p|\int_{-\infty}^{+\infty}\mathrm{d}q\,|q\rangle\langle q|\,Q^n \\ &= \frac{1}{\sqrt{2\pi}}\iint\mathrm{d}p\mathrm{d}q\,|p\rangle\langle q|\,\mathrm{e}^{-\mathrm{i}pq}p^m q^n \end{aligned} \tag{5.5}$$

积分核为 $|p\rangle\langle q|\,\mathrm{e}^{-\mathrm{i}pq}$. 可见 Q-P 排序和 P-Q 排序的算符乘积对应着不同的积分核, 即每一种表象 (完备性)联系着一种算符排序的方案.

以下我们引入算符的 $\mathfrak{Q}$-排序内的积分技术. $\mathfrak{Q}$-排序指所有的 Q 排在所有的 P 的左边, 而 $\mathfrak{P}$-排序指所有的 P 排在所有的 Q 的左边, 我们要导出这两种排序算符的互换公式, 这是量子力学数理基础的基本问题, 值得本科生注意.

5.1 算符的 $\mathfrak{Q}$ – 排序

记符号 $\mathfrak{Q}$ 代表所有的 Q 都站在所有的 P 的左边的排序, 例如 $Q^nP^m = \mathfrak{Q}\left(Q^nP^m\right)$, 关于 $\mathfrak{Q}$-排序有以下的性质:

(1) 在 $\mathfrak{Q}(\ldots)$ 内部所有的 Q 与所有的 P 对易, 这种情形很像玻色算符 a和$a^\dagger$ 在正规乘积内是对易的, 尽管 $\left[a,a^\dagger\right]=1$. 即是说, 尽管 $[Q,P]=\mathrm{i}$, 仍有 $\mathfrak{Q}(PQ)=\mathfrak{Q}(QP)=QP$. 于是

$$\mathfrak{Q}\left(P^mQ^n\right)=Q^nP^m, \tag{5.6}$$

这可与下式类比

$$:a^m a^{\dagger n}:=a^{\dagger n}a^m. \tag{5.7}$$

(2) 可以对 $\mathfrak{Q}(...)$ 内部的 C-数积分, 只要它是收敛的.

(3) 参考玻色对易关系, 有如下对应

$$\left[a,a^\dagger\right]=1\mapsto[\mathrm{i}P,Q]=1\quad(\hbar=1), \tag{5.8}$$

当一个函数 $f(Q,\mathrm{i}P)$ 重排为 $g(Q,\mathrm{i}P)|_{Q\text{ 在}P\text{左}}$, 即处于 $\mathfrak{Q}$-排序, 记为

$$f(Q,\mathrm{i}P)=\mathfrak{Q}\left[g(Q,\mathrm{i}P)\right]. \tag{5.9}$$

(4) 与恒等式

$$\mathrm{e}^{-\lambda a^\dagger a}=:\exp\left[\left(\mathrm{e}^{-\lambda}-1\right)a^\dagger a\right]:, \tag{5.10}$$

作比较, 就有

$$\mathrm{e}^{-\lambda Q(\mathrm{i}P)}=\mathfrak{Q}\left\{\exp\left[\left(\mathrm{e}^{-\lambda}-1\right)Q(\mathrm{i}P)\right]\right\}. \tag{5.11}$$

由坐标、动量表象完备性得

$$1=\int_{-\infty}^{+\infty}\mathrm{d}q\,|q\rangle\langle q|\int_{-\infty}^{+\infty}\mathrm{d}p\,|p\rangle\langle p|=\frac{1}{\sqrt{2\pi}}\iint_{-\infty}^{+\infty}\mathrm{d}q\mathrm{d}p\,|q\rangle\langle p|\,\mathrm{e}^{\mathrm{i}pq}. \tag{5.12}$$

类比于在相干态表象中的 P-表示

$$\rho=\int\frac{\mathrm{d}^2z}{\pi}P(z,z^*)\,|z\rangle\langle z| \tag{5.13}$$

这里 $|z\rangle=\exp(za^\dagger-z^*a)\,|0\rangle$. 回忆一个反正规编序的密度算符的 P-表示公式

$$\vdots\rho\left(a^\dagger,a\right)\vdots=\int\frac{\mathrm{d}^2z}{\pi}\rho(z,z^*)\,|z\rangle\langle z|, \tag{5.14}$$

显然有

$$|z\rangle\langle z|=\delta(z-a)\,\delta\left(z^*-a^\dagger\right), \tag{5.15}$$

我们悟出对于 $\mathfrak{Q}$-排序算符 $\mathfrak{Q}[F(Q,P)]$ 应有

$$\mathfrak{Q}[F(Q,P)] = \frac{1}{\sqrt{2\pi}}\iint_{-\infty}^{+\infty} \mathrm{d}q\mathrm{d}p\mathfrak{Q}[F(Q,P)]|q\rangle\langle p|\,\mathrm{e}^{\mathrm{i}pq}$$

$$= \frac{1}{\sqrt{2\pi}}\iint_{-\infty}^{+\infty} \mathrm{d}q\mathrm{d}pF(q,p)|q\rangle\langle p|\,\mathrm{e}^{\mathrm{i}pq}, \tag{5.16}$$

这暗示了

$$\frac{1}{\sqrt{2\pi}}|q\rangle\langle p|\,\mathrm{e}^{\mathrm{i}pq} = \delta(q-Q)\,\delta(p-P). \tag{5.17}$$

5.2 算符的 $\mathfrak{P}$-排序

由于 $[Q,-\mathrm{i}P]=1$, 让 $\mathfrak{P}$-表示把所有的 P 排在所有的 Q 的左边

$$\mathfrak{P}(Q^nP^m) = P^mQ^n. \tag{5.18}$$

类似于从式 (5.9) 到式 (5.11) 我们指出当一个函数 $f'(-ip,Q)$ 重排为 $g'(-ip,Q)|_{p在Q左}$, 就有

$$f'(-\mathrm{i}P,Q) = \mathfrak{P}[g'(-\mathrm{i}P,Q)] = g'(-\mathrm{i}P,Q)|_{P在Q左}, \tag{5.19}$$

以及

$$\mathrm{e}^{-\lambda(-\mathrm{i}P)Q} = \mathfrak{P}\Big\{\exp\Big[\Big(\mathrm{e}^{-\lambda}-1\Big)(-\mathrm{i}P)\,Q\Big]\Big\}. \tag{5.20}$$

从

$$1 = \int_{-\infty}^{+\infty}\mathrm{d}p\,|p\rangle\langle p|\int_{-\infty}^{+\infty}\mathrm{d}q\,|q\rangle\langle q| = \frac{1}{\sqrt{2\pi}}\iint_{-\infty}^{+\infty}\mathrm{d}p\mathrm{d}q\,|p\rangle\langle q|\,\mathrm{e}^{-\mathrm{i}pq}, \tag{5.21}$$

可知

$$\mathfrak{P}[F(P,Q)] = \frac{1}{\sqrt{2\pi}}\iint_{-\infty}^{+\infty}\mathrm{d}p\mathrm{d}qG(p,q)\,|p\rangle\langle q|\,\mathrm{e}^{-\mathrm{i}pq}, \tag{5.22}$$

以及

$$\frac{1}{\sqrt{2\pi}}|p\rangle\langle q|\,\mathrm{e}^{-\mathrm{i}pq}=\delta(p-P)\,\delta(q-Q)\,. \tag{5.23}$$

在 $\mathfrak{P}$-排序内 Q 和 P 是可以对易的, 即是说尽管 $[Q,P]=\mathrm{i}$, 我们仍有 $\mathfrak{P}(QP)=\mathfrak{P}(PQ)=PQ$, 可以对 $\mathfrak{P}(...)$ 内部的 C-数积分, 只要它是收敛的.

5.3 $\mathfrak{Q}$ – 排序算符与 $\mathfrak{P}$ – 排序算符的互换

从 $\delta(q-Q)\,\delta(p-P)$ 的傅里叶变换得

$$\begin{aligned}\delta(q-Q)\,\delta(p-P)&=\int\frac{\mathrm{d}u\mathrm{d}v}{4\pi^2}\mathrm{e}^{\mathrm{i}(p-P)v}\mathrm{e}^{\mathrm{i}(q-Q)u-\mathrm{i}uv}\\&=\int\frac{\mathrm{d}u}{2\pi}\delta(p-P-u)\,\mathrm{e}^{\mathrm{i}u(q-Q)}\\&=\mathfrak{P}\left[\int\frac{\mathrm{d}u}{2\pi}\delta(p-P-u)\,\mathrm{e}^{\mathrm{i}u(q-Q)}\right]\\&=\frac{1}{2\pi}\mathfrak{P}\left[\mathrm{e}^{\mathrm{i}(p-P)(q-Q)}\right],\end{aligned} \tag{5.24}$$

这是 $\delta(q-Q)\,\delta(p-P)$ 的 $\mathfrak{P}$-排序形式 , 它帮助我们把原先的 $\mathfrak{Q}$-排序算符化为 $\mathfrak{P}$-排序. 类似的, $\delta(p-P)\,\delta(q-Q)$ 的 $\mathfrak{Q}$-排序形式是

$$\begin{aligned}\delta(p-P)\,\delta(q-Q)&=\int\frac{\mathrm{d}u\mathrm{d}v}{4\pi^2}\mathrm{e}^{\mathrm{i}(q-Q)u}\exp\left[\mathrm{i}(p-P)\,v+\mathrm{i}uv\right]\\&=\mathfrak{Q}\left[\int\frac{\mathrm{d}v}{2\pi}\delta(q-Q+v)\,\mathrm{e}^{\mathrm{i}v(p-P)}\right]\\&=\frac{1}{2\pi}\mathfrak{Q}\left[\mathrm{e}^{-\mathrm{i}(q-Q)(p-P)}\right].\end{aligned} \tag{5.25}$$

它的作用是把 $\mathfrak{P}$-排序算符化为其 $\mathfrak{Q}$-排序形式. 例如,

$$\mathrm{e}^{\mathrm{i}fP}\mathrm{e}^{\mathrm{i}gQ}=\iint_{-\infty}^{+\infty}\mathrm{d}q\mathrm{d}p\delta(p-P)\,\delta(q-Q)\,\mathrm{e}^{\mathrm{i}fp}\mathrm{e}^{\mathrm{i}gq}$$

$$= \frac{1}{2\pi}\iint_{-\infty}^{+\infty} \mathrm{d}q\mathrm{d}p\mathfrak{Q}\left[\mathrm{e}^{-\mathrm{i}(q-Q)(p-P)}\right]\mathrm{e}^{\mathrm{i}fp}\mathrm{e}^{\mathrm{i}gq}$$

$$= \mathrm{e}^{\mathrm{i}g(Q+f)}\mathrm{e}^{\mathrm{i}fP}. \tag{5.26}$$

又如要把压缩算符

$$S = \frac{1}{\sqrt{\mu}}\int_{-\infty}^{+\infty}\mathrm{d}q\left|q/\mu\right\rangle\left\langle q\right|, \tag{5.27}$$

化为 $\mathfrak{P}$-排序. 用式 (5.23) 我们有

$$S = \frac{1}{\sqrt{\mu}}\int_{-\infty}^{+\infty}\mathrm{d}q\left(\int_{-\infty}^{+\infty}\mathrm{d}p\left|p\right\rangle\left\langle p\right|\right)\left|q/\mu\right\rangle\left\langle q\right| = \frac{1}{\sqrt{2\pi\mu}}\iint\mathrm{d}q\mathrm{d}p\mathrm{e}^{-\mathrm{i}pq/\mu}\left|p\right\rangle\left\langle q\right|$$

$$= \frac{1}{\sqrt{2\pi\mu}}\iint\mathrm{d}q\mathrm{d}p\mathrm{e}^{\mathrm{i}pq(1-1/\mu)}\left|p\right\rangle\left\langle q\right|\mathrm{e}^{-\mathrm{i}pq}$$

$$= \frac{1}{\sqrt{\mu}}\iint\mathrm{d}q\mathrm{d}p\mathrm{e}^{ipq(1-1/\mu)}\delta\left(p-P\right)\delta\left(q-Q\right)$$

$$= \frac{1}{\sqrt{\mu}}\mathfrak{P}\left[\mathrm{e}^{\mathrm{i}PQ(1-1/\mu)}\right]. \tag{5.28}$$

这是压缩算符的 $\mathfrak{P}$-排序. 再用式 (5.20) 给出

$$S = \frac{1}{\sqrt{\mu}}\mathfrak{P}\left\{\exp\left[\left(\mathrm{e}^{-\lambda}-1\right)\left(-\mathrm{i}P\right)Q\right]\right\} = \frac{1}{\sqrt{\mu}}\mathrm{e}^{\mathrm{i}PQ\ln(1/\mu)} \quad (\mu = \mathrm{e}^{\lambda}). \tag{5.29}$$

再看一例, 若要重排 $\mathrm{e}^{\lambda Q^2}\mathrm{e}^{\sigma P^2}$, 用式 (5.25) 我们有

$$\mathrm{e}^{\lambda Q^2}\mathrm{e}^{\sigma P^2} = \frac{1}{\sqrt{2\pi}}\iint_{-\infty}^{+\infty}\mathrm{d}q\mathrm{d}p\mathrm{e}^{\lambda q^2}\left|q\right\rangle\left\langle p\right|\mathrm{e}^{\sigma p^2}\mathrm{e}^{\mathrm{i}pq}$$

$$= \iint_{-\infty}^{+\infty}\mathrm{d}q\mathrm{d}p\mathrm{e}^{\lambda q^2+\sigma p^2}\delta\left(q-Q\right)\delta\left(p-P\right), \tag{5.30}$$

再用式 (5.24) 以及 $\mathfrak{P}$-排序内的 IWOP 技术得到

$$\mathrm{e}^{\lambda Q^2}\mathrm{e}^{\sigma P^2} = \frac{1}{2\pi}\mathfrak{P}\left\{\iint\mathrm{d}q\mathrm{d}p\mathrm{e}^{\lambda q^2+\sigma p^2}\left[\mathrm{e}^{\mathrm{i}(p-P)(q-Q)}\right]\right\}$$

$$= \sqrt{\frac{4\lambda}{1+4\lambda\sigma}}\mathfrak{P}\left\{\exp\left[\frac{1}{1+4\lambda\sigma}(\sigma P^2+\mathrm{i}4\lambda\sigma PQ+\lambda Q^2)\right]\right\}$$

$$= \sqrt{\frac{4\lambda}{1+4\lambda\sigma}} e^{\sigma P^2/(1+4\lambda\sigma)} \mathfrak{P}\left\{ \exp\left[-\mathrm{i}PQ\left(\frac{1}{1+4\lambda\sigma} - 1 \right) \right] \right\} e^{\lambda Q^2/(1+4\lambda\sigma)}. \tag{5.31}$$

借助于式 (5.20) 有

$$\mathfrak{P}\left\{ \exp\left[-\mathrm{i}PQ\left(\frac{1}{1+4\lambda\sigma} - 1 \right) \right] \right\} = e^{(-\mathrm{i}P)Q \ln \frac{1}{1+4\lambda\sigma}}. \tag{5.32}$$

故最终给出

$$e^{\lambda Q^2} e^{\sigma P^2} = \sqrt{\frac{4\lambda}{1+4\lambda\sigma}} e^{\sigma P^2/(1+4\lambda\sigma)} e^{-\mathrm{i}PQ \ln \frac{1}{1+4\lambda\sigma}} e^{\lambda Q^2/(1+4\lambda\sigma)}. \tag{5.33}$$

最后我们看如何将 $Q^m P^r$ 化为 $\mathfrak{P}$-排序, 用式 (5.23) 和式 (5.24) 得

$$\begin{aligned} Q^m P^r &= \frac{1}{\sqrt{2\pi}} \iint_{-\infty}^{+\infty} \mathrm{d}q\mathrm{d}p q^m p^r \left| q \right\rangle \left\langle p \right| e^{\mathrm{i}pq} \\ &= \iint_{-\infty}^{+\infty} \mathrm{d}q\mathrm{d}p q^m p^r \delta\left(q-Q\right) \delta\left(p-P\right) \\ &= \frac{1}{2\pi} \mathfrak{P}\left\{ \iint_{-\infty}^{+\infty} \mathrm{d}q\mathrm{d}p q^m p^r \left[e^{\mathrm{i}(p-P)(q-Q)} \right] \right\}. \end{aligned} \tag{5.34}$$

再用积分公式

$$\iint_{-\infty}^{+\infty} \frac{\mathrm{d}x\mathrm{d}y}{\pi} x^m y^r \exp[2\mathrm{i}\left(y-s\right)\left(x-t\right)] = \left(\frac{1}{\sqrt{2}} \right)^{m+r} \left(-\mathrm{i}\right)^r \mathrm{H}_{m,r}\left(\sqrt{2}t, \mathrm{i}\sqrt{2}s \right), \tag{5.35}$$

其中 $\mathrm{H}_{m,r}$ 是双变数厄米多项式

$$\mathrm{H}_{m,n}\left(t,s\right) = \sum_{l=0}^{\min(m,n)} \frac{m!n!\left(-1\right)^l}{l!\left(m-l\right)!\left(n-l\right)!} t^{m-l} s^{n-l}. \tag{5.36}$$

式 (5.35) 的证明如下:

$$\iint_{-\infty}^{+\infty} \frac{\mathrm{d}x\mathrm{d}y}{\pi} x^m y^r \exp[2\mathrm{i}\left(y-s\right)\left(x-t\right)]$$

$$= \mathrm{e}^{2\mathrm{i}st}\left(\frac{\partial}{\partial t}\right)^r\left(\frac{\partial}{\partial s}\right)^m\iint_{-\infty}^{+\infty}\frac{\mathrm{d}x\mathrm{d}y}{\pi}\mathrm{e}^{2\mathrm{i}xy}\exp(-2\mathrm{i}yt-2\mathrm{i}sx)$$

$$= \mathrm{e}^{2\mathrm{i}st}\left(\frac{\partial}{\partial t}\right)^r\left(\frac{\partial}{\partial s}\right)^m\int_{-\infty}^{+\infty}\mathrm{d}x\mathrm{e}^{-2\mathrm{i}sx}\delta\left(x-t\right)$$

$$= \mathrm{e}^{2\mathrm{i}st}\left(\frac{\partial}{\partial t}\right)^r\left(\frac{\partial}{\partial s}\right)^m\mathrm{e}^{-2\mathrm{i}st} = \left(\frac{1}{\sqrt{2}}\right)^{m+r}(-\mathrm{i})^r\mathrm{H}_{m,r}(\sqrt{2}t,\mathrm{i}\sqrt{2}s). \tag{5.37}$$

用式 (5.35) 我们就可以把式 (5.34) 中的 Q^mP^r 化为 $\mathfrak{P}$-排序

$$Q^mP^r = \sqrt{2^{m+r}}\,(-\mathrm{i})^r\,\mathfrak{P}\left[\mathrm{H}_{m,r}\left(Q,\mathrm{i}P\right)\right]$$

$$= \sqrt{2^{m+r}}\,(-\mathrm{i})^r\sum_{l=0}^{\min(m,n)}\frac{m!r!\left(-\hbar\right)^l}{l!\left(m-l\right)!\left(r-l\right)!}\left(\mathrm{i}P\right)^{r-l}Q^{m-l}. \tag{5.38}$$

在最后一步中我们已经补上了普朗克常数 $\hbar$.

5.4 应用于组合学

用单模压缩算符的 $\mathfrak{Q}$-排序形式能直接导致组合学的斯特林 (Stirling)数的出现. 用式 (5.11) 我们看到

$$\exp(\mathrm{i}\lambda QP) = \sum_{n=0}^{+\infty}\frac{(\mathrm{i}\lambda QP)^n}{n!} = \sum_{m=0}^{+\infty}\frac{\mathrm{i}^m\left(\mathrm{e}^{\lambda}-1\right)^m}{m!}\mathfrak{Q}\left[(QP)^m\right], \tag{5.39}$$

其中

$$\left(\mathrm{e}^{\lambda}-1\right)^m = \sum_{n=0}^{+\infty}\left[\sum_{j=0}^{m}(-1)^j\binom{m}{j}(m-j)^n\right]\frac{\lambda^n}{n!}. \tag{5.40}$$

这里就出现了第二类斯特林数, 记为 $\{\}_{nm}$

$$\frac{1}{m!}\sum_{j=0}^{m}(-1)^j\binom{m}{j}(m-j)^n \equiv \{\}_{nm}. \tag{5.41}$$

比较式 (5.39) 两边 λ^n 前的系数, 我们得到算符恒等式 ,

$$\mathrm{i}^n (QP)^n = \sum_{m=0}^{+\infty} \mathrm{i}^m \{\}_{nm} Q^m P^m. \tag{5.42}$$

(注意这里取普朗克常数 $\hbar = 1$). 在坐标表象中, $P \mapsto -\mathrm{i}\dfrac{\mathrm{d}}{\mathrm{d}q}$, 所以式 (5.42) 给出

$$\left(q\frac{\mathrm{d}}{\mathrm{d}q}\right)^n = \sum_{m=0}^{+\infty} \{\}_{nm} q^m \left(\frac{\mathrm{d}}{\mathrm{d}q}\right)^m. \tag{5.43}$$

两边作用于 e^q, 得到

$$\left(q\frac{\mathrm{d}}{\mathrm{d}q}\right)^n \sum_{k=0}^{+\infty} \frac{q^k}{k!} = \sum_{k=0}^{+\infty} k^n \frac{q^k}{k!} = \mathrm{e}^q \sum_{m=0}^{+\infty} \{\}_{nm} q^m. \tag{5.44}$$

这里就出现了贝尔 (Bell)数 $B(n,q)$

$$\mathrm{e}^{-q} \sum_{k=0}^{+\infty} k^n \frac{q^k}{k!} = \sum_{m=0}^{+\infty} \{\}_{nm} q^m \equiv B(n,q). \tag{5.45}$$

类似的, 用式 (5.20) 我们可以导出

$$\mathrm{i}^n (PQ)^n = \sum_{m=0}^{+\infty} (-1)^{m+n} \mathrm{i}^m \{\}_{nm} P^m Q^m. \tag{5.46}$$

所以我们认为算符排序问题与组合学有内在的联系.

小结　充分利用算符 $\mathfrak{Q}$-排序和 $\mathfrak{P}$- 排序内的积分技术, 我们导出了若干新的算符恒等式, 它们在研究组合学中有用.

第 6 章　用混合态表象研究算符排序

量子力学中的基本算符 Q 与 P 不对易, 这自然导致了以 $\mathfrak{Q}$- 排序的算符形式与以 $\mathfrak{P}$-排序的算符形式；然而文献里还存在着称为算符的外尔编序方案, 那么它又是哪儿来的呢？我们将追溯此问题到混合态表象的构建上去, 就可以把 $\mathfrak{Q}$-排序、$\mathfrak{P}$- 排序算符转换为其外尔编序.

6.1　威格纳算符和算符的外尔编序

以上我们介绍的是用纯态密度算符 $|q\rangle\langle q|$ 和 $|p\rangle\langle p|$ 构成的表象来研究算符的 Q- 排序与 P- 排序. 除了纯态, 混合态也可组成表象, 而这一点在以往的量子力学教材中是匮乏的. 例如, 引入正规编序算符

$$\frac{1}{\sqrt{(2\pi)^2(\mu\nu-\sigma^2)}}:\exp\left[-\frac{1}{2}\frac{\mu(q-Q)^2+\nu(p-P)^2-2\sigma(q-Q)(p-P)}{\mu\nu-\sigma^2}\right]:$$

考虑到其在相空间的积分为

$$\frac{1}{\sqrt{(2\pi)^2(\mu\nu-\sigma^2)}}\iint_{-\infty}^{+\infty}\mathrm{d}p\mathrm{d}q$$

$$\times:\exp\left[-\frac{1}{2}\frac{\mu(q-Q)^2+\nu(p-P)^2-2\sigma(q-Q)(p-P)}{\mu\nu-\sigma^2}\right]:=1$$

表示该混合态具有完备性, 因此任何一个算符可以用此完备性做展开. 不过, 此混合态较复杂, 暂不考虑它. 我们先根据坐标、动量表象的高斯型积分形式的完备性条件

$$\int_{-\infty}^{+\infty} \mathrm{d}p\,|p\rangle\langle p| = \frac{1}{\sqrt{\pi}}\int \mathrm{d}p : \mathrm{e}^{-(p-P)^2} := 1, \tag{6.1}$$

$$\int_{-\infty}^{+\infty} \mathrm{d}q\,|q\rangle\langle q| = \frac{1}{\sqrt{\pi}}\int \mathrm{d}q : \mathrm{e}^{-(q-Q)^2} := 1, \tag{6.2}$$

构造一个新的简洁的表象, 定义

$$\frac{1}{\pi} : \mathrm{e}^{-(q-Q)^2-(p-P)^2} : = \Delta(p,q), \tag{6.3}$$

用积分公式

$$\frac{1}{\pi}\iint_{-\infty}^{+\infty} \mathrm{d}q'\mathrm{d}p'\delta\left(y-\lambda q'-\nu p'\right)\mathrm{e}^{-(q-q')^2-(p-p')^2} = \frac{1}{\sqrt{2\pi}\sigma}\exp\left[\frac{-(y-\mu)^2}{2\sigma^2}\right], \tag{6.4}$$

其中

$$2\sigma^2 = \lambda^2+\nu^2, \quad \mu = \lambda q+\nu p, \tag{6.5}$$

$\delta\left(y-\lambda q'-\nu p'\right)$ 代表投影到一条射线上的积分, 我们有

$$\begin{aligned}
&\iint_{-\infty}^{+\infty} \mathrm{d}q'\mathrm{d}p'\delta\left(y-\lambda q'-\nu p'\right)\Delta(p,q) \\
&= \frac{1}{\pi}\iint_{-\infty}^{+\infty} \mathrm{d}q'\mathrm{d}p'\delta\left(y-\lambda q'-\nu p'\right) : \mathrm{e}^{-(q-Q)^2-(p-P)^2} : \\
&= \frac{1}{\sqrt{2\pi}\sigma} : \exp\left[\frac{-(y-\lambda Q-\nu P)^2}{2\sigma^2}\right] : .
\end{aligned} \tag{6.6}$$

称为是 $\Delta(p,q)$ 的拉东 (Radon)变换, 其结果也形成一个表象 (见式 (1.141)), 因为

$$\frac{1}{\sqrt{2\pi}\sigma}\int_{-\infty}^{+\infty} \mathrm{d}y : \exp\left[\frac{-(y-\lambda Q-\nu P)^2}{2\sigma^2}\right] := \int_{-\infty}^{+\infty} \mathrm{d}y\,|y\rangle_{\lambda,\nu}\;{}_{\lambda,\nu}\langle y| = 1, \tag{6.7}$$

形成完备性, 纯态 $|y\rangle_{\lambda,\nu}$ 的具体形式见式 (1.143), 说明混合表象的边缘分布可以是纯态表象. 用 $\alpha=(q+\mathrm{i}p)/\sqrt{2}$ 将式 (6.3) 改写为

$$\Delta(\alpha)=\frac{1}{\pi}:\mathrm{e}^{-2\left(a^{\dagger}-\alpha^{*}\right)(a-\alpha)}:. \tag{6.8}$$

再做傅里叶变换

$$\begin{aligned}2\int\mathrm{d}^{2}\alpha\mathrm{e}^{z\alpha^{*}-z^{*}\alpha}\Delta(\alpha)&=2\int\frac{1}{\pi}\mathrm{d}^{2}\alpha:\mathrm{e}^{-2\left(a^{\dagger}-\alpha^{*}\right)(a-\alpha)+z\alpha^{*}-z^{*}\alpha}:\\&=\mathrm{e}^{za^{\dagger}}\mathrm{e}^{-z^{*}a}\mathrm{e}^{-\frac{1}{2}|z|^{2}}=D(z).\end{aligned} \tag{6.9}$$

$D(z)$ 是平移算符. 式 (6.9) 的逆变换是

$$\begin{aligned}\frac{1}{2\pi}\int\mathrm{d}^{2}\alpha\mathrm{e}^{z^{*}\alpha-z\alpha^{*}}D(z)&=\frac{1}{2\pi}:\int\mathrm{d}^{2}\alpha\mathrm{e}^{z^{*}\alpha-z\alpha^{*}}\mathrm{e}^{za^{\dagger}}\mathrm{e}^{-z^{*}a}\mathrm{e}^{-\frac{1}{2}|z|^{2}}:\\&=:\mathrm{e}^{-2\left(a^{\dagger}-\alpha^{*}\right)(a-\alpha)}:=\pi\Delta(\alpha).\end{aligned} \tag{6.10}$$

对于相干态矩阵元 $\langle\beta|D(\gamma)|\alpha\rangle$ 用 IWOP 技术有

$$\begin{aligned}&\frac{1}{\pi}\int\mathrm{d}^{2}\gamma D(-\gamma)\langle\beta|D(\gamma)|\alpha\rangle\\&=\frac{1}{\pi}\int\mathrm{d}^{2}\gamma D(-\gamma)\mathrm{e}^{\gamma\beta^{*}}\mathrm{e}^{-\gamma^{*}\alpha}\mathrm{e}^{-\frac{1}{2}|\gamma|^{2}}\langle\beta|\alpha\rangle\\&=\frac{1}{\pi}\int\mathrm{d}^{2}\gamma:\mathrm{e}^{\gamma\left(\beta^{*}-a^{\dagger}\right)}\mathrm{e}^{-\gamma^{*}(a+\alpha)}\mathrm{e}^{-|\gamma|^{2}}\mathrm{e}^{-\frac{1}{2}\left(|\alpha|^{2}+|\beta|^{2}\right)+\alpha\beta^{*}}:\\&=|\alpha\rangle\langle\beta|.\end{aligned} \tag{6.11}$$

因此任意一个密度矩阵

$$\begin{aligned}\rho&=\frac{1}{\pi^{2}}\int\mathrm{d}^{2}\alpha|\alpha\rangle\langle\alpha|\rho\int\mathrm{d}^{2}\beta|\beta\rangle\langle\beta|\\&=\frac{1}{\pi^{2}}\iint\mathrm{d}^{2}\beta\mathrm{d}^{2}\alpha|\alpha\rangle\langle\beta|\langle\alpha|\rho|\beta\rangle\\&=\frac{1}{\pi^{2}}\iint\mathrm{d}^{2}\beta\mathrm{d}^{2}\alpha\frac{1}{\pi}\int\mathrm{d}^{2}\gamma D(-\gamma)\langle\beta|D(\gamma)|\alpha\rangle\langle\alpha|\rho|\beta\rangle\end{aligned}$$

$$= \frac{1}{\pi^2} \iint \mathrm{d}^2\beta \int \mathrm{d}^2\gamma D(-\gamma) \langle\beta| D(\gamma) \rho |\beta\rangle$$

$$= \frac{1}{\pi} \int \mathrm{d}^2\gamma D(-\gamma) \operatorname{tr}[D(\gamma) \rho] \tag{6.12}$$

$\operatorname{tr}[D(\gamma)\rho]$ 称为密度矩阵的特征函数, 或用式 (6.9) 和式 (6.10) 得到

$$\rho = \frac{1}{\pi} \int \mathrm{d}^2\gamma D(-\gamma) \operatorname{tr}[D(\gamma) \rho] = \frac{1}{\pi} \int \mathrm{d}^2\gamma \operatorname{tr}\left[2 \int \mathrm{d}^2\alpha D(-\gamma) \mathrm{e}^{\gamma\alpha^* - \gamma^*\alpha} \Delta(\alpha) \rho\right]$$

$$= \frac{1}{\pi} \int \mathrm{d}^2\alpha \Delta(\gamma) \operatorname{tr}[\Delta(\alpha) \rho] \tag{6.13}$$

$\operatorname{tr}[\Delta(\alpha)\rho]$ 称为威格纳函数.

另一方面, $\Delta(p,q)$ 满足完备性

$$\iint_{-\infty}^{+\infty} \mathrm{d}q \mathrm{d}p \Delta(p,q) = 1. \tag{6.14}$$

称为混合态表象, 因此任何一个算符可以用此完备性做展开,

$$H(P,Q) = \iint_{-\infty}^{+\infty} \mathrm{d}q \mathrm{d}p \Delta(p,q) h(p,q). \tag{6.15}$$

其中 $h(p,q)$ 为展开系数, 而积分核 $\Delta(p,q)$ 的应用就联系着某种算符排序规则. 现在我们设法给出这种排序规则, 这也就是外尔编序可追溯之处. 从 $\Delta(p,q)$ 的式 (6.3) 我们写下

$$\frac{1}{\pi} \colon \exp\left[-\left(\frac{q+q'}{2} - Q\right)^2 - (p-P)^2\right] \colon = \Delta\left(p, \frac{q+q'}{2}\right), \tag{6.16}$$

对上式作傅里叶变换并利用

$$\colon \mathrm{e}^{-Q^2} \colon = \colon \mathrm{e}^{-\frac{(a+a^\dagger)^2}{2}} \colon = \mathrm{e}^{-\frac{a^{\dagger 2}}{2}} \colon \mathrm{e}^{-a^\dagger a} \colon \mathrm{e}^{-\frac{a^2}{2}}, \tag{6.17}$$

得

$$\int_{-\infty}^{+\infty} \mathrm{d}q \Delta\left(\frac{q+q'}{2}, p\right) \mathrm{e}^{\mathrm{i}p(q-q')} = \frac{1}{\sqrt{\pi}} \colon \exp\left[-Q^2 - \frac{q^2+q'^2}{2} + (q+q')Q + (q-q')P\right] \colon$$

$$= |q'\rangle \langle q|. \tag{6.18}$$

其中

$$|q'\rangle=\pi^{-\frac{1}{4}}\exp\left(-\frac{q'^2}{2}+\sqrt{2}q'a^\dagger-\frac{a^{\dagger 2}}{2}\right)|0\rangle,$$

$$\langle q|=\pi^{-\frac{1}{4}}\langle 0|\exp\left(-\frac{a^2}{2}+\sqrt{2}qa-\frac{q^2}{2}\right),\tag{6.19}$$

是坐标本征态, 式 (6.18) 即为

$$\int_{-\infty}^{+\infty}\mathrm{d}q\varDelta(q,p)\mathrm{e}^{-\mathrm{i}pv}=\left|q+\frac{v}{2}\right\rangle\left\langle q-\frac{v}{2}\right|.\tag{6.20}$$

对其作反傅里叶变换得

$$\frac{1}{2\pi}\int_{-\infty}^{+\infty}\mathrm{d}v\mathrm{e}^{\mathrm{i}pv}\left|q+\frac{v}{2}\right\rangle\left\langle q-\frac{v}{2}\right|=\varDelta(q,p),\tag{6.21}$$

这是威格纳算符的坐标表象表示 . 所以

$$\begin{aligned}&2\pi\,\mathrm{tr}\left[\varDelta(p,q)\varDelta(p',q')\right]\\&=2\pi\,\mathrm{tr}\left(\frac{1}{2\pi}\int_{-\infty}^{+\infty}\mathrm{d}v\mathrm{e}^{\mathrm{i}pv}\left|q+\frac{v}{2}\right\rangle\left\langle q-\frac{v}{2}\right|\frac{1}{2\pi}\int_{-\infty}^{+\infty}\mathrm{d}u\mathrm{e}^{\mathrm{i}p'u}\left|q'+\frac{u}{2}\right\rangle\left\langle q'-\frac{u}{2}\right|\right)\\&=\frac{1}{2\pi}\iint_{-\infty}^{+\infty}\mathrm{d}v\mathrm{d}u\mathrm{e}^{\mathrm{i}p'u+\mathrm{i}pv}\left\langle q-\frac{v}{2}|q'+\frac{u}{2}\right\rangle\left\langle q'-\frac{u}{2}|q+\frac{v}{2}\right\rangle\\&=\delta\left(q'-q\right)\delta\left(p'-p\right).\end{aligned}\tag{6.22}$$

说明 $\varDelta(p,q)$ 在求迹意义下正交. 进而用式 (6.15) 有

$$\begin{aligned}2\pi\,\mathrm{tr}\left[\varDelta(p',q')H(P,Q)\right]&=2\pi\,\mathrm{tr}\iint_{-\infty}^{+\infty}\mathrm{d}p\mathrm{d}q\varDelta(p',q')\varDelta(p,q)h(p,q)\\&=\iint_{-\infty}^{+\infty}\mathrm{d}p\mathrm{d}q\delta(q-q')\delta(p-p')h(p,q)\\&=h(p',q').\end{aligned}\tag{6.23}$$

这是求算符 $H(P,Q)$ 的外尔经典对应的公式. 例如求相干态 $|z\rangle\langle z|$ 的外尔对应得

$$\begin{aligned}h(p,q) &= 2\pi\,\mathrm{tr}\left[|z\rangle\langle z|\,\Delta(p,q)\right]\\&= 2\pi\langle z|\frac{1}{\pi}:\mathrm{e}^{-(p-P)^2-(q-Q)^2}:|z\rangle\\&= 2\langle z|:\mathrm{e}^{-2(a^{+}-\alpha^{*})(a-\alpha)}:|z\rangle\\&= 2\mathrm{e}^{-2(z^{*}-\alpha^{*})(z-\alpha)}.\end{aligned} \tag{6.24}$$

作为第二个例子, 我们求算符

$$\left(\frac{1}{2}\right)^m\sum_{l=0}^{+\infty}\binom{m}{l}Q^{m-l}P^rQ^l, \tag{6.25}$$

的经典对应函数. 由式 (6.21) 得

$$\begin{aligned}&2\pi\,\mathrm{tr}\left(\frac{1}{2}\right)^m\sum_{l=0}^{+\infty}\binom{m}{l}Q^{m-l}P^rQ^l\int\mathrm{d}v\mathrm{e}^{\mathrm{i}p\nu}\left|q+\frac{\nu}{2}\right\rangle\left\langle q-\frac{\nu}{2}\right|\\&= 2\pi\left(\frac{1}{2}\right)^m\sum_{l=0}^{+\infty}\binom{m}{l}\int\mathrm{d}v\mathrm{e}^{\mathrm{i}p\nu}\left\langle q-\frac{\nu}{2}\right|Q^{m-l}P^rQ^l\left|q+\frac{\nu}{2}\right\rangle\\&= 2\pi\left(\frac{1}{2}\right)^m\sum_{l=0}^{+\infty}\binom{m}{l}\int\mathrm{d}v\mathrm{e}^{\mathrm{i}p\nu}\left(q-\frac{\nu}{2}\right)^{m-l}\left(q+\frac{\nu}{2}\right)^l\left\langle q-\frac{\nu}{2}\right|P^r\left|q+\frac{\nu}{2}\right\rangle\\&= q^mp^r.\end{aligned} \tag{6.26}$$

可见有如下对应

$$q^mp^r\mapsto\left(\frac{1}{2}\right)^m\sum_{l=0}^{+\infty}\binom{m}{l}Q^{m-l}P^rQ^l. \tag{6.27}$$

上式右边已经定义了一种算符编序的规则, 称之为外尔编序, 记为 $\vdots\ \vdots$, 此符号是范洪义首次引入. 在外尔编序记号 $\vdots\ \vdots$ 内 Q 与 P 对易, 如同在正规乘积内 a 与 $a^{\dagger}$ 对易的性质类似, 所以

$$\left(\frac{1}{2}\right)^m\sum_{l=0}^{+\infty}\binom{m}{l}Q^{m-l}P^rQ^l=\vdots\left(\frac{1}{2}\right)^m\sum_{l=0}^{+\infty}\binom{m}{l}Q^{m-l}P^rQ^l\vdots=\vdots Q^mP^r\vdots$$

$$= \iint\limits_{-\infty}^{+\infty} \mathrm{d}p\mathrm{d}q q^m p^r \vdots \delta(q-Q)\delta(p-P) \vdots. \tag{6.28}$$

把式 (6.28) 与式 (6.15) 对照, 可见威格纳算符的外尔排序形式是

$$\Delta(p,q) = \vdots \delta(q-Q)\delta(p-P) \vdots. \tag{6.29}$$

简称为威格纳算符的范氏形式. 所以外尔对应此时就可以写为

$$\vdots h(P,Q) \vdots = \iint\limits_{-\infty}^{+\infty} dq dp \Delta(p,q) h(p,q). \tag{6.30}$$

(注意左边的函数也是 h). 上式说明一个已经外尔编序好了的算符 $\vdots h(P,Q) \vdots$ 的经典对应函数能够直接地由代替 $P \mapsto p$ 和 $Q \mapsto q$ 而得到, 这是值得注记的. 另外要注意的是, 若想脱去 $\vdots\ \vdots$, 必须先将其内部的算符排成外尔编序. 以上说明了算符的外尔编序方案是从混合态表象来的. 至于外尔当初是由什么灵感指使而提出外尔编序的, 文献中未见有记载, 好在用 IWOP 技术和混合态表象的高斯积分形式, 我们可以阐明并发展它. (关于外尔, 当有记者问狄拉克是否曾经遇到过一个不能理解的高人时, 狄拉克坦言这个人就是外尔.)

此下介绍外尔编序算符内的积分技术.

在以上叙述的基础上, 我们给出外尔编序算符内的积分技术的性质:

(1) 外尔对应规则式 (6.15) 本身可以纳入外尔编序形式.

例如

$$\iint\limits_{-\infty}^{+\infty} \mathrm{d}p\mathrm{d}q \Delta(p,q) \mathrm{e}^{\mathrm{i}pv+\mathrm{i}qu} = \vdots \mathrm{e}^{\mathrm{i}Pv+\mathrm{i}Qu} \vdots, \tag{6.31}$$

所以

$$\mathrm{e}^{\mathrm{i}pv+\mathrm{i}qu} \leftrightarrow \vdots \mathrm{e}^{\mathrm{i}Pv+\mathrm{i}Qu} \vdots = \mathrm{e}^{\mathrm{i}Pv+\mathrm{i}Qu}, \tag{6.32}$$

这是由于 Pv 与 Qu 在指数上相加没有排序问题, 式 (6.32) 给出了 $(Pv+Qu)^n = \vdots (Pv+Qu)^n \vdots$.

(2) 玻色算符在外尔编序记号内部是对易的.

(3) 可以对 $\vdots\ \vdots$ 内部的 C- 数进行积分运算, 只要该积分收敛.

(4) $\vdots\ \vdots$ 记号内部的 $\vdots\ \vdots$ 记号可以取消.

(5) 相似变换不改变外尔编序.

设 V 为一个相似变换算符, 则有

$$V\vdots h(P,Q)\vdots V^{-1}=\vdots Vh(P,Q)V^{-1}\vdots. \tag{6.33}$$

即 V 的作用可以穿越 $\vdots\ \vdots$, 其证明在 6.7 节给出.

6.2 把 $\mathfrak{Q}$ – 排序、$\mathfrak{P}$ – 排序算符转换为其外尔编序

本节讨论 $\mathfrak{Q}$-排序, $\mathfrak{P}$-排序与外尔编序的关系. 对于 $\mathfrak{P}$-排序

$$\begin{aligned}\delta(p-P)\delta(q-Q)&=\iint\frac{\mathrm{d}u\mathrm{d}v}{4\pi^2}\mathrm{e}^{\mathrm{i}(p-P)v}\mathrm{e}^{\mathrm{i}(q-Q)u}=\iint\frac{\mathrm{d}u\mathrm{d}v}{4\pi^2}\vdots\mathrm{e}^{\frac{iuv}{2}+\mathrm{i}(q-Q)u+\mathrm{i}(p-P)v}\vdots\\&=\frac{1}{\pi}\vdots\mathrm{e}^{-2\mathrm{i}(q-Q)(p-P)}\vdots=\frac{1}{\pi}\iint\mathrm{d}q'\mathrm{d}p'\varDelta(p',q')\mathrm{e}^{-2\mathrm{i}(q-q')(p-p')}.\end{aligned} \tag{6.34}$$

类似的

$$\begin{aligned}\delta(q-Q)\delta(p-P)&=\frac{1}{\pi}\iint\mathrm{d}q'\mathrm{d}p'\varDelta(p',q')\mathrm{e}^{2\mathrm{i}(q-q')(p-p')}\\&=\frac{1}{\pi}\vdots\exp[2\mathrm{i}(q-Q)(p-P)]\vdots\\&=\frac{1}{\pi}\iint\mathrm{d}q'\mathrm{d}p'\varDelta(p',q')\mathrm{e}^{2\mathrm{i}(q-q')(p-p')}.\end{aligned} \tag{6.35}$$

这两个积分的变换核是 $\mathrm{e}^{\pm2\mathrm{i}(q-q')(p-p')}$, 称为范氏变换. 所以我们用式 (6.34) 可以得到化 P^rQ^m 为外尔编序的公式

$$P^rQ^m=\iint\mathrm{d}p\mathrm{d}q\delta(p-P)\delta(q-Q)p^rq^m=\frac{1}{\pi}\iint\mathrm{d}p\mathrm{d}q\vdots\mathrm{e}^{-2\mathrm{i}(q-Q)(p-P)}p^rq^m\vdots$$

$$=\left(\frac{1}{\sqrt{2}}\right)^{m+r}(-\mathrm{i})^r \vdots \mathrm{H}_{m,r}(\sqrt{2}Q,-\mathrm{i}\sqrt{2}P)\vdots. \tag{6.36}$$

同样, 用式 (6.35) 可以得到化 Q^mP^r 为外尔编序的公式

$$Q^mP^r=\iint \mathrm{d}p\mathrm{d}q\delta(q-Q)\delta(p-P)q^mp^r=\frac{1}{\pi}\iint \mathrm{d}p\mathrm{d}q\vdots \mathrm{e}^{2\mathrm{i}(q-Q)(p-P)}\vdots q^mp^r$$

$$=\left(\frac{1}{\sqrt{2}}\right)^{m+r}(-\mathrm{i})^r \vdots \mathrm{H}_{m,r}(\sqrt{2}Q,\mathrm{i}\sqrt{2}P)\vdots. \tag{6.37}$$

如补上普朗克常数 $\hbar$, 应是

$$P^rQ^m=\left(\frac{1}{\sqrt{2}}\right)^{m+r}(\mathrm{i}\hbar)^r \vdots \mathrm{H}_{m,r}\left(\frac{\sqrt{2}Q}{\sqrt{\hbar}},\frac{-\mathrm{i}\sqrt{2}P}{\sqrt{\hbar}}\right)\vdots,$$

$$Q^mP^r=\left(\frac{1}{\sqrt{2}}\right)^{m+r}(-\mathrm{i}\hbar)^r \vdots \mathrm{H}_{m,r}\left(\frac{\sqrt{2}Q}{\sqrt{\hbar}}Q,\frac{-\mathrm{i}\sqrt{2}P}{\sqrt{\hbar}}\right)\vdots. \tag{6.38}$$

6.3 从算符的外尔编序到其 $\mathfrak{Q}$ – 排序、$\mathfrak{P}$ – 排序的转换

范氏变换式 (6.34) 和式 (6.35) 的反变换是

$$\Delta(p',q')=\iint \mathrm{d}q\mathrm{d}p\mathrm{e}^{2\mathrm{i}(q-q')(p-p')}\delta(p-P)\delta(q-Q),$$

$$\Delta(p',q')=\iint \mathrm{d}q\mathrm{d}p\mathrm{e}^{-2\mathrm{i}(q-q')(p-p')}\delta(q-Q)\delta(p-P). \tag{6.39}$$

它们把威格纳算符化为 $\mathfrak{P}$- 排序和 $\mathfrak{Q}$-排序. 从式 (6.36) 和式 (6.37) 及积分公式

$$\left(\frac{1}{\sqrt{2}}\right)^{m+r}\iint_{-\infty}^{+\infty}\frac{\mathrm{d}s\mathrm{d}t}{\pi}(-\mathrm{i})^r\mathrm{H}_{m,r}\left(\sqrt{2}t,\mathrm{i}\sqrt{2}s\right)\exp[-2\mathrm{i}\,(y-s)\,(x-t)]=x^my^r, \tag{6.40}$$

得

$$\left(\frac{1}{\sqrt{2}}\right)^{m+r}(-\mathrm{i})^r\mathrm{H}_{m,r}\left(\sqrt{2}Q,\mathrm{i}\sqrt{2}P\right)|_{P在Q左}$$

$$
\begin{aligned}
&= \left(\frac{1}{\sqrt{2}}\right)^{m+r} (-\mathrm{i})^r \int \mathrm{d}q\mathrm{d}p\delta(p-P)\delta(q-Q)\mathrm{H}_{m,r}\left(\sqrt{2}q, \mathrm{i}\sqrt{2}p\right) \\
&= \left(\frac{1}{\sqrt{2}}\right)^{m+r} (-\mathrm{i})^r \int \mathrm{d}q\mathrm{d}p \vdots \mathrm{e}^{-2\mathrm{i}(q-Q)(p-P)} \vdots \mathrm{H}_{m,r}\left(\sqrt{2}q, \mathrm{i}\sqrt{2}p\right) \\
&= \vdots Q^m P^r \vdots .
\end{aligned} \tag{6.41}
$$

由厄米多项式的定义式 (2.4) 可以将式 (6.41) 的左边写为

$$
\left(\frac{1}{\sqrt{2}}\right)^{m+r} (-\mathrm{i})^r \mathrm{H}_{m,r}\left(\sqrt{2}Q, \mathrm{i}\sqrt{2}P\right)|_{P\text{在}Q\text{左}} = \sum_{l=0} \left(\frac{\mathrm{i}}{2}\right)^l l! \binom{r}{l}\binom{m}{l} P^{r-l}Q^{m-l}. \tag{6.42}
$$

所以推出外尔编序算符重排为 $\mathfrak{Q}$-排序的公式

$$
\begin{aligned}
\vdots Q^m P^r \vdots &= \sum_{l=0}^{\min(m,r)} \left(\frac{-\mathrm{i}\hbar}{2}\right)^l l! \binom{m}{l}\binom{r}{l} Q^{m-l}P^{r-l} \\
&= \left(\frac{1}{\sqrt{2}}\right)^{m+r} \mathrm{i}^r \hbar^{(m+r)/2} \mathrm{H}_{m,r}\left(\frac{\sqrt{2}Q}{\sqrt{\hbar}}, \frac{-\mathrm{i}\sqrt{2}P}{\sqrt{\hbar}}\right)|_{Q\text{在}P\text{左}}
\end{aligned} \tag{6.43}
$$

和重排为 $\mathfrak{P}$- 排序的公式

$$
\vdots Q^m P^r \vdots = \sum_{l=0} \left(\frac{\mathrm{i}\hbar}{2}\right)^l l! \binom{r}{l}\binom{m}{l} P^{r-l}Q^{m-l}. \tag{6.44}
$$

这里已补上了普朗克常数 $\hbar$. 举例来说, 按照外尔的原始定义式 (6.27), 经典函数 q^3p 的外尔对应量子算符是

$$
\begin{aligned}
\vdots Q^3 P \vdots &= \left(\frac{1}{2}\right)^3 \sum_{l=0}^{3} \frac{3!}{l!(3-l)!} Q^{3-l}PQ^l \\
&= \frac{1}{8}\left(Q^3P + \frac{3!}{2!}Q^2PQ + \frac{3!}{2!}QPQ^2 + PQ^3\right),
\end{aligned} \tag{6.45}
$$

化为 $\mathfrak{Q}$- 排序

$$
\begin{aligned}
\vdots Q^3 P \vdots &= \frac{1}{8}\left(Q^3P + 3Q^2PQ + 3QPQ^2 + PQ^3\right) \\
&= \frac{1}{8}\left(Q^3P + 3Q^3P - 3\mathrm{i}\hbar Q^2 + 3Q^3P - 6\mathrm{i}\hbar Q^2 + Q^3P - 3\mathrm{i}\hbar Q^2\right)
\end{aligned}
$$

$$= Q^3P - \frac{3}{2}\mathrm{i}\hbar Q^2,$$

另一方面, 根据式 (6.43)

$$\begin{aligned}
\vdots Q^3P \vdots &= \sum_{l=0}^{1}\left(\frac{-\mathrm{i}\hbar}{2}\right)^l l!\binom{1}{l}\binom{3}{l}Q^{3-l}P^{1-l} \\
&= \binom{1}{0}\binom{3}{0}Q^3P + \left(\frac{-\mathrm{i}\hbar}{2}\right)\binom{1}{1}\binom{3}{1}Q^2 \\
&= Q^3P - \frac{3}{2}\mathrm{i}\hbar Q^2,
\end{aligned} \tag{6.46}$$

与式 (6.45) 是相同的. 又如, q^2p^2 的外尔对应是 $\vdots Q^2P^2 \vdots$, 按照外尔的原始定义式是

$$\begin{aligned}
\vdots Q^2P^2 \vdots &= \left(\frac{1}{2}\right)^2 \sum_{l=0}^{2}\frac{2!}{l!(2-l)!}Q^{2-l}P^2Q^l \\
&= \frac{1}{4}\left(Q^2P^2 + 2QP^2Q + P^2Q^2\right),
\end{aligned} \tag{6.47}$$

化为 $\mathfrak{Q}$- 排序

$$\begin{aligned}
\vdots Q^2P^2 \vdots &= \frac{1}{4}\left(Q^2P^2 + 2Q^2P^2 - 4\mathrm{i}\hbar QP + Q^2P^2 - 4\mathrm{i}\hbar QP - 2\hbar^2\right) \\
&= Q^2P^2 - 2\mathrm{i}\hbar QP - \frac{1}{2}\hbar^2,
\end{aligned}$$

另一方面, 根据式 (6.43)

$$\begin{aligned}
\vdots Q^2P^2 \vdots &= \sum_{l=0}^{2}\left(\frac{-\mathrm{i}\hbar}{2}\right)^l l!\binom{2}{l}\binom{2}{l}Q^{2-l}P^{2-l} \\
&= \binom{2}{0}\binom{2}{0}Q^2P^2 + \left(\frac{-\mathrm{i}\hbar}{2}\right)\binom{2}{1}\binom{2}{1}QP + \left(\frac{-\mathrm{i}\hbar}{2}\right)^2 2!\binom{2}{2}\binom{2}{2} \\
&= Q^2P^2 - 2\mathrm{i}\hbar QP - \frac{1}{2}\hbar^2.
\end{aligned} \tag{6.48}$$

与式 (6.47) 是相同的. 用

$$Q^2P^2 = Q^2P^2$$

$$Q^2P^2 = QPQP + \mathrm{i}\hbar QP$$

$$Q^2P^2 = PQQP + 2\mathrm{i}\hbar QP$$

$$Q^2P^2 = QPPQ + 2\mathrm{i}\hbar QP$$

$$Q^2P^2 = PQPQ + 3\mathrm{i}\hbar QP + \hbar^2$$

$$Q^2P^2 = PPQQ + 4\mathrm{i}\hbar QP + 2\hbar^2 \tag{6.49}$$

又可把 $\vdots Q^2P^2 \vdots$ 排成有各种组合的形式

$$\vdots Q^2P^2 \vdots = \frac{1}{6}\left(Q^2P^2 + QPQP + QP^2Q + PQ^2P + PQPQ + P^2Q^2\right) \tag{6.50}$$

现在我们验证式 (6.43) 是否等同于外尔多项式的定义式 (6.27)

$$\vdots Q^mP^r \vdots = \frac{1}{2^m}\sum_{l=0}^{m}\binom{m}{l}Q^{m-l}P^rQ^l. \tag{6.51}$$

根据 5.3 节的理论, P^rQ^l 的 $\mathfrak{Q}$-编序是

$$P^rQ^l = \sum_{k=0}^{\min(r,l)} \frac{(-\mathrm{i})^k\, r!l!}{k!(r-k)!(l-k)!}Q^{l-k}P^{r-k}, \tag{6.52}$$

把式 (6.52) 的右边代入式 (6.27) 得到

$$\begin{aligned}\vdots Q^mP^r \vdots &= \frac{1}{2^m}\sum_{l=0}^{m}\binom{m}{l}Q^{m-l}\sum_{k=0}\frac{(-\mathrm{i})^k\, r!l!}{k!(r-k)!(l-k)!}Q^{l-k}P^{r-k} \\ &= \frac{1}{2^m}\sum_{l=0}^{m}\binom{m}{l}\sum_{k=0}\frac{(-\mathrm{i})^k r!l!}{k!(r-k)!(l-k)!}Q^{m-k}P^{r-k} \\ &= \frac{1}{2^m}\sum_{l=0}^{m}\sum_{k=0}\frac{m!}{k!\,(m-k)!}\frac{(-\mathrm{i})^k\,(m-k)!}{(m-l)!(l-k)!}\frac{r!}{(r-k)!}Q^{m-k}P^{r-k},\end{aligned} \tag{6.53}$$

再用公式

$$\sum_{l=0}^{m}\binom{m-k}{l-k} = \sum_{l=0}^{m}\frac{(m-k)!}{(m-l)!(l-k)!} = \sum_{l=0}^{m}\frac{(m-k)!}{[(m-k)-(l-k)]!(l-k)!}$$

$$= 2^{m-k} \tag{6.54}$$

有

$$\vdots Q^m P^r \vdots = \sum_{k=0}^{m} \binom{m}{k} \frac{(-\mathrm{i})^k r!}{2^k (r-k)!} Q^{m-k} P^{r-k}$$

$$= \sum_{k=0}^{m} \left(\frac{-\mathrm{i}}{2}\right)^k \binom{m}{k} k! \binom{r}{k} Q^{m-k} P^{r-k}$$

这就完成了验证.

6.4 化算符为外尔编序的公式

由外尔对应公式 (6.15) 的变形式

$$H(a, a^\dagger) = 2\int \mathrm{d}^2\alpha \Delta(\alpha, \alpha^*) h(\alpha, \alpha^*). \tag{6.55}$$

对其两边取相干态 $|\beta\rangle = \mathrm{e}^{-\frac{1}{2}|\beta|^2} \mathrm{e}^{\beta a^\dagger} |0\rangle$ 的矩阵元, 得

$$\begin{aligned}
\langle -\beta| H(a, a^\dagger) |\beta\rangle &= 2\int \mathrm{d}^2\alpha \langle -\beta| \Delta(\alpha, \alpha^*) |\beta\rangle h(\alpha, \alpha^*) \\
&= 2\int \mathrm{d}^2\alpha \langle -\beta| \frac{1}{\pi} : \mathrm{e}^{-2(a^\dagger - \alpha^*)(a-\alpha)} : |\beta\rangle h(\alpha, \alpha^*) \\
&= 2\int \frac{\mathrm{d}^2\alpha}{\pi} \mathrm{e}^{-2(-\beta^* - \alpha^*)(\beta - \alpha) - 2|\beta|^2} h(\alpha, \alpha^*) \\
&= 2\int \frac{\mathrm{d}^2\alpha}{\pi} \mathrm{e}^{-2|\alpha|^2} h(\alpha, \alpha^*) \mathrm{e}^{2(\beta\alpha^* - \alpha\beta^*)}.
\end{aligned} \tag{6.56}$$

注意到 $\beta\alpha^* - \alpha\beta^*$ 是纯虚的, 上式右边代表一个傅里叶变换, 取其反变换得到

$$h(\alpha, \alpha^*) = 2\int \frac{\mathrm{d}^2\beta}{\pi} \langle -\beta| H(a, a^\dagger) |\beta\rangle \mathrm{e}^{2|\alpha|^2 - 2(\beta\alpha^* - \alpha\beta^*)}. \tag{6.57}$$

鉴于 $h(\alpha,\alpha^*)$ 是 $H(a,a^\dagger)$ 的经典外尔对应函数, 所以 $\vdots h(a,a^\dagger)\vdots = H(a,a^\dagger)$, 故可以在上式中做替代 $\alpha^* \mapsto a^\dagger$ 及 $\alpha \mapsto a$, 得

$$\vdots h(a,a^\dagger)\vdots = 2\vdots\int\frac{\mathrm{d}^2\beta}{\pi}\left\langle -\beta\right| H(a,a^\dagger)\left|\beta\right\rangle \mathrm{e}^{2(a^\dagger a+a\beta^*-\beta a^\dagger)}\vdots = H(a,a^\dagger). \tag{6.58}$$

这就是化任意的算符为外尔编序的公式, 称为范氏公式. 特别地, 当 $H=1$, 则由 $\left\langle -\beta\right|\left.\beta\right\rangle = \mathrm{e}^{-2|\beta|^2}$, 知

$$2\int\frac{\mathrm{d}^2\beta}{\pi}\vdots\exp\left[-2\left(\beta^*+a^\dagger\right)(\beta-a)\right]\vdots = 1,$$

例如, 对于 $\mathrm{e}^{\lambda a^\dagger a}$, 其外尔编序为

$$\begin{aligned}\mathrm{e}^{\lambda a^\dagger a} &= 2\vdots\int\frac{\mathrm{d}^2\beta}{\pi}\left\langle -\beta\right|\mathrm{e}^{\lambda a^\dagger a}\left|\beta\right\rangle \mathrm{e}^{2(a^\dagger a+a\beta^*-\beta a^\dagger)}\vdots\\ &= 2\int\frac{\mathrm{d}^2\beta}{\pi}\vdots\left\langle -\beta\right| : \mathrm{e}^{\left(\mathrm{e}^\lambda-1\right)a^\dagger a} : \left|\beta\right\rangle \mathrm{e}^{2(a^\dagger a+a\beta^*-\beta a^\dagger)}\vdots\\ &= 2\int\frac{\mathrm{d}^2\beta}{\pi}\vdots\mathrm{e}^{\left(-\mathrm{e}^\lambda-1\right)|\beta|^2}\mathrm{e}^{2(a^\dagger a+a\beta^*-\beta a^\dagger)}\vdots\\ &= \frac{2}{\mathrm{e}^\lambda+1}\vdots\exp\left[\frac{\mathrm{e}^\lambda-1}{\mathrm{e}^\lambda+1}(P^2+Q^2)\right]\vdots.\end{aligned} \tag{6.59}$$

6.5 单模压缩算符的 $\mathfrak{Q}$ – 排序和 $\mathfrak{P}$ – 排序

从式 (6.39) 知道威格纳算符 $\Delta(q,p)$ 的 $\mathfrak{Q}$-排序形式是

$$\Delta(q,p) = \frac{1}{\pi}\mathfrak{Q}\left[\mathrm{e}^{-2\mathrm{i}(q-Q)(p-P)}\right]. \tag{6.60}$$

而其 $\mathfrak{P}$-排序形式是

$$\Delta(q,p) = \frac{1}{\pi}\mathfrak{P}\left[\mathrm{e}^{2\mathrm{i}(q-Q)(p-P)}\right]. \tag{6.61}$$

现在求单模压缩算符 $S_1 = \exp\left[\frac{\lambda}{2}\left(a_1^2-a_1^{\dagger 2}\right)\right]$ 和双模压缩算符 $S_2 =$

$\exp\left[\lambda\left(a_1^\dagger a_2^\dagger - a_1 a_2\right)\right]$ 的各种编序形式.a_i和$a_i^\dagger$ $(i = 1,2)$分别是玻色消灭算符和产生算符. 由于 $a_i = (Q_i + \mathrm{i}P_i)/\sqrt{2}$, 有

$$S_1 = \exp\left[\mathrm{i}\frac{\lambda}{2}(Q_1P_1 + P_1Q_1)\right] = \exp\left(\mathrm{i}\lambda Q_1P_1 + \frac{\lambda}{2}\right). \tag{6.62}$$

$$S_2 = \exp[\mathrm{i}\lambda(Q_1P_2 + Q_2P_1)]. \tag{6.63}$$

下面将要见到压缩算符的 $\mathfrak{Q}$-排序和 $\mathfrak{P}$-排序不但在量子光学的理论计算中有用, 而且可用于组合学, 即导致斯特林数和贝尔数的自然出现.

6.5.1 S_1 的外尔编序

为了得到单模压缩算符 S_1 的各种编序形式, 我们先要知道其外尔编序形式. 根据 S_1 正规乘积形式

$$\begin{aligned} S_1 &= \exp\left[\frac{\lambda}{2}\left(a_1^2 - a_1^{\dagger 2}\right)\right] \\ &= \operatorname{sech}^{1/2}\lambda : \exp\left[\frac{a_1^2 - a_1^{\dagger 2}}{2}\tanh\lambda + (\operatorname{sech}\lambda - 1)\, a_1^\dagger a_1\right] :, \end{aligned} \tag{6.64}$$

和相干态的内积

$$\langle -\beta | \beta \rangle = \exp\left(-2|\beta|^2\right), \tag{6.65}$$

以及用化任意的算符为外尔编序的范氏公式 (6.58) 得到

$$\begin{aligned} S_1 = {} & 2\operatorname{sech}^{1/2}\lambda \,\vdots \int \frac{\mathrm{d}^2\beta}{\pi} \langle -\beta| : \exp\left[\frac{a_1^2 - a_1^{\dagger 2}}{2}\tanh\lambda + (\operatorname{sech}\lambda - 1)\, a_1^\dagger a_1\right] : \beta\rangle \\ & \times \exp\left[2\beta^* a_1 - 2\beta a_1^\dagger + 2a_1^\dagger a_1\right] d^2\beta \,\vdots \\ = {} & \operatorname{sech}\frac{\lambda}{2} \,\vdots \exp\left(2\mathrm{i}Q_1P_1\tanh\frac{\lambda}{2}\right) \vdots. \end{aligned} \tag{6.66}$$

这就是 S_1 的外尔排序形式. 鉴于

$$\Delta(q,p) = \vdots\,\delta(q-Q_1)\,\delta(p-P_1)\,\vdots, \tag{6.67}$$

故 S_1 的经典外尔对应是

$$\exp\left[\mathrm{i}\frac{\lambda}{2}(Q_1P_1+P_1Q_1)\right] \mapsto \operatorname{sech}\frac{\lambda}{2}\exp\left(2\mathrm{i}qp\tanh\frac{\lambda}{2}\right). \tag{6.68}$$

然后按照式 (6.60), 有

$$\begin{aligned} H(Q_1,P_1) &= \iint_{-\infty}^{+\infty}\mathrm{d}q\mathrm{d}p h(q,p)\,\Delta(q,p) \\ &= \frac{1}{\pi}\iint_{-\infty}^{+\infty}\mathrm{d}q\mathrm{d}p h(q,p)\,\mathfrak{Q}\left[\mathrm{e}^{-2\mathrm{i}(q-Q_1)(p-P_1)}\right]. \end{aligned} \tag{6.69}$$

以及 $\mathfrak{Q}$-排序内的积分技术得到

$$\begin{aligned} S_1 &= \operatorname{sech}\frac{\lambda}{2}\iint\mathrm{d}q\mathrm{d}p\exp\left(2\mathrm{i}qp\tanh\frac{\lambda}{2}\right)\Delta(q,p) \\ &= \operatorname{sech}\frac{\lambda}{2}\frac{1}{\pi}\iint\mathrm{d}q\mathrm{d}p\exp\left(2\mathrm{i}qp\tanh\frac{\lambda}{2}\right)\mathfrak{Q}\left[\mathrm{e}^{-2\mathrm{i}(q-Q_1)(p-P_1)}\right] \\ &= \operatorname{sech}\frac{\lambda}{2}\frac{1}{\pi}\mathfrak{Q}\int\mathrm{d}p\mathrm{e}^{2\mathrm{i}Q_1(p-P_1)}\int\mathrm{d}q\mathrm{e}^{2\mathrm{i}q\left(p\tanh\frac{\lambda}{2}+P_1-p\right)} \\ &= \operatorname{sech}\frac{\lambda}{2}\mathfrak{Q}\int\mathrm{d}p\mathrm{e}^{2\mathrm{i}Q_1(p-P_1)}\delta\left(p\tanh\frac{\lambda}{2}+P_1-p\right) \\ &= \mathrm{e}^{\lambda/2}\mathfrak{Q}\mathrm{e}^{\mathrm{i}Q_1P_1\left(\mathrm{e}^{\lambda}-1\right)}, \end{aligned} \tag{6.70}$$

这就是单模压缩算符的 $\mathfrak{Q}$-排序形式. 作为其应用, 将它作用于动量本征态 $|p\rangle$, 用 $Q_1|p\rangle = -\mathrm{i}\frac{\mathrm{d}}{\mathrm{d}p}|p\rangle$ 得到

$$\begin{aligned} S_1|p\rangle &= \mathrm{e}^{\lambda/2}\mathfrak{Q}\mathrm{e}^{\mathrm{i}Q_1P_1\left(\mathrm{e}^{\lambda}-1\right)}|p\rangle = \mathrm{e}^{\lambda/2}\sum_{n=0}^{+\infty}\frac{\mathrm{i}^n\left(\mathrm{e}^{\lambda}-1\right)^n}{n!}Q_1^nP_1^n|p\rangle \\ &= \sqrt{\mu}\sum_{n}^{+\infty}\frac{\mathrm{i}^n(\mu-1)^n}{n!}p^n\left(-\mathrm{i}\frac{\mathrm{d}}{\mathrm{d}p}\right)^n|p\rangle = \sqrt{\mu}\,|\mu p\rangle. \end{aligned} \tag{6.71}$$

可见 S_1 确实把 $|p\rangle$ 压缩为 $\sqrt{\mu}\,|\mu p\rangle$.

6.5.2 $\mathfrak{Q}$–排序和 $\mathfrak{P}$–排序

类似的, 我们可以导出 S_1的$\mathfrak{Q}$-排序和 $\mathfrak{P}$-排序

$$
\begin{aligned}
\exp\left[\mathrm{i}\frac{\lambda}{2}\left(Q_1P_1+P_1Q_1\right)\right] &= \operatorname{sech}\frac{\lambda}{2}\iint \mathrm{d}q\mathrm{d}p\exp\left(2\mathrm{i}qp\tanh\frac{\lambda}{2}\right)\Delta\left(q,p\right)\\
&= \operatorname{sech}\frac{\lambda}{2}\iint \mathrm{d}x\mathrm{d}p\exp\left(2\mathrm{i}qp\tanh\frac{\lambda}{2}\right)\frac{1}{\pi}\mathfrak{P}\left[\mathrm{e}^{2\mathrm{i}(q-Q_1)(p-P_1)}\right]\\
&= \operatorname{sech}\frac{\lambda}{2}\frac{1}{\pi}\mathfrak{P}\int \mathrm{d}p\mathrm{e}^{-2\mathrm{i}Q_1(p-P)}\int \mathrm{d}x\mathrm{e}^{2\mathrm{i}q\left(p\tanh\frac{\lambda}{2}-P_1+p\right)}\\
&= \operatorname{sech}\frac{\lambda}{2}\mathfrak{P}\int \mathrm{d}p\mathrm{e}^{-2\mathrm{i}Q_1(p-P)}\delta\left(p\tanh\frac{\lambda}{2}+p-P_1\right)\\
&= \mathrm{e}^{-\lambda/2}\mathfrak{P}\left\{\exp\left[\left(1-\mathrm{e}^{-\lambda}\right)\mathrm{i}P_1Q_1\right]\right\}.
\end{aligned}
\tag{6.72}
$$

式 (6.72) 和式 (6.70) 之间的等价性可以从 $\delta\left(q-Q\right)\delta\left(p-P\right)$ 的 $\mathfrak{P}$-排序形式式 (5.24) 得到, 即

$$
\begin{aligned}
S_1 = \mathrm{e}^{\lambda/2}\mathfrak{Q}\mathrm{e}^{\mathrm{i}Q_1P_1\left(\mathrm{e}^{\lambda}-1\right)} &= \mathrm{e}^{\lambda/2}\iint \mathrm{d}q\mathrm{d}p\mathrm{e}^{\mathrm{i}qp\left(\mathrm{e}^{\lambda}-1\right)}\delta\left(q-Q_1\right)\delta\left(p-P_1\right)\\
&= \frac{\mathrm{e}^{\lambda/2}}{2\pi}\mathfrak{P}\iint \mathrm{d}q\mathrm{d}p\mathrm{e}^{\mathrm{i}qp\left(\mathrm{e}^{\lambda}-1\right)}\mathrm{e}^{\mathrm{i}(p-P_1)(q-Q_1)}\\
&= \frac{\mathrm{e}^{\lambda/2}}{2\pi}\mathfrak{P}\int \mathrm{d}q\mathrm{e}^{-\mathrm{i}P_1(q-Q_1)}\int \mathrm{d}p\mathrm{e}^{\mathrm{i}p\left(q\mathrm{e}^{\lambda}-Q_1\right)}\\
&= \mathrm{e}^{\lambda/2}\mathfrak{P}\int \mathrm{d}q\mathrm{e}^{-\mathrm{i}P(q-Q_1)}\delta\left(q\mathrm{e}^{\lambda}-Q_1\right)\\
&= \mathrm{e}^{-\lambda/2}\mathfrak{P}\exp\left[-\mathrm{i}P_1Q_1\left(\mathrm{e}^{-\lambda}-1\right)\right].
\end{aligned}
\tag{6.73}
$$

把 $\mathrm{e}^{-\lambda/2}\mathfrak{P}\left\{\exp\left[(1-\mathrm{e}^{-\lambda})\mathrm{i}P_1Q_1\right]\right\}$ 作用于坐标本征态 $|q\rangle$, 用 $P|q\rangle=\mathrm{i}\frac{\mathrm{d}}{\mathrm{d}q}|q\rangle$ 给出

$$\begin{aligned}
\mathrm{e}^{-\lambda/2}\mathfrak{P}\left\{\exp\left[(1-\mathrm{e}^{-\lambda})\mathrm{i}PQ\right]\right\}|q\rangle &= \mathrm{e}^{-\lambda/2}\sum_n \frac{\mathrm{i}^n\left(1-\mathrm{e}^{-\lambda}\right)^n}{n!}P^nQ^n|q\rangle \\
&= \mathrm{e}^{-\lambda/2}\sum_n \frac{(1/\mu-1)^n}{n!}q^n\left(\frac{\mathrm{d}}{\mathrm{d}q}\right)^n|q\rangle \\
&= \frac{1}{\sqrt{\mu}}|q/\mu\rangle. \qquad (6.74)
\end{aligned}$$

故 S_1 确实把 $|q\rangle$ 压缩为 $\frac{1}{\sqrt{\mu}}|q/\mu\rangle$.

6.6 双模压缩算符的外尔编序和 $\mathfrak{Q}$-排序及 $\mathfrak{P}$-排序

在式 (3.52) 中已经显示双模压缩算符在纠缠态表象中的自然表象和正规乘积形式

$$\int\frac{\mathrm{d}^2\eta}{\mu\pi}\left|\frac{\eta}{\mu}\right\rangle\langle\eta| = \mathrm{e}^{\lambda\left(a_1^\dagger a_2^\dagger - a_1a_2\right)} = S_2 \quad (\mu=\mathrm{e}^\lambda), \tag{6.75}$$

其中

$$|\eta\rangle = \exp\left(-\frac{1}{2}|\eta|^2+\eta a_1^\dagger-\eta^* a_2^\dagger+a_1^\dagger a_2^\dagger\right)|00\rangle \quad (\eta=\eta_1+\mathrm{i}\eta_2),$$

是双模纠缠态. 注意它与相干态的内积

$$\langle\eta|\beta_1,\beta_2\rangle = \exp\left(-\frac{1}{2}|\eta|^2+\eta^*\beta_1-\eta\beta_2+\beta_1\beta_2-\frac{|\beta_1|^2+|\beta_2|^2}{2}\right), \tag{6.76}$$

和

$$\left\langle-\beta_1,-\beta_2\left|\frac{\eta}{\mu}\right.\right\rangle = \exp\left(-\frac{|\eta|^2}{2\mu^2}-\frac{\eta\beta_1^*}{\mu}+\frac{\eta^*\beta_2^*}{\mu}+\beta_1^*\beta_2^*-\frac{|\beta_1|^2+|\beta_2|^2}{2}\right), \tag{6.77}$$

代入式 (6.58) 得到 S_2 的外尔编序形式

$$S_2 = 4\vdots\int\frac{\mathrm{d}^2\beta_1\mathrm{d}^2\beta_2}{\pi^2}\int\frac{\mathrm{d}^2\eta}{\mu\pi}\langle-\beta_1,-\beta_2|\frac{\eta}{\mu}\rangle\langle\eta|\beta_1,\beta_2\rangle$$

$$\times\exp\left[\sum_{i=1}^{2}\left(2\beta_i^*a_i-2\beta_ia_i^\dagger+2a_i^\dagger a_i\right)\right]\vdots$$

$$=4\vdots\int\frac{\mathrm{d}^2\eta}{\mu\pi}\exp\left(-\frac{\mu^2+1}{2\mu^2}|\eta|^2\right)\int\frac{\mathrm{d}^2\beta_1\mathrm{d}^2\beta_2}{\pi^2}$$

$$\times\exp\left[-|\beta_1|^2+\beta_1\left(\eta^*+\beta_2-2a_1^\dagger\right)+\beta_1^*\left(\beta_2^*-\frac{\eta}{\mu}+2a_1\right)\right.$$

$$\left.+\frac{\eta^*\beta_2^*}{\mu}-\eta\beta_2-|\beta_2|^2+2\beta_2^*a_2-2\beta_2a_2^\dagger+2\sum_{i=1}^{2}a_i^\dagger a_i\right]\vdots$$

$$=4\vdots\int\frac{\mathrm{d}^2\eta}{\mu\pi}\exp\left[-\frac{\mu^2+1}{2\mu^2}|\eta|^2+\left(\eta^*-2a_1^\dagger\right)\left(2a_1-\frac{\eta}{\mu}\right)+2\sum_i a_i^\dagger a_i\right]$$

$$\times\int\frac{\mathrm{d}^2\beta_2}{\pi}\exp\left[\beta_2\left(2a_1-\frac{\eta}{\mu}-\eta-2a_2^\dagger\right)+\beta_2^*\left(\eta^*-2a_1^\dagger+\frac{\eta^*}{\mu}+2a_2\right)\right]\vdots$$

$$=\vdots\int\frac{4\mathrm{d}^2\eta}{\mu\pi}\exp\left[-\frac{(\mu+1)^2}{2\mu^2}|\eta|^2+2a_1\eta^*+2a_1^\dagger\frac{\eta}{\mu}-2a_1^\dagger a_1+2a_2^\dagger a_2\right]$$

$$\times\delta\left(\frac{\mu+1}{\mu}\eta^*-2a_1^\dagger+2a_2\right)\delta\left(2a_1-\frac{\mu+1}{\mu}\eta-2a_2^\dagger\right)\vdots$$

$$=\frac{4\mu}{(\mu+1)^2}\vdots\exp\left[-2\left(a_1^\dagger-a_2\right)\left(a_1-a_2^\dagger\right)+4a_1\left(a_1^\dagger-a_2\right)\frac{\mu}{1+\mu}\right.$$

$$\left.+4a_1^\dagger\left(a_1-a_2^\dagger\right)\frac{1}{1+\mu}-2a_1^\dagger a_1+2a_2^\dagger a_2\right]\vdots$$

$$=\frac{4\mu}{(\mu+1)^2}\vdots\exp\left[2\frac{1-\mu}{1+\mu}\left(a_2a_1-a_1^\dagger a_2^\dagger\right)\right]\vdots\tag{6.78}$$

再用 $a_i=\dfrac{Q_i+\mathrm{i}P_i}{\sqrt{2}}$ 可见

$$\mathrm{e}^{-\lambda\left[a_1a_2-a_1^\dagger a_2^\dagger\right]}=S_2=\operatorname{sech}^2\frac{\lambda}{2}\vdots\exp\left[-\mathrm{i}\left(Q_1P_2+P_1Q_2\right)\tanh\frac{\lambda}{2}\right]\vdots.$$

请读者比较式 (6.68) 和式 (6.78), 分析其相似性与差别. S_2 的经典外尔对应是

$$S_2\mapsto\operatorname{sech}^2\frac{\lambda}{2}\exp\left[-2\mathrm{i}\left(q_1p_2+p_1q_2\right)\tanh\frac{\lambda}{2}\right],\tag{6.79}$$

注意 S_2 是一个纠缠算符.

以下求双模压缩算符的 $\mathfrak{Q}$- 和 $\mathfrak{P}$-排序.

用威格纳算符的 $\mathfrak{Q}$- 排序和式 (6.79) 我们推导双模压缩算符的 $\mathfrak{Q}$-排序

$$S_2=\frac{\operatorname{sech}^2\frac{\lambda}{2}}{\pi^2}\mathfrak{Q}\iint \mathrm{d}p_1\mathrm{d}q_1\mathrm{d}p_2\mathrm{d}q_2\exp\left[-2\mathrm{i}\sum_{i=1}^{2}(q_i-Q_i)(p_i-P_i)\right]$$
$$\times\exp\left[-2\mathrm{i}\left(q_1p_2+p_1q_2\right)\tanh\frac{\lambda}{2}\right],\tag{6.80}$$

这里

$$\frac{1}{\pi^2}\iint \mathrm{d}q_1\mathrm{d}q_2\exp\left[-2\mathrm{i}\sum_{i=1}^{2}q_i\left(p_i-P_i\right)-2\mathrm{i}\left(q_1p_2+p_1q_2\right)\tanh\frac{\lambda}{2}\right]$$
$$=\delta\left(p_1-P_1+p_2\tanh\frac{\lambda}{2}\right)\delta\left(p_2-P_2+p_1\tanh\frac{\lambda}{2}\right).\tag{6.81}$$

故有

$$S_2=\operatorname{sech}^2\frac{\lambda}{2}\mathfrak{Q}\int \mathrm{d}p_2\int \mathrm{d}p_1\exp\left\{2\mathrm{i}\left[Q_1\left(p_1-P_1\right)+Q_2\left(p_2-P_2\right)\right]\right\}$$
$$\times\delta\left(p_1-P_1+p_2\tanh\frac{\lambda}{2}\right)\delta\left(p_2-P_2+p_1\tanh\frac{\lambda}{2}\right)$$
$$=\operatorname{sech}^2\frac{\lambda}{2}\mathfrak{Q}\int \mathrm{d}p_2\exp\left[-2\mathrm{i}Q_1p_2\tanh\frac{\lambda}{2}+2\mathrm{i}Q_2\left(p_2-P_2\right)\right]$$
$$\times\delta\left(p_2\operatorname{sech}^2\frac{\lambda}{2}-P_2+P_1\tanh\frac{\lambda}{2}\right)$$
$$=\mathfrak{Q}\left\{\exp\left[-\mathrm{i}\left(P_1Q_2+Q_1P_2\right)\sinh\lambda+2\mathrm{i}\left(Q_1P_1+Q_2P_2\right)\sinh^2\frac{\lambda}{2}\right]\right\}.\tag{6.82}$$

类似的, 双模压缩算符的 $\mathfrak{P}$-排序是

$$S_2=\frac{\operatorname{sech}^2\frac{\lambda}{2}}{\pi^2}\mathfrak{P}\iint \mathrm{d}p_1\mathrm{d}q_1\mathrm{d}p_2\mathrm{d}q_2\exp\left[2\mathrm{i}\sum_{i=1}^{2}(q_i-Q_i)(p_i-P_i)\right]$$
$$\times\exp\left[-2\mathrm{i}\left(q_1p_2+p_1q_2\right)\tanh\frac{\lambda}{2}\right]$$

$$= \operatorname{sech}^2 \frac{\lambda}{2} \mathfrak{P} \int \mathrm{d}p_2 \int \mathrm{d}p_1 \exp\left\{ -2\mathrm{i}\left[Q_1(p_1 - P_1) + Q_2(p_2 - P_2)\right]\right\}$$

$$\times \delta\left(p_1 - P_1 - p_2 \tanh\frac{\lambda}{2}\right)\delta\left(p_2 - P_2 - p_1 \tanh\frac{\lambda}{2}\right)$$

$$= \mathfrak{P}\left\{\exp\left[-\mathrm{i}(P_1Q_2 + Q_1P_2)\sinh\lambda - 2\mathrm{i}(Q_1P_1 + Q_2P_2)\sinh^2\frac{\lambda}{2}\right]\right\}. \quad (6.83)$$

作为其应用,我们可以直接写下如下的转换矩阵元

$$\langle p_1, p_2| S_2 |q_1, q_2\rangle = \exp\left[-\mathrm{i}(p_1q_2 + q_1p_2)\sinh\lambda - 2\mathrm{i}(q_1p_1 + q_2p_2)\sinh^2\frac{\lambda}{2}\right]$$

$$\times \langle p_1, p_2 |q_1, q_2\rangle. \quad (6.84)$$

6.7 相似变换下的外尔编序算符的序不变性

现在我们证明相似变换下的外尔编序算符的序不变性,阐述如下:

当 V 是相似变换,设 V 引起的变换是

$$Va^\dagger V^{-1} = \sigma a + \tau a^\dagger, \quad VaV^{-1} = \mu a + \upsilon a^\dagger \quad (6.85)$$

相似性要求

$$[\sigma a + \tau a^\dagger, \mu a + \upsilon a^\dagger] = 1, \quad (6.86)$$

即

$$\mu\tau - \sigma\nu = 1. \quad (6.87)$$

$F(a^\dagger, a) = \vdots f(a^\dagger, a) \vdots$ 是外尔排序好的,则有

$$VF(a^\dagger, a)V^{-1} = V \vdots f(a^\dagger, a) \vdots V^{-1} = \vdots f(\sigma a + \tau a^\dagger, \mu a + \upsilon a^\dagger) \vdots$$

$$= \vdots f(Va^\dagger V^{-1}, VaV^{-1}) \vdots. \quad (6.88)$$

下面我们给出证明, 由式 (6.85) 得

$$VF(a^\dagger,a)V^{-1}=F\left(\sigma a+\tau a^\dagger,\mu a+\upsilon a^\dagger\right),\tag{6.89}$$

根据

$$\begin{aligned}F(a^\dagger,a)&=\vdots f(a^\dagger,a)\vdots=2\int \mathrm{d}^2\alpha f(\alpha^*,\alpha)\vdots\frac{1}{2}\delta(a^\dagger-\alpha^*)\delta(a-\alpha)\vdots\\&=2\int \mathrm{d}^2\alpha f(\alpha^*,\alpha)\Delta(\alpha^*,\alpha),\end{aligned}\tag{6.90}$$

其中威格纳算符

$$\begin{aligned}\Delta(\alpha^*,\alpha)&=\vdots\frac{1}{2}\delta(a^\dagger-\alpha^*)\delta(a-\alpha)\vdots=\int\frac{\mathrm{d}^2z}{\pi^2}\vdots\mathrm{e}^{z(a^\dagger-\alpha^*)-z^*(a-\alpha)}\vdots\\&=\int\frac{\mathrm{d}^2z}{\pi^2}\mathrm{e}^{z(a^\dagger-\alpha^*)-z^*(a-\alpha)},\end{aligned}\tag{6.91}$$

所以

$$\begin{aligned}V\Delta(\alpha^*,\alpha)V^{-1}&=V\int\frac{\mathrm{d}^2z}{\pi^2}\exp\left[z(a^\dagger-\alpha^*)-z^*(a-\alpha)\right]V^{-1}\\&=\int\frac{\mathrm{d}^2z}{\pi^2}\exp\left[z(\sigma a+\tau a^\dagger-\alpha^*)-z^*(\mu a+\upsilon a^\dagger-\alpha)\right]\\&=\int\frac{\mathrm{d}^2z}{2\pi^2}:\exp\left[-|z|^2\left(\sigma\upsilon+\frac{1}{2}\right)+2(\sigma a+\tau a^\dagger-\alpha^*)\right.\\&\qquad\left.-z^*(\mu a+\upsilon a^\dagger-\alpha)+\frac{1}{2}(\sigma\tau z^2+\mu\tau z^{*2})\right]:\\&=\frac{1}{\pi}:\exp[-2(a^\dagger-\mu\alpha^*+\sigma\alpha)(a-\tau\alpha+\upsilon\alpha^*)]:\\&=\Delta(\tau\alpha-\upsilon\alpha^*,\mu\alpha^*-\sigma\alpha).\end{aligned}\tag{6.92}$$

把上式代入式 (6.90) 得到

$$VF(a^\dagger,a)V^{-1}=V\vdots f(a^\dagger,a)\vdots V^{-1}=2\int \mathrm{d}^2\alpha f(\alpha^*,\alpha)V\Delta(\alpha^*,\alpha)V^{-1}$$

$$
\begin{aligned}
&= 2\int \mathrm{d}^2\alpha f(\alpha^*,\alpha)\varDelta(\tau\alpha - v\alpha^*, \mu\alpha^* - \sigma\alpha) \\
&= 2\int \mathrm{d}^2\alpha f(\mu\alpha + v\alpha^*, \sigma\alpha + \tau\alpha^*)\varDelta(\alpha, \alpha^*) \\
&= 2\int \mathrm{d}^2\alpha f(\mu\alpha + v\alpha^*, \sigma\alpha + \tau\alpha^*)\frac{1}{2}\vdots\delta(a^\dagger - \alpha^*)\delta(a-\alpha)\vdots \\
&= \vdots f(\mu a + v a^\dagger, \sigma a + \tau a^\dagger)\vdots = \vdots V f(a^\dagger, a)V^{-1}\vdots.
\end{aligned}
\tag{6.93}
$$

可见 V 能穿越 $\vdots\ \vdots$, 表明算符的外尔编序在相似变换下是序不变的, 得证.

第7章 算符在福克空间的新展开及应用

理论物理常用抽象思维, 在学习和研究进程中我们往往处于进退两难的窘境之中：我们可能会不够抽象, 并错失了重要的物理学；我们也可能过于抽象, 结果把模型中假设的目标变成了吞噬真理的怪物. 理论物理也强调把测量现象和数据上升为定量问题, 这也是一种抽象思维. 如果不能用数学来表示某一物理现象或规律, 那么我们的认识是不够的, 说明还没有上升到科学的阶段. 所以理论物理学家要掌握非常精妙的数学方法, 甚至自创新数学. 另一种抽象思维是分解问题, 即把目标分解成几个包含此问题实质的更简化的问题, 使纯粹的本质显露, 即它刚好包含了可以解释问题的物理学原理. 这除了需要才气之外, 还要有恒心和判断力, 我们在一种方法无法奏效时去寻找更深层次的方法. 以下的内容就是一个寻找新方法的例子.

为了研究各种光场的性质, 常把光场算符在福克空间展开

$$A=\sum_{m,n}\langle m|A|n\rangle|m\rangle\langle n|, \tag{7.1}$$

$\langle m|A|n\rangle$ 给出了光场的某些信息. 但是这种展开是"终极的", 因为很难再深入下去, 所以我们要找新方法. 本章我们将 $|m\rangle\langle n|$ 发展为外尔编序, 就会看到"新气象".

7.1 福克空间算符 $|m\rangle\langle n|$ 的外尔编序展开

我们求 $|m\rangle\langle n|$ 的外尔编序展开, 用式 (6.58) 和

$$\langle n|\beta\rangle = \mathrm{e}^{-\frac{1}{2}|\beta|^2}\frac{(\beta)^m}{\sqrt{m!}}, \tag{7.2}$$

以及

$$\begin{aligned}\mathrm{H}_{m,n}(\xi,\eta) &= \sum_{l=0}^{\min(m,n)} l!\binom{m}{l}\binom{n}{l}(-1)^l\xi^{m-l}\eta^{n-l} \\ &= (-1)^n\mathrm{e}^{\xi\eta}\int\frac{\mathrm{d}^2z}{\pi}z^n z^{*m}\exp\left(-|z|^2+\xi z-\eta z^*\right) \\ &= (-1)^m\mathrm{e}^{\xi\eta}\int\frac{\mathrm{d}^2z}{\pi}z^n z^{*m}\exp\left(-|z|^2-\xi z+\eta z^*\right),\end{aligned} \tag{7.3}$$

得到 $|m\rangle\langle n|$ 的外尔编序展开

$$\begin{aligned}|m\rangle\langle n| &= 2\int\frac{\mathrm{d}^2\beta}{\pi}\vdots\langle-\beta|\,m\rangle\langle n|\beta\rangle\exp\left[2\left(\beta^*a-a^\dagger\beta+a^\dagger a\right)\right]\vdots \\ &= 2\int\frac{\mathrm{d}^2\beta}{\pi}\vdots\frac{\beta^n(-\beta^*)^m}{\sqrt{n!m!}}\exp\left[-|\beta|^2+2\left(a\beta^*-a^\dagger\beta+a^\dagger a\right)\right]\vdots \\ &= \frac{2}{\sqrt{n!m!}}\vdots\mathrm{H}_{m,n}\left(2a^\dagger,2a\right)\exp\left(-2a^\dagger a\right)\vdots.\end{aligned} \tag{7.4}$$

注意到双变数厄米多项式和伴随拉盖尔多项式有以下关系

$$\mathrm{H}_{m,n}(\xi,\kappa) = \begin{cases} n!(-1)^n\xi^{m-n}\mathrm{L}_n^{m-n}(\xi\kappa) & (m>n) \\ m!(-1)^m\kappa^{n-m}\mathrm{L}_m^{n-m}(\xi\kappa) & (m<n)\end{cases}, \tag{7.5}$$

其中

$$\mathrm{L}_n^\alpha(x) = \sum_k\binom{\alpha+n}{n-k}\frac{(-x)^k}{k!}, \tag{7.6}$$

所以我们可以确认

$$|m\rangle\langle n| = \frac{2\sqrt{n!}}{\sqrt{m!}}(-1)^n\vdots\left(2a^\dagger\right)^{m-n}\mathrm{L}_n^{m-n}\left(4a^\dagger a\right)\vdots. \tag{7.7}$$

当 $m=n$ 时, 有

$$|n\rangle\langle n|=\frac{2}{n!}\vdots \mathrm{H}_{n,n}\left(2a^{\dagger},2a\right)\exp\left(-2a^{\dagger}a\right)\vdots. \tag{7.8}$$

注意到

$$\mathrm{L}_m\left(xy\right)=\mathrm{H}_{m,m}\left(x,y\right)\frac{(-1)^m}{m!}, \tag{7.9}$$

故 $|n\rangle\langle n|$ 还可表示为

$$\begin{aligned}|n\rangle\langle n|&=2\vdots(-1)^n\mathrm{L}_n\left(4a^{\dagger}a\right)\mathrm{e}^{-2a^{\dagger}a}\vdots\\&=2\vdots(-1)^n\mathrm{L}_n\left[2\left(P^2+Q^2\right)\right]\mathrm{e}^{-P^2-Q^2}\vdots.\end{aligned} \tag{7.10}$$

用 $\mathrm{L}_n\left(x\right)$ 的母函数公式

$$(1-z)^{-1}\exp(\frac{xz}{z-1})=\sum_n\mathrm{L}_n\left(x\right)z^n, \tag{7.11}$$

还可以验证 $|n\rangle\langle n|$ 的完备性

$$\sum_{n=0}^{+\infty}|n\rangle\langle n|=2\sum_{n=0}^{+\infty}\vdots(-1)^n\mathrm{L}_n\left(4a^{\dagger}a\right)\mathrm{e}^{-2a^{\dagger}a}\vdots=1. \tag{7.12}$$

读者也可以用式 (7.10) 求 $\exp(\lambda a^{\dagger}a)$ 的外尔编序.

7.2　代入 $|m\rangle\langle n|=\frac{2\sqrt{n!}}{\sqrt{m!}}(-1)^n\vdots\left(2a^{\dagger}\right)^{m-n}\mathrm{L}_n^{m-n}\left(4a^{\dagger}a\right)\vdots$ 的各种应用

上述新展开有多种应用, 例如既然知道了 $|n\rangle\langle n|$ 的外尔对应, 就知道了其威格纳函数

$$W_{|n\rangle\langle n|}=\frac{1}{\pi}(-1)^n\mathrm{L}_n\left(4|\alpha|^2\right)\mathrm{e}^{-2|\alpha|^2}, \tag{7.13}$$

用 $a\,|n\rangle = \sqrt{n}\,|n-1\rangle$ 和式 (7.10) 我们有

$$\begin{aligned} a^s\,|n\rangle\,\langle n|\,a^{\dagger s} &= \frac{n!}{(n-s)!}\,|n-s\rangle\,\langle n-s| \\ &= 2\frac{n!}{(n-s)!}\vdots(-1)^{n-s}\mathrm{L}_{n-s}\left(4a^{\dagger}a\right)\mathrm{e}^{-2a^{\dagger}a}\vdots. \end{aligned} \tag{7.14}$$

这导致算符恒等式

$$a^s a^{\dagger s} = \sum_{n=0}^{+\infty} a^s\,|n\rangle\,\langle n|\,a^{\dagger s} = 2\sum_{n=0}^{+\infty}\frac{n!(-1)^{n-s}}{(n-s)!}\vdots\mathrm{L}_{n-s}\left(4a^{\dagger}a\right)\mathrm{e}^{-2a^{\dagger}a}\vdots. \tag{7.15}$$

又如, 前面已经证明 $a^n a^{\dagger m}$ 的正规乘积是

$$a^n a^{\dagger m} = (-\mathrm{i})^{m+n} : \mathrm{H}_{m,n}\left(\mathrm{i}a^{\dagger}, \mathrm{i}a\right) :, \tag{7.16}$$

用式 (6.52) 得

$$\begin{aligned} a^s a^{\dagger s} =&: (-1)^s\,\mathrm{H}_{s,s}\left(\mathrm{i}a^{\dagger}, \mathrm{i}a\right) := 2\,(-1)^s \int \frac{\mathrm{d}^2\beta}{\pi}\mathrm{H}_{s,s}\left(-\mathrm{i}\beta^*, \mathrm{i}\beta\right) \\ &\times \vdots\exp\left[-2\,|\beta|^2 + 2\left(\beta^* a - a^{\dagger}\beta + a^{\dagger}a\right)\right]\vdots \\ =& \left(-\frac{1}{\sqrt{2}}\right)^s \vdots\mathrm{H}_{s,s}\left(\mathrm{i}\sqrt{2}a^{\dagger}, \mathrm{i}\sqrt{2}a\right)\vdots. \end{aligned} \tag{7.17}$$

结合式 (7.15) 和式 (7.17) 我们得到

$$2\sum_{n=0}^{+\infty}\frac{n!(-1)^{n-s}}{(n-s)!}\vdots\mathrm{L}_{n-s}\left(4a^{\dagger}a\right)\mathrm{e}^{-2a^{\dagger}a}\vdots = \left(-\frac{1}{\sqrt{2}}\right)^s \vdots\mathrm{H}_{s,s}\left(\mathrm{i}\sqrt{2}a^{\dagger}, \mathrm{i}\sqrt{2}a\right)\vdots, \tag{7.18}$$

这意味着一个新的求和公式

$$2\sum_{n=0}\frac{n!(-1)^{n-s}}{(n-s)!}\mathrm{L}_{n-s}\left(4xy\right)\mathrm{e}^{-2xy} = \left(-\frac{1}{\sqrt{2}}\right)^s \mathrm{H}_{s,s}\left(\mathrm{i}\sqrt{2}x, \mathrm{i}\sqrt{2}y\right). \tag{7.19}$$

再如, 当 $A = D(\alpha)\,|k\rangle\,\langle k|\,D^{\dagger}(\alpha)$, 平移福克态, 观测到

$$D(\alpha)\,|n\rangle = D(\alpha)\,\frac{a^{\dagger n}}{\sqrt{n!}}D^{-1}(\alpha)\,D(\alpha)\,|0\rangle = \frac{\left(a^{\dagger} - \alpha^*\right)^n}{\sqrt{n!}}\,|\alpha\rangle\,, \tag{7.20}$$

其完备性关系用 IWOP 技术是容易被证明的.

$$\begin{aligned}\int \frac{\mathrm{d}^2\alpha}{\pi} D(\alpha)|k\rangle\langle k| D^{-1}(\alpha) &= \int \frac{\mathrm{d}^2\alpha}{\pi} \frac{\left(a^\dagger - \alpha^*\right)^k}{\sqrt{k!}} |\alpha\rangle\langle\alpha| \frac{(a-\alpha)^k}{\sqrt{k!}} \\ &= \int \frac{\mathrm{d}^2\alpha}{\pi} : \frac{\left(a^\dagger - \alpha^*\right)^k (a-\alpha)^k}{k!} \mathrm{e}^{-\left(a^\dagger - \alpha^*\right)(a-\alpha)} : \\ &= \int \frac{\mathrm{d}^2\alpha}{\pi} \frac{|\alpha|^{2k}}{k!} \mathrm{e}^{-|\alpha|^2} = 1. \end{aligned} \tag{7.21}$$

而从相似变换下的外尔编序算符的序不变性, 可知

$$\begin{aligned} D(\alpha)|k\rangle\langle k| D^{-1}(\alpha) &= 2(-1)^k D(\alpha) \vdots \mathrm{L}_k\left(4a^\dagger a\right) \mathrm{e}^{-2a^\dagger a} \vdots D^{-1}(\alpha) \\ &= 2(-1)^k \vdots \mathrm{L}_k\left[4\left(a^\dagger - \alpha^*\right)(a-\alpha)\right] \mathrm{e}^{-2\left(a^\dagger - \alpha^*\right)(a-\alpha)} \vdots. \end{aligned} \tag{7.22}$$

所以比较式 (7.21) 和式 (7.22) 我们得到

$$2\int \frac{\mathrm{d}^2\alpha}{\pi} \vdots \mathrm{L}_k\left[4\left(a^\dagger - \alpha^*\right)(a-\alpha)\right] \mathrm{e}^{-2\left(a^\dagger - \alpha^*\right)(a-\alpha)} \vdots = (-1)^k, \tag{7.23}$$

也就得到一个新的积分公式

$$2\int \frac{\mathrm{d}^2\alpha}{\pi} \mathrm{L}_k\left(4|\alpha|^2\right) \mathrm{e}^{-2|\alpha|^2} = (-1)^k. \tag{7.24}$$

7.3　a^{-1} 的外尔编序展开

玻色消灭算符有无逆算符呢？这个问题最先由狄拉克提出. 他注意到尽管有 $aa^{-1} = 1$, 但是 $a^{-1}a \neq 1$, 因为 $a|0\rangle = 0$, $|0\rangle$ 是真空态. 逆算符在福克空间的行为可用相干态方法, 令 $|z\rangle = \mathrm{e}^{za^\dagger}|0\rangle$ 是未归一化的相干态, 则用围道积分得

$$|n\rangle = \frac{\sqrt{n!}}{2\pi\mathrm{i}} \oint_{\mathrm{c}} \mathrm{d}z \frac{|z\rangle}{z^{n+1}}, \tag{7.25}$$

而 $a^{-1}|z\rangle = z^{-1}|z\rangle$ 是在围道积分的意义下成立的, 此围道围绕 $z=0$ 这一点. 从式 (7.25) 得

$$a^{-1}|n\rangle = \frac{\sqrt{n!}}{2\pi \mathrm{i}}\oint_{\mathrm{c}} \mathrm{d}z \frac{1}{z^{n+2}} \mathrm{e}^{za^{\dagger}}|0\rangle = \frac{1}{\sqrt{n+1}}|n+1\rangle, \tag{7.26}$$

这意味着逆算符在福克空间的表示是

$$a^{-1} = \sum_{n=0}^{+\infty} \frac{1}{\sqrt{n+1}}|n+1\rangle\langle n|. \tag{7.27}$$

可以由此验证

$$\begin{aligned} &aa^{-1} = 1, \\ &a^{-1}a = \sum_{n=0}^{+\infty} \frac{1}{\sqrt{n+1}}|n+1\rangle\langle n| a = \sum_{n=0}^{+\infty}|n+1\rangle\langle n+1| = 1 - |0\rangle\langle 0|. \end{aligned} \tag{7.28}$$

根据

$$\langle m|a^{-1}|n\rangle = \langle m|\sum_{n'=0}^{+\infty} \frac{1}{\sqrt{n'+1}}|n'+1\rangle\langle n'|n\rangle = \frac{1}{\sqrt{n+1}}\delta_{m,n+1}, \tag{7.29}$$

和式 (7.27) 以及式 (7.4) 我们导出 a^{-1} 的外尔编序形式

$$a^{-1} = \sum_{n=0}^{+\infty} \frac{2}{(n+1)!} \vdots \mathrm{H}_{n+1,n}\left(2a^{\dagger}, 2a\right) \exp\left(-2a^{\dagger}a\right) \vdots. \tag{7.30}$$

另一方面, 直接用式 (6.52) 又有

$$\begin{aligned} a^{-1} &= 2\int \frac{\mathrm{d}^2\beta}{\pi} \vdots \langle -\beta|a^{-1}|\beta\rangle \exp\left[2\left(\beta^* a - a^{\dagger}\beta + a^{\dagger}a\right)\right] \vdots \\ &= 2\int \frac{\mathrm{d}^2\beta}{\pi} \vdots \frac{1}{\beta} \exp\left[-2|\beta|^2 + 2\left(\beta^* a - a^{\dagger}\beta + a^{\dagger}a\right)\right] \vdots. \end{aligned} \tag{7.31}$$

比较式 (7.31) 与式 (7.30) 我们得到

$$\begin{aligned} &2\int \frac{\mathrm{d}^2\beta}{\pi} \vdots \frac{1}{\beta} \exp\left[-2|\beta|^2 + 2\left(\beta^* a - a^{\dagger}\beta + a^{\dagger}a\right)\right] \vdots \\ &= \sum_{n=0}^{+\infty} \frac{2}{(n+1)!} \vdots \mathrm{H}_{n+1,n}\left(2a^{\dagger}, 2a\right) \exp\left(-2a^{\dagger}a\right) \vdots. \end{aligned} \tag{7.32}$$

这意味着一个新积分公式

$$\int \frac{\mathrm{d}^2\beta}{\pi}\frac{1}{\beta}\exp\left[-2|\beta|^2+2\left(\beta^*\lambda-\lambda^*\beta\right)\right]$$

$$=\sum_{n=0}^{+\infty}\frac{1}{(n+1)!}\mathrm{H}_{n+1,n}\left(2\lambda^*,2\lambda\right)\exp\left(-4|\lambda|^2\right). \tag{7.33}$$

总之,用外尔编序为重新认识福克空间密度矩阵提供了一种新的研究途径,各种光场的新展开就会展示在我们眼前.

7.4　求 $A_{m,n}$ 的新公式

把 $|m\rangle\langle n|$ 的外尔编序式 (7.4) 代入式 (7.1) 得

$$A\left(a^\dagger,a\right)=\sum_{m,n}\langle m|A|n\rangle\frac{2}{\sqrt{n!m!}}\vdots\mathrm{H}_{m,n}\left(2a^\dagger,2a\right)\exp\left(-2a^\dagger a\right)\vdots. \tag{7.34}$$

例如当 $A=|z\rangle\langle z|$, 纯相干态, 由

$$\langle z|\,n\rangle=\mathrm{e}^{-|z|^2/2}\frac{z^{*n}}{\sqrt{n!}}, \tag{7.35}$$

得 $|z\rangle\langle z|$ 的外尔编序式是 $2\vdots\exp\left[-2\left(a^\dagger-z^*\right)(a-z)\right]\vdots$, 即

$$|z\rangle\langle z|=2\mathrm{e}^{-|z|^2}\sum_{m,n}\frac{z^m z^{*n}}{n!m!}\vdots\mathrm{H}_{m,n}\left(2a^\dagger,2a\right)\exp\left[-2a^\dagger a\right]\vdots$$

$$=2\vdots\exp\left[-2\left(a^\dagger-z^*\right)(a-z)\right]\vdots. \tag{7.36}$$

由于在外尔编序符号 $\vdots\ \vdots$ 内部 $a^\dagger$ 与 a 可交换, 所以式 (7.36) 暗示

$$\sum_{m,n}\frac{z^m z^{*n}}{n!m!}\mathrm{H}_{m,n}\left(2\lambda^*,2\lambda\right)=\exp\left(-|z|^2-2z^*\lambda-2z\lambda^*\right), \tag{7.37}$$

这实际上是双变数厄米多项式的母函数公式.

设算符 $A\left(a^{\dagger},a\right)$ 的外尔对应为 $\mathcal{A}\left(\alpha^{*},\alpha\right)$, 有

$$\begin{aligned}A\left(a^{\dagger},a\right)&=\int \mathrm{d}^{2}\alpha\mathcal{A}\left(\alpha^{*},\alpha\right)\Delta\left(\alpha^{*},\alpha\right)\\&=2\int \mathrm{d}^{2}\alpha\mathcal{A}\left(\alpha^{*},\alpha\right)\frac{1}{2}\vdots\delta\left(\alpha^{*}-a^{\dagger}\right)\delta\left(\alpha-a\right)\vdots.\end{aligned} \tag{7.38}$$

对照式 (7.34) 可见

$$\mathcal{A}=\sum_{m,n}A_{m,n}\frac{2}{\sqrt{n!m!}}\mathrm{H}_{m,n}\left(2\alpha^{*},2\alpha\right)\mathrm{e}^{-2|\alpha|^{2}}. \tag{7.39}$$

利用双变量厄米多项式的正交性

$$\int\frac{\mathrm{d}^{2}\alpha}{\pi}\mathrm{H}_{m,n}\left(\alpha^{*},\alpha\right)\mathrm{H}_{m',n'}^{*}\left(\alpha^{*},\alpha\right)\mathrm{e}^{-|\alpha|^{2}}=\sqrt{m!n!m'!n'!}\delta_{mm'}\delta_{nn'}, \tag{7.40}$$

从式 (7.39) 得到

$$A_{m',n'}=\frac{2}{\sqrt{m'!n'!}}\int\frac{\mathrm{d}^{2}\alpha}{\pi}\mathcal{A}\left(\alpha^{*},\alpha\right)\mathrm{H}_{m',n'}^{*}\left(2\alpha^{*},2\alpha\right)\mathrm{e}^{-2|\alpha|^{2}}. \tag{7.41}$$

这是用算符 A 的外尔对应 $\mathcal{A}$ 求 $A_{m,n}$ 的新公式, 用它也能给出不少特殊函数新的母函数公式关系.

例如, 当 $A=D\left(\alpha\right)=\exp\left(\alpha a^{\dagger}-a^{*}a\right)$, 即平移算符, $D\left(\alpha\right)=\vdots\exp\left(\alpha a^{\dagger}-a^{*}a\right)\vdots$, 已知其矩阵元为

$$\langle m|D\left(\alpha\right)|n\rangle=\sqrt{\frac{n!}{m!}}\alpha^{m-n}\mathrm{e}^{-\frac{1}{2}|\alpha|^{2}}\mathrm{L}_{n}^{m-n}(|\alpha|^{2})\quad(m>n). \tag{7.42}$$

L_{n}^{m-n} 是拉盖尔多项式, 代入式 (7.34) 得到

$$\begin{aligned}D\left(\alpha\right)&=\vdots\exp\left(\alpha a^{\dagger}-a^{*}a\right)\vdots\\&=\sum_{m,n}\frac{2}{m!}\alpha^{m-n}\mathrm{e}^{-\frac{1}{2}|\alpha|^{2}}\mathrm{L}_{n}^{m-n}(|\alpha|^{2})\vdots\mathrm{H}_{m,n}\left(2a^{\dagger},2a\right)\exp\left(-2a^{\dagger}a\right)\vdots,\end{aligned} \tag{7.43}$$

这给出新关系

$$\mathrm{e}^{-\frac{1}{2}|\alpha|^{2}}\sum_{m,n}\frac{2\alpha^{m-n}}{m!}\mathrm{L}_{n}^{m-n}(|\alpha|^{2})\mathrm{H}_{m,n}\left(2\lambda^{*},2\lambda\right)\exp-2|\lambda|^{2}=\exp\left(\alpha\lambda^{*}-a^{*}\lambda\right). \tag{7.44}$$

从 $\mathrm{H}_{m,n}$ 与 L_n^{m-n} 的关系

$$\mathrm{H}_{m,n}(\xi,\kappa)=\begin{cases} n!(-1)^n\xi^{m-n}\mathrm{L}_n^{m-n}(\xi\kappa) & (m>n) \\ m!(-1)^m\kappa^{n-m}\mathrm{L}_m^{n-m}(\xi\kappa) & (m<n) \end{cases}, \tag{7.45}$$

这里

$$\mathrm{L}_n^{\alpha}(x)=\sum_k\binom{\alpha+n}{n-k}\frac{(-x)^k}{k!}, \tag{7.46}$$

我们可以进而将式 (7.44) 改写为

$$\exp\left(-2|\lambda|^2-\frac{1}{2}|\alpha|^2\right)\sum_{m,n}(-1)^n\frac{n!}{m!}(2\alpha\lambda^*)^{m-n}\mathrm{L}_n^{m-n}(|\alpha|^2)\mathrm{L}_n^{m-n}(4|\lambda|^2)$$

$$=\frac{1}{2}\exp(\alpha\lambda^*-a^*\lambda). \tag{7.47}$$

这是关于拉盖尔多项式的新母函数公式.

当 $A=\Delta(\alpha,\alpha^*)$, 威格纳算符, 其外尔编序是 $\Delta(\alpha,\alpha^*)=\frac{1}{2}\vdots\delta\left(a^\dagger-\alpha^*\right)\times\delta(a-\alpha)\vdots$, 从式 (7.41) 得到

$$\langle m|\Delta(\alpha,\alpha^*)|n\rangle=\frac{2}{\sqrt{m!n!}}\int\frac{\mathrm{d}^2\alpha'}{\pi}\frac{1}{2}\vdots\delta(\alpha^*-\alpha'^*)\delta(\alpha-\alpha')\vdots$$

$$\times\mathrm{H}_{m,n}^*(2\alpha'^*,2\alpha')\mathrm{e}^{-2|\alpha'|^2}$$

$$=\frac{1}{\pi\sqrt{n!m!}}\mathrm{e}^{-2|\alpha|^2}\mathrm{H}_{m,n}(2\alpha,2\alpha^*). \tag{7.48}$$

代入式 (7.34) 给出

$$\Delta(\alpha,\alpha^*)=\sum_{m,n}\frac{2}{\pi n!m!}\mathrm{e}^{-2|\alpha|^2}\mathrm{H}_{m,n}(2\alpha,2\alpha^*)\vdots\mathrm{H}_{m,n}\left(2a^\dagger,2a\right)\exp\left(-2a^\dagger a\right)\vdots$$

$$=\vdots\sum_{m,n}\frac{2^{2m-2n+1}}{\pi}\frac{n!}{m!}\left(\alpha a^\dagger\right)^{m-n}\mathrm{e}^{-2|\alpha|^2}\mathrm{L}_n^{m-n}(4|\alpha|^2)$$

$$\times\mathrm{L}_n^{m-n}\left(4a^\dagger a\right)\exp\left(-2a^\dagger a\right)\vdots$$

$$=\frac{1}{2}\vdots\delta\left(a^\dagger-\alpha^*\right)\delta(a-\alpha)\vdots. \tag{7.49}$$

这是狄拉克的 δ 函数用拉盖尔多项式的新展开

$$\delta\left(\lambda^{*}-\alpha^{*}\right)\delta\left(\lambda-\alpha\right)=\mathrm{e}^{-2|\alpha|^{2}-2|\lambda|^{2}}\sum_{m,n}\frac{2^{2(m-n+1)}}{\pi}\frac{n!}{m!}(\alpha\lambda^{*})^{m-n}\times\mathrm{L}_{n}^{m-n}\left(4|\alpha|^{2}\right)\mathrm{L}_{n}^{m-n}\left(4\left|\lambda\right|^{2}\right). \tag{7.50}$$

总之，算符的外尔编序丰富了福克空间的理论.

第 8 章　对应光学菲涅耳变换的量子算符

"变换的应用日益广泛, 是理论物理学新方法的精华". 在狄拉克发现经典泊松括号对应量子力学的对易子后, 一般认为, 经典正则变换对应量子幺正算符, 如狄拉克所言: "··· for a quantum dynamic system that has a classical analogue, unitary transformation in the quantum theory is the analogue of contact transformation in the classical theory", 变换理论被狄拉克称为"我一生中最使我兴奋的一件工作", "是我的至爱". 量子态与算符在不同表象下的幺正变换是经典力学中切变换的类比, 本书作者发明的 IWOP 技术也发展了量子力学的变换理论, 提示了求得对应的新途径, 在量子力学不同表象之间、经典变换与量子幺正变换之间架起了"桥梁". 量子力学中的许多表象变换可以通过构造各种 ket-bra 型积分投影算符把相应的经典变换映射而得以实现, 用 IWOP 技术完成这些积分运算就直接得到算符变换的显示形式, 例如, 双模压缩算符就是纠缠态表象中的尺度变换.

狄拉克非常注意在发展新理论时采用好的符号, 他认为撰写新问题的论文的人应该十分注意记号问题, "因为他们正在开创某种可能将要永垂不朽的东西". 所以如果把符号法仅仅理解为只是一种数学方法, 实际上那就没理解狄拉克在物理观念上对量子力学所做的革命性的贡献. 而 IWOP 技术作为符号法的后续发展, 利用不对易的算符可以在有序记号内对易的性质, 可以作为不对易算符代数的运算规则的一种特殊的补充, 能够直观简洁地解决很多问题, 明显地体现了量子理论数理结构的内在美, 进一步解释了量子力学中若干基本概念的物理意义. 可以预见在不远的将来, IWOP 技术将在量子力学各个领域得到更加广泛的应用. 这不能不令人惊叹符号法的精致和与数学的完美结合.

经典光学的菲涅耳变换是衍射论的基础, 矩阵光学的柯林斯 (Collins)衍射公式是以菲涅耳变换为基础的, 洛仑兹 (Lorentz)曾评价菲涅耳说: “我们大家不分民族和年龄都敬仰这位伟大的科学能手, 他是在探索大自然奥秘中意境比人深远的科学家之一, 是创造天才比人炫目的科学家和发明家之一.”

以下是关于菲涅耳的一段故事:

1817 年, 法国科学院悬赏解决光的本性问题的人, 奖励能够提出最好的研究衍射现象的实验并为实验提供满意解释的人. 于是菲涅耳写了一篇长达 135 页的论文, 阐述光的波动理论, 并获得奖励. 但当 1817 年 3 月评奖委员会宣布他们的决定时, 并非没有人反对. 反对者包括数学家西蒙 · 泊松、物理学家比奥 (Biot)和天文学家皮埃尔 · 拉普拉斯, 他们都强烈支持牛顿的光的微粒学说.

菲涅耳并非一个平庸的数学家, 他用牛顿和莱布尼茨发展起来的微积分来描述不同情况下衍射的行为, 但有时这些公式太复杂了, 菲涅耳也无法把它求解出来, 也就无法描述特定情况下光衍射行为的细节了. 然而泊松作为一个坚定的牛顿论者, 是一个狂热的数学家. 他生活在 1781 到 1840 年间, 对概率论、微积分、电磁理论及其他方面作出了重要贡献. 他拿起菲涅耳的一个例子, 解出了方程, 并向同事展示了其结果, 似乎用反证法彻底否定了波动理论.

如果说阴影边缘处的彩色条纹可能是由光衍射而产生的, 这种概念至少与波动方式的常识相吻合. 但菲涅耳的理论加上泊松的计算预言, 在图形物体背后所产生的阴影正中央有一个亮斑. 荒唐! 泊松这样描述他的计算结果:

“让一束平行光照在一个不透明的圆盘上, 假设周围是完全透明的, 则圆盘投影出一块阴影, 但阴影的正中央是亮的. 而且在这个圆盘后面, 垂直于圆盘并通过其中心的这条线上到处都是亮的, 从圆盘背面的那一点开始, 光的强度从零开始不断增大, 到圆盘后面等于圆盘直径的地方, 光的强度是没有圆盘存在时光强度的 80 %, 随后光的强度缓慢增大, 逐渐达到没有圆盘时的强度.”

但是, 作为优秀的牛顿论者, 评委们不想以逻辑和常识推理来否定菲涅耳的理论. 按当时已经成为标准的牛顿方法论, 要用实验来验证这一结论, 为此评委主席弗朗西斯 · 阿拉果 (Arago)安排了一次实验. 结果发现在阴影中心确实有一个小亮点 (今天我们称之为泊松亮斑), 对小球和小圆盘都有这种现象. 菲涅耳是对的, 而牛顿是错的. 据此, 1819 年 3 月阿拉果在会议上向科学院委员会作了报告:

"我们的委员之一, 泊松先生, 从作者 (菲涅耳)报告的一个积分中推出一个非凡的结果, 当光接近于垂直的照射在一个不透明圆形屏幕上时, 阴影的中央与没有屏幕时同样明亮. 在验证的实验中, 观察证实了这一结果."

这是问题的根本所在. 理论只有经过实验证实才是有效的. 实验结果所告诉我们的是正确的, 任何优秀的理论者应与其一致. 无论实验结果多么古怪, 我们都不能在理论中回避它.

那么经典菲涅耳变换在量子力学的对应是什么? 本书的作者找到了它, 将其命名为菲涅耳算符.

8.1 量子光学菲涅耳算符的由来

把经典变换 $\begin{pmatrix} z \\ z^* \end{pmatrix} \mapsto \begin{pmatrix} s & -r \\ -r^* & s^* \end{pmatrix}\begin{pmatrix} z \\ z^* \end{pmatrix}$ 通过相干态表象 $|z\rangle$ 映射到 ket-bra

$$\sqrt{s}\int \frac{\mathrm{d}^2 z}{\pi}\left|sz-rz^*\right\rangle\langle z| \equiv F, \tag{8.1}$$

这里 $a|z\rangle = z|z\rangle$,

$$|z\rangle = \exp\left(za^\dagger - z^* a\right)|0\rangle \equiv \left|\begin{pmatrix} z \\ z^* \end{pmatrix}\right\rangle,$$

$$
|sz - rz^*\rangle \equiv \left| \begin{pmatrix} s & -r \\ -r^* & s^* \end{pmatrix} \begin{pmatrix} z \\ z^* \end{pmatrix} \right\rangle, \tag{8.2}
$$

这里 $\begin{pmatrix} s & -r \\ -r^* & s^* \end{pmatrix}$ 是一个辛群元素, $|s|^2 - |r|^2 = 1$, 用 $|0\rangle\langle 0| =: \exp(-a^\dagger a):$ 和 IWOP 技术, 以及 $\exp(\lambda a^\dagger a) =: [(\mathrm{e}^\lambda - 1) a^\dagger a]:$ 就可以算得

$$
\begin{aligned}
F &= \sqrt{s} \int \frac{\mathrm{d}^2 z}{\pi} : \exp\left[-|s|^2 |z|^2 + sza^\dagger + z^*\left(a - ra^\dagger\right) + \frac{r^* s}{2} z^2 + \frac{rs^*}{2} z^{*2} - a^\dagger a \right] : \\
&= \exp\left(-\frac{r}{2s^*} a^{\dagger 2} \right) \exp\left[\left(a^\dagger a + \frac{1}{2} \right) \ln \frac{1}{s^*} \right] \exp\left(\frac{r^*}{2s^*} a^2 \right),
\end{aligned} \tag{8.3}
$$

于是

$$
F^{-1} = \exp\left(\frac{-r^*}{2s^*} a^2 \right) \exp\left[\left(a^\dagger a + \frac{1}{2} \right) \ln s^* \right] \exp\left(\frac{r}{2s^*} a^{\dagger 2} \right). \tag{8.4}
$$

用 IWOP 技术及相干态的完备性可以导出 $\mathrm{e}^{\lambda a^\dagger a}$ 的反正规乘积展开公式, 即

$$
\mathrm{e}^{\lambda a^\dagger a} = \mathrm{e}^{-\lambda} \vdots \exp\left[\left(1 - \mathrm{e}^{-\lambda}\right) a a^\dagger \right] \vdots. \tag{8.5}
$$

所以 F^{-1} 的 P-表示为

$$
F^{-1} = \sqrt{s^*} \mathrm{e}^{-\ln s^*} \int \frac{\mathrm{d}^2 z}{\pi} \exp\left(\frac{-r^*}{2s^*} z^2 \right) \mathrm{e}^{\left(1 - \mathrm{e}^{-\ln s^*}\right)|z|^2} |z\rangle \langle z| \exp\left(\frac{r}{2s^*} z^{*2} \right). \tag{8.6}
$$

再用 IWOP 技术积分上式得

$$
\begin{aligned}
F^{-1} &= \frac{1}{\sqrt{s^*}} \int \frac{\mathrm{d}^2 z}{\pi} : \exp\left(\frac{-1}{s^*} |z|^2 - \frac{r^*}{2s^*} z^2 + \frac{r}{2s^*} z^{*2} + za^\dagger + z^* a - a^\dagger a \right) : \\
&= \frac{1}{\sqrt{s}} : \exp\left[\frac{r}{2s} a^{\dagger 2} - \frac{r^*}{2s} a^2 + \left(\frac{1}{s} - 1 \right) a^\dagger a \right] := F^\dagger.
\end{aligned} \tag{8.7}
$$

可见 F 是幺正的. 如通过下式来引入实数 A, D, B and C,

$$
s = \frac{1}{2}[A + D - \mathrm{i}(B - C)], \quad r = -\frac{1}{2}[A - D + \mathrm{i}(B + C)], \quad AD - BC = 1. \tag{8.8}
$$

于是式 (8.3) 变形为

$$F\left(\left(\begin{array}{cc}A & B\\ C & D\end{array}\right)\right)\equiv F(A,B,C,D)$$

$$=\sqrt{\frac{2}{A+D+\mathrm{i}(B-C)}}:\exp\left\{\frac{A-D+\mathrm{i}(B+C)}{2[A+D+\mathrm{i}(B-C)]}a^{\dagger 2}\right.$$

$$+\left[\frac{2}{A+D+\mathrm{i}(B-C)}-1\right]a^{\dagger}a$$

$$\left.-\frac{A-D-\mathrm{i}(B+C)}{2[A+D+i(B-C)]}a^{2}\right\}:. \tag{8.9}$$

将 F 作用于真空态, 得

$$F|0\rangle=\sqrt{\frac{2}{(B-C)-\mathrm{i}(A+D)}}\exp\left\{\frac{[-(B+C)-\mathrm{i}(A-D)]a^{\dagger 2}}{2[C-B+\mathrm{i}(A+D)]}\right\}|0\rangle, \tag{8.10}$$

这是一个压缩态. 根据式 (8.3) 算出 F 在相干态的矩阵元

$$\langle z'|F(A,B,C,D)|z\rangle=\sqrt{\frac{2}{A+D+\mathrm{i}(B-C)}}\exp\left\{\frac{A-D+\mathrm{i}(B+C)}{2[A+D+\mathrm{i}(B-C)]}z'^{*2}\right.$$

$$-\frac{A-D-\mathrm{i}(B+C)}{2[A+D+\mathrm{i}(B-C)]}z^{2}+\frac{2}{A+D+\mathrm{i}(B-C)}z'^{*}z$$

$$\left.-\frac{1}{2}\left(|z|^{2}+|z'|^{2}\right)\right\}. \tag{8.11}$$

再根据

$$\int\frac{\mathrm{d}^{2}z}{\pi}|z\rangle\langle z|=1, \tag{8.12}$$

计算 F 在坐标表象的矩阵元

$$\langle q'|F|q\rangle=\int\frac{\mathrm{d}^{2}z}{\pi}\langle q'|z\rangle\langle z|F\int\frac{\mathrm{d}^{2}z'}{\pi}|z'\rangle\langle z'|q\rangle. \tag{8.13}$$

用相干态的内积

$$\langle z|z'\rangle=\exp\left(-\frac{|z|^{2}}{2}-\frac{|z'|^{2}}{2}+z^{*}z'\right), \tag{8.14}$$

得

$$\langle z|\,F\,|z'\rangle=\sqrt{\frac{2}{A+D+\mathrm{i}\,(B-C)}}\exp\Big[-\frac{|z|^2}{2}-\frac{|z'|^2}{2}+\mu z^{*2}-\nu z'^2$$

$$+\frac{2z^*z'}{A+D+\mathrm{i}\,(B-C)}\Big]. \tag{8.15}$$

注意

$$|q\rangle=\pi^{-1/4}\exp\left(-\frac{q^2}{2}+\sqrt{2}qa^\dagger-\frac{a^{\dagger 2}}{2}\right)|0\rangle, \tag{8.16}$$

所以

$$\langle q|\,z\rangle=\pi^{-1/4}\exp\left(-\frac{q^2}{2}+\sqrt{2}qz-\frac{z^2}{2}-\frac{|z|^2}{2}\right). \tag{8.17}$$

把式 (8.17) 和式 (8.15) 代入到式 (8.13) 再对 $\mathrm{d}^2z\mathrm{d}^2z'$ 积分得到

$$\mathcal{K}\,(A,B,C,D;q',q)=\langle q'|\,F\,|q\rangle=\frac{1}{\sqrt{2\pi\mathrm{i}B}}\exp\left[\frac{\mathrm{i}}{2B}\left(Aq^2-2q'q+Dq'^2\right)\right]. \tag{8.18}$$

这正好是经典文献中光学菲涅耳积分变换的核, 可见式 (8.1) 确实是可以命名为量子光学菲涅耳算符, 这就说明了它的由来.

令 $z=(q+\mathrm{i}p)/\sqrt{2}$, 把 $|z\rangle$ 写成正则相干态

$$|z\rangle=\left|\begin{pmatrix}q\\p\end{pmatrix}\right\rangle=\exp\left[-\frac{1}{4}\left(q^2+p^2\right)+qP-pQ\right]|0\rangle, \tag{8.19}$$

的形式, F 则写为

$$F\left(\begin{pmatrix}A&B\\C&D\end{pmatrix}\right)=\frac{\sqrt{A+D-\mathrm{i}(B-C)}}{\sqrt{2}}\iint\frac{\mathrm{d}q\mathrm{d}p}{2\pi}$$

$$\times\left|\begin{pmatrix}A&B\\C&D\end{pmatrix}\begin{pmatrix}q\\p\end{pmatrix}\right\rangle\left\langle\begin{pmatrix}q\\p\end{pmatrix}\right|. \tag{8.20}$$

记住式 (8.20) 和式 (8.18) 是一一对应的.

8.2　柯林斯衍射公式的量子力学版本

柯林斯衍射公式在近轴透镜光学波传播和经典光学成像中有广泛的应用, 令实矩阵 $\begin{pmatrix} A & B \\ C & D \end{pmatrix}$ 代表成像仪器的参数, $AD-BC=1$, $f(q)$ 和 $g(q')$ 分别是输入和输出光信号, 则柯林斯衍射公式就是以积分核由式 (8.18) 给出的菲涅耳变换

$$g(q') = \frac{1}{\sqrt{2\pi \mathrm{i} B}} \int_{-\infty}^{+\infty} \exp\left[\frac{\mathrm{i}}{2B}\left(Aq^2 - 2qq' + Dq'^2\right)\right] f(q)\,\mathrm{d}q. \tag{8.21}$$

将其用狄拉克符号表示,

$$f(q) = \langle q|f\rangle, \quad g(q') = \langle q'|g\rangle, \quad F(A,B,C,D)\,|f\rangle = |g\rangle, \tag{8.22}$$

是态矢量 $|f\rangle$ 的菲涅耳变换, 那么

$$g(q') = \langle q'|g\rangle = \langle q'|\,F\,|f\rangle = \int_{-\infty}^{+\infty} \mathrm{d}q\,\langle q'|\,F\,|q\rangle\,\langle q|f\rangle, \tag{8.23}$$

$\langle q'|\,F\,|q\rangle$ 由式 (8.18) 给出. 这是柯林斯衍射公式的量子力学版本.

8.3　柯林斯衍射公式的逆

取式 (8.20) 的厄米共轭

$$F^{\dagger}\left(\begin{pmatrix} A & B \\ C & D \end{pmatrix}\right) = \frac{\sqrt{A+D+\mathrm{i}(B-C)}}{\sqrt{2}} \iint \frac{\mathrm{d}q\mathrm{d}p}{2\pi}$$

$$\times \left|\begin{pmatrix} q \\ p \end{pmatrix}\right\rangle \left\langle \begin{pmatrix} A & B \\ C & D \end{pmatrix}\begin{pmatrix} q \\ p \end{pmatrix}\right|$$

$$
\begin{aligned}
&= \frac{\sqrt{A+D+\mathrm{i}(B-C)}}{\sqrt{2}} \iint \frac{\mathrm{d}q\mathrm{d}p}{2\pi} \\
&\quad \times \left| \begin{pmatrix} A & B \\ C & D \end{pmatrix}^{-1} \begin{pmatrix} q \\ p \end{pmatrix} \right\rangle \left\langle \begin{pmatrix} q \\ p \end{pmatrix} \right| \\
&= F\left(\begin{pmatrix} D & -B \\ -C & A \end{pmatrix} \right),
\end{aligned} \tag{8.24}
$$

最后一步用了

$$
\begin{pmatrix} A & B \\ C & D \end{pmatrix}^{-1} = \begin{pmatrix} D & -B \\ -C & A \end{pmatrix}, \tag{8.25}
$$

和式 (8.20). 由于 $F^{\dagger} = F^{-1}$, 所以

$$
F^{-1}\left(\begin{pmatrix} A & B \\ C & D \end{pmatrix} \right) = F\left(\begin{pmatrix} A & B \\ C & D \end{pmatrix}^{-1} \right). \tag{8.26}
$$

$$
\begin{aligned}
F^{-1}(A,B,C,D) &= \frac{\sqrt{A+D+\mathrm{i}(B-C)}}{\sqrt{2}} \int \frac{\mathrm{d}q\mathrm{d}p}{2\pi} \\
&\quad \times \left| \begin{pmatrix} D & -B \\ -C & A \end{pmatrix} \begin{pmatrix} q \\ p \end{pmatrix} \right\rangle \left\langle \begin{pmatrix} q \\ p \end{pmatrix} \right|.
\end{aligned} \tag{8.27}
$$

于是参考式 (8.22) 可得柯林斯衍射公式的逆

$$
\langle q | f \rangle = \langle q | F^{-1} | g \rangle = \int_{-\infty}^{+\infty} \mathrm{d}q' \langle q | F \begin{pmatrix} D & -B \\ -C & A \end{pmatrix} | q' \rangle \langle q' | g \rangle . \tag{8.28}
$$

这意味着

$$
f(q) = \frac{1}{\sqrt{-2\pi\mathrm{i}B}} \int_{-\infty}^{+\infty} \exp\left[\frac{-\mathrm{i}}{2B} \left(Dq'^2 - 2q'q + Aq^2 \right) \right] g(q')\,\mathrm{d}q'. \tag{8.29}
$$

这是菲涅耳积分变换式 (8.21) 的逆运算, 即从输出信号 $g(q')$ 反求输入信号 $f(q)$.

8.4　菲涅耳算符的联合变换性质

用式 (8.1) 和 IWOP 技术我们可以导出两个菲涅耳算符的联合变换性质

$$
\begin{aligned}
F(r',s')F(r,s) &= \sqrt{ss'}\int\frac{\mathrm{d}^2z\mathrm{d}^2z'}{\pi^2}\left|s'z'-r'z'^*\right\rangle\left\langle z'\right|sz-rz^*\rangle\langle z| \\
&= \sqrt{ss'}\int\frac{\mathrm{d}^2z\mathrm{d}^2z'}{\pi^2}\exp\left[-\frac{1}{2}\left(|s'z-r'z^*|^2+|z|^2\right.\right. \\
&\quad \left.\left.+|sz'-rz'^*|^2+|z'|^2\right)+z^*(sz'-rz'^*)\right] \\
&\quad \times:\exp\left[(s'z-r'z^*)a^\dagger+z'^*a-a^\dagger a\right]: \\
&= \frac{1}{\sqrt{s'^*s^*+r'^*r}}\exp\left[-\frac{r's^*+rs'}{2(s'^*s^*+r'^*r)}a^{\dagger 2}\right] \\
&\quad \times:\exp\left[\left(\frac{1}{s'^*s^*+r'^*r}-1\right)a^\dagger a\right]: \\
&\quad \times\exp\left[\frac{r^*(s^*s'^*+r'^*r)+r'^*}{2s^*(s'^*s^*+r'^*r)}a^2\right].
\end{aligned}
\tag{8.30}
$$

令 $s''=ss'+r'r^*$, $r''=rs'+r's^*$, 上式变为

$$
\begin{aligned}
F(r',s')F(r,s) &= \frac{1}{\sqrt{s''^*}}\exp\left(-\frac{r''}{2s''^*}a^{\dagger 2}\right):\exp\left[\left(\frac{1}{s''^*}-1\right)a^\dagger a\right]:\exp\left(\frac{r''^*}{2s''^*}a^2\right) \\
&= \exp\left(-\frac{r''}{2s''^*}a^{\dagger 2}\right)\exp\left[\left(a^\dagger a+\frac{1}{2}\right)\ln\frac{1}{s''^*}\right]\exp\left(\frac{r''^*}{2s''^*}a^2\right),
\end{aligned}
\tag{8.31}
$$

注意恰好有

$$
\begin{pmatrix} s'' & -r'' \\ -r^{*\prime\prime} & s^{*\prime\prime} \end{pmatrix}=\begin{pmatrix} s' & -r' \\ -r'^* & s'^* \end{pmatrix}\begin{pmatrix} s & -r \\ -r^* & s^* \end{pmatrix},\quad |s''|^2-|r''|^2=1,
$$

或

$$\begin{pmatrix} A'' & B'' \\ C'' & D'' \end{pmatrix} = \begin{pmatrix} A' & B' \\ C' & D' \end{pmatrix} \begin{pmatrix} A & B \\ C & D \end{pmatrix}$$

$$= \begin{pmatrix} A'A + B'C & A'B + B'D \\ C'A + D'C & C'B + D'D \end{pmatrix}, \quad A''D'' - B''C'' = 1, \tag{8.32}$$

因此

$$F(r', s') F(r, s) = \sqrt{s''} \int \frac{\mathrm{d}^2 z}{\pi} \left| s''^* z - r'' z^* \right\rangle \langle z| = F(A'', B'', C'', D''),$$

$$\det \begin{pmatrix} A'' & B'' \\ C'' & D'' \end{pmatrix} = 1. \tag{8.33}$$

所以两个菲涅耳算符的联合变换仍是一个菲涅耳算符, 故有

$$F(A, B, C, D) F(A', B', C', D') = \sqrt{s''} \int \frac{\mathrm{d}^2 z}{\pi} \left| s''^* z - r'' z^* \right\rangle \langle z|$$
$$= F(A'', B'', C'', D''). \tag{8.34}$$

这是两个辛群元素乘法的映射.

8.5 经典光学算符方法和菲涅耳算符的分解

在经典光学中人们研究各种光学变换常用所谓的光学算符方法, 例如光线在光学仪器中的传播和衍射可以用光学算符的交换关系和排序来讨论, 人们也定义了正交相算符、标度算符、傅里叶变换算符和自由空间传播算符. 本节中我们要

指出, 这些算符都可以纳入菲涅耳算符理论, 它们是菲涅耳算符的特例, 相应于光线转移矩阵 $\begin{pmatrix} A & B \\ C & D \end{pmatrix}$ 的各种分解. 例如,

$$\begin{pmatrix} A & B \\ C & D \end{pmatrix} = \begin{pmatrix} 1 & 0 \\ C/A & 1 \end{pmatrix}\begin{pmatrix} A & 0 \\ 0 & A^{-1} \end{pmatrix}\begin{pmatrix} 1 & B/A \\ 0 & 1 \end{pmatrix}, \tag{8.35}$$

从式 (8.20) 看就有如下映射

$$\begin{aligned} \begin{pmatrix} 1 & 0 \\ C/A & 1 \end{pmatrix} \mapsto F(1,0,C/A) &= \frac{\sqrt{2+\mathrm{i}C/A}}{2\sqrt{2}\pi}\iint \mathrm{d}q\mathrm{d}p \\ &\quad \times \left|\begin{pmatrix} 1 & 0 \\ C/A & 1 \end{pmatrix}\begin{pmatrix} q \\ p \end{pmatrix}\right\rangle\left\langle\begin{pmatrix} q \\ p \end{pmatrix}\right| \\ &= \exp\left(\frac{\mathrm{i}C}{2A}Q^2\right), \end{aligned} \tag{8.36}$$

这就是所谓的正交相算符; $[Q,P]=\mathrm{i}$, 而映射

$$\begin{aligned} \begin{pmatrix} 1 & B/A \\ 0 & 1 \end{pmatrix} \mapsto F(1,B/A,0) &= \frac{\sqrt{2-\mathrm{i}B/A}}{2\sqrt{2}\pi}\int \mathrm{d}x\mathrm{d}p \\ &\quad \times \left|\begin{pmatrix} 1 & B/A \\ 0 & 1 \end{pmatrix}\begin{pmatrix} x \\ p \end{pmatrix}\right\rangle\left\langle\begin{pmatrix} x \\ p \end{pmatrix}\right| \\ &= \exp\left(-\frac{\mathrm{i}B}{2A}P^2\right), \end{aligned} \tag{8.37}$$

即为自由空间传播算符; 以及

$$\begin{pmatrix} A & 0 \\ 0 & A^{-1} \end{pmatrix} \mapsto F(A,0,0) = \frac{\sqrt{A+A^{-1}}}{2\sqrt{2}\pi}\iint \mathrm{d}q\mathrm{d}p$$

$$\times\left|\begin{pmatrix} A & 0 \\ 0 & A^{-1} \end{pmatrix}\begin{pmatrix} q \\ p \end{pmatrix}\right\rangle\left\langle\begin{pmatrix} q \\ p \end{pmatrix}\right|$$

$$= \exp\left[-\frac{\mathrm{i}}{2}(QP+PQ)\ln A\right], \tag{8.38}$$

是标度算符. 所以对应式 (8.35) 就有菲涅耳算符的分解

$$F\left(\begin{pmatrix} A & B \\ C & D \end{pmatrix}\right) = \exp\left(\frac{\mathrm{i}C}{2A}Q^2\right)\exp\left[-\frac{\mathrm{i}}{2}(QP+PQ)\ln A\right]\exp\left(-\frac{\mathrm{i}B}{2A}P^2\right). \tag{8.39}$$

8.6 菲涅耳算符的另类分解

如果我们想把菲涅耳算符分解为正交相算符、标度算符和转动算符, 则相应的 $\begin{pmatrix} A & B \\ C & D \end{pmatrix}$ 分解又不同, 具体做法如下. 由

$$\begin{pmatrix} A & B \\ C & D \end{pmatrix}\begin{pmatrix} \cos\theta & \sin\theta \\ -\sin\theta & \cos\theta \end{pmatrix} = \begin{pmatrix} A\cos\theta - B\sin\theta & A\sin\theta + B\cos\theta \\ C\cos\theta - D\sin\theta & C\sin\theta + D\cos\theta \end{pmatrix}, \tag{8.40}$$

让其右上矩阵元为零, $A\sin\theta + B\cos\theta = 0$, 从而确定 θ 为

$$\cos\theta = \frac{A}{\sqrt{A^2+B^2}}, \quad \sin\theta = -\frac{B}{\sqrt{A^2+B^2}}, \tag{8.41}$$

所以

$$\begin{pmatrix} A & B \\ C & D \end{pmatrix}\begin{pmatrix} \cos\theta & \sin\theta \\ -\sin\theta & \cos\theta \end{pmatrix} = \begin{pmatrix} \sqrt{A^2+B^2} & 0 \\ \dfrac{CA+DB}{\sqrt{A^2+B^2}} & \dfrac{1}{\sqrt{A^2+B^2}} \end{pmatrix}. \tag{8.42}$$

进一步分解

$$\begin{pmatrix} \sqrt{A^2+B^2} & 0 \\ \dfrac{CA+DB}{\sqrt{A^2+B^2}} & \dfrac{1}{\sqrt{A^2+B^2}} \end{pmatrix} = \begin{pmatrix} 1 & 0 \\ \dfrac{CA+DB}{A^2+B^2} & 1 \end{pmatrix} \times \begin{pmatrix} \sqrt{A^2+B^2} & 0 \\ 0 & \dfrac{1}{\sqrt{A^2+B^2}} \end{pmatrix}. \tag{8.43}$$

最终得

$$\begin{pmatrix} A & B \\ C & D \end{pmatrix} = \begin{pmatrix} 1 & 0 \\ \dfrac{CA+DB}{A^2+B^2} & 1 \end{pmatrix} \begin{pmatrix} \sqrt{A^2+B^2} & 0 \\ 0 & \dfrac{1}{\sqrt{A^2+B^2}} \end{pmatrix} \times \begin{pmatrix} \cos\theta & -\sin\theta \\ \sin\theta & \cos\theta \end{pmatrix}. \tag{8.44}$$

对应此矩阵分解的菲涅耳算符的分拆为

$$F(A,B,C) = F_1\left(1,0,\frac{CA+DB}{A^2+B^2}\right) F_2\left(\sqrt{A^2+B^2},0,0\right) \times F_3(\cos\theta,\sin\theta,-\sin\theta), \tag{8.45}$$

这里 F_1 是二次相算符

$$\begin{aligned} F_1\left(1,0,\frac{CA+DB}{A^2+B^2}\right) &= \sqrt{\frac{2(A^2+B^2)}{2(A^2+B^2)-\mathrm{i}(CA+DB)}} \\ &\quad \times : \exp\left[\frac{\mathrm{i}(CA+DB)}{2(A^2+B^2)-\mathrm{i}(CA+DB)} \frac{(a^{\dagger 2}+2a^\dagger a+a^2)}{2}\right] : \\ &= \exp\left[\frac{\mathrm{i}(CA+DB)}{2(A^2+B^2)} Q^2\right], \end{aligned} \tag{8.46}$$

上述推导在最后一步用了恒等式

$$\mathrm{e}^{\lambda Q^2} = \frac{1}{\sqrt{1-\lambda}} : \exp\left(\frac{\lambda}{1-\lambda} Q^2\right) : . \tag{8.47}$$

F_2 是压缩算符 (也称为标度算式).

$$F\left(\sqrt{A^2+B^2},0,0\right)=\operatorname{sech}^{1/2}\sigma\colon \exp\left[\frac{1}{2}a^{\dagger 2}\tanh\sigma+(\operatorname{sech}\sigma-1)\,a^{\dagger}a\right.$$
$$\left.-\frac{1}{2}a^2\tanh\sigma\right]\colon$$
$$=\exp\left[-\frac{\mathrm{i}}{2}(QP+PQ)\ln\sqrt{A^2+B^2}\right],\tag{8.48}$$

其中 $\sqrt{A^2+B^2}\equiv \mathrm{e}^{\sigma}$, $\dfrac{1-A^2+B^2}{1+A^2+B^2}=\tanh\sigma$. 而 F_3 是分数 Fourier 变换算符 (转动算符).

$$F\left(\frac{A}{\sqrt{A^2+B^2}},\frac{B}{\sqrt{A^2+B^2}},\frac{-B}{\sqrt{A^2+B^2}}\right)$$
$$=\sqrt{\frac{\sqrt{A^2+B^2}}{A+\mathrm{i}B}}\colon \exp\left[\left(\frac{\sqrt{A^2+B^2}}{A+\mathrm{i}B}-1\right)a^{\dagger}a\right]\colon$$
$$=\mathrm{e}^{\mathrm{i}\theta/2}\mathrm{e}^{\mathrm{i}\theta a^{\dagger}a},\tag{8.49}$$

这是因为

$$\exp\left[\frac{\mathrm{i}\left(q^2+p^2\right)}{2\tan\theta}-\frac{\mathrm{i}qp}{\sin\theta}\right]=\sqrt{2\pi\mathrm{i}\sin\theta\mathrm{e}^{-\mathrm{i}\theta}}\,\langle p|\,\mathrm{e}^{\mathrm{i}\left(\frac{\pi}{2}-\theta\right)a^{\dagger}a}\,|q\rangle\tag{8.50}$$

是分数 Fourier 变换积分核 ($\langle p|$ 共轭于 $|q\rangle$). 所以 $F(A,B,C)$ 有新分拆

$$F(A,B,C)=\mathrm{e}^{\mathrm{i}\theta/2}\exp\left[\frac{\mathrm{i}(CA+DB)}{2\left(A^2+B^2\right)}Q^2\right]$$
$$\times\exp\left[-\frac{\mathrm{i}}{2}(QP+PQ)\ln\sqrt{A^2+B^2}\right]\mathrm{e}^{\mathrm{i}\theta a^{\dagger}a},\tag{8.51}$$

其中 $\theta=\arg\tan(-\dfrac{B}{A})$. 用式 (8.51) 和

$$\mathrm{e}^{\mathrm{i}\frac{\lambda}{2}(QP+PQ)}=\int\frac{\mathrm{d}q}{\sqrt{\mu}}\left|\frac{q}{\mu}\right\rangle\langle q|\quad(\mu=\mathrm{e}^{\lambda}),\tag{8.52}$$

我们可以直接导出

$$\begin{aligned}\langle q'|\,F(A,B,C)\,|n\rangle &= \mathrm{e}^{\mathrm{i}\theta/2}\mathrm{e}^{\frac{\mathrm{i}(CA+DB)}{2(A^2+B^2)}q'^2}\,\mathrm{e}^{\mathrm{i}\theta n}\langle q'|\exp\left[-\frac{\mathrm{i}}{2}(XP+PX)\right.\\&\quad\left.\times\ln\sqrt{A^2+B^2}\right]|n\rangle\\&=\frac{1}{(A^2+B^2)^{1/4}}\mathrm{e}^{\mathrm{i}\theta/2}\exp\left[\frac{\mathrm{i}(CA+DB)}{2(A^2+B^2)}q'^2\right]\mathrm{e}^{\mathrm{i}\theta n}\left\langle\frac{q'}{\sqrt{A^2+B^2}}\right|\,|n\rangle\\&=\left[\pi(A^2+B^2)\right]^{-1/4}\mathrm{e}^{\mathrm{i}\theta/2}\exp\left[\frac{\mathrm{i}(CA+DB)}{2(A^2+B^2)}q'^2\right]\mathrm{e}^{\mathrm{i}\theta n}\\&\quad\times\exp\left[\frac{-q'^2}{2(A^2+B^2)}\right]\mathrm{H}_n\left(\frac{q'}{\sqrt{A^2+B^2}}\right)\frac{1}{\sqrt{2^n n!}}.\end{aligned}\tag{8.53}$$

这里 $|n\rangle$ 是数态. 再用公式

$$\sum_{n=0}^{+\infty}\frac{t^n}{2^n n!}\mathrm{H}_n(x_1)\,\mathrm{H}_n(x_2)=\frac{1}{\sqrt{1-t^2}}\exp\left[\frac{t^2(x_1^2+x_2^2)-2tx_1x_2}{t^2-1}\right],\tag{8.54}$$

及式 (8.53), 就得

$$\begin{aligned}\langle q'|\,F(A,B,C)\,|q\rangle &= \sum_n\langle q'|\,F(A,B,C)\,|n\rangle\langle n|\,q\rangle\\&=\left[\pi^2(A^2+B^2)\right]^{-1/4}\mathrm{e}^{\mathrm{i}\theta/2}\exp\left[\frac{\mathrm{i}(CA+DB)}{2(A^2+B^2)}q'^2\right]\\&\quad\times\exp\left[\frac{-q^2}{2}-\frac{q'^2}{2}(A^2+B^2)\right]\\&\quad\times\sum_n\frac{1}{2^n n!}\mathrm{e}^{\mathrm{i}\theta n}\mathrm{H}_n\left(\frac{q'}{\sqrt{A^2+B^2}}\right)\mathrm{H}_n(q)\\&=\left[\pi^2(A^2+B^2)\right]^{-1/4}\mathrm{e}^{\mathrm{i}\theta/2}\exp\left(\frac{\mathrm{i}(CA+DB)}{2(A^2+B^2)}q'^2\right)\\&\quad\times\exp\left[\frac{-q^2}{2}-\frac{q'^2}{2}(A^2+B^2)\right]\frac{1}{\sqrt{1-\mathrm{e}^{2\mathrm{i}\theta}}}\end{aligned}$$

$$\times \exp\left[\frac{\mathrm{e}^{2\mathrm{i}\theta}\left(\dfrac{q^2+q'^2}{A^2+B^2}\right)-2\mathrm{e}^{\mathrm{i}\theta}\dfrac{q'q}{\sqrt{A^2+B^2}}}{\mathrm{e}^{2\mathrm{i}\theta}-1}\right]$$

$$=\frac{1}{\sqrt{2\pi\mathrm{i}B}}\exp\left[\frac{\mathrm{i}}{2B}\left(Aq^2-2q'q+Dq'^2\right)\right]. \tag{8.55}$$

正好是菲涅耳积分核.

8.7 柯林斯公式的乘法规则

由菲涅耳算符的乘法规律式 (8.34) 我们立即得到

$$\begin{aligned}\mathcal{K}(A'',B'',C'',D'';q_2,q_1)&=\langle q_2|\,F(A'',B'',C'',D'')\,|q_1\rangle\\&=\int_{-\infty}^{+\infty}\mathrm{d}q_3\,\langle q_2|\,F(A,B,C,D)\,|q_3\rangle\\&\quad\times\langle q_3|\,F(A',B',C'',D')\,|q_1\rangle\\&=\int_{-\infty}^{+\infty}\mathrm{d}q_3\mathcal{K}(A,B,C,D;q_2,q_3)\\&\quad\times\mathcal{K}(A',B',C',D';q_3,q_1),\end{aligned}\tag{8.56}$$

由此我们立即可以得到两个连着的菲涅耳变换的性质 (或两个柯林斯公式的乘法规则).

也就是说, 当我们考虑输入光信号 $f(q)$ 经过由 $\begin{pmatrix}A & B\\ C & D\end{pmatrix}$ 参数代表的仪器成像为输出信号 $g(q')$ 后, 输出与输入由式 (8.21) 相联系；当光场 $g(q')$ 再经历

由 $\begin{pmatrix} A' & B' \\ C' & D' \end{pmatrix}$ 参数代表的另一成像仪器，输出信号 $h(q'')$ 由下式决定

$$h(q'') = \frac{1}{\sqrt{2\pi \mathrm{i} B'}} \int_{-\infty}^{+\infty} \exp\left[\frac{\mathrm{i}}{2B'}\left(A' q'^2 - 2q'q'' + D' q''^2\right)\right] g(q')\,\mathrm{d}q' \tag{8.57}$$

那么根据式 (8.31) 和式 (8.32) 可知两次接连变换的结果等价于一个单一的联系 $f(x)$ 和 $h(x'')$ 的积分变换

$$\begin{aligned} h(q'') &= \frac{1}{\sqrt{2\pi \mathrm{i} B'}} \int_{-\infty}^{+\infty} \exp\left[\frac{\mathrm{i}}{2B'}\left(A' q'^2 - 2q'q'' + D' q''^2\right)\right] \\ &\quad \times \frac{1}{\sqrt{2\pi \mathrm{i} B}} \int_{-\infty}^{+\infty} \exp\left[\frac{\mathrm{i}}{2B}\left(A q^2 - 2q'q + D q'^2\right)\right] f(q)\,\mathrm{d}q\mathrm{d}q' \\ &= \frac{1}{\sqrt{2\pi \mathrm{i}(A'B + B'D)}} \int_{-\infty}^{+\infty} \exp\left\{\frac{\mathrm{i}}{2(A'B + B'D)}\left[(A'A + B'C) q^2\right.\right. \\ &\quad \left.\left. - 2q''q + (C'B + D'D) q'^2\right]\right\} f(q)\,\mathrm{d}q, \end{aligned} \tag{8.58}$$

这是柯林斯公式的乘法定理, 实际上我们是用量子光学的办法导出的.

由于

$$\begin{pmatrix} A'A + B'C & A'B + B'D \\ C'A + D'C & C'B + D'D \end{pmatrix}^{-1} = \begin{pmatrix} C'B + D'D & -(A'B + B'D) \\ -(C'A + D'C) & A'A + B'C \end{pmatrix}. \tag{8.59}$$

所以对照式 (8.29) 可知式 (8.58) 的逆变换是

$$\begin{aligned} f(q) &= \frac{1}{\sqrt{-2\pi \mathrm{i}(A'B + B'D)}} \int_{-\infty}^{+\infty} \exp\left\{\frac{-\mathrm{i}}{2(A'B + B'D)}\left[(C'B + D'D) q''^2\right.\right. \\ &\quad \left.\left. - 2q''q + (A'A + B'C) q^2\right]\right\} h(q'')\,\mathrm{d}q''. \end{aligned} \tag{8.60}$$

鉴于菲涅耳变换在傅里叶光学 (光学成像、传播、光学工程和光学仪器设计)中有广泛的应用, 用量子光学的办法去深入研究它是值得关注的动向.

8.8 $\exp\left\{\frac{\mathrm{i}}{2}\left[\alpha P^2+\beta Q^2+\gamma\left(PQ+QP\right)\right]\right\}$ 作为菲涅耳算符

在本节中我们要指出一般紧致形式的幺正指数算符

$$U_1 \equiv \exp\left\{\frac{-\mathrm{i}}{2}\left[\alpha P_1^2+\beta Q_1^2+\gamma\left(P_1Q_1+Q_1P_1\right)\right]\right\}, \tag{8.61}$$

其中 α,β 与 γ 是实数, 可以纳入菲涅耳算符的范畴, 而 $U_1|0\rangle$ 是一个压缩态. 指数算符 U_1 的正规乘积展开可以用菲涅耳算符理论来得到. 具体做法如下：

由于菲涅耳算符 F 引起的变换为

$$F^{-1}\begin{pmatrix} Q_1 \\ P_1 \end{pmatrix}F=\begin{pmatrix} A & B \\ C & D \end{pmatrix}\begin{pmatrix} Q_1 \\ P_1 \end{pmatrix},\quad Q_1=\frac{a^\dagger+a}{\sqrt{2}},\quad P_1=\frac{a-a^\dagger}{\sqrt{2}\mathrm{i}}, \tag{8.62}$$

而从贝克–豪斯多夫 (Baker-Hausdorff)公式

$$\mathrm{e}^A B\mathrm{e}^{-A}=B+[A,B]+\frac{1}{2!}[A,[A,B]]+\frac{1}{3!}[A,[A,[A,B]]]+\cdots, \tag{8.63}$$

我们导出 U_1 引起的变换为

$$\begin{aligned} U_1^{-1}Q_1U_1 &= Q_1+\frac{\mathrm{i}}{2}\left[\alpha P_1^2+\gamma\left(P_1Q_1+Q_1P_1\right),Q_1\right]+\frac{1}{2!}+\cdots+\frac{1}{3!}\cdots \\ &= Q+\alpha P+\gamma Q+\frac{1}{2!}\left[\frac{-\mathrm{i}}{2}\left[\alpha P^2+\beta Q^2+\gamma\left(PQ+QP\right)\right],\alpha P+\gamma Q\right] \\ &\quad +\frac{1}{3!}\cdots \\ &= Q_1\cosh\lambda-\frac{\alpha}{\lambda}\left(P_1+\frac{\gamma}{\alpha}Q_1\right)\sinh\lambda, \end{aligned} \tag{8.64}$$

以及

$$U^{-1}PU=P\cosh\lambda+\frac{1}{\lambda}\left(\gamma P+\beta Q\right)\sinh\lambda, \tag{8.65}$$

其中

$$\lambda=\sqrt{\gamma^2-\alpha\beta}. \tag{8.66}$$

把它们用矩阵表示

$$U_1^{-1}\begin{pmatrix} Q_1 \\ P_1 \end{pmatrix} U_1 = \begin{pmatrix} \mathrm{A} & \mathrm{B} \\ \mathrm{C} & \mathrm{D} \end{pmatrix}\begin{pmatrix} Q_1 \\ P_1 \end{pmatrix},$$

$$\begin{pmatrix} \mathrm{A} & \mathrm{B} \\ \mathrm{C} & \mathrm{D} \end{pmatrix} = \begin{pmatrix} \cosh\lambda - \dfrac{\gamma\sinh\lambda}{\lambda} & -\dfrac{\alpha\sinh\lambda}{\lambda} \\ \dfrac{\beta\sinh\lambda}{\lambda} & \cosh\lambda + \dfrac{\gamma\sinh\lambda}{\lambda} \end{pmatrix}. \tag{8.67}$$

这里 $\det\begin{pmatrix} \mathrm{A} & \mathrm{B} \\ \mathrm{C} & \mathrm{D} \end{pmatrix} = 1$, 与式 (8.62) 比较可以认定 U_1 为一个菲涅耳算符,

$$U_1 = \exp\left(-\frac{r'}{2s'^*}a^{\dagger 2}\right)\exp\left[\left(a^\dagger a + \frac{1}{2}\right)\ln\frac{1}{s'^*}\right]\exp\left(\frac{r'^*}{2s'^*}a^2\right), \tag{8.68}$$

其中

$$s' = \frac{1}{2}\left[\mathrm{A}+\mathrm{D}-\mathrm{i}\left(\mathrm{B}-\mathrm{C}\right)\right] = \cosh\lambda + \mathrm{i}\frac{\sinh\lambda}{\lambda}\frac{\alpha+\beta}{2} \tag{8.69}$$

$$r' = -\frac{1}{2}\left[\left(\mathrm{A}-\mathrm{D}\right)+\mathrm{i}\left(\mathrm{B}+\mathrm{C}\right)\right] = \frac{\sinh\lambda}{\lambda}\left[\gamma + \mathrm{i}\frac{(\alpha-\beta)}{2}\right] \tag{8.70}$$

根据分解式

$$\begin{pmatrix} \mathrm{A} & \mathrm{B} \\ \mathrm{C} & \mathrm{D} \end{pmatrix} = \begin{pmatrix} 1 & 0 \\ \mathrm{C/A} & 1 \end{pmatrix}\begin{pmatrix} \mathrm{A} & 0 \\ 0 & \mathrm{A}^{-1} \end{pmatrix}\begin{pmatrix} 1 & \mathrm{B/A} \\ 0 & 1 \end{pmatrix} \tag{8.71}$$

得 U_1 的分拆

$$\begin{aligned} U_1 &= \exp\left\{\frac{-\mathrm{i}}{2}\left[\alpha P_1^2 + \beta Q_1^2 + \gamma\left(P_1Q_1 + Q_1P_1\right)\right]\right\} \\ &= \exp\left[\frac{\mathrm{i}\beta\sinh\lambda}{2\left(\lambda\cosh\lambda - \gamma\sinh\lambda\right)}Q^2\right]\exp\left[-\frac{\mathrm{i}}{2}\left(PQ+QP\right)\ln\left(\cosh\lambda - \frac{\gamma\sinh\lambda}{\lambda}\right)\right] \\ &\quad\times\exp\left[\frac{\mathrm{i}\alpha\sinh\lambda}{2\left(\lambda\cosh\lambda - \gamma\sinh\lambda\right)}P^2\right]. \end{aligned} \tag{8.72}$$

现在我们就知道如何方便地求当哈密顿量为

$$H=\frac{1}{2}\left[\alpha P_1^2+\beta Q_1^2+\gamma\left(P_1Q_1+Q_1P_1\right)\right], \tag{8.73}$$

情形下的量子态的演化规律了.

8.9 柯林斯衍射公式与量子层析函数的关系

经典光学的所谓层析成像技术是指可以从一个三维客体导出二维数据以成就一张窥探物体内部结构的切片像, 而不破坏此物体. 量子层析技术是指通过威格纳准几率分布重建量子态 (密度算符 ρ)的量子层析函数 (Tomogram), 现在这业已成为表征光的量子性质的标准手段.

虽然一个量子态的威格纳函数不能被直接认定是几率密度, 它的所有边缘分布却可以被认作是. 考察边缘分布意指沿着相空间各个不同方向的测量, 对于每一投影方向, 可得几率密度在此方向的边缘分布的测量值. 一组这样的边缘分布值提供了关于量子态的总体信息, 帮助我们重建量子态和威格纳函数. 换言之, 一旦我们知道了与场的不同的正交分量相伴的所有边缘分布, 即在各个竖直 (投影)平面上的威格纳函数, 我们就能重建密度算符的威格纳函数. 数学手段是用逆拉东变换.

在量子光学理论中, 光场振动模的正交分量 (称为正交相)是 X 和 P, $X=\left(a+a^{\dagger}\right)/\sqrt{2}, P$ 与 X 共轭, $DX-BP$ (D , B 为实数, $[X,P]=\mathrm{i}\hbar$)代表了 X 和 P 的所有线性组合, 它可以借助于改变本地振荡的相用外差式测量测得. 对于一个固定的本地振荡的相, 随机所测值的平均值与威格纳函数的边缘分布有关, 于是光场的外差式测量使得以改变本地振荡的相来重建量子系统的威格纳函数成为可能.

在本节中我们要揭示量子态 $|\psi\rangle$ 的量子层析函数和柯林斯衍射积分公式的一

个重要关系. 我们将指出前者恰好是 $\psi(x)$ 的菲涅耳变换函数的模平方, 而此变换是通过柯林斯公式完成的 . 换言之, 柯林斯公式的应用可以扩展到导出各种量子态的量子层析函数.

8.9.1 经菲涅耳变换的正交相的本征态

将菲涅耳算符作用于正交相 $X = \left(a + a^{\dagger}\right)/\sqrt{2}$ 的本征态 $|x\rangle$,

$$|x\rangle = \pi^{-1/4} \exp\left(-\frac{1}{2}x^2 + \sqrt{2}xa^{\dagger} - \frac{a^{\dagger 2}}{2}\right)|0\rangle, \quad X|x\rangle = x|x\rangle, \tag{8.74}$$

用式 (8.1) 我们计算

$$\begin{aligned} F(s,r)|x\rangle &= \sqrt{s}\int \frac{\mathrm{d}^2 z}{\pi} |sz - rz^*\rangle \langle z|\, x\rangle \\ &= \pi^{-1/4}\sqrt{s}\int \frac{\mathrm{d}^2 z}{\pi} \exp\left[-\frac{1}{2}|sz - rz^*|^2 + (sz - rz^*)a^{\dagger}\right]|0\rangle \\ &\quad \times \exp\left(-\frac{x^2}{2} + \sqrt{2}xz^* - \frac{z^{*2}}{2} - \frac{|z|^2}{2}\right) \\ &\equiv |x\rangle_{s,r}, \end{aligned} \tag{8.75}$$

其中

$$|x\rangle_{s,r} \equiv \frac{1}{\pi^{1/4}\sqrt{s^* + r^*}} \exp\left(-\frac{s^* - r^*}{s^* + r^*}\frac{x^2}{2} + \frac{\sqrt{2}x}{s^* + r^*}a^{\dagger} - \frac{s + r}{s^* + r^*}\frac{a^{\dagger 2}}{2}\right)|0\rangle. \tag{8.76}$$

用 IWOP 技术并注意

$$\frac{1}{|s + r|^2} = \frac{s^* - r^*}{2(r^* + s^*)} + \frac{s - r}{2(r + s)}, \tag{8.77}$$

我们可证 $|x\rangle_{s,r}$ 形成一个完备集 (称为 tomography 表象)

$$\int_{-\infty}^{+\infty} \mathrm{d}x\, |x\rangle_{s,r\;s,r}\langle x| = \int_{-\infty}^{+\infty} \frac{\mathrm{d}x}{|s + r|\sqrt{\pi}} :\exp\left[-\left(\frac{s^* - r^*}{s^* + r^*} + \frac{s - r}{s + r}\right)\frac{x^2}{2} - a^{\dagger}a\right.$$

$$+\sqrt{2}x\left(\frac{a^\dagger}{s^*+r^*}+\frac{a}{s+r}\right)-\frac{s+r}{s^*+r^*}\frac{a^{\dagger 2}}{2}-\frac{s^*+r^*}{s+r}\frac{a^2}{2}\Bigg]:$$

$$=\int_{-\infty}^{+\infty}\frac{\mathrm{d}x}{|s+r|\sqrt{\pi}}:\ \exp\left[-\frac{1}{|s+r|^2}\left(x\right.\right.$$

$$\left.\left.-\frac{s^*a+ra^\dagger+sa^\dagger+r^*a}{\sqrt{2}}\right)^2\right]:$$

$$=1, \tag{8.78}$$

从式 (8.76) 得出

$$a\,|x\rangle_{s,r}=\left(\frac{\sqrt{2}x}{s^*+r^*}-\frac{s+r}{s^*+r^*}a^\dagger\right)|x\rangle_{s,r}\,, \tag{8.79}$$

故有

$$\left[(s^*+r^*)\,a+(s+r)\,a^\dagger\right]|x\rangle_{s,r}=\sqrt{2}x\,|x\rangle_{s,r}\,. \tag{8.80}$$

考虑到 $X=\frac{a+a^\dagger}{\sqrt{2}}, P=\mathrm{i}\frac{a^\dagger-a}{\sqrt{2}}$ 以及 $s^*+r^*=D+\mathrm{i}B,\ s^*-r^*=A-\mathrm{i}C$, 我们可以把上式化为

$$(DX-BP)\,|x\rangle_{D,B}=x\,|x\rangle_{D,B}\,. \tag{8.81}$$

而 $|x\rangle_{s,r}$ 可重新表示为

$$|x\rangle_{D,B}=\frac{\pi^{-1/4}}{\sqrt{D+\mathrm{i}B}}\exp\left(-\frac{A-\mathrm{i}C}{D+\mathrm{i}B}\frac{x^2}{2}+\frac{\sqrt{2}x}{D+\mathrm{i}B}a^\dagger-\frac{D-\mathrm{i}B}{D+\mathrm{i}B}\frac{a^{\dagger 2}}{2}\right)|0\rangle\,. \tag{8.82}$$

完备性关系改写为

$$1=\frac{1}{\sqrt{D^2+B^2}}\int_{-\infty}^{+\infty}\frac{\mathrm{d}x}{\sqrt{\pi}}:\ \exp\left[-\frac{1}{D^2+B^2}\left(x-DX+BP\right)^2\right]:, \tag{8.83}$$

又从

$$FXF^\dagger=DX-BP, \tag{8.84}$$

可知 $|x\rangle_{D,B}=F\,(A,B,C,D)\,|x\rangle$ 是经菲涅耳变换的正交相 (称为菲涅耳正交相)的本征态.

8.9.2 $|x\rangle_{D,BD,B}\langle x|$ 作为威格纳算符的拉东变换

另一方面, 按照外尔量子化规则

$$H(X,P)=\int_{-\infty}^{+\infty}\mathrm{d}p\mathrm{d}x\,\Delta(x,p)\,h(x,p),\tag{8.85}$$

其中, $h(x,p)$ 是 $H(X,P)$ 的经典外尔对应 , $\Delta(x,p)$ 是威格纳算符

$$\Delta(x,p)=\frac{1}{2\pi}\int_{-\infty}^{+\infty}\mathrm{d}u\mathrm{e}^{ipu}\left|x+\frac{u}{2}\right\rangle\left\langle x-\frac{u}{2}\right|.\tag{8.86}$$

投影算符 $|x\rangle_{D,BD,B}\langle x|$ 的经典外尔对应是

$$\begin{aligned}2\pi\,\mathrm{tr}\left[\Delta(x',p')\,|x\rangle_{D,BD,B}\langle x|\right]&={}_{D,B}\langle x|\int_{-\infty}^{+\infty}\mathrm{d}u\mathrm{e}^{\mathrm{i}p'u}\left|x'+\frac{u}{2}\right\rangle\left\langle x'-\frac{u}{2}\right|x\rangle_{D,B}\\&=\frac{1}{2\pi B}\int_{-\infty}^{+\infty}\mathrm{d}u\exp\left[\mathrm{i}p'u+\frac{\mathrm{i}}{B}u\,(x-Dx')\right]\\&=\delta\left[x-(Dx'-Bp')\right],\end{aligned}\tag{8.87}$$

这表明

$$|x\rangle_{D,BD,B}\langle x|=\iint_{-\infty}^{+\infty}\mathrm{d}x'\mathrm{d}p'\delta\left[x-(Dx'-Bp')\right]\Delta(x',p'),\tag{8.88}$$

即菲涅耳正交相的概率分布 $|_{D,B}\langle x|\,\psi\rangle|^2$ 恰好是威格纳函数 $\langle\psi|\,\Delta(x,p)\,|\psi\rangle$ 的拉东变换, 这样, 我们就把拉东变换和菲涅耳变换联系起来.

8.9.3 柯林斯衍射积分和量子层析函数的关系

根据 $|\psi\rangle$ 的量子层析函数 $T(x)$ 的定义

$$\iint_{-\infty}^{+\infty}\mathrm{d}x'\mathrm{d}p'\delta\left[x-(Dx'-Bp')\right]\langle\psi|\,\Delta(x',p')\,|\psi\rangle\equiv T(x),\tag{8.89}$$

以及式 (8.88) 我们可以把 $T(x)$ 简写为

$$T(x)=|_{D,B}\langle x|\,\psi\rangle|^2. \tag{8.90}$$

即 $|\psi\rangle$ 在菲涅耳正交相的概率分布 $|_{D,B}\langle x|\,\psi\rangle|^2$ 恰好是态 $|\psi\rangle$ 的量子层析函数. 再用威格纳算符的外尔编序形式

$$\Delta(p,x)=\vdots\,\delta(x-X)\delta(p-P)\,\vdots, \tag{8.91}$$

其中 $\vdots\ \vdots$ 表示外尔编序 , X 与 P 在 $\vdots\ \vdots$ 是对易的, 可得 $|x\rangle_{D,B\,D,B}\langle x|$ 的外尔编序形式

$$|x\rangle_{D,B\,D,B}\langle x|=\vdots\,\delta[x-(DX-BP)]\,\vdots. \tag{8.92}$$

根据式 (8.84) 以及相似变换下的外尔编序算符的序不变性又得

$$|x\rangle_{D,B\,D,B}\langle x|=F\,\vdots\,\delta(x-X)\,\vdots\,F^{\dagger}=F\,|x\rangle\,\langle x|\,F^{\dagger}, \tag{8.93}$$

表明在菲涅耳变换下, 纯坐标密度算符 $|x\rangle\langle x|$ 变成密度算符 $|x\rangle_{D,B\,D,B}\langle x|$ 或 $F\,|x\rangle=|x\rangle_{D,B}$. 结合式 (8.90) 得到

$$T(x)=\langle\psi|\,F\,|x\rangle\,\langle x|\,F^{\dagger}\,|\psi\rangle=|\,\langle x|\,F^{\dagger}\,|\psi\rangle\,|^2, \tag{8.94}$$

这揭示了量子层析学 (Quantum Tomography)与菲涅耳变换相关. 用式 (8.18) 我们有

$$\begin{aligned}{}_{D,B}\langle x|\,\psi\rangle&=\langle x|\,F^{\dagger}\,|\psi\rangle=\int\mathrm{d}x'\,\langle x|\,F^{\dagger}\,|x'\rangle\,\langle x'|\,\psi\rangle\\&=\frac{1}{\sqrt{-2\pi\mathrm{i}B}}\int\mathrm{d}x'\exp\left[\frac{-\mathrm{i}}{2B}\left(Ax^2-2x'x+Dx'^2\right)\right]\psi\left(x'\right).\end{aligned} \tag{8.95}$$

其模平方是

$$|_{D,B}\langle x|\,\psi\rangle|^2=\left|\frac{1}{\sqrt{-2\pi\mathrm{i}B}}\int\mathrm{d}x'\exp\left[\frac{-\mathrm{i}}{2B}\left(Ax^2-2x'x+Dx'^2\right)\right]\psi\left(x'\right)\right|^2. \tag{8.96}$$

$|\psi\rangle$ 的量子层析函数与 $\psi(x)$ 菲涅耳变换有关, 而此变换是通过柯林斯公式完成的 .

类似地, 对于另一正交分量 P 的本征态 $|p\rangle$, 有以下拉东变换成立

$$F|p\rangle\langle p|F^{\dagger}=|p\rangle_{A,C\,A,C}\langle p|=\iint_{-\infty}^{+\infty}\mathrm{d}x'\mathrm{d}p'\delta\left[p-(Ap'-Cx')\right]\Delta\left(x',p'\right),\qquad(8.97)$$

其中

$$A=\frac{1}{2}\left(s^{*}-r^{*}+s-r\right),\quad C=\frac{1}{2\mathrm{i}}\left(s-r-s^{*}+r^{*}\right).\qquad(8.98)$$

和

$$\begin{aligned}F|p\rangle&=|p\rangle_{A,C}\\&=\frac{\pi^{-1/4}}{\sqrt{A-\mathrm{i}C}}\exp\left\{-\frac{D+\mathrm{i}B}{A-\mathrm{i}C}\frac{p^{2}}{2}+\frac{\sqrt{2}\mathrm{i}p}{A-\mathrm{i}C}a^{\dagger}+\frac{A+\mathrm{i}C}{A-\mathrm{i}C}\frac{a^{\dagger 2}}{2}\right\}|0\rangle.\qquad(8.99)\end{aligned}$$

以及 ${}_{A,C}\langle p|\psi\rangle=\langle p|F^{\dagger}|\psi\rangle$,

$$\begin{aligned}\left|\langle p|F^{\dagger}|\psi\rangle\right|^{2}&=\left|\int\mathrm{d}p'\langle p|F^{\dagger}|p'\rangle\langle p|\psi\rangle\right|^{2}\\&=\left|\frac{1}{\sqrt{-2\pi\mathrm{i}C}}\int\mathrm{d}p'\exp\left[\frac{-\mathrm{i}}{2C}\left(Dp^{2}-2p'p+Dp'^{2}\right)\right]\psi\left(p'\right)\right|^{2}.\qquad(8.100)\end{aligned}$$

小结　我们找到了柯林斯衍射积分和量子层析函数的关系, 表明柯林斯公式在研究量子态的新应用.

第 9 章　多模指数二次型玻色算符的相干态表象及其正规乘积展开

用 IWOP 技术我们可以求多模指数二次型玻色算符的相干态表象及其正规乘积展开, 本章要导出两个重要的公式, 并介绍其与辛 (symplectic)变换的关系. 首先我们介绍陈俊华和范洪义是如何简洁地导出两个模的玻色算符的一般哈密顿量的能级公式.

9.1 $H=\omega_1 a_1^\dagger a_1+\omega_2 a_2^\dagger a_2+C\left(a_1^\dagger a_2+a_1 a_2^\dagger\right)+D\left(a_1^\dagger a_2^\dagger+a_1 a_2\right)$ 的能级

一般形式的双模玻色哈密顿算符是

$$H=\omega_1 a_1^\dagger a_1+\omega_2 a_2^\dagger a_2+C\left(a_1^\dagger a_2+a_1 a_2^\dagger\right)+D\left(a_1^\dagger a_2^\dagger+a_1 a_2\right), \tag{9.1}$$

它描述一个非简并参量放大器, 也可描述拉曼 (Raman)光散射等. 把 H 写成矩阵形式,

$$H=\frac{1}{2}\begin{pmatrix}a_1^\dagger & a_2^\dagger & a_1 & a_2\end{pmatrix}\begin{pmatrix}\omega_1 & C & 0 & D\\ C & \omega_2 & D & 0\\ 0 & D & \omega_1 & C\\ D & 0 & C & \omega_2\end{pmatrix}\begin{pmatrix}a_1\\ a_2\\ a_1^\dagger\\ a_2^\dagger\end{pmatrix}-\frac{1}{2}(\omega_1+\omega_2)$$

$$=\frac{1}{2}\begin{pmatrix}b^\dagger & \widetilde{b}\end{pmatrix}\begin{pmatrix}\gamma & \beta\\ \beta & \gamma\end{pmatrix}\begin{pmatrix}b\\ \widetilde{b}^\dagger\end{pmatrix}-\frac{1}{2}(\omega_1+\omega_2), \tag{9.2}$$

其中

$$b=\begin{pmatrix}a_1\\ a_2\end{pmatrix},\quad b^\dagger=\begin{pmatrix}a_1^\dagger & a_2^\dagger\end{pmatrix},\quad \gamma=\begin{pmatrix}\omega_1 & C\\ C & \omega_2\end{pmatrix},\quad \beta=\begin{pmatrix}0 & D\\ D & 0\end{pmatrix}. \tag{9.3}$$

引入幺正变换算符 W 使得

$$\begin{pmatrix}b'\\ \widetilde{b}'^\dagger\end{pmatrix}=W\begin{pmatrix}b\\ \widetilde{b}^\dagger\end{pmatrix}W^{-1}=\begin{pmatrix}U & V\\ V & U\end{pmatrix}\begin{pmatrix}b\\ \widetilde{b}^\dagger\end{pmatrix}=\begin{pmatrix}Ub+V\widetilde{b}^\dagger\\ Vb+U\widetilde{b}^\dagger\end{pmatrix}, \tag{9.4}$$

即

$$b'=Ub+V\widetilde{b}^\dagger=U\begin{pmatrix}a_1\\ a_2\end{pmatrix}+V\begin{pmatrix}a_1^\dagger\\ a_2^\dagger\end{pmatrix}=\begin{pmatrix}b_1'\\ b_2'\end{pmatrix}, \tag{9.5}$$

$$\widetilde{b}'^\dagger=Vb+U\widetilde{b}^\dagger=V\begin{pmatrix}a_1\\ a_2\end{pmatrix}+U\begin{pmatrix}a_1^\dagger\\ a_2^\dagger\end{pmatrix}=\begin{pmatrix}b_1^{\dagger\prime}\\ b_2^{\dagger\prime}\end{pmatrix}, \tag{9.6}$$

矩阵 U 和 V 待求. 幺正性要求 $\delta_{ik}=\left[b_i',b_k'^\dagger\right],[b_i',b_k']=0$, 用基本玻色对易关系 $\left[a_i,a_j^\dagger\right]=\delta_{ij}$ 可知

$$\left[U_{ij}a_j+V_{ij}a_j^\dagger,V_{kl}a_l+U_{kl}a_l^\dagger\right]=\left(U\widetilde{U}-V\widetilde{V}\right)_{ik},$$

$$\left[U_{ij}a_j+V_{ij}a_j^\dagger,U_{kl}a_l+V_{kl}a_l^\dagger\right]=\left(U\widetilde{V}-V\widetilde{U}\right)_{ik}=0. \tag{9.7}$$

即

$$U\widetilde{U} - V\widetilde{V} = 1, \quad V\widetilde{U} - U\widetilde{V} = 0. \tag{9.8}$$

于是知道

$$\begin{pmatrix} U & V \\ V & U \end{pmatrix}^{-1} = \begin{pmatrix} \widetilde{U} & -\widetilde{V} \\ -\widetilde{V} & \widetilde{U} \end{pmatrix}, \tag{9.9}$$

由式 (9.4) 得

$$\begin{pmatrix} \widetilde{U} & -\widetilde{V} \\ -\widetilde{V} & \widetilde{U} \end{pmatrix} \begin{pmatrix} b' \\ \widetilde{b}'^{\dagger} \end{pmatrix} = \begin{pmatrix} b \\ \widetilde{b}^{\dagger} \end{pmatrix}, \tag{9.10}$$

即

$$\widetilde{U}b' - \widetilde{V}\widetilde{b}'^{\dagger} = b, \quad -\widetilde{V}b' + \widetilde{U}\widetilde{b}'^{\dagger} = \widetilde{b}^{\dagger}. \tag{9.11}$$

于是有

$$U\widetilde{b}' - Vb'^{\dagger} = \widetilde{b}, \quad -V\widetilde{b}' + Ub'^{\dagger} = b^{\dagger}, \tag{9.12}$$

或写成

$$\begin{pmatrix} b'^{\dagger} & \widetilde{b}' \end{pmatrix} \begin{pmatrix} U & -V \\ -V & U \end{pmatrix} = \begin{pmatrix} b^{\dagger} & \widetilde{b} \end{pmatrix}. \tag{9.13}$$

在式 (9.2) 中用式 (9.10) 和式 (9.13) 后得到

$$H = \frac{1}{2}\begin{pmatrix} b'^{\dagger} & \widetilde{b}' \end{pmatrix} \begin{pmatrix} U & -V \\ -V & U \end{pmatrix} \begin{pmatrix} \gamma & \beta \\ \beta & \gamma \end{pmatrix} \begin{pmatrix} \widetilde{U} & -\widetilde{V} \\ -\widetilde{V} & \widetilde{U} \end{pmatrix} \begin{pmatrix} b' \\ \widetilde{b}'^{\dagger} \end{pmatrix} - \frac{1}{2}(\omega_1 + \omega_2). \tag{9.14}$$

进一步要求式 (9.14) 中的

$$\begin{pmatrix} U & -V \\ -V & U \end{pmatrix} \begin{pmatrix} \gamma & \beta \\ \beta & \gamma \end{pmatrix} \begin{pmatrix} \widetilde{U} & -\widetilde{V} \\ -\widetilde{V} & \widetilde{U} \end{pmatrix} = \begin{pmatrix} \Lambda_1 & 0 \\ 0 & \Lambda_2 \end{pmatrix}, \tag{9.15}$$

是块对角化的, 就可发现 $\Lambda_1 = \Lambda_2$. 事实上, 上式两边左乘 $\begin{pmatrix} \widetilde{U} & \widetilde{V} \\ \widetilde{V} & \widetilde{U} \end{pmatrix}$, 由式 (9.8) 知

$$\begin{pmatrix} \widetilde{U} & \widetilde{V} \\ \widetilde{V} & \widetilde{U} \end{pmatrix}\begin{pmatrix} U & -V \\ -V & U \end{pmatrix} = I. \tag{9.16}$$

I 是单位矩阵, 故

$$\begin{pmatrix} \gamma & \beta \\ \beta & \gamma \end{pmatrix}\begin{pmatrix} \widetilde{U} & -\widetilde{V} \\ -\widetilde{V} & \widetilde{U} \end{pmatrix} = \begin{pmatrix} \widetilde{U} & \widetilde{V} \\ \widetilde{V} & \widetilde{U} \end{pmatrix}\begin{pmatrix} \Lambda_1 & 0 \\ 0 & \Lambda_2 \end{pmatrix} \tag{9.17}$$

也就是

$$\gamma\widetilde{U} - \beta\widetilde{V} = \widetilde{U}\Lambda_1, \quad \beta\widetilde{U} - \gamma\widetilde{V} = \widetilde{V}\Lambda_1,$$

$$\gamma\widetilde{U} - \beta\widetilde{V} = \widetilde{U}\Lambda_2, \quad \beta\widetilde{U} - \gamma\widetilde{V} = \widetilde{V}\Lambda_2, \tag{9.18}$$

由此可见 Λ_1 和 Λ_2 遵守相同的矩阵方程, 故 $\Lambda_1 = \Lambda_2 = \Lambda$. 接着有

$$\gamma\widetilde{U} - \beta\widetilde{V} = \widetilde{U}\Lambda,$$

$$\beta\widetilde{U} - \gamma\widetilde{V} = \widetilde{V}\Lambda, \tag{9.19}$$

设 $\Lambda = \lambda I_{2\times2}$, 上式写成成本征矢量方程

$$\begin{pmatrix} \gamma & \beta \\ \beta & \gamma \end{pmatrix}\begin{pmatrix} \widetilde{U} \\ -\widetilde{V} \end{pmatrix} = \begin{pmatrix} \lambda I_{2\times2} & 0 \\ 0 & -\lambda I_{2\times2} \end{pmatrix}\begin{pmatrix} \widetilde{U} \\ -\widetilde{V} \end{pmatrix}, \tag{9.20}$$

代入 $\gamma = \begin{pmatrix} \omega_1 & C \\ C & \omega_2 \end{pmatrix}$, $\beta = \begin{pmatrix} 0 & D \\ D & 0 \end{pmatrix}$, 解此方程, 写下

$$\det\begin{pmatrix} \gamma - \lambda I_{2\times2} & \beta \\ \beta & \gamma + \lambda I_{2\times2} \end{pmatrix} = 0, \tag{9.21}$$

就可导出本征值

$$\lambda=\frac{1}{\sqrt{2}}\Big[\omega_1^2+\omega_2^2+2C^2-2D^2 \\ \pm\sqrt{\left(\omega_1^2-\omega_2^2\right)^2+4C^2\left(\omega_1+\omega_2\right)^2-4D^2\left(\omega_1-\omega_2\right)^2}\Big]^{1/2}. \tag{9.22}$$

它也可以用不变本征算符法导出 (参见《量子力学不变本征算符法》, 范洪义, 袁洪春, 吴昊著, 上海交通大学出版社).

9.2 单模相似变换算符

IWOP 技术的另一个重要应用是研究玻色算符的相似变换, 是否存在算符 $\mathcal{W}$ 使得

$$\mathcal{W}a\mathcal{W}^{-1}=\mu a+\nu a^\dagger, \\ \mathcal{W}a^\dagger\mathcal{W}^{-1}=\sigma a+\tau a^\dagger, \tag{9.23}$$

这里复参数

$$\mu\tau-\nu\sigma=1. \tag{9.24}$$

根据式 (9.24) 尽管有 $[\mu a+\nu a^\dagger,\sigma a+\tau a^\dagger]=1$, 但是 $\mu a+\nu a^\dagger$ 不是 $\sigma a+\tau a^\dagger$ 的厄米共轭, 故 $\mathcal{W}^{-1}\neq\mathcal{W}^\dagger$, $\mathcal{W}$ 不是幺正算符. 有了 IWOP 技术, 我们将演示 $\mathcal{W}$ 是可以用经典变换 $\begin{pmatrix} z \\ z^* \end{pmatrix}\mapsto\begin{pmatrix} \tau z-\nu z^* \\ \mu z^*-\sigma z \end{pmatrix}$ 的量子映射通过相干态表象找到的, 即

$$\mathcal{W}=\tau^{1/2}\int\frac{\mathrm{d}^2z}{\pi}\left|\begin{pmatrix} \tau & -\nu \\ -\sigma & \mu \end{pmatrix}\begin{pmatrix} z \\ z^* \end{pmatrix}\right\rangle\left\langle\begin{pmatrix} z \\ z^* \end{pmatrix}\right|. \tag{9.25}$$

这就是单模相似变换的相干态表象, 称为范氏公式. 这里 $\left\langle\left(\begin{array}{c} z \\ z^* \end{array}\right)\right| \equiv \langle z|$ 而

$$\left|\left(\begin{array}{cc} \tau & -\nu \\ -\sigma & \mu \end{array}\right)\left(\begin{array}{c} z \\ z^* \end{array}\right)\right\rangle = \left|\left(\begin{array}{c} \tau z - \nu z^* \\ \mu z^* - \sigma z \end{array}\right)\right\rangle$$

$$= \exp\left[\left(\tau z - \nu z^*\right) a^\dagger - \left(\mu z^* - \sigma z\right) a\right] |0\rangle . \tag{9.26}$$

用 IWOP 技术积分式 (9.25) 得

$$\mathcal{W} = \tau^{1/2} \int \frac{\mathrm{d}^2 z}{\pi} : \exp\left[-\mu\tau|z|^2 + z\tau a^\dagger + z^*\left(a - \nu a^\dagger\right) + \frac{\mu\nu}{2} z^{*2} + \frac{\sigma\tau}{2} z^2 - a^\dagger a\right] :$$

$$= \mu^{-1/2} \exp\left(\frac{-\nu}{2\mu} a^{\dagger 2}\right) \exp\left(-a^\dagger a \ln\mu\right) \exp\left(\frac{\sigma}{2\mu} a^2\right), \tag{9.27}$$

于是

$$\mathcal{W}^{-1} = \mu^{1/2} \exp\left(\frac{-\sigma}{2\mu} a^2\right) \exp\left(a^\dagger a \ln\mu\right) \exp\left(\frac{\nu}{2\mu} a^{\dagger 2}\right). \tag{9.28}$$

为了说明 $\mathcal{W}^{-1} \neq \mathcal{W}^\dagger$, 我们用 IWOP 技术积分求 $\mathcal{W}^{-1}$ 的正规乘积形式

$$\begin{aligned}
\mathcal{W}^{-1} &= \mu^{1/2} \exp\left(\frac{-\sigma}{2\mu} a^2\right) \int \frac{\mathrm{d}^2 z}{\pi} \exp\left(a^\dagger a \ln\mu\right) |z\rangle \langle z| \exp\left(\frac{\nu}{2\mu} a^{\dagger 2}\right) \\
&= \mu^{1/2} \exp\left(\frac{-\sigma}{2\mu} a^2\right) \int \frac{\mathrm{d}^2 z}{\pi} \exp\left(-\frac{|z|^2}{2} + a^\dagger z\mu\right) |0\rangle \langle z| \exp\left(\frac{\nu}{2\mu} a^{\dagger 2}\right) \\
&= \mu^{1/2} \exp \int \frac{\mathrm{d}^2 z}{\pi} : \exp\left(-|z|^2 + a^\dagger z\mu + z^* a - \frac{\sigma\mu}{2} z^2 + \frac{\nu}{2\mu} z^{*2} - a^\dagger a\right) : \\
&= \frac{1}{\sqrt{\tau}} : \exp\left\{\frac{1}{\mu\tau}\left[\mu a^\dagger a - \frac{\sigma\mu}{2} a^2 + \frac{\nu}{2\mu}\left(a^\dagger\mu\right)^2\right] - a^\dagger a\right\} : \\
&= \frac{1}{\sqrt{\tau}} \exp\left(\frac{\nu a^{\dagger 2}}{2\tau}\right) \exp\left(-a^\dagger a \ln\tau\right) \exp\left(-\frac{\sigma}{2\tau} a^2\right).
\end{aligned} \tag{9.29}$$

可见 $\mathcal{W}^{-1} \neq \mathcal{W}^\dagger$. 用式 (9.27)和式(9.28) 确实有式 (9.23) 成立.

9.3 辛变换及其在指数二次型玻色算符的相干态表象的映射

作为上节中式 (9.25) 的推广, 关于多模指数二次型玻色算符我们有如下的定理.

定理 1 多模指数二次型玻色算符 $\exp(\mathcal{H}), \mathcal{H}=\frac{1}{2}B\Gamma\widetilde{B}$, Γ 是一个对称 $2n\times 2n$ 矩阵以保证 $\mathcal{H}$ 的厄米性, B 定义为

$$B\equiv\begin{pmatrix}A^{\dagger} & A\end{pmatrix}\equiv\begin{pmatrix}a_1^{\dagger} & a_2^{\dagger}\cdots a_n^{\dagger} & a_1 & a_2\cdots a_n\end{pmatrix},\quad \widetilde{B}=\begin{pmatrix}\widetilde{A}^{\dagger}\\ \widetilde{A}\end{pmatrix},\tag{9.30}$$

有其 n-模相干态表示:

$$\exp\left(H\right)=\sqrt{\det Q}\int\prod_{i=1}^{n}\frac{\mathrm{d}^2Z_i}{\pi}\left|\begin{pmatrix}Q & -L\\ -N & P\end{pmatrix}\begin{pmatrix}\widetilde{Z}\\ \widetilde{Z}^*\end{pmatrix}\right\rangle\left\langle\begin{pmatrix}\widetilde{Z}\\ \widetilde{Z}^*\end{pmatrix}\right|,\tag{9.31}$$

这里 n-模相干态是

$$\left|\begin{pmatrix}\widetilde{Z}\\ \widetilde{Z}^*\end{pmatrix}\right\rangle\equiv\left|Z\right\rangle=D\left(Z\right)\left|\mathbf{0}\right\rangle,\quad D\left(Z\right)\equiv\exp(A^{\dagger}\widetilde{Z}-A\widetilde{Z}^*),\tag{9.32}$$

Q,L,N,P 都是 $n\times n$ 复矩阵, 满足

$$\begin{pmatrix}Q & L\\ N & P\end{pmatrix}=\exp(\Gamma\Pi)\equiv M,\quad \Pi=\begin{pmatrix}0 & -I\\ I & 0\end{pmatrix},\tag{9.33}$$

I_n 是 $n\times n$ 单位矩阵. 而

$$\begin{aligned}&\left|\begin{pmatrix}Q & -L\\ -N & P\end{pmatrix}\begin{pmatrix}\widetilde{Z}\\ \widetilde{Z}^*\end{pmatrix}\right\rangle\\ &\quad=\exp\left[A^{\dagger}(Q\widetilde{Z}-L\widetilde{Z}^*)-A(-N\widetilde{Z}+P\widetilde{Z}^*)\right]\left|\mathbf{0}\right\rangle\end{aligned}$$

$$= \exp\left[A^\dagger(Q\widetilde{Z} - L\widetilde{Z}^*) + \frac{1}{2}(Z\widetilde{N} - \widetilde{Z^*}P)(Q\widetilde{Z} - L\widetilde{Z}^*)\right]|\mathbf{0}\rangle. \tag{9.34}$$

$\varGamma$ 是对称矩阵保证了 M 是一个辛矩阵, 满足

$$M\varPi\widetilde{M} = \varPi, \quad \varPi\widetilde{M}\varPi = -M^{-1}, \tag{9.35}$$

换言之, 由 $\exp(\mathcal{H})$ 引起的变换是保辛的. 为了证明此定理, 先要说明什么是辛矩阵. 对于 n-维列矢量 $\varLambda$ 和 $\varLambda'$ 我们引入如下规定

$$\left[\widetilde{\varLambda}_i, \varLambda'_j\right] \equiv \left[\widetilde{\varLambda}, \varLambda'\right]_{ij} = \left[\varLambda_i, \varLambda'_j\right] \quad (i, j = 1, 2, \cdots n), \tag{9.36}$$

即是说, $\left[\widetilde{\varLambda}, \varLambda'\right]$ 是一个 $2n \times 2n$ 矩阵. 用以上用语及基本对易关系 $\left[a_i, a_j^\dagger\right] = \delta_{ij}$, 就有

$$\left[\widetilde{B}, B\right] = \varPi, \quad \varPi = \begin{pmatrix} 0 & -I \\ I & 0 \end{pmatrix}, \tag{9.37}$$

例如, 根据式 (9.30),$B_{n+1} = a_1$, $\widetilde{B}_1 = a_1^\dagger$, 故从式 (9.37) 我们知道

$$\left[a_1^\dagger, a_1\right] = \left[\widetilde{B}_1, B_{n+1}\right] = \left[\widetilde{B}, B\right]_{1,n+1} = \varPi_{1,n+1} = -1, \tag{9.38}$$

这样就可理解式 (9.37) 的含义. 设 $B' = WBW^{-1}, W$ 是一个引起多模相似变换的算符, 该变换的效果是

$$WAW^{-1} = AP + A^\dagger L, \quad WA^\dagger W^{-1} = A^\dagger Q + AN, \tag{9.39}$$

或简记为

$$WBW^{-1} = BM \equiv B', \quad M \equiv \begin{pmatrix} Q & L \\ N & P \end{pmatrix}, \tag{9.40}$$

其中 Q, L, P, N 全是 $n \times n$ 复矩阵, 一般而言, $AP + A^\dagger L$ 和 $A^\dagger Q + AN$ 不是互为厄米共轭, 尽管相似变换保持 A 与 $A^\dagger$ 的对易子. 注意对易关系式 (9.37) 是在相似变换下不变的 $\left(\left[\widetilde{B}_i, B_j\right] = 0\text{或} \pm 1\right)$, 即是说,

$$\left[\widetilde{B}', B'\right]_{ij} = W\left[\widetilde{B}_i, B_j\right]W^{-1} = \left[\widetilde{B}, B\right]_{ij}, \tag{9.41}$$

另一方面, 从式 (9.40) 知

$$\left[\widetilde{B}', B'\right]_{ij} = \left[\left(\widetilde{M}\widetilde{B}\right)_i, (BM)_j\right] = \widetilde{M}_{ik}\left[\widetilde{B}, B\right]_{kl} M_{lj} = \left(\widetilde{M}\left[\widetilde{B}, B\right] M\right)_{ij}. \tag{9.42}$$

比较式 (9.42) 和式 (9.41) 并用式 (9.37) 我们看到 $\widetilde{M}\left[\widetilde{B}, B\right] M = \left[\widetilde{B}, B\right]$, 故有式 (9.35) 的 $\widetilde{M}\Pi M = \Pi$, $\Pi\widetilde{M}\Pi = -M^{-1}$, 说明 M 是辛矩阵. 辛对称的概念是外尔在研究分析力学哈密顿正则方程时提出的, 历史上是华罗庚先生将它音译为"辛".

从 $\Pi^{-1} = -\Pi$, 知 $M^{-1}\Pi\left(\widetilde{M}\right)^{-1} = \Pi$, 故

$$\Pi = M\Pi\widetilde{M}. \tag{9.43}$$

这样的 M 是保持经典泊松括号不变的变换, 且形成辛群. 从式 (9.40) 和式 (9.35) 得辛条件的具体表达式是

$$\widetilde{Q}N = \widetilde{N}Q, \quad \widetilde{L}P = \widetilde{P}L, \quad \widetilde{Q}P - \widetilde{N}L = I, \quad \widetilde{P}Q - \widetilde{L}N = I, \tag{9.44}$$

或等价地写为

$$Q\widetilde{L} = L\widetilde{Q}, \quad N\widetilde{P} = P\widetilde{N}, \quad Q\widetilde{P} - L\widetilde{N} = I, \quad P\widetilde{Q} - N\widetilde{L} = I. \tag{9.45}$$

我们再说明可以把算符 $\exp(\mathcal{H})$, $\mathcal{H} = (1/2)B\Gamma\widetilde{B}$, 看成是引起相似变换的算符. 记

$$\Gamma = \begin{pmatrix} R & C \\ \widetilde{C} & D \end{pmatrix}. \tag{9.46}$$

就有

$$B\Gamma\widetilde{B} = \begin{pmatrix} A^\dagger & A \end{pmatrix}\begin{pmatrix} R & C \\ \widetilde{C} & D \end{pmatrix}\begin{pmatrix} \widetilde{A}^\dagger \\ \widetilde{A} \end{pmatrix} = A^\dagger\left(R\widetilde{A}^\dagger + C\widetilde{A}\right) + A\left(\widetilde{C}\widetilde{A}^\dagger + D\widetilde{A}\right). \tag{9.47}$$

所以

$$\left[\mathcal{H}, a_i^\dagger\right] = \left[\frac{1}{2}\left(A^\dagger C\widetilde{A} + A\widetilde{C}\widetilde{A}^\dagger + AD\widetilde{A}\right) a_i^\dagger\right] = a_j^\dagger C_{ji} + a_j D_{ji}, \tag{9.48}$$

$$[\mathcal{H}, a_i] = -a_j \widetilde{C}_{ji} - a_j^\dagger R_{ji}. \tag{9.49}$$

写为简洁形式

$$[\mathcal{H}, B] = \left[\mathcal{H}, \left(A^\dagger, A\right)\right] = \left(A^\dagger, A\right) \begin{pmatrix} C & -R \\ D & -\widetilde{C} \end{pmatrix}$$

$$= B \begin{pmatrix} R & C \\ \widetilde{C} & D \end{pmatrix} \begin{pmatrix} 0 & -I \\ I & 0 \end{pmatrix} = B\left(\Gamma \Pi\right). \tag{9.50}$$

由贝克–豪斯多夫公式, 有

$$\mathrm{e}^{\mathcal{H}} B \mathrm{e}^{-\mathcal{H}} = B + B\left(\Gamma\Pi\right) + \frac{1}{2!} B\left(\Gamma\Pi\right)^2 + \frac{1}{3!} B\left(\Gamma\Pi\right)^3 + \cdots$$

$$= B\mathrm{e}^{\Gamma\Pi} = \left(A^\dagger \quad A\right) \begin{pmatrix} Q & L \\ N & P \end{pmatrix}. \tag{9.51}$$

比较式 (9.52) 和式 (9.40) 我们确实能够视 $\mathrm{e}^{\mathcal{H}} = W$, 即将 $\mathrm{e}^{\mathcal{H}}$ 看成是引起相似变换的算符.

式 (9.31) 的证明:

如果我们能看到式 (9.31) 中的 $\sqrt{\det Q} \int \prod_{i=1}^{n} \frac{\mathrm{d}^2 Z_i}{\pi} \left| \begin{pmatrix} Q & -L \\ -N & P \end{pmatrix} \begin{pmatrix} \widetilde{Z} \\ \widetilde{Z}^* \end{pmatrix} \right\rangle$ $\times \left\langle \begin{pmatrix} \widetilde{Z} \\ \widetilde{Z}^* \end{pmatrix} \right|$ 也生成如式 (9.51) 那样的变换 (仅相差一个相因子), 那就等于证明了此定理. 为此目的, 用

$$|\mathbf{0}\rangle\langle\mathbf{0}| =: \mathrm{e}^{-A^\dagger \widetilde{A}} : \tag{9.52}$$

和式 (9.48), 式 (9.44) 中的 $\widetilde{Q}P - \widetilde{N}L = I$ 重写式 (9.31) 为

$$\exp(\mathcal{H}) = \sqrt{\det Q} \int \prod_{i=1}^{n} \frac{\mathrm{d}^2 Z_i}{\pi} \exp\left[A^\dagger (Q\widetilde{Z} - L\widetilde{Z}^*) + \frac{1}{2}(Z\widetilde{N} - \widetilde{Z^*}P)(Q\widetilde{Z}\right.$$

$$-L\widetilde{Z}^*)\Big]|\mathbf{0}\rangle\langle\begin{pmatrix}\widetilde{Z}\\ \widetilde{Z}^*\end{pmatrix}|$$

$$=\sqrt{\det Q}\int\prod_{i=1}^{n}\frac{\mathrm{d}^2Z_i}{\pi}:\exp\left[-\frac{1}{2}(Z\quad Z^*)\begin{pmatrix}-\widetilde{N}Q & \widetilde{Q}P\\ \widetilde{P}Q & -\widetilde{P}L\end{pmatrix}\begin{pmatrix}\widetilde{Z}\\ \widetilde{Z}^*\end{pmatrix}\right.$$

$$\left.+(A^\dagger Q\quad A-A^\dagger L)\begin{pmatrix}\widetilde{Z}\\ \widetilde{Z}^*\end{pmatrix}-A^\dagger\widetilde{A}\right]:,\tag{9.53}$$

再用高斯积分公式

$$\int\prod_{i=1}^{n}\frac{\mathrm{d}^2Z_i}{\pi}\exp\left[-\frac{1}{2}(Z\quad Z^*)\begin{pmatrix}F & C\\ \widetilde{C} & D\end{pmatrix}\begin{pmatrix}\widetilde{Z}\\ \widetilde{Z}^*\end{pmatrix}+(\mu\quad\nu^*)\begin{pmatrix}\widetilde{Z}\\ \widetilde{Z}^*\end{pmatrix}\right]$$

$$=\left[\det\begin{pmatrix}\widetilde{C} & D\\ F & C\end{pmatrix}\right]^{-1/2}\exp\left[-\frac{1}{2}(\mu\quad\nu^*)\begin{pmatrix}F & C\\ \widetilde{C} & D\end{pmatrix}^{-1}\begin{pmatrix}\widetilde{Z}\\ \widetilde{Z}^*\end{pmatrix}\right],\tag{9.54}$$

及 IWOP 技术完成式 (9.53) 中的积分, 结果是

$$\sqrt{\det Q}\int\prod_{i=1}^{n}\frac{\mathrm{d}^2Z_i}{\pi}:\exp\left[-\frac{1}{2}(Z\quad Z^*)\begin{pmatrix}-\widetilde{N}Q & \widetilde{Q}P\\ \widetilde{P}Q & -\widetilde{P}L\end{pmatrix}\begin{pmatrix}\widetilde{Z}\\ \widetilde{Z}^*\end{pmatrix}\right.$$

$$\left.+(A^\dagger Q\quad A-A^\dagger L)\begin{pmatrix}\widetilde{Z}\\ \widetilde{Z}^*\end{pmatrix}-A^\dagger\widetilde{A}\right]:,$$

$$=\sqrt{\det Q}\left[\det\begin{pmatrix}\widetilde{P}Q & -\widetilde{P}L\\ -\widetilde{N}Q & \widetilde{Q}P\end{pmatrix}\right]^{-\frac{1}{2}}$$

$$\times:\exp\left[\frac{1}{2}(A^\dagger Q\quad A-A^\dagger L)\begin{pmatrix}-\widetilde{N}Q & \widetilde{Q}P\\ \widetilde{P}Q & -\widetilde{P}L\end{pmatrix}^{-1}\right.$$

$$\times\begin{pmatrix}\widetilde{Q}\widetilde{A}^{\dagger}\\ \widetilde{A}-\widetilde{L}\widetilde{A}^{\dagger}\end{pmatrix}-A^{\dagger}\widetilde{A}\Bigg]:. \tag{9.55}$$

用 $2n\times 2n$ 矩阵的以分块形式求逆矩阵的公式

$$\begin{pmatrix}\alpha & \beta\\ \gamma & \eta\end{pmatrix}^{-1}=\begin{pmatrix}(\alpha-\beta\eta^{-1}\gamma)^{-1} & \alpha^{-1}\beta\left(\gamma\alpha^{-1}\beta-\eta\right)^{-1}\\ \eta^{-1}\gamma\left(\beta\eta^{-1}\gamma-\alpha\right)^{-1} & (\eta-\gamma\alpha^{-1}\beta)^{-1}\end{pmatrix}, \tag{9.56}$$

及其求行列式的公式

$$\det\begin{pmatrix}\alpha & \beta\\ \gamma & \eta\end{pmatrix}=\det\alpha\det\left(\eta-\gamma\alpha^{-1}\beta\right), \tag{9.57}$$

并考虑到辛条件式 (9.44) 和式 (9.45) 我们计算出

$$\begin{pmatrix}-\widetilde{N}Q & \widetilde{Q}P\\ \widetilde{P}Q & -\widetilde{P}L\end{pmatrix}^{-1}=\begin{pmatrix}Q^{-1}L & I\\ I & P^{-1}N\end{pmatrix} \tag{9.58}$$

$$\left[\det\begin{pmatrix}\widetilde{P}Q & -\widetilde{P}L\\ -\widetilde{N}Q & \widetilde{Q}P\end{pmatrix}\right]^{-\frac{1}{2}}=[\det(QP)]^{-\frac{1}{2}}. \tag{9.59}$$

于是式 (9.55) 变成

$$\sqrt{\det Q}\left[\det\begin{pmatrix}\widetilde{P}Q & -\widetilde{P}L\\ -\widetilde{N}Q & \widetilde{Q}P\end{pmatrix}\right]^{-\frac{1}{2}}$$

$$\times:\exp\left[\frac{1}{2}(A^{\dagger}Q\quad A-A^{\dagger}L)\begin{pmatrix}-\widetilde{N}Q & \widetilde{Q}P\\ \widetilde{P}Q & -\widetilde{P}L\end{pmatrix}^{-1}\begin{pmatrix}\widetilde{Q}\widetilde{A}^{\dagger}\\ \widetilde{A}-\widetilde{L}\widetilde{A}^{\dagger}\end{pmatrix}-A^{\dagger}\widetilde{A}\right]:$$

$$=\frac{1}{\sqrt{\det P}}:\exp\left[-\frac{1}{2}A^{\dagger}(LP^{-1})\widetilde{A}^{\dagger}+A^{\dagger}(\widetilde{P}^{-1}-I)\widetilde{A}\right.$$

$$\left.+\frac{1}{2}A(P^{-1}N)\widetilde{A}\right]:. \tag{9.60}$$

再用式 (4.4) 脱去式 (9.55) 的正规乘积记号, 得到

$$\frac{1}{\sqrt{\det P}}\exp\left[-\frac{1}{2}A^{\dagger}(LP^{-1})\widetilde{A^{\dagger}}\right]\exp\left[A^{\dagger}(\ln\widetilde{P}^{-1})\widetilde{A}\right]\exp\left[\frac{1}{2}A(P^{-1}N)\widetilde{A}\right]$$

$$\equiv V. \tag{9.61}$$

从式 (9.61) 并用式 (4.6) 可算出

$$VA_kV^{-1}=\exp\left[-\frac{1}{2}A_i^{\dagger}(LP^{-1})_{ij}\widetilde{A_j}^{\dagger}\right]\widetilde{P}_{kl}A_l\exp\left[\frac{1}{2}A_i^{\dagger}(LP^{-1})_{ij}\widetilde{A_j}^{\dagger}\right]$$

$$=\widetilde{P}_{kl}A_l+A_i^{\dagger}(LP^{-1})_{ij}\widetilde{P}_{kj}=AP+A^{\dagger}L, \tag{9.62}$$

这恰好等于式 (9.39) 中的第一式. 进而从式 (9.61) 看出

$$\exp\left[\frac{1}{2}A_i(P^{-1}N)_{ij}\widetilde{A}_j\right]A_k^{\dagger}\exp\left[\frac{-1}{2}A_i(P^{-1}N)_{ij}\widetilde{A}_j\right]=A_k^{\dagger}+A_i(P^{-1}N)_{ik}, \tag{9.63}$$

以及

$$\exp\left[A_i^{\dagger}(\ln\widetilde{P}^{-1})_{ij}\widetilde{A}_j\right]\left[A_k^{\dagger}+A_i(P^{-1}N)_{ik}\right]\exp\left[-A_i^{\dagger}(\ln\widetilde{P}^{-1})_{ij}\widetilde{A}_j\right]$$

$$=A_j^{\dagger}(\widetilde{P}^{-1})_{jk}+\widetilde{P_{il}}A_l(P^{-1}N)_{ik}=A_j^{\dagger}(\widetilde{P}^{-1})_{jk}+A_lN_{lk}. \tag{9.64}$$

联立式 (9.61) 和式 (9.44) 中的 $\widetilde{P}Q-\widetilde{L}N=I$, 我们得到

$$VA_kV^{-1}=\exp\left[-\frac{1}{2}A_i^{\dagger}(LP^{-1})_{ij}\widetilde{A_j}^{\dagger}\right]\left[A_j^{\dagger}(\widetilde{P}^{-1})_{jk}+A_lN_{lk}\right]$$

$$\times\exp\left[\frac{1}{2}A_i^{\dagger}(LP^{-1})_{ij}\widetilde{A_j}^{\dagger}\right]$$

$$=A_j^{\dagger}(\widetilde{P}^{-1})_{jk}+\left[A_l+A_i^{\dagger}(LP^{-1})_{il}\right]N_{lk}=A^{\dagger}Q+AN, \tag{9.65}$$

这恰好等于式 (9.39) 中的第二式. 所以 $V\equiv\frac{1}{\sqrt{\det P}}\exp\left[-\frac{1}{2}A^{\dagger}(LP^{-1})\widetilde{A}^{\dagger}\right]\times$ $\exp\left[A^{\dagger}(\ln\widetilde{P}^{-1})\widetilde{A}\right]\exp\left[\frac{1}{2}A(P^{-1}N)\widetilde{A}\right]$. 生出来与 $\mathrm{e}^{\mathcal{H}}=W$ 相同的变换, 这就证明了式 (9.31)(仅相差一个相因子, 有兴趣的读者可以进一步证明这个相因子为 1).

定理 2　多模指数二次型玻色算符 $\exp(\mathcal{H})$, $\mathcal{H}=\frac{1}{2}B\varGamma\widetilde{B}$, 的正规乘积形式是

$$\exp(\mathcal{H})=\frac{1}{\sqrt{\det P}}\exp\left[-\frac{1}{2}A^{\dagger}(LP^{-1})\widetilde{A}^{\dagger}\right]\exp\left[A^{\dagger}(\ln\widetilde{P}^{-1})\widetilde{A}\right]\times\exp\left[\frac{1}{2}A(P^{-1}N)\widetilde{A}\right]. \tag{9.66}$$

综合定理 1 和定理 2, 我们可以下结论：$\mathrm{e}^{\mathcal{H}}$ 的相干态表象和显示形式是

$$\mathrm{e}^{\mathcal{H}}=\exp\left(\frac{1}{2}B\varGamma\widetilde{B}\right)=\sqrt{\det Q}\int\prod_{i=1}^{n}\frac{\mathrm{d}^2z_i}{\pi}|\begin{pmatrix}Q & -L\\ -N & P\end{pmatrix}\begin{pmatrix}\widetilde{Z}\\ \widetilde{Z}^{*}\end{pmatrix}\rangle\langle\begin{pmatrix}\widetilde{Z}\\ \widetilde{Z}^{*}\end{pmatrix}|$$
$$=\frac{1}{\sqrt{\det P}}\exp\left(-\frac{1}{2}A^{\dagger}LP^{-1}\widetilde{A}^{\dagger}\right)\exp\left[A^{\dagger}(\ln\widetilde{P}^{-1})\widetilde{A}\right]\exp\left(\frac{1}{2}AP^{-1}N\widetilde{A}\right)=W, \tag{9.67}$$

其中

$$\begin{pmatrix}Q & L\\ N & P\end{pmatrix}=\exp(\varGamma\varPi),\quad B=\left(A^{\dagger},A\right). \tag{9.68}$$

式 (9.67) 有广泛的应用, 例如在第 12 章中求描述激光的主方程的解.

狄拉克曾写道:

"...for a quantum dynamic system that has a classical analogue, unitary transformation in the quantum theory is the analogue of contact transformation in the classical theory."

上述讨论指出了辛变换 $\begin{pmatrix}\widetilde{Z}\\ \widetilde{Z}^{*}\end{pmatrix}\mapsto\begin{pmatrix}Q & -L\\ -N & P\end{pmatrix}\begin{pmatrix}\widetilde{Z}\\ \widetilde{Z}^{*}\end{pmatrix}$ 与量子力学算符 $\mathrm{e}^{\mathcal{H}}$ 通过相干态表象和 IWOP 技术对应起来.

推论 1　由于辛矩阵组成一个群, 故其量子力学算符对应构成一个忠实表示.

推论 2　对应辛矩阵的逆, 有

$$\mathrm{e}^{-\mathcal{H}}=\sqrt{\det\widetilde{P}}\int\prod_{i=1}^{n}\frac{\mathrm{d}^2Z_i}{\pi}\left|\begin{pmatrix}\widetilde{P} & \widetilde{L}\\ \widetilde{N} & \widetilde{Q}\end{pmatrix}\begin{pmatrix}\widetilde{Z}\\ \widetilde{Z}^{*}\end{pmatrix}\right\rangle\left\langle\begin{pmatrix}\widetilde{Z}\\ \widetilde{Z}^{*}\end{pmatrix}\right|=W^{-1}. \tag{9.69}$$

证明 从 $\widetilde{M}\Pi M=\Pi$, 我们知道 $\Pi^{-1}\widetilde{M}\Pi=M^{-1}$, 故 M^{-1} 相似于 $\widetilde{M}$ 也相似于 M. 既然式 (9.31) 指明了 $\begin{pmatrix} Q & -L \\ -N & P \end{pmatrix} \mapsto \mathrm{e}^{\mathcal{H}}=W$, 故

$$\begin{pmatrix} Q & -L \\ -N & P \end{pmatrix}^{-1}=\Pi^{-1}\begin{pmatrix} \widetilde{Q} & -\widetilde{N} \\ -\widetilde{L} & \widetilde{P} \end{pmatrix}\Pi=\begin{pmatrix} \widetilde{P} & \widetilde{L} \\ \widetilde{N} & \widetilde{Q} \end{pmatrix}\mapsto W^{-1}=\mathrm{e}^{-\mathcal{H}}, \tag{9.70}$$

于是式 (9.69) 得证.

结合式 (9.31) 和式 (9.70) 我们就得

$$W^{-1}=\frac{1}{\sqrt{\det\widetilde{Q}}}\exp\left(\frac{1}{2}A^{\dagger}\widetilde{L}\widetilde{Q}^{-1}\widetilde{A}^{\dagger}\right)\exp\left[A^{\dagger}(\ln Q^{-1})\widetilde{A}\right]\exp\left(-\frac{1}{2}A\widetilde{Q}^{-1}\widetilde{N}\widetilde{A}\right), \tag{9.71}$$

再用 $Q\widetilde{L}=L\widetilde{Q}, \widetilde{Q}N=\widetilde{N}Q$, 看到

$$W^{-1}=\frac{1}{\sqrt{\det\widetilde{Q}}}\exp\left(\frac{1}{2}A^{\dagger}Q^{-1}L\widetilde{A}^{\dagger}\right)\exp\left[A^{\dagger}(\ln Q^{-1})\widetilde{A}\right]\exp\left(-\frac{1}{2}ANQ^{-1}\widetilde{A}\right)\neq W^{\dagger}, \tag{9.72}$$

所以 W 是一个相似变换算符, 而非幺正的.

9.4 n – 模玻色相互作用系统二次型哈密顿量的配分函数

用式 (9.60) 我们立即得到 $\mathrm{e}^{\mathcal{H}}$ 的相干态矩阵元

$$\begin{aligned}\langle Z'|\mathrm{e}^{\mathcal{H}}|Z''\rangle=&\frac{1}{\sqrt{\det P}}\times\exp\left(-\frac{1}{2}Z'^{*}LP^{-1}\widetilde{Z'}^{*}+Z'^{*}\widetilde{P}^{-1}\widetilde{Z}''\right.\\&\left.+\frac{1}{2}Z''P^{-1}N\widetilde{Z}''-\frac{1}{2}Z'\widetilde{Z'}^{*}-\frac{1}{2}Z''\widetilde{Z}''^{*}\right)\end{aligned} \tag{9.73}$$

于是其迹为

$$\begin{aligned}
\operatorname{tr} e^{\mathcal{H}} &= \int \prod_{i=1}^{n} \frac{d^2 Z_i}{\pi} \langle Z | e^{\mathcal{H}} | Z \rangle \\
&= \frac{1}{\sqrt{\det P}} \int \prod_{i=1}^{n} \frac{d^2 Z_i}{\pi} \exp\Big(-\frac{1}{2} Z^* L P^{-1} \widetilde{Z}^* + Z^* \widetilde{P}^{-1} \widetilde{Z} \\
&\quad + \frac{1}{2} Z P^{-1} N \widetilde{Z} - Z \widetilde{Z}^* \Big) \\
&= \frac{1}{\sqrt{\det P}} \int \prod_{i=1}^{n} \frac{d^2 Z_i}{\pi} \exp\left[-\frac{1}{2} (Z \quad Z^*) \begin{pmatrix} -P^{-1}N & I - P^{-1} \\ I - \widetilde{P}^{-1} & LP^{-1} \end{pmatrix} \begin{pmatrix} \widetilde{Z} \\ \widetilde{Z}^* \end{pmatrix} \right] \\
&= \left(\det \widetilde{P} \right)^{-1/2} \left[\det \begin{pmatrix} I - \widetilde{P}^{-1} & LP^{-1} \\ -P^{-1}N & I - P^{-1} \end{pmatrix} \right]^{-1/2}.
\end{aligned} \tag{9.74}$$

注意 $P^{-1}N = \widetilde{N}\widetilde{P}^{-1}$, 再用式 (9.57) 得

$$\begin{aligned}
\operatorname{tr} e^{\mathcal{H}} &= \left[\det \left(\widetilde{P} - I \right) \right]^{-1/2} \left\{ \det \left[\left(I - P^{-1} \right) + \widetilde{N} \left(\widetilde{P} - I \right)^{-1} LP^{-1} \right] \right\}^{-1/2} \\
&= \left[\det \begin{pmatrix} \widetilde{P} - I & LP^{-1} \\ -\widetilde{N} & I - P^{-1} \end{pmatrix} \right]^{-1/2} \\
&= (-1)^{-n/2} \left[\det \begin{pmatrix} \widetilde{P} - I & -LP^{-1} \\ -\widetilde{N} & P^{-1} - I \end{pmatrix} \right]^{-1/2}.
\end{aligned} \tag{9.75}$$

现在我们证明可以把式 (9.75) 写成更简洁的形式

$$\operatorname{tr} e^{\mathcal{H}} = |\det (I - e^{\Gamma \Pi})|^{-1/2}, \quad \Gamma = \begin{pmatrix} R & C \\ \widetilde{C} & D \end{pmatrix}. \tag{9.76}$$

证明　从式 (9.33) 及 $\widetilde{M}\Pi M = \Pi$,

$$\mathrm{e}^{-\Gamma\Pi} = \begin{pmatrix} Q & L \\ N & P \end{pmatrix}^{-1} = M^{-1} = -\Pi\left(\widetilde{M}\right)^{-1}\Pi = \begin{pmatrix} \widetilde{P} & -\widetilde{L} \\ -\widetilde{N} & \widetilde{Q} \end{pmatrix}, \tag{9.77}$$

根据辛条件式 (9.44) 和式 (9.45)

$$\widetilde{Q} = \widetilde{P}\left(I + N\widetilde{L}\right), \quad P^{-1}N = \widetilde{N}\widetilde{P}^{-1}, \tag{9.78}$$

可见

$$\det\left(\mathrm{e}^{-\Gamma\Pi} - I\right) = \det\begin{pmatrix} \widetilde{P} - I & -\widetilde{L} \\ -\widetilde{N} & P^{-1} - I + \widetilde{N}\widetilde{P}^{-1}\widetilde{L} \end{pmatrix}. \tag{9.79}$$

根据行列式的初等变换不改变其值的性质, 把上式中第一列右乘 $\widetilde{P}^{-1}\widetilde{L}$ 后加到第二列上, 并用 $\widetilde{P}^{-1}\widetilde{L} = LP^{-1}$ 得到

$$\det\left(\mathrm{e}^{-\Gamma\Pi} - I\right) = \det\begin{pmatrix} \widetilde{P} - I & -LP^{-1} \\ -\widetilde{N} & P^{-1} - I \end{pmatrix}. \tag{9.80}$$

比较式 (9.80) 和式 (9.75) 得到

$$\mathrm{tr}\,\mathrm{e}^{\mathcal{H}} = (-1)^{-n/2}\det\left(\mathrm{e}^{-\Gamma\Pi} - I\right). \tag{9.81}$$

由于 Γ 是对称矩阵, 而 Π 是反对称的, 故

$$\det\mathrm{e}^{-\Gamma\Pi} = \exp\left[\mathrm{tr}\left(-\Gamma\Pi\right)\right] = \mathrm{e}^0 = 1. \tag{9.82}$$

于是

$$\det\left(\mathrm{e}^{\Gamma\Pi} - I\right) = \det\left(I - \mathrm{e}^{\Gamma\Pi}\right). \tag{9.83}$$

故有

$$\mathrm{tr}\,\mathrm{e}^{\mathcal{H}} = (-1)^{-n/2}\left[\det\left(I - \mathrm{e}^{\Gamma\Pi}\right)\right]^{-1/2}. \tag{9.84}$$

在精确到一个相因子范围内,

$$\mathrm{tr}\,\mathrm{e}^{\mathcal{H}} = \left|\det\left(I - \mathrm{e}^{\Gamma\Pi}\right)\right|^{-1/2}, \tag{9.85}$$

于是式 (9.76) 得证, 这是一个很简洁形式. 作为例子, 考虑取 $\mathcal{H}$ 为

$$-\beta\omega\left(a^\dagger a+\frac{1}{2}\right)=\frac{1}{2}\begin{pmatrix}a^\dagger & a\end{pmatrix}\begin{pmatrix}0 & -\beta\omega\\ -\beta\omega & 0\end{pmatrix}\begin{pmatrix}a^\dagger\\ a\end{pmatrix},\tag{9.86}$$

所以相应的 $\Gamma=-\beta\begin{pmatrix}0 & \omega\\ \omega & 0\end{pmatrix}$, 根据 $\begin{pmatrix}Q & L\\ N & P\end{pmatrix}=\exp(\Gamma\Pi)$, 有

$$\exp\left[-\beta\begin{pmatrix}0 & \omega\\ \omega & 0\end{pmatrix}\Pi\right]=\begin{pmatrix}\mathrm{e}^{-\beta\omega} & 0\\ 0 & \mathrm{e}^{\beta\omega}\end{pmatrix}\tag{9.87}$$

用式 (9.85) 就有

$$\operatorname{tr}\mathrm{e}^{-\beta\omega}\left(a^\dagger a+\frac{1}{2}\right)=\left|\det\begin{pmatrix}\mathrm{e}^{-\beta\omega}-1 & 0\\ 0 & \mathrm{e}^{\beta\omega}-1\end{pmatrix}\right|^{-1/2}=\frac{\mathrm{e}^{-\beta\omega/2}}{1-\mathrm{e}^{-\beta\omega}},\tag{9.88}$$

当 $\beta=1/kT$, k 是玻尔兹曼 (Boltzmann)常数, 上式就是谐振子的配分函数. 所以我们有理由称式 (9.85) 为多模玻色系统的配分函数公式, 它是理想玻色气体分布的非平凡推广.

第 10 章　连续变量纠缠态表象在量子光学中的应用

1935 年, 爱因斯坦等三人批评海森伯的测不准关系所代表的量子物理学的非决定论, 认为有某些“隐含的”变量被忽略了. 他们以两个粒子 (其总动量和相对坐标算符是对易量)以相反方向运动为例, 假设两个粒子已彼此远离, 当人们只希望测试两个粒子中的一个, 但由于其总动量和相对坐标算符是对易量, 事实上, 测试 A 点处的粒子可以了解另一粒子的情况, 即会对 B 点处的粒子有“瞬时”反应, 而 B 与 A 已经“相隔了十万八千里”. A 点测量的结果表明“物理实在”量是比海森伯论限制的要多, 因此, 爱因斯坦等三人认为量子力学是不完备的, 爱因斯坦等的文章使人们发现了量子整体性这一概念, 并用“纠缠”来描述这一整体性. 这使我们想到南唐李煜 (李后主)的一首词中的一句:“剪不断, 理还乱”来形容量子纠缠量是再合适不过的了. 例如, 对粒子纠缠态再也不能孤立地把其部分体看作为一个量子态, 而应把两者作为一个整体的量子态; 当然, 处于这一整体中的两个部分是可以区分的, 谈论其各自的属性仍有意义. 我们在 2.4 节中构建的连续变量双模纠缠态提供了一个理解量子整体性与其部分之间的关系的枢纽, 在 2.8 节又给出了其物理意义. 在本章中我们将继续讨论双模纠缠态的应用.

10.1　用纠缠态表象导出双模算符厄米多项式的若干恒等式

在双模福克空间中 $P_1 - P_2$ 与 $Q_1 + Q_2$ 的共同本征态是

$$|\xi\rangle = \exp\left[-\frac{|\xi|^2}{2} + \xi a^\dagger + \xi^* b^\dagger - a^\dagger b^\dagger\right]|00\rangle \quad (\xi = \xi_1 + \mathrm{i}\xi_2), \tag{10.1}$$

满足本征方程

$$\left(a + b^\dagger\right)|\xi\rangle = \xi\,|\xi\rangle, \quad \left(a^\dagger + b\right)|\xi\rangle = \xi^*\,|\xi\rangle, \tag{10.2}$$

故而

$$(Q_1 + Q_2)\,|\xi\rangle = \sqrt{2}\xi_1\,|\xi\rangle, \quad (P_1 - P_2)\,|\xi\rangle = \sqrt{2}\xi_2\,|\xi\rangle. \tag{10.3}$$

其正交完备性是

$$\int \frac{\mathrm{d}^2\xi}{\pi}\,|\xi\rangle\langle\xi| = 1, \quad \langle\xi\,|\xi'\rangle = \pi\delta^{(2)}\left(\xi - \xi'\right). \tag{10.4}$$

由于 e, 有

$$[Q_1 + Q_2,\ P_1 + P_2] = 2\mathrm{i}, \quad [Q_1 - Q_2,\ P_1 - P_2] = 2\mathrm{i}, \tag{10.5}$$

故 $|\xi\rangle$ 与 $|\eta\rangle$ 互为共轭, 它们是同等重要的. 双模压缩算符在 $|\xi\rangle$ 表象

$$S_2 = \int \frac{\mu\mathrm{d}^2\xi}{\pi}\,|\mu\xi\rangle\langle\xi| = \int \frac{\mathrm{d}^2\eta}{\pi\mu}\,|\eta/\mu\rangle\langle\eta| = \mathrm{e}^{\lambda\left(ab - a^\dagger b^\dagger\right)}, \tag{10.6}$$

$\mu = \mathrm{e}^\lambda$ 是压缩参数. 用此表象和 IWOP 技术我们可以导出双模算符厄米多项式的若干有用的恒等式. 譬如说, $\mathrm{H}_{m,n}\left(a + b^\dagger, a^\dagger + b\right) =: \left(a + b^\dagger\right)^m \left(a^\dagger + b\right)^n :$, 以及若干新的积分公式.

鉴于 $\left[\left(a + b^\dagger\right), \left(a^\dagger + b\right)\right] = 0$,

$$\mathrm{e}^{t\left(a+b^\dagger\right)}\mathrm{e}^{t'\left(a^\dagger+b\right)} = \sum_{m,n=0}^{+\infty} \frac{t^m t'^n \left(a + b^\dagger\right)^m \left(a^\dagger + b\right)^n}{m!n!}, \tag{10.7}$$

另一方面,用双模算符厄米多项式的母函数公式,又得

$$\begin{aligned}
\mathrm{e}^{t\left(a+b^{\dagger}\right)}\mathrm{e}^{t'\left(a^{\dagger}+b\right)} &= \mathrm{e}^{tt'} : \mathrm{e}^{tb^{\dagger}}\mathrm{e}^{t'a^{\dagger}}\mathrm{e}^{ta}\mathrm{e}^{t'b} : \\
&= \mathrm{e}^{-(\mathrm{i}t)\left(\mathrm{i}t'\right)} : \mathrm{e}^{\mathrm{i}t\left[-\mathrm{i}\left(a+b^{\dagger}\right)\right]}\mathrm{e}^{\mathrm{i}t'\left[-\mathrm{i}\left(a^{\dagger}+b\right)\right]} : \\
&= \sum_{m,n=0}^{+\infty}\frac{(\mathrm{i}t)^m\left(\mathrm{i}t'\right)^n}{m!n!} : \mathrm{H}_{m,n}\left[-\mathrm{i}\left(a+b^{\dagger}\right),-\mathrm{i}\left(a^{\dagger}+b\right)\right] : .
\end{aligned} \tag{10.8}$$

比较式 (10.7) 和式 (10.8) 我们导出 $\left(a+b^{\dagger}\right)^m\left(a^{\dagger}+b\right)^n$ 的正规乘积展开

$$\left(a+b^{\dagger}\right)^m\left(a^{\dagger}+b\right)^n = \mathrm{i}^{m+n} : \mathrm{H}_{m,n}\left[-\mathrm{i}\left(a+b^{\dagger}\right),-\mathrm{i}\left(a^{\dagger}+b\right)\right] : . \tag{10.9}$$

另一方面,用 $|\xi\rangle$ 的完备性式 (10.4) 和本征方程式 (10.3) 以及 IWOP 技术,有

$$\begin{aligned}
\left(a+b^{\dagger}\right)^m\left(a^{\dagger}+b\right)^n &= \int\frac{\mathrm{d}^2\xi}{\pi}\left(a+b^{\dagger}\right)^m|\xi\rangle\langle\xi|\left(a^{\dagger}+b\right)^n \\
&= \int\frac{\mathrm{d}^2\xi}{\pi}\xi^m\xi^{*n} : \exp\left[-\left(\xi^*-a^{\dagger}-b\right)\left(\eta-a-b^{\dagger}\right)\right] :,
\end{aligned} \tag{10.10}$$

比较式 (10.9) 和式 (10.10) 给出积分公式

$$\mathrm{e}^{-zz^*}\int\frac{\mathrm{d}^2\xi}{\pi}\xi^m\xi^{*n}\exp\left(-|\xi|^2+\xi^*z+z^*\xi\right) = \mathrm{i}^{m+n}\mathrm{H}_{m,n}\left(-\mathrm{i}z,-\mathrm{i}z^*\right). \tag{10.11}$$

而实际上,我们并没有直接演算此积分. 再看

$$\begin{aligned}
\mathrm{e}^{tf\left(a+b^{\dagger}\right)}\mathrm{e}^{t'\left(a^{\dagger}+b\right)/f} &= \mathrm{e}^{tt'}\mathrm{e}^{-tt'}\mathrm{e}^{tf\left(a+b^{\dagger}\right)}\mathrm{e}^{t'\left(a^{\dagger}+b\right)/f} \\
&= \mathrm{e}^{tt'}\sum_{m,n=0}^{+\infty}\frac{t^mt'^n}{m!n!}\mathrm{H}_{m,n}\left[f\left(a+b^{\dagger}\right),\frac{\left(a^{\dagger}+b\right)}{f}\right],
\end{aligned} \tag{10.12}$$

与下式比较

$$\begin{aligned}
\mathrm{e}^{tf\left(a+b^{\dagger}\right)}\mathrm{e}^{t'\left(a^{\dagger}+b\right)/f} &= \mathrm{e}^{tt'} : \mathrm{e}^{tf\left(a+b^{\dagger}\right)}\mathrm{e}^{t'\left(a^{\dagger}+b\right)/f} : \\
&= \mathrm{e}^{tt'}\sum_{m,n=0}^{+\infty}\frac{t^mt'^n}{m!n!} : \left[f\left(a+b^{\dagger}\right)\right]^m\left[\frac{\left(a^{\dagger}+b\right)}{f}\right]^n : ,
\end{aligned} \tag{10.13}$$

得一新算符恒等式

$$\mathrm{H}_{m,n}\left[f\left(a+b^{\dagger}\right),\frac{\left(a^{\dagger}+b\right)}{f}\right]=:\left[f\left(a+b^{\dagger}\right)\right]^{m}\left[\frac{\left(a^{\dagger}+b\right)}{f}\right]^{n}:. \tag{10.14}$$

当 $f=1$, 有

$$\mathrm{H}_{m,n}\left(a+b^{\dagger},a^{\dagger}+b\right)=:\left(a+b^{\dagger}\right)^{m}\left(a^{\dagger}+b\right)^{n}:, \tag{10.15}$$

用 $|\xi\rangle$ 的完备性式 (10.4) 及本征方程式 (10.3) 以及 IWOP 技术, 有

$$\begin{aligned}&\mathrm{H}_{m,n}\left(a+b^{\dagger},a^{\dagger}+b\right)\\&=\int\frac{\mathrm{d}^{2}\xi}{\pi}\mathrm{H}_{m,n}\left(a+b^{\dagger},a^{\dagger}+b\right)|\xi\rangle\langle\xi|\\&=\int\frac{\mathrm{d}^{2}\xi}{\pi}\mathrm{H}_{m,n}\left(\xi,\xi^{*}\right):\exp\left[-\left(\xi^{*}-a^{\dagger}-b\right)\left(\xi-a-b^{\dagger}\right)\right]:,\end{aligned} \tag{10.16}$$

结合式 (10.15) 和式 (10.16) 导出积分公式

$$\mathrm{e}^{-zz^{*}}\int\frac{\mathrm{d}^{2}\xi}{\pi}\mathrm{H}_{m,n}\left(\xi,\xi^{*}\right)\exp\left(-|\xi|^{2}+\xi^{*}z+z^{*}\xi\right)=z^{m}z^{*n}. \tag{10.17}$$

而实际上, 我们并没有直接演算此积分.

用式 (10.15) 我们可以把双模福克态以 $\mathrm{H}_{m,n}\left(a+b^{\dagger},a^{\dagger}+b\right)$ 表示出来, 考虑

$$\begin{aligned}\mathrm{H}_{m,n}\left(a+b^{\dagger},a^{\dagger}+b\right)|00\rangle&=:\left(a+b^{\dagger}\right)^{m}\left(a^{\dagger}+b\right)^{n}:|00\rangle\\&=b^{\dagger m}a^{\dagger n}|00\rangle=\sqrt{m!n!}\,|n,m\rangle,\end{aligned} \tag{10.18}$$

这里 $|00\rangle$ 是双模真空态, 故双模福克态可表达为

$$|n,m\rangle=(m!n!)^{-1/2}\,\mathrm{H}_{m,n}\left(a+b^{\dagger},a^{\dagger}+b\right)|00\rangle, \tag{10.19}$$

此式十分有用. 譬如说, 要求 $\mathrm{H}_{m,n}\left(a+b^{\dagger},a^{\dagger}+b\right)$ 作用于 $|n',m'\rangle$ 的结果 , 用式 (10.18) 有

$$\begin{aligned}&\mathrm{H}_{m,n}\left(a+b^{\dagger},a^{\dagger}+b\right)|n',m'\rangle\\&=(m!n!)^{-\frac{1}{2}}\,\mathrm{H}_{m,n}\left(a+b^{\dagger},a^{\dagger}+b\right)\mathrm{H}_{m',n'}\left(a+b^{\dagger},a^{\dagger}+b\right)|00\rangle,\end{aligned} \tag{10.20}$$

于是我们要推导两个 $\mathrm{H}_{m,n}$ 算符的乘积公式.

由式 (10.15) 我们计算

$$
\begin{aligned}
&\mathrm{H}_{m,n}\left(a+b^{\dagger},a^{\dagger}+b\right)\mathrm{H}_{m',n'}\left(a+b^{\dagger},a^{\dagger}+b\right)\\
&=:\left(a+b^{\dagger}\right)^{m}\left(a^{\dagger}+b\right)^{n}::\left(a+b^{\dagger}\right)^{m\prime}\left(a^{\dagger}+b\right)^{n\prime}:\\
&=\sum_{l}\sum_{k}\sum_{p}\sum_{q}\binom{m}{l}\binom{n}{k}\binom{m'}{p}\binom{n'}{q}b^{\dagger m-l}a^{\dagger k}\left(a^{l}b^{n-k}b^{\dagger m'-p}a^{\dagger q}\right)a^{p}b^{n'-q}.
\end{aligned}
\tag{10.21}
$$

用 IWOP 技术和相干态表象的完备性把式 (10.21) 中的 $a^{l}a^{\dagger q}$ 化为正规乘积式 (2.7)

$$
\begin{aligned}
a^{l}a^{\dagger q}&=\int\frac{\mathrm{d}^{2}z}{\pi}z^{l}\left|z\right\rangle\left\langle z\right|z^{*q}\\
&=\int\frac{\mathrm{d}^{2}z}{\pi}z^{l}z^{*q}:\exp\left(-\left|z\right|^{2}+za^{\dagger}+z^{*}a-a^{\dagger}a\right):\\
&=\sum_{s=0}\frac{l!q!a^{\dagger q-s}a^{l-s}}{s!\left(l-s\right)!\left(q-s\right)!}=\sum_{s=0}\binom{l}{s}\binom{q}{s}s!a^{\dagger q-s}a^{l-s},
\end{aligned}
\tag{10.22}
$$

其中 $\left|z\right\rangle=\exp\left(\frac{-\left|z\right|^{2}}{2}+za^{\dagger}\right)\left|0\right\rangle$ 是相干态. 把式 (10.22) 代入式 (10.21) 有

$$
\begin{aligned}
&\mathrm{H}_{m,n}\left(a+b^{\dagger},a^{\dagger}+b\right)\mathrm{H}_{m',n'}\left(a+b^{\dagger},a^{\dagger}+b\right)\\
&=\sum_{l}\sum_{k}\sum_{p}\sum_{q}\binom{m}{l}\binom{n}{k}\binom{m'}{p}\binom{n'}{q}b^{\dagger m-l}a^{\dagger k}\\
&\quad\times\sum_{t=0}\binom{n-k}{t}\binom{m'-p}{t}t!b^{\dagger m'-p-t}b^{n-k-t}\sum_{s=0}\binom{l}{s}\binom{q}{s}s!a^{\dagger q-s}a^{l-s}a^{p}\,b^{n'-q}\\
&=\sum_{t=0}\sum_{s=0}\sum_{l}\sum_{k}\sum_{p}\sum_{q}\binom{m}{l}\binom{l}{s}\binom{n}{n-k}\binom{n-k}{t}\binom{m'}{m'-p}
\end{aligned}
$$

$$\times \binom{m'-p}{t}\binom{n'}{q}\binom{q}{s} s!t! : b^{\dagger m+m'-l-p-t} b^{n+n'-k-q-t} a^{\dagger k+q-s} a^{l+p-s} : . \tag{10.23}$$

再用组合公式 $\binom{m}{l}\binom{l}{s} = \binom{m-s}{l-s}\binom{m}{s}$ 把上式化为

$$\begin{aligned}
&\mathrm{H}_{m,n}\left(a+b^{\dagger}, a^{\dagger}+b\right) \mathrm{H}_{m',n'}\left(a+b^{\dagger}, a^{\dagger}+b\right) \\
&= \sum_{t=0} \sum_{s=0} \sum_{l} \sum_{k} \sum_{p} \sum_{q} : b^{\dagger m+m'-l-p-t} b^{n+n'-k-q-t} a^{\dagger k+q-s} a^{l+p-s} : \\
&\times \binom{m-s}{l-s} b^{\dagger m-s-l+s} a^{l-s} \binom{m'-t}{p} b^{\dagger m'-t-p} a^{p} \binom{n'-s}{q-s} b^{n'-s-q+s} a^{\dagger q-s} \\
&\times \binom{n-t}{k} b^{n-t-k} a^{\dagger k} \frac{m!n!m'!n'!}{s!\,(m-s)!\,(n'-s)!\,(n-t)!\,(m'-t)!t!} \\
&= \sum_{t=0} \sum_{s=0} \frac{m!n!m'!n'!}{(m-s)!\,(n'-s)!\,(n-t)!\,(m'-t)!s!t!} \\
&\times : \left(a+b^{\dagger}\right)^{m-s+m'-t} \left(a^{\dagger}+b\right)^{n-t+n'-s} : \\
&= \sum_{t=0} \sum_{s=0} \frac{m!n!m'!n'!}{(m-s)!\,(n'-s)!\,(n-t)!\,(m'-t)!s!t!} \\
&\times \mathrm{H}_{m+m'-t-s, n+n'-t-s}\left(a+b^{\dagger}, a^{\dagger}+b\right),
\end{aligned} \tag{10.24}$$

在最后一步的推导中我们用了式 (10.15). 由式 (10.20) 和式 (10.24) 给出 $|n', m'\rangle$ 被 $\mathrm{H}_{m,n}\left(a+b^{\dagger}, a^{\dagger}+b\right)$ 激发的结果

$$\begin{aligned}
&\mathrm{H}_{m,n}\left(a+b^{\dagger}, a^{\dagger}+b\right) |n', m'\rangle \\
&\quad = \sum_{t=0} \sum_{s=0} \frac{m!n!\sqrt{m'!n'!}}{(m-s)!\,(n'-s)!\,(n-t)!\,(m'-t)!s!t!} \\
&\quad \times : \left(a+b^{\dagger}\right)^{m-s+m'-t} \left(a^{\dagger}+b\right)^{n-t+n'-s} : |00\rangle
\end{aligned}$$

$$
\begin{aligned}
&= \sum_{t=0}\sum_{s=0} \frac{m!n!\sqrt{m'!n'!}\sqrt{(m+m'-t-s)!\,(n+n'-t-s)!}}{(m-s)!\,(n'-s)!\,(n-t)!\,(m'-t)!s!t!} \\
&\quad \times |n+n'-t-s, m+m'-t-s\rangle,
\end{aligned} \tag{10.25}
$$

再用纠缠态表象的完备性, 得

$$
\begin{aligned}
&\mathrm{H}_{m,n}\left(a+b^{\dagger},a^{\dagger}+b\right)\mathrm{H}_{m',n'}\left(a+b^{\dagger},a^{\dagger}+b\right) \\
&= \int \frac{\mathrm{d}^2\xi}{\pi}\mathrm{H}_{m,n}\left(\xi,\xi^*\right)\mathrm{H}_{m',n'}\left(\xi,\xi^*\right)|\xi\rangle\langle\xi| \\
&= \int \frac{\mathrm{d}^2\xi}{\pi}\mathrm{H}_{m,n}\left(\xi,\xi^*\right)\mathrm{H}_{m',n'}\left(\xi,\xi^*\right):\exp\left[-\left(\xi^*-a^{\dagger}-b\right)\left(\xi-a-b^{\dagger}\right)\right]: \\
&= \sum_{t=0}\sum_{s=0}\frac{m!n!m'!n'!}{(m-s)!\,(n'-s)!\,(n-t)!\,(m'-t)!s!t!} \\
&\quad \times :\left(a+b^{\dagger}\right)^{m-s+m'-t}\left(a^{\dagger}+b\right)^{n-t+n'-s}:.
\end{aligned} \tag{10.26}
$$

这给出了一个新的积分公式

$$
\begin{aligned}
&\mathrm{e}^{-zz^*}\int \frac{\mathrm{d}^2\xi}{\pi}\mathrm{H}_{m,n}\left(\xi,\xi^*\right)\mathrm{H}_{m',n'}\left(\xi,\xi^*\right)\exp\left(-|\xi|^2+\xi^*z+z^*\xi\right) \\
&= \sum_{t=0}\sum_{s=0}\frac{m!n!m'!n'!}{(m-s)!\,(n'-s)!\,(n-t)!\,(m'-t)!s!t!}z^{m-s+m'-t}z^{*n-t+n'-s},
\end{aligned} \tag{10.27}
$$

而并没有直接地去做这个积分.

10.2 双模压缩数态

作为双模算符厄米多项式的应用, 我们显示一个压缩算符是式 (10.6) 定义的双模压缩数态,

$$S_2^{-1}(\lambda)|m,n\rangle = \int \frac{d^2\zeta}{\pi\mu}|\xi/\mu\rangle\langle\xi|\, m,n\rangle, \tag{10.28}$$

可以视为是双模厄米多项式算符激发的双模压缩真空态. 事实上, 按照 $\mathrm{H}_{m,n}$ 的母函数公式

$$\sum_{m,n=0}^{+\infty}\frac{z^m z'^n}{m!n!}\mathrm{H}_{m,n}(\xi,\xi^*) = \exp\left(-zz'+z\xi+z'\xi^*\right), \tag{10.29}$$

把 $\langle\xi|$ 展开为

$$\langle\xi| = \langle 00|\,\mathrm{e}^{-|\xi|^2/2}\sum_{m,n=0}^{+\infty}\frac{a_1^m a_2^n}{m!n!}\mathrm{H}^*_{m,n}(\xi,\xi^*), \tag{10.30}$$

$\langle\xi|$ 与双模粒子数态的内积为

$$\langle\xi|\, m,n\rangle = \mathrm{e}^{-|\xi|^2/2}\frac{\mathrm{H}^*_{m,n}(\xi,\xi^*)}{\sqrt{m!n!}}. \tag{10.31}$$

把它代入式 (10.28) 并用公式

$$\mathrm{H}_{m,n}(\xi,\xi^*) = \frac{\partial^{m+n}}{\partial t^m\,\partial t'^n}\exp\left(-tt'+t\xi+t'\xi^*\right)|_{t=t'=0}, \tag{10.32}$$

得

$$\begin{aligned}
S_2^{-1}(\lambda)|m,n\rangle &= \int \frac{d^2\zeta}{\pi\mu}|\xi/\mu\rangle\,\mathrm{e}^{-|\xi|^2/2}\frac{\mathrm{H}^*_{m,n}(\xi,\xi^*)}{\sqrt{m!n!}} \\
&= \frac{1}{\sqrt{m!n!}}\frac{\partial^{m+n}}{\partial t^m\,\partial t'^n}\int\frac{d^2\zeta}{\mu\pi}\exp\left\{-\frac{\mu^2+1}{2\mu^2}|\xi|^2+\xi\left(\frac{a_1^\dagger}{\mu}+t'\right)\right. \\
&\quad \left.+\xi^*\left(\frac{a_2^\dagger}{\mu}+t\right)-tt'-a_1^\dagger a_2^\dagger\right\}|00\rangle\bigg|_{t=t'=0} \\
&= \frac{\operatorname{sech}\lambda}{\sqrt{m!n!}}\frac{\partial^{m+n}}{\partial t^m\,\partial t'^n}\exp\left[tt'\tanh\lambda+ta_1^\dagger\operatorname{sech}\lambda+t'a_2^\dagger\operatorname{sech}\lambda\right. \\
&\quad \left.-\tanh\lambda a_1^\dagger a_2^\dagger\right]|00\rangle\bigg|_{t=t'=0} \\
&= \frac{\operatorname{sech}\lambda\,(\tanh\lambda)^{\frac{m+n}{2}}\,(\mathrm{i})^{m+n}}{\sqrt{m!n!}}\mathrm{H}_{m,n}\left(\frac{\sqrt{2}}{\mathrm{i}\sqrt{\sinh\lambda}}a_1^\dagger,\frac{\sqrt{2}}{\mathrm{i}\sqrt{\sinh\lambda}}a_2^\dagger\right)
\end{aligned}$$

$$\times \exp\left(-\tanh\lambda a_1^\dagger a_2^\dagger\right)|00\rangle, \tag{10.33}$$

它正好是由双模厄米多项式算符激发的双模压缩真空态.

10.3 激发双模压缩态

在 3.4 节我们曾讨论了光子减除单模压缩态的性质, 从而给出了勒让德多项式的新级数展开. 本节我们定义激发双模压缩真空态 (或称为光子增加双模压缩真空态)

$$|\lambda,m,n\rangle = a^{\dagger m}b^{\dagger n}S_2(\lambda)|00\rangle, \tag{10.34}$$

其中 $S_2(\lambda)=\exp\left[\lambda\left(a^\dagger b^\dagger-ab\right)\right]$ 是双模压缩算符, 并研究其性质. S_2 生成如下变换,

$$\begin{aligned}S_2^\dagger a S_2 &= a\cosh\lambda + b^\dagger\sinh\lambda,\\ S_2^\dagger b S_2 &= b\cosh\lambda + a^\dagger\sinh\lambda.\end{aligned} \tag{10.35}$$

用式 (10.35) 导出

$$\begin{aligned}|\lambda,m,n\rangle &= S_2S_2^\dagger a^{\dagger m}b^{\dagger n}S_2(\lambda)|00\rangle\\ &= S_2\sum_{s=0}^{m}\frac{m!\left(a^\dagger\cosh\lambda\right)^{m-s}(b\sinh\lambda)^s}{s!\,(m-s)!}\left(b^\dagger\cosh\lambda\right)^n|00\rangle.\end{aligned} \tag{10.36}$$

插入相干态完备性 $\int\frac{\mathrm{d}^2z}{\pi}|z\rangle_{22}\langle z|=1,\ b|z\rangle_2=z|z\rangle_2$, 并用积分公式

$$\begin{aligned}&\int\frac{\mathrm{d}^2z}{\pi}z^nz^{*m}\exp\left(\zeta|z|^2+\xi z+\eta z^*\right)\\ &\quad= \mathrm{e}^{-\frac{\xi\eta}{\zeta}}\sum_{l=0}^{\min(m,n)}\frac{m!n!\xi^{m-l}\eta^{n-l}}{l!(m-l)!(n-l)!(-\zeta)^{m+n-l+1}},\end{aligned} \tag{10.37}$$

式 (10.36) 可以表达为

$$
\begin{aligned}
|\lambda, m, n\rangle &= S_2 \sum_{s=0}^{m} \frac{m!\left(a^{\dagger}\cosh\lambda\right)^{m-s}}{s!\,(m-s)!} \int \frac{\mathrm{d}^2 z}{\pi} \left(z\sinh\lambda\right)^s |z\rangle_{22}\,\langle z| \left(z^{*}\cosh\lambda\right)^n |00\rangle \\
&= S_2 \sum_{s=0}^{m} \frac{m!\left(a^{\dagger}\cosh\lambda\right)^{m-s}\sinh^s\lambda\cosh^n\lambda}{s!\,(m-s)!} \int \frac{\mathrm{d}^2 z}{\pi} z^s z^{*n} \\
&\quad \times \exp\left[-|z|^2 + z b^{\dagger}\right]|00\rangle \\
&= (\mathrm{i})^{m+n} \left(\frac{\sinh 2\lambda}{2}\right)^n S_2 \sum_{s=0}^{\min(m,n)} \frac{(-1)^s m!n!\left(-\mathrm{i}a^{\dagger}\cosh\lambda\right)^{m-s}}{s!\,(m-s)!\,(n-s)!} \\
&\quad \times \left(\frac{-\mathrm{i}b^{\dagger}}{\sinh\lambda}\right)^{n-s} |00\rangle \\
&= (\mathrm{i})^{m+n} \left(\frac{\sinh 2\lambda}{2}\right)^n S_2 \mathrm{H}_{m,n}\left(-\mathrm{i}a^{\dagger}\cosh\lambda, -\mathrm{i}b^{\dagger}\cosh\lambda\right)|00\rangle. \qquad (10.38)
\end{aligned}
$$

在最后一步推导中用了双变数厄米多项式的定义

$$
\mathrm{H}_{m,n}(\epsilon, \varepsilon) = \sum_{k=0}^{\min(m,n)} \frac{(-1)^k m!n!}{k!(m-k)!(n-k)!} \epsilon^{m-k} \varepsilon^{n-k}. \qquad (10.39)
$$

所以激发双模压缩真空态可以视为是压缩双模厄米多项式态, $\mathrm{H}_{m,n}\left(-\mathrm{i}a^{\dagger}\cosh\lambda, -\mathrm{i}b^{\dagger}\cosh\lambda\right)|00\rangle$ 是双模厄米多项式态.

10.4 关于双模压缩厄米多项式态的归一化

用式 (10.38) 及相干态完备性我们计算态 $|\lambda, m, n\rangle$ 的模, 有

$$
\begin{aligned}
\langle \lambda, m, n | \lambda, m, n\rangle &= \int \frac{\mathrm{d}^2 z_1 \mathrm{d}^2 z_2}{\pi^2} \langle \lambda, m, n | z_1, z_2\rangle \langle z_1, z_2 | \lambda, m, n\rangle \\
&= \left(\frac{\sinh 2\lambda}{2}\right)^{2n} \int \frac{\mathrm{d}^2 z_1 \mathrm{d}^2 z_2}{\pi^2} \mathrm{e}^{-|z_1|^2 - |z_2|^2}
\end{aligned}
$$

$$\times\left|\mathrm{H}_{m,n}\left(\mathrm{i}z_1\cosh\lambda,\mathrm{i}z_2\cosh\lambda\right)\right|^2. \tag{10.40}$$

另一方面, 用式 (10.22) 可进一步把式 (10.36) 发展为

$$\begin{aligned}
|\lambda,m,n\rangle &= S_2\sum_{s=0}^{m}\frac{m!\left(a^\dagger\cosh\lambda\right)^{m-s}(\sinh\lambda)^s(\cosh\lambda)^n}{s!\,(m-s)!}\\
&\quad\times\sum_{k=0}\frac{s!n!b^{\dagger n-k}b^{s-k}}{k!\,(s-k)!\,(n-k)!}|00\rangle\\
&= S_2\sum_{s=0}^{m}\frac{m!\left(a^\dagger\cosh\lambda\right)^{m-s}(\sinh\lambda)^s(\cosh\lambda)^n}{s!\,(m-s)!}\frac{n!b^{\dagger n-s}}{(n-s)!}|00\rangle\\
&= S_2\sum_{s=0}^{m}\frac{n!m!\,(\cosh\lambda)^{m-s}(\sinh\lambda)^s(\cosh\lambda)^n}{s!\sqrt{(m-s)!\,(n-s)!}}|m-s,n-s\rangle.
\end{aligned} \tag{10.41}$$

由此给出

$$\langle\lambda,m,n\,|\lambda,m,n\rangle=(m!n!)^2\left(\cosh^2\lambda\right)^{n+m}\sum_{s=0}^{n}\frac{(\tanh\lambda)^{2s}}{(s!)^2\,(m-s)!\,(n-s)!}. \tag{10.42}$$

比较雅克比 (Jacobi)多项式的定义

$$\mathrm{P}_n^{(\alpha,\beta)}(x)=\left(\frac{x-1}{2}\right)^n\sum_{s=0}^{n}\begin{pmatrix}n+\alpha\\ s\end{pmatrix}\begin{pmatrix}n+\beta\\ n-s\end{pmatrix}\left(\frac{x+1}{x-1}\right)^s, \tag{10.43}$$

式 (10.42) 就简写为

$$\langle\lambda,m,n\,|\lambda,m,n\rangle=m!n!\,(\cosh\lambda)^{2n}\,\mathrm{P}_m^{(0,n-m)}(\cosh 2\lambda), \tag{10.44}$$

结合式 (10.40) 和式 (10.44) 得一新积分公式

$$\begin{aligned}
&\int\frac{\mathrm{d}^2z_1\mathrm{d}^2z_2}{\pi^2}\mathrm{e}^{-|z_1|^2-|z_2|^2}\left|\mathrm{H}_{m,n}\left(\mathrm{i}z_1\cosh\lambda,\mathrm{i}z_2\cosh\lambda\right)\right|^2\\
&=m!n!\,(\cosh\lambda)^{2n}\,\mathrm{P}_m^{(0,n-m)}(\cosh 2\lambda).
\end{aligned} \tag{10.45}$$

用式 (10.32) 将式 (10.45) 的左边进一步写为

$$\int\frac{\mathrm{d}^2z_1\mathrm{d}^2z_2}{\pi^2}\mathrm{e}^{-|z_1|^2-|z_2|^2}\left|\mathrm{H}_{m,n}\left(\mathrm{i}z_1\cosh\lambda,\mathrm{i}z_2\cosh\lambda\right)\right|^2$$

$$
\begin{aligned}
&= \left(\frac{\sinh 2\lambda}{2}\right)^{2n} \frac{\partial^{m+n}}{\partial t^m \partial t'^n} \frac{\partial^{m+n}}{\partial \tau^m \partial \tau'^n} \exp\left(-tt' - \tau\tau'\right) \\
&\quad \times \int \frac{d^2 z_1 d^2 z_2}{\pi^2} \exp\left(-\left|z_1\right|^2 + \mathrm{i} z_1 t \cosh\lambda - \mathrm{i} z_1^* \tau \cosh\lambda\right) \\
&\quad \times \exp\left(-\left|z_2\right|^2 + \mathrm{i} z_2 t' \cosh\lambda - \mathrm{i} z_2^* \tau' \cosh\lambda\right]\Big|_{t=t'=\tau=\tau'=0} \\
&= \left(\frac{\sinh 2\lambda}{2}\right)^{2n} \frac{\partial^{m+n}}{\partial t^m \partial t'^n} \frac{\partial^{m+n}}{\partial \tau^m \partial \tau'^n} \\
&\quad \times \exp\left(-tt' - \tau\tau' + t\tau\cosh^2\lambda + t'\tau'\cosh^2\lambda\right)\Big|_{t=t'=\tau=\tau'=0},
\end{aligned}
\tag{10.46}
$$

期间用了积分公式

$$
\int \frac{d^2 z}{\pi} \exp\left(\zeta |z|^2 + \xi z + \eta z^*\right) = -\frac{1}{\zeta} \exp\left(-\frac{\xi\eta}{\zeta}\right) \quad (\mathrm{Re}\,\zeta < 0). \tag{10.47}
$$

我们就得到关于雅克比多项式与 $\mathrm{H}_{m,n}$ 的新关系

$$
\mathrm{P}_m^{(0,n-m)}(\cosh 2\lambda) = \frac{(\sinh\lambda)^{2n}}{m!n!} \frac{\partial^{m+n}}{\partial t^m \partial t'^n} \mathrm{H}_{m,n}\left(t\cosh^2\lambda, t'\cosh^2\lambda\right) \mathrm{e}^{-tt'}\Big|_{t=t'=0}, \tag{10.48}
$$

或者

$$
\mathrm{P}_m^{(0,n-m)}(\cosh 2\lambda) = \frac{(-1)^n}{m!n!} \frac{\partial^{2m}}{\partial t^m \partial \tau^m} \mathrm{H}_{n,n}(\mathrm{i}t\sinh\lambda, \mathrm{i}\tau\sinh\lambda) \mathrm{e}^{t\tau\cosh^2\lambda}\Big|_{t=\tau=0}. \tag{10.49}
$$

注意到 $\mathrm{H}_{n,n}$ 与拉盖尔多项式 L_n 的关系，

$$
\mathrm{H}_{n,n}(r,s) = n!(-1)^n \mathrm{L}_n(rs), \tag{10.50}
$$

式 (10.49) 就变成

$$
\mathrm{P}_m^{(0,n-m)}(\cosh 2\lambda) = \frac{1}{m!} \frac{\partial^{2m}}{\partial t^m \partial \tau^m} \mathrm{L}_n\left(-t\tau\sinh^2\lambda\right) \mathrm{e}^{t\tau\cosh^2\lambda}\Big|_{t=\tau=0}. \tag{10.51}
$$

10.5 用 IWOP 技术将求系综平均化为求纯态平均

根据统计力学, 在有限温度 T 下一个算符 $\hat{A}$ 的量子统计意义下的平均值 (系综平均)为

$$\left\langle \hat{A}\right\rangle = Z^{-1}(\beta)\,\mathrm{tr}\left(\hat{A}\mathrm{e}^{-\beta\hat{H}}\right), \tag{10.52}$$

其中 $Z(\beta)=\mathrm{tr}\,\mathrm{e}^{-\beta\hat{H}}$ 为系统的配分函数, $\beta=1/kT$, k 是玻尔兹曼常数, $\hat{H}$ 为体系的哈密顿量. 系综平均能否被在扩展了空间 (相应于 $\hat{A}$ 所在的空间, 引入一个虚空间)中定义的一个纯态 (记为 $|\psi(\beta)\rangle$)的平均来代替, 即能否在实–虚联合空间找到一个 $|\psi(\beta)\rangle$ 使得

$$\left\langle \hat{A}\right\rangle = \mathrm{tr}\left(\rho\hat{A}\right) = \langle\psi(\beta)|\,\hat{A}\,|\psi(\beta)\rangle, \quad \rho=\frac{\mathrm{e}^{-\beta\hat{H}}}{Z(\beta)}, \tag{10.53}$$

这里 $|\psi(\beta)\rangle$ 是一个温度有关的“真空”态, 这样可以使求平均值的问题得到简化, 即人们可以从另一视角考察统计热力学问题.这个思路最早由高桥–梅泽(Takahashi-Umezawa)提出.

这里, 我们采用 IWOP 技术导出相应于谐振子系统 $\hat{H}_1=\omega a^\dagger a$ 的热真空态 $|\psi(\beta)\rangle$. 为此, 记 $\mathrm{Tr}=\mathrm{tr}\widetilde{\mathrm{tr}}$ 为对实–虚两个空间求的求迹记号, 其中 tr 与 $\widetilde{\mathrm{tr}}$ 分别表示对实和虚空间中的求迹, 则

$$\langle\psi(\beta)|\,A\,|\psi(\beta)\rangle = \mathrm{Tr}\left[A\,|\psi(\beta)\rangle\langle\psi(\beta)|\right] = \mathrm{tr}\left[A\widetilde{\mathrm{tr}}\,|\psi(\beta)\rangle\langle\psi(\beta)|\right]. \tag{10.54}$$

由于 $|\psi(\beta)\rangle$ 是定义在实–虚空间中, 则

$$\widetilde{\mathrm{tr}}\,|\psi(\beta)\rangle\langle\psi(\beta)| \neq \langle\psi(\beta)|\,\psi(\beta)\rangle. \tag{10.55}$$

把式 (11.3) 与式 (11.1) 比较, 得

$$\widetilde{\mathrm{tr}}\,|\psi(\beta)\rangle\langle\psi(\beta)| = \frac{\mathrm{e}^{-\beta\hat{H}}}{Z(\beta)} = \rho. \tag{10.56}$$

这就提示我们对于一个给定的哈密顿量 $\hat{H}$, 如果能找到一个 $|\psi(\beta)\rangle$ 态 (它在扩展

了的态空间中), 它的部分求迹 (在虚空间中)就等于密度算符 $\rho=\mathrm{e}^{-\beta\hat{H}}/Z(\beta)$. 当取 $\hat{H}_1=\omega a^\dagger a,\hbar=1$, 由式 (11.5), 就有

$$\widetilde{\operatorname{tr}}\left|\psi(\beta)\right\rangle\left\langle\psi(\beta)\right|=\left(1-\mathrm{e}^{-\beta\omega}\right)\mathrm{e}^{-\beta\omega a^\dagger a}\equiv\rho_c, \tag{10.57}$$

ρ_c 就是热场的密度算符. 现在借助 IWOP 技术, 根据这个想法来求出相应的系统的热真空态.

先求对系统哈密顿量为 $\hat{H}_1=\omega a^\dagger a$ 的热真空态, 记为 $|0(\beta)\rangle$, 由于

$$\mathrm{e}^{-\beta\hat{H}_1}=\mathrm{e}^{-\beta\omega a^\dagger a}=:\exp\left[\left(\mathrm{e}^{-\beta\omega}-1\right)a^\dagger a\right]:, \tag{10.58}$$

以及积分公式

$$\int\frac{\mathrm{d}^2z}{\pi}\exp\left(-h|z|^2+\eta z^*+\xi z\right)=\frac{1}{h}\exp\left(\frac{\eta\xi}{h}\right)\quad(\operatorname{Re}h>0). \tag{10.59}$$

用 IWOP 积分技术可将上式改写为

$$\mathrm{e}^{-\beta\hat{H}_1}=\int\frac{\mathrm{d}^2z}{\pi}:\exp\left(-|z|^2+z^*a^\dagger\mathrm{e}^{-\beta\omega/2}+za\mathrm{e}^{-\beta\omega/2}-a^\dagger a\right):. \tag{10.60}$$

注意到 : $\mathrm{e}^{-a^\dagger a}:=|0\rangle\langle 0|$ 为实真空态的投影算子, 于是上式右边可改写为

$$\mathrm{e}^{-\beta\hat{H}_1}=\int\frac{\mathrm{d}^2z}{\pi}\mathrm{e}^{z^*a^\dagger\mathrm{e}^{-\beta\hbar\omega/2}}|0\rangle\langle 0|\,\mathrm{e}^{za\mathrm{e}^{-\beta\hbar\omega/2}}\left\langle\tilde{z}\left|\tilde{0}\right.\right\rangle\left\langle\tilde{0}\left|\tilde{z}\right.\right\rangle, \tag{10.61}$$

其中 $|\tilde{z}\rangle$ 是在虚空间中的相干态

$$|\tilde{z}\rangle=\exp\left(z\tilde{a}^\dagger-z^*\tilde{a}\right)\left|\tilde{0}\right\rangle,\quad\tilde{a}\left|\tilde{z}\right\rangle=z\left|\tilde{z}\right\rangle,\quad\left\langle\tilde{0}\left|\tilde{z}\right.\right\rangle=\mathrm{e}^{-|z|^2/2}. \tag{10.62}$$

由于虚–实空间中的算符都是相互对易的, 实空间中的算符对虚态也不起作用, $\left|0,\tilde{0}\right\rangle$ 被 a_s 或 $\tilde{a}_s$ 湮灭. 再利用 $\tilde{a}\left|\tilde{z}\right\rangle=z\left|\tilde{z}\right\rangle$, 式 (10.61) 可改写为

$$\begin{aligned}\mathrm{e}^{-\beta\hat{H}_1}&=\int\frac{\mathrm{d}^2z}{\pi}\left\langle\tilde{z}\right|\mathrm{e}^{z^*a^\dagger\mathrm{e}^{-\beta\hbar\omega/2}}\left|0\tilde{0}\right\rangle\left\langle\tilde{0}0\right|\mathrm{e}^{za\mathrm{e}^{-\beta\hbar\omega/2}}\left|\tilde{z}\right\rangle\\&=\int\frac{\mathrm{d}^2z}{\pi}\left\langle\tilde{z}\right|\mathrm{e}^{\tilde{a}^\dagger a^\dagger\mathrm{e}^{-\beta\hbar\omega/2}}\left|0\tilde{0}\right\rangle\left\langle\tilde{0}0\right|\mathrm{e}^{\tilde{a}a\mathrm{e}^{-\beta\hbar\omega/2}}\left|\tilde{z}\right\rangle\\&=\widetilde{\operatorname{tr}}\left[\int\frac{\mathrm{d}^2z}{\pi}\left|\tilde{z}\right\rangle\left\langle\tilde{z}\right|\left(\mathrm{e}^{a^\dagger\tilde{a}^\dagger\mathrm{e}^{-\beta\hbar\omega/2}}\left|0\tilde{0}\right\rangle\left\langle 0\tilde{0}\right|\mathrm{e}^{a\tilde{a}\mathrm{e}^{-\beta\hbar\omega/2}}\right)\right].\end{aligned} \tag{10.63}$$

对照式 (10.56) 并注意到

$$\int \frac{\mathrm{d}^2 z}{\pi} |\tilde{z}\rangle \langle \tilde{z}| = 1, \quad Z(\beta) = \mathrm{tr}\, \mathrm{e}^{-\beta \hat{H}_1} = 1 - \mathrm{e}^{-\beta\omega}, \tag{10.64}$$

可见所求的态是

$$\begin{aligned} |0(\beta)\rangle &= \sqrt{1-\mathrm{e}^{-\beta\omega}} \exp\left(a^\dagger \tilde{a}^\dagger \mathrm{e}^{-\beta\omega/2}\right) \left|0\tilde{0}\right\rangle = \mathrm{sech}\,\theta \exp\left(a^\dagger \tilde{a}^\dagger \tanh\theta\right) \left|0\tilde{0}\right\rangle \\ &= \sqrt{1-\mathrm{e}^{-\beta\omega}} \sum_{m=0} \mathrm{e}^{-m\beta\omega/2} |m, \tilde{m}\rangle, \\ \tanh\theta &\equiv \mathrm{e}^{-\beta\omega/2} = \exp\left(-\frac{\hbar\omega}{2k_B T}\right), \end{aligned} \tag{10.65}$$

$|0(\beta)\rangle$ 恰好是对应自由玻色子系综的热真空态, 最后一步补上了 $\hbar$. 以上推导表明, 只要用 IWOP 技术把 $\mathrm{e}^{-\beta\hat{H}}$ 用扩展在虚–实空间的态矢 $|\psi(\beta)\rangle \langle\psi(\beta)|$ 的 $\widetilde{\mathrm{tr}}$ 形式如式 (10.57) 即可, 这种思想推广到其他复杂的系统. 对自由玻色子系综平均变为对纯态 $|0(\beta)\rangle$ 求平均, 故

$$\begin{aligned} \langle 0(\beta)| a^\dagger a |0(\beta)\rangle &= \left(1-\mathrm{e}^{-\beta\omega}\right) \sum_{m=0} \mathrm{e}^{-m\beta\omega} \langle m| a^\dagger a |m\rangle \\ &= \frac{\mathrm{e}^{-\beta\omega}}{1-\mathrm{e}^{-\beta\omega}} = \sinh^2\theta, \end{aligned} \tag{10.66}$$

以及

$$\left[\langle 0(\beta)| a^\dagger a |0(\beta)\rangle\right]^p = \mathrm{e}^{-p\beta\omega} \left(1-\mathrm{e}^{-\beta\omega}\right) \sum_{m=0} \mathrm{e}^{-m\beta\omega} \frac{(m+p)!}{m!p!}, \tag{10.67}$$

而由

$$\langle m| a^{\dagger p} a^p |m\rangle = \frac{m!}{(m-p)!}, \tag{10.68}$$

可知

$$\begin{aligned} \langle 0(\beta)| a^{\dagger p} a^p |0(\beta)\rangle &= \left(1-\mathrm{e}^{-\beta\omega}\right) \sum_{m=0} \mathrm{e}^{-m\beta\omega} \langle m| a^{\dagger p} a^p |m\rangle \\ &= \left(1-\mathrm{e}^{-\beta\omega}\right) \sum_{m=0} \mathrm{e}^{-(m+p)\beta\omega} \frac{(m+p)!}{m!}, \end{aligned} \tag{10.69}$$

故

$$\langle 0(\beta)| a^{\dagger p} a^p |0(\beta)\rangle = p! \left[\langle 0(\beta)| a^\dagger a |0(\beta)\rangle\right]^p . \tag{10.70}$$

由此得出一条定理

$$\langle 0(\beta)| \mathrm{e}^{fa+ga^\dagger} |0(\beta)\rangle = \exp\left[\frac{1}{2}\langle 0(\beta)| \left(fa+ga^\dagger\right)^2 |0(\beta)\rangle\right]. \tag{10.71}$$

10.6 有限温度下的双模压缩真空态

在双模光场的情形下, 哈密顿量是

$$H = \omega\hbar\left(a^\dagger a + b^\dagger b + 1\right), \tag{10.72}$$

在有限温度下, 根据式 (10.65) 热真空态是

$$|0(\beta)\rangle_1 |0(\beta)\rangle_2 = \mathrm{sech}^2\theta \exp\left[\left(a^\dagger \tilde{a}^\dagger + b^\dagger \tilde{b}^\dagger\right)\tanh\theta\right] \left|0\tilde{0}\right\rangle_1 \left|0\tilde{0}\right\rangle_2 , \tag{10.73}$$

此式表达了 $a^\dagger$ 与 $\tilde{a}^\dagger$ (第一热模)、$b^\dagger$ 与 $\tilde{b}^\dagger$ (第二热模) 分别的纠缠, $\tanh\theta = \exp(-\hbar\omega/2k_BT)$, ω 是振子频率. 现在用双模压缩算符 $\exp\left[f\left(a^\dagger b^\dagger - ab\right)\right]$ 对 $a^\dagger$ 与 $b^\dagger$ 压缩, f 是压缩参数, 效果如何呢? 即我们要了解光场处于态

$$|0\rangle_{f,\theta} \equiv \exp\left[f\left(a^\dagger b^\dagger - ab\right)\right] |0(\beta)\rangle_1 |0(\beta)\rangle_2 , \tag{10.74}$$

下的平均能量与压缩参数的关系.

由于一个双模压缩态本身又是纠缠态, 所以双模压缩算符起了使模纠缠的作用, 即造成 $a^\dagger$ 与 $b^\dagger$ 模之间的纠缠. 事实上, 用双模压缩算符的变换性质

$$\begin{aligned}
&\exp\left[\left(a^\dagger b^\dagger - ab\right)f\right] a^\dagger \exp\left[-\left(a^\dagger b^\dagger - ab\right)f\right] = a^\dagger\cosh f - b\sinh f, \\
&\exp\left[\left(a^\dagger b^\dagger - ab\right)f\right] b^\dagger \exp\left[-\left(a^\dagger b^\dagger - ab\right)f\right] = b^\dagger\cosh f - a\sinh f,
\end{aligned} \tag{10.75}$$

以及

$$\exp\left[f\left(a^{\dagger}b^{\dagger}-ab\right)\right]=\operatorname{sech}f\exp\left(a^{\dagger}b^{\dagger}\tanh f\right)\exp\left[\left(a^{\dagger}a+b^{\dagger}b\right)\ln\operatorname{sech}f\right]$$
$$\times\exp\left(ab\tanh f\right),\tag{10.76}$$

$$\exp\left[\left(a^{\dagger}b^{\dagger}-ab\right)f\right]\left|0\tilde{0}\right\rangle_{1}\left|0\tilde{0}\right\rangle_{2}=\operatorname{sech}\exp\left(a^{\dagger}b^{\dagger}\tanh f\right)\left|0\tilde{0}\right\rangle_{1}\left|0\tilde{0}\right\rangle_{2}.\tag{10.77}$$

我们得到

$$\begin{aligned}|0\rangle_{f,\theta}&=\operatorname{sech}^{2}\theta\exp\left[\left(a^{\dagger}b^{\dagger}-ab\right)f\right]\exp\left[\left(a^{\dagger}\tilde{a}^{\dagger}+b^{\dagger}\tilde{b}^{\dagger}\right)\tanh\theta\right]\left|0\tilde{0}\right\rangle_{1}\left|0\tilde{0}\right\rangle_{2}\\&=\operatorname{sech}^{2}\theta\exp\left[\left(a^{\dagger}b^{\dagger}-ab\right)f\right]\exp\left[\left(a^{\dagger}\tilde{a}^{\dagger}+b^{\dagger}\tilde{b}^{\dagger}\right)\tanh\theta\right]\exp\left[-\left(a^{\dagger}b^{\dagger}-ab\right)f\right]\\&\quad\times\exp\left[\left(a^{\dagger}b^{\dagger}-ab\right)f\right]\left|0\tilde{0}\right\rangle_{1}\left|0\tilde{0}\right\rangle_{2}\\&=\operatorname{sech}f\operatorname{sech}^{2}\theta\exp\left[\left(a^{\dagger}\cosh f-b\sinh f\right)\tilde{a}^{\dagger}\tanh\theta\right]\\&\quad\times\exp\left[\left(b^{\dagger}\cosh f-a\sinh f\right)\tilde{b}^{\dagger}\tanh\theta\right]\exp\left(a^{\dagger}b^{\dagger}\tanh f\right)\left|0\tilde{0}\right\rangle_{1}\left|0\tilde{0}\right\rangle_{2},\end{aligned}\tag{10.78}$$

其中

$$\begin{aligned}&\exp\left[\left(a^{\dagger}\cosh f-b\sinh f\right)\tilde{a}^{\dagger}\tanh\theta\right]\exp\left[\left(b^{\dagger}\cosh f-a\sinh f\right)\tilde{b}^{\dagger}\tanh\theta\right]\\&\quad=\exp\left(a^{\dagger}\tilde{a}^{\dagger}\cosh f\tanh\theta\right)\exp\left(-b\tilde{a}^{\dagger}\sinh f\tanh\theta\right)\\&\quad\times\exp\left(b^{\dagger}\tilde{b}^{\dagger}\cosh f\tanh\theta\right)\exp\left(-a\tilde{b}^{\dagger}\sinh f\tanh\theta\right).\end{aligned}\tag{10.79}$$

令

$$A=-a\tilde{b}^{\dagger}\sinh f\tanh\theta,\quad B=a^{\dagger}b^{\dagger}\tanh f,\tag{10.80}$$

有

$$[A,B]=-b^{\dagger}\tilde{b}^{\dagger}\tanh f\sinh f\tanh\theta$$

$$[[A, B], A] = [[A, B], B] = 0, \tag{10.81}$$

根据算符恒等式

$$\mathrm{e}^{A}\mathrm{e}^{B} = \mathrm{e}^{B}\mathrm{e}^{A}\mathrm{e}^{[A,B]} = \mathrm{e}^{B}\mathrm{e}^{[A,B]}\mathrm{e}^{A} = \mathrm{e}^{B+[A,B]}\mathrm{e}^{A} \quad ([[A, B], A] = [[A, B], B] = 0), \tag{10.82}$$

可直接导出

$$\begin{aligned} &\exp\left(-a\tilde{b}^{\dagger} \sinh f \tanh\theta\right) \exp\left(a^{\dagger}b^{\dagger} \tanh f\right) \\ &= \exp\left(a^{\dagger}b^{\dagger} \tanh f - b^{\dagger}\tilde{b}^{\dagger} \tanh f \sinh f \tanh\theta\right) \\ &\quad \times \exp\left(-a\tilde{b}^{\dagger} \sinh f \tanh\theta\right). \end{aligned} \tag{10.83}$$

再令

$$\begin{aligned} A' &= -b\tilde{a}^{\dagger} \sinh f \tanh\theta \\ B' &= b^{\dagger}\tilde{b}^{\dagger} \cosh f \tanh\theta + a^{\dagger}b^{\dagger} \tanh f - b^{\dagger}\tilde{b}^{\dagger} \tanh f \sinh f \tanh\theta \\ &= b^{\dagger}\tilde{b}^{\dagger} \operatorname{sech} f \tanh\theta + a^{\dagger}b^{\dagger} \tanh f, \end{aligned} \tag{10.84}$$

算得

$$\begin{aligned} &[A', B'] = -\tilde{a}^{\dagger}\tilde{b}^{\dagger} \tanh f \tanh^{2}\theta - a^{\dagger}\tilde{a}^{\dagger} \sinh f \tanh f \tanh\theta \\ &[[A', B'], A'] = [[A', B'], B'] = 0, \end{aligned} \tag{10.85}$$

于是有

$$\begin{aligned} &\exp\left(-b\tilde{a}^{\dagger} \sinh f \tanh\theta\right) \exp\left(b^{\dagger}\tilde{b}^{\dagger} \operatorname{sech} f \tanh\theta + a^{\dagger}b^{\dagger} \tanh f\right) \\ &= \exp\left(b^{\dagger}\tilde{b}^{\dagger} \operatorname{sech} f \tanh\theta + a^{\dagger}b^{\dagger} \tanh f - \tilde{a}^{\dagger}\tilde{b}^{\dagger} \tanh f \tanh^{2}\theta\right. \\ &\quad \left. -a^{\dagger}\tilde{a}^{\dagger} \sinh f \tanh f \tanh\theta\right) \exp\left(-b\tilde{a}^{\dagger} \sinh f \tanh\theta\right). \end{aligned} \tag{10.86}$$

最终得式 (10.78) 右边的算符为

$$\exp\left[\left(a^\dagger\cosh f-b\sinh f\right)\tilde{a}^\dagger\tanh\theta\right]\exp\left[\left(b^\dagger\cosh f-a\sinh f\right)\tilde{b}^\dagger\tanh\theta\right]$$

$$\times\exp\left(a^\dagger b^\dagger\tanh f\right)$$

$$=\exp\left[\left(a^\dagger\tilde{a}^\dagger+b^\dagger\tilde{b}^\dagger\right)\operatorname{sech}f\tanh\theta+a^\dagger b^\dagger\tanh f-\tilde{a}^\dagger\tilde{b}^\dagger\tanh f\tanh^2\theta\right]$$

$$\times\exp\left(-b\tilde{a}^\dagger\sinh f\tanh\theta\right)\exp\left(-a\tilde{b}^\dagger\sinh f\tanh\theta\right). \tag{10.87}$$

故式 (10.78) 变为

$$|0\rangle_{f,\theta}=\operatorname{sech}f\operatorname{sech}^2\theta\exp\left[a^\dagger b^\dagger\tanh f+\left(a^\dagger\tilde{a}^\dagger+b^\dagger\tilde{b}^\dagger\right)\tanh\theta\operatorname{sech}f\right.$$

$$\left.-\tilde{a}^\dagger\tilde{b}^\dagger\tanh^2\theta\tanh f\right]\left|0\tilde{0}\right\rangle_1\left|0\tilde{0}\right\rangle_2, \tag{10.88}$$

由此可见, 当我们压缩 $a^\dagger$ 与 $b^\dagger$ 模时, 原先存在于 $\tilde{a}^\dagger$ 与 $a^\dagger$ ($\tilde{b}^\dagger$ 与 $b^\dagger$) 之间的纠缠减弱了, 这可以从 $\operatorname{sech}f<1$ 看出；另一方面, 发生了 (虚构场) $\tilde{a}^\dagger$ 与 $\tilde{b}^\dagger$ 之间的纠缠, 称为纠缠交换, 由于 $\tanh^2\theta$ 的存在, 此虚构场之间的纠缠的程度比实场 $a^\dagger$ 与 $b^\dagger$ 模的纠缠要弱.

现在计算有限温度下的处于双模压缩真空态 $|0\rangle_{f,\beta}$ 的能量.

$$_{f,\theta}\langle 0|H|0\rangle_{f,\theta}=\omega\hbar_{f,\theta}\langle 0|\left(a^\dagger a+b^\dagger b+1\right)|0\rangle_{f,\theta}. \tag{10.89}$$

为此目的先算 $|0\rangle_{f,\theta}$ 的威格纳函数 . 用双模威格纳算符的相干态表象

$$\Delta(\alpha_1,\alpha_2)=\int\frac{\mathrm{d}^2z_1d^2z_2}{\pi^4}|\alpha_1+z_1,\alpha_2+z_2\rangle\langle\alpha_1-z_1,\alpha_2-z_2|$$

$$\times\exp(\alpha_1z_1^*-\alpha_1^*z_1)\exp(\alpha_2z_2^*-\alpha_2^*z_2), \tag{10.90}$$

相干态定义为

$$|z_1\rangle=\exp\left(z_1a^\dagger-\frac{1}{2}|z_1|^2\right)|0\rangle_1, \tag{10.91}$$

再引入虚模相干态 $|\tilde{z}_1, \tilde{z}_2\rangle$

$$\int \frac{d^2\tilde{z}_1 d^2\tilde{z}_2}{\pi^2} |\tilde{z}_1, \tilde{z}_2\rangle \langle \tilde{z}_1, \tilde{z}_2| = 1, \tag{10.92}$$

用式 (10.88) 就有

$$\begin{aligned}
&{}_{f,\theta}\langle 0| \Delta(\alpha_1, \alpha_2) |0\rangle_{f,\theta} \\
&= \operatorname{sech}^2 f \operatorname{sech}^4\theta \left\langle 0, \tilde{0}; 0, \tilde{0} \right| \int \frac{d^2 z_1 d^2 z_2}{\pi^4} \int \frac{d^2\tilde{z}_1 d^2\tilde{z}_2}{\pi^2} |\alpha_1 + z_1, \alpha_2 + z_2; \tilde{z}_1, \tilde{z}_2\rangle \\
&\quad \times \langle \alpha_1 - z_1, \alpha_2 - z_2; \tilde{z}_1, \tilde{z}_2| e^{\alpha_1 z_1^* - \alpha_1^* z_1} e^{\alpha_2 z_2^* - \alpha_2^* z_2} \left| 0, \tilde{0}; 0, \tilde{0} \right\rangle \\
&\quad \times \exp\left\{ \left[(\alpha_1^* - z_1^*)(\alpha_2^* - z_2^*) + (\alpha_1 + z_1)(\alpha_2 + z_2)\right] \tanh f \right. \\
&\quad - (\tilde{z}_1^* \tilde{z}_2^* + \tilde{z}_1 \tilde{z}_2) \tanh^2\theta \tanh f + \left[\tilde{z}_1(\alpha_1 + z_1) + \tilde{z}_2(\alpha_2 + z_2)\right. \\
&\quad \left.\left. + \tilde{z}_1^*(\alpha_1^* - z_1^*) + \tilde{z}_2^*(\alpha_2^* - z_2^*)\right] \tanh\theta \operatorname{sech} f \right\} \\
&= \operatorname{sech}^2 f \operatorname{sech}^4\theta \int \frac{d^2 z_1 d^2 z_2}{\pi^4} \int \frac{d^2\tilde{z}_1 d^2\tilde{z}_2}{\pi^2} \times \exp(\alpha_1 z_1^* - \alpha_1^* z_1 + \alpha_2 z_2^* - \alpha_2^* z_2) \\
&\quad \times \exp\left(-|\alpha_1|^2 - |\alpha_2|^2 - |z_1|^2 - |z_2|^2 - |\tilde{z}_1|^2 - |\tilde{z}_2|^2\right) \\
&\quad \times \exp\left\{ \left[(\alpha_1^* - z_1^*)(\alpha_2^* - z_2^*) + (\alpha_1 + z_1)(\alpha_2 + z_2)\right] \tanh f \right. \\
&\quad - (\tilde{z}_1^* \tilde{z}_2^* + \tilde{z}_1 \tilde{z}_2) \tanh^2\theta \tanh f + \left[\tilde{z}_1(\alpha_1 + z_1) + \tilde{z}_2(\alpha_2 + z_2)\right. \\
&\quad \left.\left. + \tilde{z}_1^*(\alpha_1^* - z_1^*) + \tilde{z}_2^*(\alpha_2^* - z_2^*)\right] \tanh\theta \operatorname{sech} f \right\}
\end{aligned} \tag{10.93}$$

用积分公式

$$\int \prod \frac{d^2 Z_i}{\pi} \exp\left[-\frac{1}{2}(Z, Z^*) \begin{pmatrix} F & C \\ C^T & D \end{pmatrix} \begin{pmatrix} Z^T \\ Z^{T*} \end{pmatrix} + (\mu, \nu^*) \begin{pmatrix} Z^T \\ Z^{*T} \end{pmatrix} \right]$$

$$= \left[\det \begin{pmatrix} C^T & D \\ F & C \end{pmatrix}\right]^{-1/2} \exp\left[\frac{1}{2}(\mu,\nu^*)\begin{pmatrix} F & C \\ C^T & D \end{pmatrix}^{-1}\begin{pmatrix} \mu^T \\ \nu^{*T} \end{pmatrix}\right]. \tag{10.94}$$

以完成式 (10.93) 中的积分. 为此, 令

$$Z = (z_1, z_2, \tilde{z}_1, \tilde{z}_2),$$

$$\mu = (\alpha_2 \tanh f - \alpha_1^*, \alpha_1 \tanh f - \alpha_2^*, \alpha_1 \tanh\theta \operatorname{sech} f, \alpha_2 \tanh\theta \operatorname{sech} f),$$

$$\nu^* = (\alpha_1 - \alpha_2^* \tanh f, \alpha_2 - \alpha_1^* \tanh f, \alpha_1^* \tanh\theta \operatorname{sech} f, \alpha_2^* \tanh\theta \operatorname{sech} f),$$

$$F = \begin{pmatrix} 0 & -\tanh f & -\tanh\theta \operatorname{sech} f & 0 \\ -\tanh f & 0 & 0 & -\tanh\theta \operatorname{sech} f \\ -\tanh\theta \operatorname{sech} f & 0 & 0 & \tanh^2\theta \tanh f \\ 0 & -\tanh\theta \operatorname{sech} f & \tanh^2\theta \tanh f & 0 \end{pmatrix},$$

$$C = I_4,$$

$$D = \begin{pmatrix} 0 & -\tanh f & \tanh\theta \operatorname{sech} f & 0 \\ -\tanh f & 0 & 0 & \tanh\theta \operatorname{sech} f \\ \tanh\theta \operatorname{sech} f & 0 & 0 & \tanh^2\theta \tanh f \\ 0 & \tanh\theta \operatorname{sech} f & \tanh^2\theta \tanh f & 0 \end{pmatrix}, \tag{10.95}$$

以及

$$\begin{pmatrix} F & I_4 \\ I_4 & D \end{pmatrix}^{-1} = \begin{pmatrix} (F - D^{-1})^{-1} & (I_4 - DF)^{-1} \\ (I_4 - FD)^{-1} & (D - F^{-1})^{-1} \end{pmatrix}. \tag{10.96}$$

直接代数计算得

$$_{f,\theta}\langle 0|\Delta(\alpha_1,\alpha_2)|0\rangle_{f,\theta} = \pi^{-2}\operatorname{sech}^2(2\theta)\exp\Big\{-2\operatorname{sech}2\theta\Big[\left(|\alpha_1|^2 + |\alpha_2|^2\right)\cosh 2f$$

$$-\left(\alpha_1\alpha_2+\alpha_1^*\alpha_2^*\right)\sinh 2f\Big]\Big\}$$

$$=\pi^{-2}\mathrm{sech}^2(2\theta)\exp\left[-2\mathrm{sech}\,2\theta\left(|\alpha_1\cosh f-\alpha_2^*\sinh f|^2\right.\right.$$

$$\left.\left.+|\alpha_1^*\sinh f-\alpha_2\cosh f|^2\right)\right].\tag{10.97}$$

再用外尔量子化方案

$$H\left(a^\dagger,a,b^\dagger,b\right)=4\int \mathrm{d}^2\alpha_1\mathrm{d}^2\alpha_2 h\left(\alpha_1,\alpha_2,\alpha_1^*,\alpha_2^*\right)\Delta\left(\alpha_1,\alpha_2\right),\tag{10.98}$$

就得

$${}_{f,\theta}\langle 0|H|0\rangle_{f,\theta}=4\int \mathrm{d}^2\alpha_1\mathrm{d}^2\alpha_2 h\left(\alpha_1,\alpha_2,\alpha_1^*,\alpha_2^*\right){}_{f,\theta}\langle 0|\Delta\left(\alpha_1,\alpha_2\right)|0\rangle_{f,\theta},\tag{10.99}$$

这里 $h\left(\alpha_1,\alpha_2,\alpha_1^*,\alpha_2^*\right)$ 是 $H=a^\dagger a+b^\dagger b+1$ 的外尔对应.

$$h\left(\alpha_1,\alpha_2,\alpha_1^*,\alpha_2^*\right)=4\pi^2\mathrm{tr}\left[H\Delta\left(\alpha_1,\alpha_2\right)\right]=\alpha_1^*\alpha_1+\alpha_2^*\alpha_2.\tag{10.100}$$

故有

$${}_{f,\theta}\langle 0|\left(a^\dagger a+b^\dagger b+1\right)|0\rangle_{f,\theta}=4\int \mathrm{d}^2\alpha_1\mathrm{d}^2\alpha_2\left(\alpha_1^*\alpha_1+\alpha_2^*\alpha_2\right){}_{f,\theta}\langle 0|$$

$$\times H\left(a^\dagger,a,b^\dagger,b\right)|0\rangle_{f,\theta}$$

$$=\cosh 2\theta\cosh 2f.\tag{10.101}$$

可见双模压缩的效果是能量值要乘上因子 $\cosh 2f\geqslant 1$, 即能量增强, 当无压缩, $f=0,\cosh 2f=1$.

第 11 章　用热纠缠态表象及特征函数解量子主方程

11.1　在扩展的福克空间中热纠缠态表象的引入

在自然界中, 很难找到一个孤立体系, 因为绝大多数系统都处在一个自由度很大的热库中, 系统与热库间的热量传递是造成量子退相干的原因之一. 一般而言, 人们只对系统的演化感兴趣, 理论上, 通过对热库变量求迹后就剩下关于系统的运动方程, 在薛定谔图像中, 描述系统的密度算符的运动方程称为主方程, 解此方程可得系统的各种力学量期望值的演化规律, 所以解主方程是我们的基本任务. 通常, 人们把算符方程通过其经典对应化为 C-数方程, 例如关于威格纳函数的方程, 而这是与特征函数理论密切相关的. 本章中我们将讨论如何用热纠缠态表象及特征函数 χ_λ 解主方程的新方法.

在第 6 章中式 (6.12) 和式 (6.13) 我们分别介绍了密度算符的威格纳函数 $W(\alpha) \equiv \mathrm{tr}(\rho\Delta(\alpha))$ 和特征函数的定义 $\chi_\lambda \equiv \mathrm{tr}(\rho D(\lambda))$, $D(\lambda) = \mathrm{e}^{\lambda a^\dagger - \lambda^* a}$ 是平移算符, 故有

$$\frac{\partial \chi_\lambda}{\partial t} = \mathrm{tr}\left[D(\lambda)\frac{\partial}{\partial t}\rho\right]. \tag{11.1}$$

以下我们将指出一条解量子主方程的新途径, 即引入热纠缠态表象 $|\eta\rangle$ 把特征函

数改写为波函数

$$\chi_\lambda = \langle \eta = -\lambda | \rho \rangle , \tag{11.2}$$

这里

$$|\rho\rangle = \rho |\eta = 0\rangle , \tag{11.3}$$

而

$$|\eta\rangle = \exp\left(-\frac{1}{2}|\eta|^2 + \eta a^\dagger - \eta^* \tilde{a}^\dagger + a^\dagger \tilde{a}^\dagger\right) \left|0\tilde{0}\right\rangle , \tag{11.4}$$

其中 $a^\dagger$ 是代表系统的实模，$\tilde{a}^\dagger$ 是个虚模, $[\tilde{a}, \tilde{a}^\dagger] = 1$, $\tilde{a}\left|0\tilde{0}\right\rangle = 0$.

把 a 与 $\tilde{a}$ 分别作用于 $|\eta\rangle$ 可见 $|\eta\rangle$ 满足本征方程

$$(a - \tilde{a}^\dagger)|\eta\rangle = \eta|\eta\rangle , \quad (a^\dagger - \tilde{a})|\eta\rangle = \eta^*|\eta\rangle ,$$

$$\langle\eta|(a^\dagger - \tilde{a}) = \eta^*\langle\eta| , \quad \langle\eta|(a - \tilde{a}^\dagger) = \eta\langle\eta| , \tag{11.5}$$

注意 $\left[(a - \tilde{a}^\dagger), (a^\dagger - \tilde{a})\right] = 0$, 从式 (11.5) 可证 $|\eta\rangle$ 的正交性

$$\langle\eta'|\eta\rangle = \pi\delta(\eta' - \eta)\delta(\eta'^* - \eta^*) . \tag{11.6}$$

用

$$\left|0\tilde{0}\right\rangle\left\langle 0\tilde{0}\right| = :\exp\left(-a^\dagger a - \tilde{a}^\dagger \tilde{a}\right): , \tag{11.7}$$

及 IWOP 可证完备性

$$\begin{aligned}\int \frac{\mathrm{d}^2\eta}{\pi}|\eta\rangle\langle\eta| &= \int \frac{\mathrm{d}^2\eta}{\pi} :\exp(-|\eta|^2 + \eta a^\dagger - \eta^*\tilde{a}^\dagger + \eta^* a - \eta\tilde{a} + a^\dagger\tilde{a}^\dagger \\ &\quad + a\tilde{a} - a^\dagger a - \tilde{a}^\dagger\tilde{a}): \\ &= 1.\end{aligned} \tag{11.8}$$

态 $|\eta = 0\rangle$ 是

$$|\eta = 0\rangle \equiv |I\rangle = \sum_m |m, \tilde{m}\rangle , \tag{11.9}$$

这里

$$|m,\tilde{m}\rangle=\frac{\left(a^{\dagger}\tilde{a}^{\dagger}\right)^{m}\left|0\tilde{0}\right\rangle}{m!}. \tag{11.10}$$

$|\eta\rangle$ 的共轭态是

$$|\xi\rangle=\exp\left(-\frac{1}{2}|\xi|^{2}+\xi a^{\dagger}+\xi^{*}\tilde{a}^{\dagger}-a^{\dagger}\tilde{a}^{\dagger}\right)\left|0\tilde{0}\right\rangle. \tag{11.11}$$

它与 $|\eta\rangle$ 的内积是

$$\langle\xi\,|\eta\rangle=\frac{1}{2}\exp\left[\frac{1}{2}\left(\eta\xi^{*}-\eta^{*}\xi\right)\right], \tag{11.12}$$

$|\xi\rangle$ 也是完备的

$$\int\frac{\mathrm{d}^{2}\xi}{\pi}|\xi\rangle\langle\xi|=1, \tag{11.13}$$

故

$$\int\frac{\mathrm{d}^{2}\xi}{2\pi}\exp\left[\frac{-\left(\eta\xi^{*}-\eta^{*}\xi\right)}{2}\right]\langle\xi|=\langle\eta|. \tag{11.14}$$

引入 $|\eta\rangle$ 的优点之一是热压缩算符 $S\equiv\exp\left[\sigma\left(a^{\dagger}\tilde{a}^{\dagger}-a\tilde{a}\right)\right]$ 具备了简洁的表示

$$S\equiv\int\frac{\mathrm{d}^{2}\eta}{\pi\mu}|\eta/\mu\rangle\langle\eta|. \tag{11.15}$$

事实上, 用 IWOP 技术得

$$\begin{aligned}\int\frac{\mathrm{d}^{2}\eta}{\pi\mu}|\eta/\mu\rangle\langle\eta|&=\int\frac{\mathrm{d}^{2}\eta}{\pi}:\exp\left[-\frac{|\eta|^{2}}{2}\left(1+\frac{1}{\mu^{2}}\right)+\frac{\eta}{\mu}a^{\dagger}-\frac{\eta^{*}}{\mu}\tilde{a}^{\dagger}\right.\\&\qquad\left.+\eta^{*}a-\eta\tilde{a}+a^{\dagger}\tilde{a}^{\dagger}+a\tilde{a}-a^{\dagger}a-\tilde{a}^{\dagger}\tilde{a})\right]:\\&=\operatorname{sech}\sigma\exp\left(a^{\dagger}\tilde{a}^{\dagger}\tanh\sigma\right)\exp\left[\left(a^{\dagger}a+\tilde{a}^{\dagger}\tilde{a}\right)\ln\operatorname{sech}\sigma\right]\\&\qquad\times\exp\left(-a\tilde{a}\tanh\sigma\right)\\&=\mathrm{e}^{\sigma\left(a^{\dagger}\tilde{a}^{\dagger}-a\tilde{a}\right)},\end{aligned} \tag{11.16}$$

这里 $\mu=\mathrm{e}^{\sigma}$. 由式 (11.16) 和式 (11.6) 给出

$$S\left|\eta\right\rangle=\frac{1}{\mu}\left|\frac{\eta}{\mu}\right\rangle, \tag{11.17}$$

和

$$S\left|0\tilde{0}\right\rangle=\operatorname{sech}\sigma\exp\left(a^{\dagger}\tilde{a}^{\dagger}\tanh\sigma\right)\left|0\tilde{0}\right\rangle=\int\frac{\mathrm{d}^2\eta}{\pi\mu}\left|\eta/\mu\right\rangle\mathrm{e}^{-\frac{1}{2}|\eta|^2}. \tag{11.18}$$

11.2　把特征函数转化为 $\langle\eta|$ 表象中的波函数

鉴于

$$D\left(\eta\right)a^{\dagger}D^{-1}\left(\eta\right)=a^{\dagger}-\eta^{*}, \tag{11.19}$$

我们知道 $|\eta\rangle$ 还可表达为

$$\begin{aligned}D\left(\eta\right)\left|I\right\rangle&=D\left(\eta\right)\mathrm{e}^{a^{\dagger}\tilde{a}^{\dagger}}\left|0\tilde{0}\right\rangle=\mathrm{e}^{\left(a^{\dagger}-\eta^{*}\right)\tilde{a}^{\dagger}}D\left(\eta\right)\left|0\tilde{0}\right\rangle\\&=\mathrm{e}^{\left(a^{\dagger}-\eta^{*}\right)\tilde{a}^{\dagger}}\mathrm{e}^{-|\eta|^2/2+\eta a^{\dagger}}\left|0\tilde{0}\right\rangle=\left|\eta\right\rangle\end{aligned}$$

或

$$\left|\eta\right\rangle=\tilde{D}\left(-\eta^{*}\right)\left|I\right\rangle, \tag{11.20}$$

这里 $\tilde{D}\left(\eta\right)\equiv\exp\left(\eta\tilde{a}^{\dagger}-\eta^{*}\tilde{a}\right)$ 是在虚福克空间中的平移算符. 由特征函数的定义和式 (11.9) 以及式 (11.20) 得

$$\begin{aligned}\chi_{\lambda}&=\operatorname{tr}\left(D\left(\lambda\right)\rho\right)=\sum_{n}\left\langle n\right|D\left(\lambda\right)\rho\left|n\right\rangle=\sum_{n,m}\left\langle n,\tilde{n}\right|D\left(\lambda\right)\rho\left|m,\tilde{m}\right\rangle\\&=\left\langle I\right|D\left(\lambda\right)\rho\left|I\right\rangle=\left\langle I\right|D^{\dagger}\left(-\lambda\right)\rho\left|I\right\rangle=\left\langle\eta=-\lambda\right|\rho\rangle.\end{aligned} \tag{11.21}$$

这里 $\rho\left|I\right\rangle=\left|\rho\right\rangle$, 于是热纠缠态表象 $|\eta\rangle$ 把特征函数改写为态 $|\rho\rangle$ 在 $\langle\eta=-\lambda|$ 上投影的波函数 (这正像波函数 $\psi\left(x\right)$ 由狄拉克改写为 $\langle x\left|\psi\right\rangle$, $\langle x|$ 是坐标表象). 这样

做了以后,就能直接得到特征函数的时间演化及其物理意义,对于解主方程大有裨益.

例如,当纯数态 $\rho=|n\rangle\langle n|$,

$$|\rho\rangle=|n\rangle\langle n|I\rangle=|n\rangle\langle n|\sum_m|m,\tilde{m}\rangle=|n,\tilde{n}\rangle, \tag{11.22}$$

故对纯数相干态 $|z\rangle\langle z|$

$$|\rho\rangle=|z\rangle\langle z|I\rangle=|z,\tilde{z}^*\rangle, \tag{11.23}$$

按照式 (11.21) 及式 (11.4) 就有特征函数

$$\begin{aligned}\chi_\lambda&=\langle\eta=-\lambda|\,\rho\rangle=\left\langle 0\tilde{0}\right|\exp(-|\lambda|^2/2-\lambda^*a+\lambda\tilde{a}+a\tilde{a})\,|z,\tilde{z}^*\rangle\\&=\exp\left(-|\lambda|^2/2-\lambda^*z+\lambda z^*\right).\end{aligned} \tag{11.24}$$

另一例是对于光场混沌态

$$\rho=\left(1-\mathrm{e}^{-f}\right)\mathrm{e}^{-fa^\dagger a}, \tag{11.25}$$

我们可证

$$\begin{aligned}|\rho\rangle&=\left(1-\mathrm{e}^{-f}\right)\mathrm{e}^{-fa^\dagger a}\sum_m|m,\tilde{m}\rangle=\left(1-\mathrm{e}^{-f}\right)\sum_m\mathrm{e}^{-fm}\,|m,\tilde{m}\rangle\\&=\left(1-\mathrm{e}^{-f}\right)\sum_m\mathrm{e}^{-fm}\frac{\left(a^\dagger\tilde{a}^\dagger\right)^m}{m!}\left|0\tilde{0}\right\rangle\\&=\left(1-\mathrm{e}^{-f}\right)\exp\left(\mathrm{e}^{-f}a^\dagger\tilde{a}^\dagger\right)\left|0\tilde{0}\right\rangle,\end{aligned} \tag{11.26}$$

让 $\mathrm{e}^{-f}=\tanh\sigma$, 并用式 (11.18) 有

$$\exp\left(\mathrm{e}^{-f}a^\dagger\tilde{a}^\dagger\right)\left|0\tilde{0}\right\rangle=\cosh\sigma\int\frac{\mathrm{d}^2\eta}{\pi\mu}\left|\frac{\eta}{\mu}\right\rangle\mathrm{e}^{-\frac{1}{2}|\eta|^2}$$

其中

$$\mu^2=\frac{1+\mathrm{e}^{-f}}{1-\mathrm{e}^{-f}}, \tag{11.27}$$

故光场混沌态的特征函数是

$$\begin{aligned}\langle\eta=-\lambda|\,\rho\rangle &= \left(1-\mathrm{e}^{-f}\right)\cosh\sigma\,\langle\eta=-\lambda|\int\frac{\mathrm{d}^2\eta}{\pi\mu}\,|\eta/\mu\rangle\,\mathrm{e}^{-\frac{1}{2}|\eta|^2} \\ &= \left(1-\mathrm{e}^{-f}\right)\cosh\sigma\int\frac{\mathrm{d}^2\eta}{\mu}\delta^{(2)}\left(\lambda+\eta/\mu\right)\mathrm{e}^{-\frac{1}{2}|\eta|^2} \\ &= \mathrm{e}^{-\mu^2|\lambda|^2/2}. \end{aligned} \tag{11.28}$$

在最后一步推导中我们用了 $\mu\left(1-\mathrm{e}^{-f}\right)\cosh\sigma=1$ 和式 (11.6).

11.3 解 $\langle\eta|$ 表象中的特征函数方程

现在我们着手解 $\langle\eta|$ 表象中的特征函数的时间演化方程, 由式 (11.2) 得

$$\frac{\mathrm{d}}{\mathrm{d}t}\chi_\lambda(t)=\langle\eta=-\lambda|\,\frac{\mathrm{d}}{\mathrm{d}t}\,|\rho\rangle\,, \tag{11.29}$$

故需考察 $\frac{\mathrm{d}}{\mathrm{d}t}\,|\rho\rangle$. 例如, 当主方程为

$$\frac{\mathrm{d}}{\mathrm{d}t}\rho_1=-k\left(2a\rho_1a^\dagger-a^\dagger a\rho_1-\rho_1a^\dagger a\right), \tag{11.30}$$

这里 k 是衰减常数, 注意密度算符 ρ_1 是在实空间中定义的, 与虚空间的带 "$\sim$" 的算符对易. 把式 (11.30) 的两边作用到 $|I\rangle$ 上, 并用

$$a\,|I\rangle=\tilde{a}^\dagger\,|I\rangle\,,\quad a^\dagger\,|I\rangle=\tilde{a}\,|I\rangle\,,\quad a^\dagger a\,|I\rangle=\tilde{a}^\dagger\tilde{a}\,|I\rangle\,, \tag{11.31}$$

以及

$$\langle\eta|\,\tilde{a}=-\left(\frac{\partial}{\partial\eta}+\frac{\eta^*}{2}\right)\langle\eta|\,,\quad \langle\eta|\,\tilde{a}^\dagger=\left(\frac{\partial}{\partial\eta^*}-\frac{\eta}{2}\right)\langle\eta|\,, \tag{11.32}$$

$$\langle\eta|\,a=\left(\frac{\partial}{\partial\eta^*}+\frac{\eta}{2}\right)\langle\eta|\,,\quad \langle\eta|\,a^\dagger=-\left(\frac{\partial}{\partial\eta}-\frac{\eta^*}{2}\right)\langle\eta|\,, \tag{11.33}$$

则给出

$$\frac{\mathrm{d}}{\mathrm{d}t}|\rho_1\rangle = k\left[\left(2a\tilde{a} - a^{\dagger}a - \tilde{a}^{\dagger}\tilde{a}\right)\right]|\rho_1\rangle. \tag{11.34}$$

我们能进一步借助于 $\langle\eta|$ 表象把此方程转化为关于特征函数的微分方程, 这个过程是简明的, 用式 (11.5) 得

$$\begin{aligned}\frac{\mathrm{d}}{\mathrm{d}t}\chi_{1\lambda} &= \frac{\mathrm{d}}{\mathrm{d}t}\langle\eta = -\lambda|\,\rho_1\rangle = k\langle\eta = -\lambda|\left[\left(a - \tilde{a}^{\dagger}\right)\tilde{a} + \left(\tilde{a} - a^{\dagger}\right)a\right]|\rho_1\rangle \\ &= -k\left[\lambda^*\left(\frac{\partial}{\partial\lambda^*} + \frac{\lambda}{2}\right) + \lambda\left(\frac{\partial}{\partial\lambda} + \frac{\lambda^*}{2}\right)\right]\langle\eta = -\lambda|\,\rho_1\rangle \\ &= -k\left(r^2 + r\frac{\partial}{\partial r}\right)\chi_{1\lambda},\end{aligned} \tag{11.35}$$

这里 $\lambda = r\mathrm{e}^{\mathrm{i}\varphi}$ 其解为

$$\chi_{1\lambda}(t) = \mathrm{e}^{-tk\left(r^2 + r\frac{\partial}{\partial_r}\right)}\chi_{1\lambda}(t=0). \tag{11.36}$$

注意 $\left[r\frac{\partial}{\partial_r}, r^2\right] = 2r^2$, 再用算符恒等式

$$\mathrm{e}^{f(A+\sigma B)} = \mathrm{e}^{\sigma B\left(\mathrm{e}^{f\tau}-1\right)/\tau}\mathrm{e}^{fA}, \tag{11.37}$$

此式适用于 $[A,B] = \tau B$, 我们就得

$$\begin{aligned}\langle\eta = -\lambda|\,\rho_1(t)\rangle &= \mathrm{e}^{r^2\left(\mathrm{e}^{-2kt}-1\right)/2}\mathrm{e}^{-tkr\frac{\partial}{\partial_r}}\langle\eta = -\lambda|\,\rho_1(0)\rangle \\ &= \mathrm{e}^{r^2\left(\mathrm{e}^{-2kt}-1\right)/2}\left\langle\eta = -\lambda\mathrm{e}^{-kt}\right|\rho_1(0)\rangle,\end{aligned} \tag{11.38}$$

这明显表明衰减在 $\langle\eta|$ 表象中, $\eta \mapsto \eta = -\lambda\mathrm{e}^{-kt}$. 例如, 当 $|\rho_1(0)\rangle = |z, \tilde{z}^*\rangle$, 鉴于式 (11.24) 与式 (11.38) 我们导出在 t 时刻的特征函数为

$$\begin{aligned}\langle\eta = -\lambda|\,\rho_1(t)\rangle &= \mathrm{e}^{r^2\left(\mathrm{e}^{-2kt}-1\right)/2}\left\langle\eta = -\lambda\mathrm{e}^{-kt}\right|\rho_1(0)\rangle \\ &= \exp\left[-|\lambda|^2/2 + (\lambda z^* - \lambda^* z)\,\mathrm{e}^{-kt}\right].\end{aligned} \tag{11.39}$$

又例如, 对已混沌光场初始密度算符是

$$\rho_1(0) = \left(1 - \mathrm{e}^{-f}\right) \mathrm{e}^{-f a^\dagger a}, \tag{11.40}$$

我们可导出相应的热态是

$$\begin{aligned} |\rho_1(0)\rangle &= \left(1 - \mathrm{e}^{-f}\right) \mathrm{e}^{-f a^\dagger a} \sum_m |m, \tilde{m}\rangle = \left(1 - \mathrm{e}^{-f}\right) \sum_m \mathrm{e}^{-fm} |m, \tilde{m}\rangle \\ &= \left(1 - \mathrm{e}^{-f}\right) \sum_m \mathrm{e}^{-fm} \frac{\left(a^\dagger \tilde{a}^\dagger\right)^m}{m!} \left|0\tilde{0}\right\rangle \\ &= \left(1 - \mathrm{e}^{-f}\right) \exp\left[\mathrm{e}^{-f} a^\dagger \tilde{a}^\dagger\right] \left|0\tilde{0}\right\rangle. \end{aligned} \tag{11.41}$$

令 $\mathrm{e}^{-f} = \tanh\sigma$, 则有

$$\exp\left(\mathrm{e}^{-f} a^\dagger \tilde{a}^\dagger\right) \left|0\tilde{0}\right\rangle = \cosh\sigma \int \frac{\mathrm{d}^2\eta}{\pi\mu} |\eta/\mu\rangle \, \mathrm{e}^{-\frac{1}{2}|\eta|^2}, \tag{11.42}$$

其中

$$\mu^2 = \frac{1 + \mathrm{e}^{-f}}{1 - \mathrm{e}^{-f}}, \tag{11.43}$$

所以根据式 (11.39) 知混沌光场的特征函数为

$$\begin{aligned} \langle \eta = -\lambda | \, \rho_1\rangle &= \left(1 - \mathrm{e}^{-f}\right) \cosh\sigma \, \langle \eta = -\lambda | \int \frac{\mathrm{d}^2\eta}{\pi\mu} |\eta/\mu\rangle \, \mathrm{e}^{-\frac{1}{2}|\eta|^2} \\ &= \left(1 - \mathrm{e}^{-f}\right) \cosh\sigma \int \frac{\mathrm{d}^2\eta}{\mu} \delta^{(2)}(\lambda + \eta/\mu) \, \mathrm{e}^{-\frac{1}{2}|\eta|^2} \\ &= \mathrm{e}^{-\mu^2|\lambda|^2/2}. \end{aligned} \tag{11.44}$$

这里 $\delta^2(\lambda) \equiv \delta(\lambda_1)\delta(\lambda_2), \lambda = \lambda_1 + \mathrm{i}\lambda_2$, 在最后一步推导中我们用到了 $\mu\left(1 - \mathrm{e}^{-f}\right) \times \cosh\sigma = 1$.

而当主方程修改为

$$\frac{\mathrm{d}}{\mathrm{d}t} \rho_2 |I\rangle = -k\left(a^\dagger a \rho_2 - a^\dagger \rho_2 a - a \rho_2 a^\dagger + \rho_2 a a^\dagger\right) |I\rangle, \tag{11.45}$$

类似于推导式 (11.34) 的步骤, 我们导出

$$\frac{\mathrm{d}}{\mathrm{d}t}|\rho_2\rangle = -k\left[\left(a-\tilde{a}^\dagger\right)\left(a^\dagger-\tilde{a}\right)\right]|\rho_2\rangle\,, \tag{11.46}$$

相应的特征函数微分方程为

$$\begin{aligned}\frac{\mathrm{d}}{\mathrm{d}t}\chi_{2\lambda}(t) &= \langle\eta=-\lambda|\frac{\mathrm{d}}{\mathrm{d}t}|\rho_2\rangle = -k\,\langle\eta=-\lambda|\left(a-\tilde{a}^\dagger\right)\left(a^\dagger-\tilde{a}\right)|\rho_2\rangle\\ &= -k|\lambda|^2\chi_{2\lambda}(t)\,.\end{aligned} \tag{11.47}$$

解之, 得

$$\langle\eta=-\lambda|\,\rho_2(t)\rangle = \mathrm{e}^{-kt|\lambda|^2}\langle\eta=-\lambda|\,\rho_2(0)\rangle\,. \tag{11.48}$$

对于更为复杂的主方程

$$\begin{aligned}\frac{\mathrm{d}\rho_3}{\mathrm{d}t} =& \frac{\gamma}{2}(\bar{n}+1)\left(2a\rho_3a^\dagger - a^\dagger a\rho_3 - \rho_3a^\dagger a\right) + \frac{\gamma}{2}\bar{n}\left(2a^\dagger\rho_3a - aa^\dagger\rho_3 - \rho_3aa^\dagger\right)\\ &+ \frac{\gamma}{2}M\left(2a^\dagger\rho_3a^\dagger - a^\dagger a^\dagger\rho_3 - \rho_3a^\dagger a^\dagger\right)\\ &+ \frac{\gamma}{2}M^*\left(2a\rho_3a - aa\rho_3 - \rho_3aa\right),\end{aligned} \tag{11.49}$$

这代表一个广义谐振子的衰减, 为了解它, 将其两边分别作用于 $|I\rangle$, 得到

$$\begin{aligned}\frac{\mathrm{d}}{\mathrm{d}t}|\rho_3\rangle =& \frac{\gamma}{2}\left\{(\bar{n}+1)\left(2a\tilde{a} - a^\dagger a - \tilde{a}^\dagger\tilde{a}\right) + \bar{n}\left(2a^\dagger\tilde{a}^\dagger - aa^\dagger - \tilde{a}\tilde{a}^\dagger\right)\right.\\ &\left.+M\left(2a^\dagger\tilde{a} - a^\dagger a^\dagger - \tilde{a}^2\right) + M^*\left(2a\tilde{a}^\dagger - aa - \tilde{a}^{\dagger 2}\right)\right\}|\rho_3\rangle\\ =& \frac{\gamma}{2}\left\{(\bar{n}+1)\left[\left(a-\tilde{a}^\dagger\right)\tilde{a} + \left(\tilde{a}-a^\dagger\right)a\right] + \bar{n}\left[\left(a^\dagger-\tilde{a}\right)\tilde{a}^\dagger\right]\right.\\ &\left.+\left(\tilde{a}^\dagger-a\right)a^\dagger + M(a^\dagger-\tilde{a})^2 + M^*(\tilde{a}^\dagger-a)^2\right\}|\rho_3\rangle\,.\end{aligned} \tag{11.50}$$

然后将上式两边与 $\langle\eta=-\lambda|$ 做内积, 并用式 (11.31) 到式 (11.33) 我们可简化

式 (11.45) 为

$$\frac{\mathrm{d}\chi_{3\lambda}(t)}{\mathrm{d}t}=\frac{\gamma}{2}\left[-(2\bar{n}+1)|\lambda|^2-\lambda\frac{\partial}{\partial\lambda}-\lambda^*\frac{\partial}{\partial\lambda^*}-M\lambda^{*2}-M^*\lambda^2\right]\chi_{3\lambda}(t). \tag{11.51}$$

这恰好是福克–普朗克 (Fokker-Planck)方程 . 令 $\lambda=r\mathrm{e}^{\mathrm{i}\varphi}$ 就可把上式化为

$$\frac{\mathrm{d}}{\mathrm{d}t}\chi_{3\lambda}=\frac{\gamma}{2}\left[-\left(2\bar{n}+1+M\mathrm{e}^{-2\mathrm{i}\varphi}+M^*\mathrm{e}^{2\mathrm{i}\varphi}\right)r^2-r\frac{\partial}{\partial r}\right]\chi_{3\lambda}. \tag{11.52}$$

用算符恒等式 (11.38) 可解出

$$\begin{aligned}\chi_{3\lambda}&=\exp\left[-\frac{\gamma t}{2}\left(r\frac{\partial}{\partial r}+gr^2\right)\right]\chi_{3\lambda}(0)\\&=\exp\left[g\left(\mathrm{e}^{-\gamma t}-1\right)r^2\right]\mathrm{e}^{\frac{-\gamma t}{2}r\frac{\partial}{\partial r}}\chi_{3\lambda}(0)\\&=\exp\left[g\left(\mathrm{e}^{-\gamma t}-1\right)r^2\right]\left\langle\eta=-\lambda\mathrm{e}^{\frac{-\gamma t}{2}}\right|\left.\rho_0\right\rangle,\end{aligned} \tag{11.53}$$

其中

$$g\equiv 2\bar{n}+1+M\mathrm{e}^{-2\mathrm{i}\varphi}+M^*\mathrm{e}^{2\mathrm{i}\varphi} \tag{11.54}$$

以上过程中我们清楚地看到在纠缠态表象中的衰减.

11.4 从 $\langle\eta=-\lambda|\,\rho\rangle$ 导出 ρ

从式 (6.9) 可以知道平移算符 $D(z)$ 的迹是

$$\begin{aligned}\mathrm{tr}\,D(z)&=\mathrm{e}^{-|z|^2/2}\left(\int\frac{\mathrm{d}^2z'}{\pi}\langle z'|\,\mathrm{e}^{za^\dagger}\mathrm{e}^{-z^*a}\,|z'\rangle\right)=\mathrm{e}^{-|z|^2/2}\int\frac{\mathrm{d}^2z'}{\pi}\mathrm{e}^{-z^*z'}\mathrm{e}^{zz'^*}\\&=\delta^{(2)}(z),\end{aligned} \tag{11.55}$$

故

$$\operatorname{tr}\left[D(\eta)D^{-1}(\lambda)\right]=\operatorname{tr}\left[D(\eta-\lambda)\right]\exp\left[\frac{1}{2}\left(-\eta\lambda^*+\eta^*\lambda\right)\right]$$

$$=\exp\left[\frac{1}{2}\left(-\eta\lambda^*+\eta^*\lambda\right)\right]\delta^{(2)}(\eta-\lambda). \tag{11.56}$$

因为 $\chi(\lambda)\equiv\operatorname{tr}(\rho D(\lambda))$, 可知

$$\rho=\int\frac{\mathrm{d}^2\lambda}{\pi}D^{-1}(\lambda)\chi_\lambda, \tag{11.57}$$

将

$$D^{-1}(\lambda)=:\exp\left(-\frac{1}{2}|\lambda|^2-\lambda a^\dagger+\lambda^* a\right): \tag{11.58}$$

代入式 (11.52) 得到

$$\rho=\int\frac{\mathrm{d}^2\lambda}{\pi}\langle\eta=-\lambda|\,\rho\rangle:\exp\left(-\frac{1}{2}|\lambda|^2-\lambda a^\dagger+\lambda^* a\right):. \tag{11.59}$$

这是从 $\langle\eta=-\lambda|\,\rho\rangle$ 导出密度算符的公式.

举例来说, 一初始相干态经历由主方程式 (11.30) 支配的衰减过程, 其在 t 时刻的特征函数由式 (11.39) 给出, 将它代入式 (11.54) 有

$$\rho(t)=\int\frac{\mathrm{d}^2\lambda}{\pi}:\mathrm{e}^{-|\lambda|^2/2+(\lambda z^*-\lambda^* z)\mathrm{e}^{-kt}}\mathrm{e}^{-\frac{1}{2}|\lambda|^2-\lambda a^\dagger+\lambda^* a}:$$

$$=:\mathrm{e}^{-\left(z^*\mathrm{e}^{-kt}-a^\dagger\right)\left(z\mathrm{e}^{-kt}-a\right)}:=\left|z\mathrm{e}^{-kt}\right\rangle\left\langle z\mathrm{e}^{-kt}\right|. \tag{11.60}$$

可见初始相干态 $|z\rangle\langle z|$ 衰减为 $\left|z\mathrm{e}^{-kt}\right\rangle\left\langle z\mathrm{e}^{-kt}\right|$.

又例如, 当初始密度算符 $\rho(0)=\left(1-\mathrm{e}^{-f}\right)\mathrm{e}^{-fa^\dagger a}$ 代表一个混沌光场, 当它经历了由主方程式 (11.30) 支配的衰减过程后, 从式 (11.38) 和式 (11.44) 我们导出

$$\left\langle\eta=-\lambda\mathrm{e}^{-kt}\right|\rho_1\rangle=\mathrm{e}^{\left(\mathrm{e}^{-2kt}-1-\mu^2\mathrm{e}^{-2kt}\right)r^2/2},\quad \mu^2=\frac{1+\mathrm{e}^{-f}}{1-\mathrm{e}^{-f}}, \tag{11.61}$$

把它代入式 (11.59) 完成积分我们看到 $\left(1-\mathrm{e}^{-f}\right)\mathrm{e}^{-fa^\dagger a}$ 演化为

$$\rho(t)=\int\frac{\mathrm{d}^2\lambda}{\pi}\mathrm{e}^{\left(\mathrm{e}^{-2kt}-1-\mu^2\mathrm{e}^{-2kt}\right)|\lambda|^2/2}:\mathrm{e}^{-\frac{1}{2}|\lambda|^2-\lambda a^\dagger+\lambda^* a}:$$

$$
\begin{aligned}
&= \frac{1-\mathrm{e}^{-f}}{1-\mathrm{e}^{-f}+\mathrm{e}^{-f}\mathrm{e}^{-2kt}} : \exp\left[\frac{\mathrm{e}^{-f}-1}{1-\mathrm{e}^{-f}+\mathrm{e}^{-f}\mathrm{e}^{-2kt}} a^{\dagger}a\right] : \\
&= \frac{\left(\mathrm{e}^{f}-1\right)\mathrm{e}^{2kt}}{\mathrm{e}^{2kt}\left(\mathrm{e}^{f}-1\right)+1} : \exp\left[\left(\frac{\mathrm{e}^{-f}\mathrm{e}^{-2kt}}{1-\mathrm{e}^{-f}+\mathrm{e}^{-f}\mathrm{e}^{-2kt}}-1\right) a^{\dagger}a\right] : \\
&= \frac{\left(\mathrm{e}^{f}-1\right)\mathrm{e}^{2kt}}{\left(\mathrm{e}^{f}-1\right)\mathrm{e}^{2kt}+1} \left[\frac{1}{\mathrm{e}^{2\kappa t}\left(\mathrm{e}^{f}-1\right)+1}\right]^{a^{\dagger}a} .
\end{aligned}
\tag{11.62}
$$

以上的例子说明用热纠缠态 $\langle\eta|$ 表象处理密度矩阵特征函数时间演化的优点与特点, 我们赋予了 $\langle\eta\,|\rho\rangle$ 以波函数的特点也导出了由 $\langle\eta=-\lambda|\,\rho\rangle$ 求 ρ 的积分式, 可以方便地处理量子光学与量子信息通道的退相干问题.

第 12 章　激光过程中密度算符的演化

爱因斯坦在 1917 提出受激辐射的理论后, 在 1960 年梅曼 (Maiman)首先制成了红外激光器. 在他以前, 前苏联的亚历山大 · 普罗霍罗夫与他的学生尼古拉 · 巴索夫, 以及美国科学家查尔斯 · 汤斯 (Charles Townes), 独立地研制了分子束微波激射器, 他们因在量子电子学、无线电频谱学和激光技术等的研究方面取得突出成就, 于 1964 年共同获得诺贝尔物理学奖.

激光与微波激射器的发明展现了一个物理学家的想象得以成功实现的历程.

20 世纪 50 年代, 当时通常的无线电器件只能产生波长较长的无线电波, 若打算用这种器件来产生微波, 器件的尺寸就必须做得极小, 这是很难的事, 以至于无实际实现的可能性. 但是, 汤斯一直想象着能有一种产生高强度微波的器件.

1951 年的一个早晨, 汤斯坐在华盛顿市一个公园的长凳上等待饭店开门, 以便进去吃早餐. 这时他突然想到, 如果用分子, 而不用电子线路, 不就是可以得到波长足够小的无线电波吗？分子具有各种不同的振动形式, 有些人发现的振动正好和微波段范围的辐射相同. 问题是如何将这些振动转变为辐射. 就氨分子来说, 适当的条件下. 它每秒振动 24 000 000 000 次, 因此, 有可能发射波长为 1.25 cm 的微波.

汤斯设想通过热或电的方法, 把能量泵入氨分子中, 使它们处于“激发”状态. 然后, 再设想使这些受激的分子处于具有和氨分子的固有频率相同的微波束中——这个微波束的能量可以是很微弱的. 一个单独的氨分子就会受到这一微波束的作用, 以同样波长的微波形式放出它的能量, 这一能量会继而作用于另一个氨分子, 使它也放出能量. 这个很微弱的入射微波束相当于对一场雪崩的促进作用, 最后就会产生一个很强的微波束. 最初用来激发分子的能量就全部变为一种特殊的辐射. 汤斯在公园的长凳上思考了所有的一切, 并把一些要点记录在一只用过信封的反面.

1953 年 12 月, 汤斯和他的学生终于制备出按上述原理工作的一个装置, 产生了所需要的微波束. 1952 年, 普罗霍罗夫与巴索夫用量子系统产生电磁振荡, 用粒子数反转原理和谐振腔也研制了分子束微波激射器. 他们三人的成功表明想象力是创造的源头.

理论物理研究创新的根基也是想象, 爱因斯坦认为培养想象力比获取知识更为重要, 它代表了人类文明的进步. 爱因斯坦经常提出一些想象中的实验来引起科学争论. 那么何谓想象呢？屈原曾写道：“思旧故以想象兮, 长太息而掩涕”, 可见想象是在思旧故的基础上产生的, 想象会引起情感的波动. 古人还指出,“有天地自然之像, 有人心营造之像”, 后者出于前者. 科学想象与文学创作的想象有异, 前者要经受自然界的检验, 后者却可以浪漫与荒唐. 但也是这个爱因斯坦甚至认为科学想象要是不够荒唐是不够味的, 这使得我们想起他创立的狭义相对论中有尺缩和时延现象. 乍看这是荒诞的神话, 因为我国古代就有这样的故事：一个樵子进入深山老林云雾深处, 见两位老叟正在下棋, 樵子迷恋棋局看完结束后回家, 看到家里人的光景已是隔了几十年了. 所谓天上一日, 凡间数年. 如今古人的想象竟然在狭义相对论中得以理论证明. 又如, 聊斋故事中崂山道士穿墙而入的荒唐事在学过量子力学的隧道效应的人看来也不觉得太突兀. 至于爱因斯坦的广义相对论说到光线在引力场中会弯曲, 这没有“荒诞不经”的想象勇气更是不可“想象”的.

本书作者常常叹息明代万历卅年进士谢肇制失去了发现万有引力的机遇, 谢肇制曾写道：“潮汐之说, 诚不可穷诘, 然但近岸浅浦, 见其有消长耳, 大海之体固毫无增减也. 以此推之, 不过海之一呼一吸, 如人之鼻息, 何必究其归泄之所？人生而有气息, 即睡梦中形神不属, 何以能吸？天地间只是一气耳. 至于应月者, 月为阴类, 水之主也. 月望而蚌蛤盈, 月蚀而鱼脑减, 各从其类也. 然齐、浙、闽、粤, 潮信各不同,时来之有远近也.”可见他已经把潮汐想象为海之呼吸,也知道了潮汐应月,也看到潮信的不同与地之远近有关,但他没有进一步大胆地想象潮汐起因是海与月之吸引力的变化,而最终止于“不可穷诘”的保守.呜呼!

科学想象与文学创作的想象颇有相通之处,譬如晋朝的陆机说:“其始也,皆收视反听,耽思傍讯,精骛八极,心游万仞.其致也,…… 收百世之阙文,采千载之遗韵.谢朝华于已披,启夕秀于未振.观古今于须臾,抚四海于一瞬.然后选义按部,考辞就班.”可见想象的翅膀要搧得多快,才能观古今于须臾,抚四海于一瞬.人的心游万仞这一点毫不逊色于高速电子计算机.我自己在年轻时广读文献,现在看文献时,常能联想起已有的知识,脑中迸发出新的思维之花.

美学家认为文学想象或艺术想象这种心理活动是一种形式思维,在思旧故的基础上以营造新的美好环境.但我以为,理论物理学家的想象不限于此,它往往不是在思旧故的基础上,反而是扬弃了已有的知识,普朗克提出的量子假说认为能量是一份一份发出的就是破天荒的,这件事在他以前谁又能想象呢?

普朗克和爱因斯坦都喜欢音乐,另一理论物理学大家薛定谔除了爱音乐还喜欢写诗,“诗人感物,联类不穷,流连万象之际,沉吟视听之区”,所以多看一些诗歌作品会帮助提高理论物理学家的想象力.所谓“诗意浪漫助想象,风物吟唱泄愁念”.

当然,理论家想象终究要受到实验的检验,否则只是“月痕着地如何深,镜像虚返总是薄”.

激光有广泛的应用,激光的量子论是相干态,事实上,理论上计算处于相干态的光子数分布是泊松分布,这与测量一束激光中光子数分布的结果相吻合.另一方面,熵是一个重要的热力学函数,那么作为一个热力学系统的激光的熵是如何演化的?本章将导出激光过程中熵的演化规律,即探求一个初始相干态 $\rho_0 = |z\rangle\langle z|$ 在激光过程 (通道)中的熵变化.

12.1　描述激光过程的量子主方程的解

在量子光学理论中激光过程由如下的密度算符主方程描写

$$\frac{\mathrm{d}\rho(t)}{\mathrm{d}t}=g\left[2a^{\dagger}\rho(t)a-aa^{\dagger}\rho(t)-\rho(t)aa^{\dagger}\right]$$

$$+\kappa\left[2a\rho(t)a^{\dagger}-a^{\dagger}a\rho(t)-\rho(t)a^{\dagger}a\right],\tag{12.1}$$

其中 g 和 κ 分别代表增益和损耗, $a^{\dagger}$ 和 a 分别是光子产生和湮灭算符. 我们看到把上式中第二个方括号中的 $a^{\dagger}$ 与 a 对调, 就变成了第一个方括号中的东西, 所以, 第二个方括号中的算符对耗散做贡献, 那么第一个方挂号中的算符对增益做贡献. 在第 4 章我们已经说明环境对系统的相互作用可以归结为系统的密度算符 ρ_0 到 $\rho(t)$ 的演化由以下方程支配

$$\rho(t)=\sum_{n=0}^{+\infty}M_n\rho_0M_n^{\dagger},\tag{12.2}$$

此式称为算符和克劳斯表示, M_n 统称为克劳斯算符. 所以我们首先要求描述激光过程的克劳斯算符, 即求解主方程式 (12.1).

我们的方法还是引入热纠缠态

$$|\eta\rangle=\exp\left(-\frac{1}{2}|\eta|^2+\eta a^{\dagger}-\eta^*\tilde{a}^{\dagger}+a^{\dagger}\tilde{a}^{\dagger}\right)|0\tilde{0}\rangle,\tag{12.3}$$

这里 $\tilde{a}^{\dagger}$ 是独立于 $a^{\dagger}$ 的虚模, $\tilde{a}|\tilde{0}\rangle=0$, $[\tilde{a},\tilde{a}^{\dagger}]=1$. 态 $|\eta=0\rangle$ 满足

$$a|\eta=0\rangle=\tilde{a}^{\dagger}|\eta=0\rangle,\tag{12.4}$$

$$a^{\dagger}|\eta=0\rangle=\tilde{a}|\eta=0\rangle,\tag{12.5}$$

$$(a^{\dagger}a)^n|\eta=0\rangle=(\tilde{a}^{\dagger}\tilde{a})^n|\eta=0\rangle.\tag{12.6}$$

把式 (12.1) 的两边分别作用于 $|\eta=0\rangle\equiv|I\rangle$, 并记 $|\rho\rangle=\rho|I\rangle$, 用式 (12.6) 我们就

得到 $|\rho(t)\rangle$ 的演化方程:

$$\frac{\mathrm{d}}{\mathrm{d}t}|\rho(t)\rangle=\left[g\left(2a^{\dagger}\tilde{a}^{\dagger}-aa^{\dagger}-\tilde{a}\tilde{a}^{\dagger}\right)+\kappa\left(2a\tilde{a}-a^{\dagger}a-\tilde{a}^{\dagger}\tilde{a}\right)\right]|\rho(t)\rangle. \tag{12.7}$$

这里 $|\rho_0\rangle\equiv\rho_0|I\rangle$, ρ_0 是初始密度算符.

式 (12.7) 的形式解是

$$|\rho(t)\rangle=U(t)|\rho_0\rangle, \tag{12.8}$$

这里

$$U(t)=\exp\left[gt\left(2a^{\dagger}\widetilde{a}^{\dagger}-aa^{\dagger}-\widetilde{a}\widetilde{a}^{\dagger}\right)+\kappa t\left(2a\widetilde{a}-a^{\dagger}a-\widetilde{a}^{\dagger}\widetilde{a}\right)\right]. \tag{12.9}$$

接下来的任务是分拆指数算符 $U(t)$.

我们回忆 9.3 节的讨论, 小结两个定理.

定理 1 多模指数算符 $\exp(\mathcal{H})$, 其中 $\mathcal{H}=(1/2)B\Gamma\widetilde{B}$, B 的定义是

$$B\equiv\begin{pmatrix}A^{\dagger} & A\end{pmatrix}\equiv\begin{pmatrix}a_1^{\dagger} & a_2^{\dagger} & \cdots & a_n^{\dagger} & a_1 & a_2 & \cdots & a_n\end{pmatrix},$$

$$\widetilde{B}=\begin{pmatrix}\widetilde{A}^{\dagger}\\ \widetilde{A}\end{pmatrix},\quad A=(\widetilde{a}\quad a) \tag{12.10}$$

Γ 是一个 $2n\times 2n$ 对称矩阵, 有其 n-模相干态表示:

$$\exp(\mathcal{H})=\sqrt{\det Q}\int\prod_{i=1}^{n}\frac{\mathrm{d}^2 Z_i}{\pi}\left|\begin{pmatrix}Q & -L\\ -N & P\end{pmatrix}\begin{pmatrix}\widetilde{Z}\\ \widetilde{Z}^{*}\end{pmatrix}\right\rangle\left\langle\begin{pmatrix}\widetilde{Z}\\ \widetilde{Z}^{*}\end{pmatrix}\right|, \tag{12.11}$$

n-模相干态为

$$\left|\begin{pmatrix}\widetilde{Z}\\ \widetilde{Z}^{*}\end{pmatrix}\right\rangle\equiv|Z\rangle=D(Z)|\mathbf{0}\rangle$$

$$D(Z)\equiv\exp\left(A^{\dagger}\widetilde{Z}-A\widetilde{Z}^{*}\right), \tag{12.12}$$

而

$$\begin{pmatrix} Q & L \\ N & P \end{pmatrix} = \exp\left(\Gamma\Pi\right), \quad \Pi = \begin{pmatrix} 0 & -I_n \\ I_n & 0 \end{pmatrix}. \tag{12.13}$$

I_n 是 $n\times n$ 单位矩阵. Q, L, N, P 全是 $n\times n$ 复矩阵, $\begin{pmatrix} Q & L \\ N & P \end{pmatrix} \equiv M$ 是辛矩阵, 满足

$$M\Pi\tilde{M} = \Pi, \quad \Pi\tilde{M}\Pi = -M^{-1}, \tag{12.14}$$

或

$$\begin{aligned} Q\tilde{L} &= L\tilde{Q}, \quad Q\tilde{P} - L\tilde{N} = I, \\ N\tilde{P} &= P\tilde{N}, \quad P\tilde{Q} - N\tilde{L} = I. \end{aligned} \tag{12.15}$$

从而有

$$\begin{aligned} \left|\begin{pmatrix} Q & -L \\ -N & P \end{pmatrix}\begin{pmatrix} \widetilde{Z} \\ \widetilde{Z}^* \end{pmatrix}\right\rangle &= \exp\left[A^\dagger(Q\widetilde{Z} - L\widetilde{Z}^*) - A(-N\widetilde{Z} + P\widetilde{Z}^*)\right]|\mathbf{0}\rangle \\ &= \exp\left[A^\dagger(Q\widetilde{Z} - L\widetilde{Z}^*) + \frac{1}{2}(Z\widetilde{N} - \widetilde{Z^*}P)(Q\widetilde{Z}\right. \\ &\quad \left. - L\widetilde{Z}^*)\right]|\mathbf{0}\rangle, \end{aligned} \tag{12.16}$$

定理 2　用 IWOP 技术对式 (12.11) 积分给出

$$\begin{aligned} \exp(\mathcal{H}) = &\frac{1}{\sqrt{\det P}}\exp\left[-\frac{1}{2}A^\dagger(LP^{-1})\widetilde{A}^\dagger\right]\exp\left[A^\dagger(\ln\widetilde{P}^{-1})\widetilde{A}\right] \\ &\times\exp\left[\frac{1}{2}A(P^{-1}N)\widetilde{A}\right]. \end{aligned} \tag{12.17}$$

现在我们诉诸定理 1, 将式 (12.9) 的 $U(t)$ 认同为 $\exp(\mathcal{H})$, 先把 $U(t)$ 写成以下对称矩阵形式

$$U(t) = \mathrm{e}^{(\kappa-g)t}\exp\left(\frac{1}{2}B\Gamma\widetilde{B}\right)$$

$$= \mathrm{e}^{(\kappa-g)t}\exp\left[\frac{1}{2}\begin{pmatrix}\widetilde{a}^\dagger & a^\dagger & \widetilde{a} & a\end{pmatrix}\Gamma\begin{pmatrix}\widetilde{a}^\dagger \\ a^\dagger \\ \widetilde{a} \\ a\end{pmatrix}\right], \tag{12.18}$$

对称矩阵 Γ 是

$$\Gamma = t\begin{pmatrix} 0 & 2g & -g-\kappa & 0 \\ 2g & 0 & 0 & -g-\kappa \\ -g-\kappa & 0 & 0 & 2\kappa \\ 0 & -g-\kappa & 2\kappa & 0 \end{pmatrix}$$

$$= t\begin{pmatrix} 2gJ_2 & -(g+\kappa)I_2 \\ -(g+\kappa)I_2 & 2\kappa J_2 \end{pmatrix}, \tag{12.19}$$

而

$$I_2 = \begin{pmatrix} 1 & 0 \\ 0 & 1 \end{pmatrix}, \quad J_2 = \begin{pmatrix} 0 & 1 \\ 1 & 0 \end{pmatrix}, \quad J_2^2 = \begin{pmatrix} 1 & 0 \\ 0 & 1 \end{pmatrix} = I_2, \tag{12.20}$$

为了计算 $\exp(\Gamma\Pi)$，先算

$$\Gamma\Pi = t\begin{pmatrix} 2gJ_2 & -(g+\kappa)I_2 \\ -(g+\kappa)I_2 & 2\kappa J_2 \end{pmatrix}\begin{pmatrix} 0 & -I_2 \\ I_2 & 0 \end{pmatrix}$$

$$= t\begin{pmatrix} -(g+\kappa)I_2 & -2gJ_2 \\ 2\kappa J_2 & (g+\kappa)I_2 \end{pmatrix}. \tag{12.21}$$

观察到

$$\begin{pmatrix} -(g+\kappa)I_2 & -2gJ_2 \\ 2\kappa J_2 & (g+\kappa)I_2 \end{pmatrix}\begin{pmatrix} -gJ_2 & -gJ_2 \\ gI_2 & \kappa I_2 \end{pmatrix}$$

$$
= \begin{pmatrix} g(\kappa - g)J_2 & g(g-\kappa)J_2 \\ g(g-\kappa)I_2 & \kappa(\kappa-g)I_2 \end{pmatrix}
$$

$$
= \begin{pmatrix} -gJ_2 & -gJ_2 \\ gI_2 & \kappa I_2 \end{pmatrix} \begin{pmatrix} (g-\kappa)I_2 & 0 \\ 0 & (\kappa-g)I_2 \end{pmatrix}, \tag{12.22}
$$

故可以对角化 $\Gamma\Pi$ 为

$$
t\begin{pmatrix} -(g+\kappa)I_2 & -2gJ_2 \\ 2\kappa J_2 & (g+\kappa)I_2 \end{pmatrix} = \begin{pmatrix} -gJ_2 & -gJ_2 \\ gI_2 & \kappa I_2 \end{pmatrix} \times \begin{pmatrix} (g-\kappa)tI_2 & 0 \\ 0 & (\kappa-g)tI_2 \end{pmatrix} \times \begin{pmatrix} -gJ_2 & -gJ_2 \\ gI_2 & \kappa I_2 \end{pmatrix}^{-1}. \tag{12.23}
$$

于是

$$
\begin{aligned}
\mathrm{e}^{\Gamma\Pi} &= \exp\left[\begin{pmatrix} -(g+\kappa)I_2 & -2gJ_2 \\ 2\kappa J_2 & (g+\kappa)I_2 \end{pmatrix} t\right] \\
&= \begin{pmatrix} -gJ_2 & -gJ_2 \\ gI_2 & \kappa I_2 \end{pmatrix} \begin{pmatrix} \mathrm{e}^{(g-\kappa)t}I_2 & 0 \\ 0 & \mathrm{e}^{(\kappa-g)t}I_2 \end{pmatrix} \begin{pmatrix} -gJ_2 & -gJ_2 \\ gI_2 & \kappa I_2 \end{pmatrix}^{-1} \\
&= \frac{1}{g(g-\kappa)} \begin{pmatrix} -gJ_2 & -gJ_2 \\ gI_2 & \kappa I_2 \end{pmatrix} \begin{pmatrix} \mathrm{e}^{(g-\kappa)t}I_2 & 0 \\ 0 & \mathrm{e}^{(\kappa-g)t}I_2 \end{pmatrix} \\
&\quad \times \begin{pmatrix} \kappa J_2 & gI_2 \\ -gJ_2 & -gI_2 \end{pmatrix}
\end{aligned}
$$

$$
= \frac{1}{g-\kappa}\begin{pmatrix} \left[g\mathrm{e}^{(\kappa-g)t}-\kappa\mathrm{e}^{(g-\kappa)t}\right]I_2 & g\left[\mathrm{e}^{(\kappa-g)t}-\mathrm{e}^{(g-\kappa)t}\right]J_2 \\ \kappa\left[\mathrm{e}^{(g-\kappa)t}-\mathrm{e}^{(\kappa-g)t}\right]J_2 & \left[g\mathrm{e}^{(g-\kappa)t}-\kappa\mathrm{e}^{(\kappa-g)t}\right]I_2 \end{pmatrix}
$$

$$
\equiv \begin{pmatrix} Q & L \\ N & P \end{pmatrix} \tag{12.24}
$$

即

$$
Q \equiv \frac{g\mathrm{e}^{(\kappa-g)t}-\kappa\mathrm{e}^{(g-\kappa)t}}{g-\kappa}I_2, \quad L \equiv \frac{g\left[\mathrm{e}^{(\kappa-g)t}-\mathrm{e}^{(g-\kappa)t}\right]}{g-\kappa}J_2
$$

$$
N \equiv \frac{\kappa\left[\mathrm{e}^{(g-\kappa)t}-\mathrm{e}^{(\kappa-g)t}\right]}{g-\kappa}J_2, \quad P \equiv \frac{g\mathrm{e}^{(g-\kappa)t}-\kappa\mathrm{e}^{(\kappa-g)t}}{g-\kappa}I_2 \tag{12.25}
$$

读者可以验证他们满足式 (12.15). 再用式 (12.19) 和式 (12.26) 我们改写式 (12.17) 为

$$
\begin{aligned}
U(t) &= \sqrt{\det Q}\int\prod_{i=1}^{n}\frac{\mathrm{d}^2 Z_i}{\pi}\left|\begin{pmatrix} Q & -L \\ -N & P \end{pmatrix}\begin{pmatrix} \widetilde{Z} \\ \widetilde{Z}^* \end{pmatrix}\right\rangle\left\langle\begin{pmatrix} \widetilde{Z} \\ \widetilde{Z}^* \end{pmatrix}\right| \\
&= \mathrm{e}^{(\kappa-g)t}\frac{1}{\sqrt{\det P}}\exp\left[-\frac{1}{2}\begin{pmatrix} \widetilde{a}^\dagger & a^\dagger \end{pmatrix}LP^{-1}\begin{pmatrix} \widetilde{a}^\dagger \\ a^\dagger \end{pmatrix}\right] \\
&\quad\times\exp\left[\begin{pmatrix} \widetilde{a}^\dagger & a^\dagger \end{pmatrix}\ln P^{-1}\begin{pmatrix} \widetilde{a} \\ a \end{pmatrix}\right] \\
&\quad\times\exp\left\{\frac{1}{2}\begin{pmatrix} \widetilde{a} & a \end{pmatrix}P^{-1}N\begin{pmatrix} \widetilde{a} \\ a \end{pmatrix}\right\} \\
&= \frac{\kappa-g}{\kappa\mathrm{e}^{-2(g-\kappa)t}-g}\exp\left\{\frac{g\left[1-\mathrm{e}^{-2(\kappa-g)t}\right]}{\kappa-g\mathrm{e}^{-2(\kappa-g)t}}\widetilde{a}^\dagger a^\dagger\right\} \\
&\quad\times\exp\left[\left(\widetilde{a}^\dagger\widetilde{a}+a^\dagger a\right)\ln\frac{(\kappa-g)\,\mathrm{e}^{-(\kappa-g)t}}{\kappa-g\mathrm{e}^{-2(\kappa-g)t}}\right]
\end{aligned}
$$

$$\times \exp\left\{\frac{\kappa\left[1-\mathrm{e}^{-2(\kappa-g)t}\right]}{\kappa-g\mathrm{e}^{-2(\kappa-g)t}}a\widetilde{a}\right\}, \tag{12.26}$$

推导中我们用了

$$LP^{-1}=\frac{g\left[1-\mathrm{e}^{-2(\kappa-g)t}\right]}{g\mathrm{e}^{-2(\kappa-g)t}-\kappa}J_2,\quad P^{-1}N=\frac{\kappa\left[\mathrm{e}^{-2(\kappa-g)t}-1\right]}{g\mathrm{e}^{-2(\kappa-g)t}-\kappa}J_2, \tag{12.27}$$

和

$$\sqrt{\det P}\equiv\frac{g\mathrm{e}^{(g-\kappa)t}-\kappa\mathrm{e}^{(\kappa-g)t}}{g-\kappa}. \tag{12.28}$$

现今, 我们已将激光过程看成是一个初态受热场动力学支配的辛演化.

进一步, 令

$$\begin{aligned}
T_1&=\frac{1-\mathrm{e}^{-2(\kappa-g)t}}{\kappa-g\mathrm{e}^{-2t(\kappa-g)}},\\
T_2&=\frac{(\kappa-g)\,\mathrm{e}^{-(\kappa-g)t}}{\kappa-g\mathrm{e}^{-2t(\kappa-g)}},\\
T_3&=\frac{\kappa-g}{\kappa-g\mathrm{e}^{-2t(\kappa-g)}}=1-gT_1,
\end{aligned} \tag{12.29}$$

我们用式 (12.26) 改写式 (12.8) 为

$$\begin{aligned}
|\rho(t)\rangle&=T_3\exp\left(gT_1a^\dagger\tilde{a}^\dagger\right):\exp\left[(T_2-1)\left(\tilde{a}^\dagger\tilde{a}+a^\dagger a\right)\right]:\exp\left(\kappa T_1a\tilde{a}\right)|\rho_0\rangle\\
&=T_3\exp\left(gT_1a^\dagger\tilde{a}^\dagger\right)\exp\left[\left(\tilde{a}^\dagger\tilde{a}+a^\dagger a\right)\ln T_2\right]\exp\left(\kappa T_1a\tilde{a}\right)|\rho_0\rangle\\
&=\sum_{i,j=0}^{+\infty}T_3\frac{\kappa^ig^jT_1^{i+j}}{i!j!}a^{\dagger j}\exp\left(a^\dagger a\ln T_2\right)a^i\rho_0a^{\dagger i}\exp\left(a^\dagger a\ln T_2\right)a^j|\eta=0\rangle\\
&=\sum_{i,j=0}^{+\infty}T_3\frac{\kappa^ig^jT_1^{i+j}}{i!j!}a^{\dagger j}\exp\left(a^\dagger a\ln T_2\right)a^i\rho_0a^{\dagger i}\exp\left(a^\dagger a\ln T_2\right)a^j|\eta=0\rangle\\
&=\sum_{i,j=0}^{+\infty}T_3\frac{\kappa^ig^jT_1^{i+j}}{i!j!T_2^{2j}}\exp\left(a^\dagger a\ln T_2\right)a^{\dagger j}a^i\rho_0a^{\dagger i}a^j\exp\left(a^\dagger a\ln T_2\right)|\eta=0\rangle.
\end{aligned} \tag{12.30}$$

由此得到激光过程中密度算符的演化表示

$$\rho(t) = \sum_{i,j=0}^{+\infty} M_{ij}\rho_0 M_{ij}^{\dagger}, \tag{12.31}$$

其中

$$M_{ij} = \sqrt{\frac{\kappa^i g^j T_3 T_1^{i+j}}{i!j!T_2^{2j}}} \mathrm{e}^{a^{\dagger}a\ln T_2} a^{\dagger j} a^i, \tag{12.32}$$

为中国学者首先导出, 读者可以验证其归一性

$$\sum_{i,j=0}^{+\infty} M_{ij}^{\dagger} M_{ij} = 1. \tag{12.33}$$

事实上, 直截了当地用相干态完备性算得

$$\begin{aligned}
\sum_{i,j=0}^{+\infty} M_{ij}^{\dagger} M_{ij} &= \sum_{i,j=0}^{+\infty} T_3 \frac{\kappa^i g^j T_1^{i+j}}{i!j!T_2^{2i-1}} a^{\dagger i} a^j a^{\dagger j} a^i \exp\left(2a^{\dagger}a\ln T_2\right) \\
&= T_3 \sum_{i,j=0}^{+\infty} \frac{\kappa^i g^j T_1^{i+j}}{i!j!T_2^{2i}} a^{\dagger i} \int \frac{\mathrm{d}^2 z}{\pi} z^j z^{*j} |z\rangle\langle z| a^i \exp\left(2a^{\dagger}a\ln T_2\right) \\
&= T_3 \sum_{i=0}^{+\infty} \frac{\kappa^i T_1^i}{i!T_2^{2i}} a^{\dagger i} \int \frac{\mathrm{d}^2 z}{\pi} \exp\left(gT_1|z|^2\right) : \mathrm{e}^{-|z|^2+z^*a+za^{\dagger}-a^{\dagger}a} : a^i \\
&\quad \times \exp\left(2a^{\dagger}a\ln T_2\right) \\
&= \frac{T_3}{1-gT_1} \sum_{i=0}^{+\infty} \frac{\kappa^i T_1^i}{i!T_2^{2i}} a^{\dagger i} : \exp\left(\frac{gT_1}{1-gT_1} a^{\dagger}a\right) : a^i \exp\left(2a^{\dagger}a\ln T_2\right) \\
&= \frac{T_3}{1-gT_1} : \exp\left(\frac{gT_1}{1-gT_1} a^{\dagger}a + \frac{\kappa T_1}{T_2^2} a^{\dagger}a\right) : \exp\left(2a^{\dagger}a\ln T_2\right) \\
&= \frac{T_3}{1-gT_1} \exp\left[\ln\left(\frac{gT_1}{1-gT_1} + \frac{\kappa T_1}{T_2^2} + 1\right) a^{\dagger}a\right] \exp\left(2a^{\dagger}a\ln T_2\right) = 1.
\end{aligned} \tag{12.34}$$

用纠缠态的定义式 (12.3) 将式 (12.30) 改写为

$$|\rho(t)\rangle = T_3 \exp\left(gT_1 a^{\dagger}\tilde{a}^{\dagger}\right) : \exp\left[(T_2-1)\left(\tilde{a}^{\dagger}\tilde{a} + a^{\dagger}a\right)\right] : \exp\left(\kappa T_1 a\tilde{a}\right)|\rho_0\rangle$$

$$= \int_{-\infty}^{+\infty} \frac{\mathrm{d}^2\eta}{\pi} \colon \exp\left[-\frac{\kappa - g\mathrm{e}^{-2t(\kappa-g)}}{\kappa - g} |\eta|^2 + \eta\left(a^\dagger - \mathrm{e}^{-(\kappa-g)t}\tilde{a}\right)\right]$$

$$\times \exp\left[\eta^*\left(\mathrm{e}^{-(\kappa-g)t}a - \tilde{a}^\dagger\right) + a^\dagger\tilde{a}^\dagger + a\tilde{a} - a^\dagger a - \tilde{a}^\dagger\tilde{a}\right] \colon |\rho_0\rangle$$

$$= \int_{-\infty}^{+\infty} \frac{\mathrm{d}^2\eta}{\pi} |\eta\rangle \langle\eta| \rho(t)\rangle, \tag{12.35}$$

其中

$$\langle\eta| \rho(t)\rangle = \exp\left[-\frac{\kappa+g}{2(\kappa-g)}\left(1 - \mathrm{e}^{-2(\kappa-g)t}\right)|\eta|^2\right] \left\langle\eta\ \mathrm{e}^{-(\kappa-g)t}\right| \rho_0\rangle, \tag{12.36}$$

此式说明在纠缠态表象中可以清楚地看出 $\langle\eta| \rho_0\rangle \mapsto \left\langle\eta\mathrm{e}^{-(\kappa-g)t}\right| \rho_0\rangle$ 的演化.

小结　激光过程可以被等价地描述为热场动力学的辛演化.

12.2　粒子态在激光通道中的演化成二项–负二项联合分布态

在量子光学中描述辐射场的密度算符的统计性质往往与数学统计中的某种分布有关, 尤其是场态的光子数分布与熟悉的概率分布关联. 例如, 光场的二项式态和负二项式态分别对应于二项分布和负二项分布, 二项式态定义为

$$\rho_b = \sum_{n=0}^{m} \binom{m}{n} \sigma^n (1-\sigma)^{m-n} |n\rangle\langle n| \quad (0 \leqslant \sigma \leqslant 1), \tag{12.37}$$

显然 $\mathrm{tr}\,\rho_b = 1$, $|n\rangle$ 是数态, σ 是二项式参数, 平均光子数 $\bar{n}_b = m\sigma$, 方差 $(\Delta n)_b^2 = m\sigma(1-\sigma)$. 当 $\sigma \to 1$, 二项式态趋于数态 $|m\rangle$. 当 $\sigma \to 0$ 且 $m \to \infty$, 二项分布趋于泊松分布.

另一方面, 对应于负二项分布

$$\sum_{m=0}^{+\infty}\begin{pmatrix} m+n \\ m \end{pmatrix}(-x)^m=(1+x)^{-n-1}, \tag{12.38}$$

存在负二项式态

$$\rho_{nb}=\sum_{m=0}^{+\infty}\begin{pmatrix} m+n \\ m \end{pmatrix}\gamma^{n+1}(1-\gamma)^m|m\rangle\langle m|, \tag{12.39}$$

tr $\rho_{nb}=1, 0<\gamma<1$. 负二项式态是中介于纯热态和纯相干态之间的态, 物理上, 当在混沌光场中检测到几个光子后, 前者会表现出负二项分布.

在本节中, 我们引入如下的二项–负二项联合分布公式

$$\sum_{l=0}^{+\infty}\binom{m}{l}x^l\sum_{j=0}^{+\infty}y^j\binom{m-l+j}{j}=\left(x+\frac{1}{1-y}\right)^m\frac{1}{1-y}, \tag{12.40}$$

并将解释这样的分布可以出现在激光过程 (激光通道)中, 即当初态是一个数态, 它通过激光通道后, 终态会表现出二项–负二项联合分布.

在上一节我们已经导出激光通道的密度矩阵演化规律

$$\rho(t)=T_3\sum_{l,j=0}^{+\infty}\frac{\kappa^l g^j}{l!j!T_2^{2j}}T_1^{l+j}\mathrm{e}^{a^\dagger a\ln T_2}a^{\dagger j}a^l\rho_0 a^{\dagger l}a^j\mathrm{e}^{a^\dagger a\ln T_2}, \tag{12.41}$$

这里的 $T_i\,(i=1,2,3)$ 由式 (12.29) 给出.

当初态是一个纯粒子数态时, $\rho_0=|m\rangle\langle m|$, 代入式 (12.41), 用

$$a|m\rangle=\sqrt{m}|m-l\rangle,\quad a^\dagger|m\rangle=\sqrt{m+1}|m+1\rangle, \tag{12.42}$$

就有

$$\begin{aligned}\rho_{|m\rangle}(t)&=T_3\sum_{l,j=0}^{+\infty}\frac{\kappa^l g^j}{l!j!T_2^{2j}}T_1^{l+j}\mathrm{e}^{a^\dagger a\ln T_2}a^{\dagger j}\frac{m!}{(m-l)!}|m-l\rangle\langle m-l|a^j\mathrm{e}^{a^\dagger a\ln T_2}\\&=T_3\sum_{l=0}^{+\infty}\binom{m}{l}\kappa^l T_1^l T_2^{2(m-l)}\sum_{j=0}^{+\infty}g^jT_1^j\binom{m-l+j}{j}|m-l+j\rangle\langle m-l+j|.\end{aligned} \tag{12.43}$$

用式 (12.38) 得

$$
\begin{aligned}
& T_3 \sum_{l=0}^{+\infty} \binom{m}{l} \kappa^l T_1^l T_2^{2(m-l)} \sum_{j=0}^{+\infty} g^j T_1^j \binom{m-l+j}{j} \\
& = \sum_{l=0}^{+\infty} \binom{m}{l} \kappa^l T_1^l T_2^{2(m-l)} \left(1-gT_1\right)^{-m+l} \\
& = \left(\kappa T_1 + \frac{T_2^2}{1-gT_1}\right)^m .
\end{aligned} \tag{12.44}
$$

比较式 (12.40) 就可看到它们之间的相似, 所以式 (11.43) 是量子光学理论中的一个二项–负二项联合分布态 (混合态). 用式 (12.29) 我们计算

$$
\operatorname{tr}\left[\rho_{|m\rangle}(t)\right] = \left(\kappa T_1 + \frac{T_2^2}{1-gT_1}\right)^m = 1, \tag{12.45}
$$

这验证了式 (12.25) 的正确性.

12.3　威格纳函数在激光过程中的演化

从式 (6.23) 和式 (12.31) 我们知道光场密度矩阵 $\rho(t)$ 的威格纳函数是

$$
\begin{aligned}
W_{\rho(t)}(p,q) &= \operatorname{tr}\left[\rho(t)\,\Delta(\alpha,a^*)\right] = \operatorname{tr}\left[\sum_{i,j=0}^{+\infty} M_{ij}\rho_0 M_{ij}^{\dagger}\Delta(\alpha,a^*)\right] \\
&= \operatorname{tr}\left[\sum_{i,j=0}^{+\infty} \rho_0 M_{ij}^{\dagger}\Delta(\alpha,a^*)\,M_{ij}\right] = \operatorname{tr}\left[\rho_0\Delta(\alpha,a^*,t)\right],
\end{aligned} \tag{12.46}
$$

其中已经定义

$$
\Delta(\alpha,a^*,t) = \sum_{i,j=0}^{+\infty} M_{ij}^{\dagger}\Delta(\alpha,a^*)\,M_{ij}. \tag{12.47}
$$

$\Delta(\alpha,a^*)$ 是威格纳算符, 见式 (6.8). 将式 (12.32) 代入式 (12.47) 并用

$$
(-1)^N a = -a(-1)^N ,
$$

$$\exp\left(a^\dagger a\ln A\right)f\left(a^\dagger\right)\exp\left(-a^\dagger a\ln A\right)=f\left(Aa^\dagger\right),$$

$$\exp\left(a^\dagger a\ln A\right)f\left(a\right)\exp\left(-a^\dagger a\ln A\right)=f\left(a/A\right),\tag{12.48}$$

计算得

$$\begin{aligned}\Delta\left(\alpha,a^*,t\right)&=\frac{\mathrm{e}^{-2\alpha^*\alpha}T_3}{\pi}\sum_{i,j=0}^{+\infty}\frac{\kappa^i g^j T_1^{i+j}}{i!j!T_2^{2j}}a^{\dagger i}a^j\mathrm{e}^{a^\dagger a\ln T_2}\mathrm{e}^{2\alpha a^\dagger}\\&\quad\times\exp\left[a^\dagger a\ln\left(-1\right)\right]\mathrm{e}^{2\alpha^* a}\mathrm{e}^{a^\dagger a\ln T_2}a^{\dagger j}a^i\\&=\frac{\mathrm{e}^{-2\alpha^*\alpha}T_3}{\pi}\sum_{i,j=0}^{+\infty}\frac{\kappa^i g^j T_1^{i+j}}{i!j!T_2^{2j}}a^{\dagger i}a^j\mathrm{e}^{2\alpha T_2 a^\dagger}\mathrm{e}^{a^\dagger a\ln T_2}\left(-1\right)^N\\&\quad\times\mathrm{e}^{2\alpha^* a}\mathrm{e}^{a^\dagger a\ln T_2}a^{\dagger j}a^i\\&=\frac{\mathrm{e}^{-2\alpha^*\alpha}T_3}{\pi}\sum_{i,j=0}^{+\infty}\frac{\kappa^i g^j T_1^{i+j}}{i!j!T_2^{2j}}a^{\dagger i}a^j\mathrm{e}^{2\alpha T_2 a^\dagger}\mathrm{e}^{-2\alpha^* a/T_2}\\&\quad\times\exp\left[a^\dagger a\ln\left(-T_2^2\right)\right]a^{\dagger j}a^i\\&=\frac{\mathrm{e}^{-2\alpha^*\alpha}T_3}{\pi}\sum_{i,j=0}^{+\infty}\frac{\kappa^i g^j T_1^{i+j}}{i!j!T_2^{2j}}a^{\dagger i}a^j\mathrm{e}^{2\alpha T_2 a^\dagger}\mathrm{e}^{-2\alpha^* a/T_2}a^{\dagger j}a^i\\&\quad\times\exp\left[a^\dagger a\ln\left(-T_2^2\right)\right]\left(-T_2^2\right)^{j-i}.\end{aligned}\tag{12.49}$$

再用

$$\mathrm{e}^{Aa}f\left(a^\dagger\right)\mathrm{e}^{-Aa}=\sum_{n=0}^{+\infty}\frac{A^n}{n!}f^{(n)}\left(a^\dagger\right)=f\left(a^\dagger+A\right),$$

$$\mathrm{e}^{Aa^\dagger}f\left(a\right)\mathrm{e}^{-Aa^\dagger}=\sum_{n=0}^{+\infty}\frac{A^n}{n!}\left(-1\right)^n f^{(n)}\left(a^\dagger\right)=f\left(a-A\right),\tag{12.50}$$

进而化为

$$\Delta\left(\alpha,a^*,t\right)=\frac{\mathrm{e}^{-2\alpha^*\alpha}T_3}{\pi}\sum_{i,j=0}^{+\infty}\frac{\kappa^i g^j T_1^{i+j}}{i!j!T_2^{2j}}a^{\dagger i}\mathrm{e}^{2\alpha T_2 a^\dagger}\left(a+2\alpha T_2\right)^j\left(a^\dagger-2\alpha^*/T_2\right)^j$$

$$\times \mathrm{e}^{-2\alpha^* a/T_2} a^i \exp\left[a^\dagger a \ln\left(-T_2^2\right)\right]\left(-T_2^2\right)^{j-i}, \tag{12.51}$$

再用相干态的完备性

$$\int \frac{\mathrm{d}^2 z}{\pi}|z\rangle\langle z| = \int \frac{\mathrm{d}^2 z}{\pi} : \exp\left(-|z|^2 + za^\dagger + z^* a - a^\dagger a\right) := 1, \tag{12.52}$$

及 $a|z\rangle = z|z\rangle$ 得到

$$\begin{aligned}
\Delta(\alpha, a^*, t) = &\frac{\mathrm{e}^{-2\alpha^*\alpha T_3}}{\pi}\sum_{i,j=0}^{+\infty}\frac{\kappa^i g^j T_1^{i+j}}{i!j!T_2^{2j}}\mathrm{e}^{2\alpha T_2 a^\dagger} a^{\dagger i}\int\frac{\mathrm{d}^2 z}{\pi}(z+2\alpha T_2)^j|z\rangle\langle z| \\
&\times\left(z^* - 2\alpha^*/T_2\right)^j a^i \mathrm{e}^{-2\alpha^* a/T_2}\exp\left[a^\dagger a\ln\left(-T_2^2\right)\right]\left(-T_2^2\right)^{j-i} \\
= &\frac{\mathrm{e}^{-2\alpha^*\alpha T_3}}{\pi}\sum_{i=0}^{+\infty}\frac{\kappa^i T_1^i}{i!}\mathrm{e}^{2\alpha T_2 a^\dagger} a^{\dagger i}\int_{-\infty}^{+\infty}\frac{\mathrm{d}^2 z}{\pi}\exp\left[-gT_1(z+2\alpha T_2)\right. \\
&\times\left.\left(z^* - 2\alpha^*/T_2\right)\right]|z\rangle\langle z| a^i \mathrm{e}^{-2\alpha^* a/T_2}\exp\left[a^\dagger a\ln\left(-T_2^2\right)\right]\left(-T_2^2\right)^{-i}.
\end{aligned} \tag{12.53}$$

再用 IWOP 技术积分得

$$\begin{aligned}
\Delta(\alpha, a^*, t) = &\frac{\mathrm{e}^{-2\alpha^*\alpha T_3}}{\pi(1+gT_1)}\sum_{i=0}^{+\infty}\frac{\kappa^i T_1^i}{i!}\left(-T_2^2\right)^{-i}\mathrm{e}^{2\alpha T_2 a^\dagger} \\
&\times : a^{\dagger i}\exp\left[\frac{gT_1\left(2\alpha^*/T_2 a - a^\dagger a - 2\alpha T_2 a^\dagger + 4\alpha^*\alpha\right)}{1+gT_1}\right] a^i : \\
&\times \mathrm{e}^{-2\alpha^* a/T_2}\exp\left[a^\dagger a\ln\left(-T_2^2\right)\right] \\
= &\frac{\mathrm{e}^{\frac{gT_1-1}{1+gT_1}2\alpha^*\alpha}T_3}{\pi(1+gT_1)}\mathrm{e}^{2\alpha T_2 a^\dagger} : \exp\left[\frac{gT_1}{1+gT_1}\left(2\alpha^*/T_2 a - a^\dagger a - 2\alpha T_2 a^\dagger\right)\right. \\
&\left.-\frac{\kappa T_1}{T_2^2}a^\dagger a\right] : \mathrm{e}^{-2\alpha^* a/T_2}\exp\left[a^\dagger a\ln\left(-T_2^2\right)\right] \\
= &\frac{\mathrm{e}^{\frac{gT_1-1}{1+gT_1}2\alpha^*\alpha}T_3}{\pi(1+gT_1)}\mathrm{e}^{\frac{2\alpha T_2 a^\dagger}{1+gT_1}} : \exp\left[\left(\frac{1}{1+gT_1} - \frac{\kappa T_1}{T_2^2} - 1\right)a^\dagger a\right] : \\
&\times \mathrm{e}^{-\frac{2\alpha^* a}{T_2(1+gT_1)}}\exp\left[a^\dagger a\ln\left(-T_2^2\right)\right]
\end{aligned}$$

$$
\begin{aligned}
&= \frac{\mathrm{e}^{\frac{gT_1-1}{1+gT_1}2\alpha^*\alpha}T_3}{\pi(1+gT_1)}\mathrm{e}^{\frac{2\alpha T_2 a^\dagger}{1+gT_1}}\exp\left[\ln\left(\frac{1}{1+gT_1}-\frac{\kappa T_1}{T_2^2}\right)a^\dagger a\right] \\
&\quad\times\exp\left[a^\dagger a\ln\left(-T_2^2\right)\right]\mathrm{e}^{\frac{2\alpha^* T_2 a}{1+gT_1}} \\
&= \frac{\mathrm{e}^{\frac{gT_1-1}{gT_1+1}2\alpha^*\alpha}T_3}{\pi(1+gT_1)}\mathrm{e}^{\frac{2\alpha T_2 a^\dagger}{1+gT_1}}\exp\left[\ln\left(\kappa T_1-\frac{T_2^2}{1+gT_1}\right)a^\dagger a\right]\mathrm{e}^{\frac{2\alpha^* T_2 a}{1+gT_1}}.
\end{aligned}
\tag{12.54}
$$

引入

$$
T\equiv\frac{1-gT_1}{gT_1+1}=\frac{\kappa-g}{\kappa+g-2g\mathrm{e}^{-2(\kappa-g)t}},
\tag{12.55}
$$

我们可以简化式 (12.54) 为

$$
\begin{aligned}
\Delta(\alpha,a^*,t) &= \frac{\mathrm{e}^{-2T\alpha^*\alpha}T}{\pi}\mathrm{e}^{2\alpha T\mathrm{e}^{-(\kappa-g)t}a^\dagger}\exp\left[\ln\left(1-2T\mathrm{e}^{-2(\kappa-g)t}\right)a^\dagger a\right] \\
&\quad\times\mathrm{e}^{2\alpha^* T\mathrm{e}^{-(\kappa-g)t}a} \\
&= \frac{T}{\pi}:\exp\left[-2T\left(a^\dagger\mathrm{e}^{-(\kappa-g)t}-\alpha^*\right)\left(a\mathrm{e}^{-(\kappa-g)t}-\alpha\right)\right]:.
\end{aligned}
\tag{12.56}
$$

这是威格纳算符在激光通道中演化的一般表达式. 比较式 (6.8) 和式 (12.55) 以及式 (12.56) 我们看到了增益和衰减是怎样起作用的.

计算相干态和数态的威格纳函数经激光通道的时间演化.

根据 (12.46)以及 (12.54)我们求相干态和数态的威格纳函数的时间演化. 回忆一个纯数态 $|n\rangle\langle n|$ 的威格纳函数是

$$
\langle n|\Delta(\alpha,a^*)|n\rangle=\frac{1}{\pi}\mathrm{e}^{-2|\alpha|^2}\mathrm{L}_n\left(4|\alpha|^2\right)(-1)^n,
\tag{12.57}
$$

这里 $\mathrm{L}_n(x)$ 是拉盖尔多项式

$$
\mathrm{L}_n(x)=\sum_{l=0}^{n}\binom{n}{l}\frac{(-x)^l}{l!}.
\tag{12.58}
$$

用 $a|n\rangle=\sqrt{n}|n-1\rangle$, 以及

$$\mathrm{e}^{\lambda a}|n\rangle=\sum_{l=0}\frac{(\lambda a)^{l}}{l!}|n\rangle=\sum_{l=0}^{n}\frac{\lambda^{l}}{l!}\sqrt{\frac{n!}{(n-l)!}}|n-l\rangle,\quad \lambda=2T\mathrm{e}^{-(\kappa-g)t}\alpha^{*},\tag{12.59}$$

得经激光通道在 t 时刻的威格纳函数

$$\begin{aligned}\langle n|\Delta(\alpha,a^{*},t)|n\rangle&=\frac{\mathrm{e}^{-2T\alpha^{*}\alpha}T}{\pi}\sum_{m=0,l=0}^{n}\frac{\lambda^{l}\lambda^{*m}}{l!m!}\sqrt{\frac{n!n!}{(n-m)!(n-l)!}}\\&\quad\times\langle n-m|\exp\left[a^{\dagger}a\ln\left(1-2T\mathrm{e}^{-2(\kappa-g)t}\right)\right]|n-l\rangle\\&=\frac{\mathrm{e}^{-2T\alpha^{*}\alpha}T}{\pi}\sum_{m=0,l=0}^{n}\frac{\lambda^{l}\lambda^{*m}}{l!m!}\left(1-2T\mathrm{e}^{-2(\kappa-g)t}\right)^{n-l}\\&\quad\times\sqrt{\frac{n!n!}{(n-m)!(n-l)!}}\delta_{ml}\\&=\frac{\mathrm{e}^{-2T\alpha^{*}\alpha}T}{\pi}\sum_{l=0}^{n}\frac{n!|\lambda|^{2l}}{(l!)^{2}(n-l)!}\left(1-2T\mathrm{e}^{-2(\kappa-g)t}\right)^{n-l}\\&=\frac{\mathrm{e}^{-2T\alpha^{*}\alpha}T}{\pi}\left(1-2T\mathrm{e}^{-2(\kappa-g)t}\right)^{n}\mathrm{L}_{n}\left(\frac{|\lambda|^{2}}{2T\mathrm{e}^{-2(\kappa-g)t}-1}\right)\\&=\frac{\mathrm{e}^{-2T\alpha^{*}\alpha}T}{\pi}\left(1-2T\mathrm{e}^{-2(\kappa-g)t}\right)^{n}\mathrm{L}_{n}\left(\frac{4T^{2}\mathrm{e}^{-2(\kappa-g)t}|\alpha|^{2}}{2T\mathrm{e}^{-2(\kappa-g)t}-1}\right).\end{aligned}\tag{12.60}$$

当 $t=0,T=1$, 式 (12.60) 约化为式 (12.57), 诚如所期.

当初态是相干态 $\rho_0=|z\rangle\langle z|$, 则用式 (12.46) 得终态的威格纳函数是

$$\begin{aligned}W_{\rho(t)}&=\frac{T}{\pi}\langle z|:\exp\left[-2T\left(a^{\dagger}\mathrm{e}^{-(\kappa-g)t}-\alpha^{*}\right)\left(a\mathrm{e}^{-(\kappa-g)t}-\alpha\right)\right]:|z\rangle\\&=\frac{T}{\pi}\exp\left[-2T\left(z^{*}\mathrm{e}^{-(\kappa-g)t}-\alpha^{*}\right)\left(z\mathrm{e}^{-(\kappa-g)t}-\alpha\right)\right].\end{aligned}\tag{12.61}$$

一般而言, 把 ρ_0 写为 $\mathcal{P}$-表示

$$\rho_0=\int\mathrm{d}^2z\mathcal{P}(z)|z\rangle\langle z|.\tag{12.62}$$

则由式 (12.56) 得

$$\begin{aligned}
W_{\rho(t)} &= \operatorname{tr}\left[\rho_0 \Delta\left(\alpha, a^*, t\right)\right] \\
&= \int \mathrm{d}^2 z \mathcal{P}(z)\langle z| \frac{T}{\pi}: \exp\left[-2T\left(a^\dagger \mathrm{e}^{-(\kappa-g)t}-\alpha^*\right)\left(a \mathrm{e}^{-(\kappa-g)t}-\alpha\right)\right]:|z\rangle \\
&= \frac{T}{\pi} \int \mathrm{d}^2 z \mathcal{P}(z) \exp\left[-2T\left(z^* \mathrm{e}^{-(\kappa-g)t}-\alpha^*\right)\left(z \mathrm{e}^{-(\kappa-g)t}-\alpha\right)\right].
\end{aligned} \tag{12.63}$$

小结 对一个激光过程式 (12.56) 是关于威格纳算符演化的一般公式, 用它和式 (12.46) 可得各种态的威格纳函数的时间演化.

12.4 激光过程中的光子数演化

我们已经得到了描述激光演化的密度算符解, 就可计算当初态是相干态 $\rho_0 = |z\rangle\langle z|$ 时的光子数演化规律, 这里 $|z\rangle = \exp(-|z|^2/2 + za^\dagger)|0\rangle$, 由式 (12.41) 得

$$\begin{aligned}
\langle n\rangle &= \operatorname{tr}\left[\rho(t) a^\dagger a\right] \\
&= \mathrm{e}^{\kappa T_1|z|^2} \operatorname{tr}\left(\sum_{j=0}^{+\infty} T_3 \frac{g^j T_1^j}{j! T_2^{2j}} \mathrm{e}^{a^\dagger a \ln T_2} a^{\dagger j}|z\rangle\langle z| a^j \mathrm{e}^{a^\dagger a \ln T_2} a^\dagger a\right),
\end{aligned} \tag{12.64}$$

再用真空投影算符的正规乘积 $|0\rangle\langle 0| =: \mathrm{e}^{-a^\dagger a}:$ 以及 $\int \frac{\mathrm{d}^2 z}{\pi}|z\rangle\langle z| = 1$ 我们导出光子数演化公式

$$\begin{aligned}
\langle n\rangle &= T_3 \mathrm{e}^{(\kappa T_1-1)|z|^2} \operatorname{tr}\left(\sum_{j=0}^{+\infty} \frac{g^j T_1^j}{j!} a^{\dagger j} \mathrm{e}^{z T_2 a^\dagger}: \mathrm{e}^{-a^\dagger a}: \mathrm{e}^{z^* T_2 a} a^j a^\dagger a\right) \\
&= T_3 \mathrm{e}^{(\kappa T_1-1)|z|^2} \operatorname{tr}\left[\mathrm{e}^{z T_2 a^\dagger} \mathrm{e}^{a^\dagger a \ln(g T_1)} \mathrm{e}^{z^* T_2 a} a^\dagger a\right] \\
&= T_3 \mathrm{e}^{(\kappa T_1-1)|z|^2} \operatorname{tr}\left[\mathrm{e}^{z T_2 a^\dagger}\left(g T_1 a^\dagger + z^* T_2\right) \mathrm{e}^{a^\dagger a \ln(g T_1)} \mathrm{e}^{z^* T_2 a} a\right]
\end{aligned}$$

$$= T_3 e^{(\kappa T_1 - 1)|z|^2} \int \frac{d^2 z'}{\pi} \langle z'|$$

$$\times : \exp\left[zT_2 a^\dagger + z^* T_2 a + (gT_1 - 1) a^\dagger a\right] \left(gT_1 a^\dagger + z^* T_2\right) a : |z'\rangle$$

$$= g\frac{1 - e^{-2(\kappa - g)t}}{\kappa - g} + |z|^2 e^{-2(\kappa - g)t}. \tag{12.65}$$

由此式看出, 当 $\kappa = g$, 增益与耗散系数相等时, $\langle n \rangle = |z|^2 + 2gt$, 光子数随着时间增多; 当 $\kappa < g$, 增益大于耗散, $\langle n \rangle \sim \left(\frac{g}{g - \kappa} + |z|^2\right) e^{2(g-\kappa)t}$, 表明光子数随着时间指数增长, 以形成激光.

12.5　激光过程中熵的演化

我们计算当初始态是一个纯相干态 $|z\rangle\langle z|$, 在激光通道中熵的演化, 将 $|z\rangle\langle z|$ 代入式 (12.41) 并用 IWOP 技术得到

$$\rho(t) = T_3 \exp\left[|z|^2 e^{2(g-\kappa)t} \ln(gT_1)\right]$$

$$\times \sum_{j=0}^{+\infty} \frac{g^j T_1^j}{j! T_2^{2j}} : a^{\dagger j} a^j e^{za^\dagger + z^* a - a^\dagger a} : e^{a^\dagger a \ln T_2}$$

$$= T_3 e^{\kappa T_1 |z|^2 - |z|^2} e^{zT_2 a^\dagger} e^{a^\dagger a \ln(gT_1)} e^{z^* T_2 a}. \tag{12.66}$$

注意到贝克–豪斯多夫公式, 如两个算符 X, Y 满足

$$[X, Y] = \lambda Y + \mu, \tag{12.67}$$

则有

$$\exp X \exp Y = \exp\left(X + \frac{\lambda Y + \mu}{1 - e^{-\lambda}} - \frac{\mu}{\lambda}\right). \tag{12.68}$$

由此我们就能把式 (12.66) 中的三个指数算符合并为一个, 即

$$\rho(t)=T_3\exp\left[|z|^2\,\mathrm{e}^{2(g-\kappa)t}\ln(gT_1)\right]$$
$$\times\exp\left\{\left[a^\dagger a-\mathrm{e}^{(g-\kappa)t}\left(za^\dagger+z^*a\right)\right]\ln(gT_1)\right\}. \tag{12.69}$$

这是一个混合态, 说明用上述纠缠态表象可以很好地披露系统与其环境之间的纠缠. 取上式的对数, 得

$$\ln\rho(t)=\ln T_3+|z|^2\,\mathrm{e}^{2(g-\kappa)t}\ln gT_1$$
$$+\left[a^\dagger a-\mathrm{e}^{(g-\kappa)t}\left(za^\dagger+z^*a\right)\right]\ln gT_1. \tag{12.70}$$

于是 $\rho(t)$ 的冯–诺依曼 (Von-Neumann)熵（根据定义是 $-\mathrm{tr}(\rho\ln\rho)$) 为

$$\begin{aligned}-\mathrm{tr}(\rho\ln\rho)&=-\mathrm{tr}\left[\rho\left(\ln T_3+|z|^2\,\mathrm{e}^{2(g-\kappa)t}\ln gT_1\right)\right]-T_3\mathrm{e}^{(\kappa T_1-1)|z|^2}\ln gT_1\\&\quad\times\mathrm{tr}\left\{\mathrm{e}^{zT_2a^\dagger}\mathrm{e}^{a^\dagger a\ln gT_1}\mathrm{e}^{z^*T_2a}\left[a^\dagger a-\mathrm{e}^{(g-\kappa)t}\left(za^\dagger+z^*a\right)\right]\right\}\\&=-\ln T_3-|z|^2\,\mathrm{e}^{2(g-\kappa)t}\ln gT_1-T_3\mathrm{e}^{(\kappa T_1-1)|z|^2}\ln gT_1\\&\quad\times\mathrm{tr}\left\{\mathrm{e}^{zT_2a^\dagger}\mathrm{e}^{a^\dagger a\ln gT_1}\mathrm{e}^{z^*T_2a}\left[a^\dagger a-\mathrm{e}^{(g-\kappa)t}\left(za^\dagger+z^*a\right)\right]\right\}\\&\equiv S(\rho(t))/k_B,\end{aligned} \tag{12.71}$$

k_B 是玻尔兹曼常数. 进一步分析, 由于

$$\begin{aligned}&\mathrm{e}^{zT_2a^\dagger}\mathrm{e}^{a^\dagger a\ln gT_1}\mathrm{e}^{z^*T_2a}\left[a^\dagger a-\mathrm{e}^{(g-\kappa)t}za^\dagger\right]\\&=\mathrm{e}^{zT_2a^\dagger}\mathrm{e}^{a^\dagger a\ln gT_1}\left(a^\dagger+z^*T_2\right)\mathrm{e}^{z^*T_2a}a\\&\quad-\mathrm{e}^{(g-\kappa)t}z\mathrm{e}^{zT_2a^\dagger}\mathrm{e}^{a^\dagger a\ln gT_1}\left(a^\dagger+z^*T_2\right)\mathrm{e}^{z^*T_2a}\\&=\mathrm{e}^{zT_2a^\dagger}\left(gT_1a^\dagger+z^*T_2\right)\mathrm{e}^{a^\dagger a\ln gT_1}\mathrm{e}^{z^*T_2a}a\\&\quad-\mathrm{e}^{(g-\kappa)t}z\mathrm{e}^{zT_2a^\dagger}\left(gT_1a^\dagger+z^*T_2\right)\mathrm{e}^{a^\dagger a\ln gT_1}\mathrm{e}^{z^*T_2a},\end{aligned} \tag{12.72}$$

故

$$\begin{aligned}
&\operatorname{tr}\left\{e^{zT_2a^\dagger}e^{a^\dagger a\ln gT_1}e^{z^*T_2az^*T_2a}\left[a^\dagger a-e^{(g-\kappa)t}\left(za^\dagger+z^*a\right)\right]\right\}\\
&=\int\frac{d^2z'}{\pi}\langle z'|:e^{zT_2a^\dagger+z^*T_2a+(gT_1-1)a^\dagger a}\\
&\quad\times\left[\left(gT_1a^\dagger+z^*T_2\right)\left(a-e^{(g-\kappa)t}z\right)-e^{(g-\kappa)t}z^*a\right]:|z'\rangle\\
&=\int\frac{d^2z'}{\pi}e^{zT_2z'^*+z^*T_2z'+(gT_1-1)|z'|^2}\\
&\quad\times\left[\left(gT_1z'^*+z^*T_2\right)\left(z'-e^{(g-\kappa)t}z\right)-e^{(g-\kappa)t}z^*z'\right].
\end{aligned}\tag{12.73}$$

最终得熵的演化规律是

$$S\left(\rho\left(t\right)\right)=-k_B\left(\ln T_3+\frac{gT_1\ln gT_1}{1-gT_1}\right).\tag{12.74}$$

式 (12.74) 是简洁优美的. 狄拉克曾说:“让方程式优美比方程式符合实验更为重要, 因为差异可能是由于未能适当地考虑一些小问题引起的, 而这些小问题将会随着理论的发展得到澄清. 倘使一个人在进行研究工作时着眼于让方程式优美, 而他又具有这样的洞察力, 那么他肯定会获得进步.”

让我们分析当 $t\to+\infty$, $S\left(\rho\left(t\right)\right)$ 的渐近行为:

当 $\kappa<g$, 泵浦率大于损耗率时, $S\left(\rho\left(t\right)\right)/k_B\sim1+\ln\dfrac{g}{g-\kappa}+2\left(g-\kappa\right)t$ 当 $t\to+\infty$, 熵线性增加.

当 $\kappa>g$, 泵浦率小于损耗率时, $S\left(\rho\left(t\right)\right)/k_B\sim\ln\dfrac{\kappa}{\kappa-g}+\dfrac{g}{\kappa-g}\ln\dfrac{\kappa}{g}$, 熵将趋于常数.

第 13 章　纠缠态表象求解能级和波函数

13.1　用纠缠态表象导出有弹性力耦合的两个运动带电粒子的能级和波函数

选定量子力学的表象不仅是为了提供了一个确定的坐标架, 而且合适的表象有助于解动力学方程, 例如选了使得哈密顿量对角化的能量表象, 就可知道本征值. 束缚态问题与散射问题往往也选不同的表象. 量子力学表象的概念首先为狄拉克的慧眼识得, 他从波函数和矩阵乘法抽象出表象来, 强调合适表象的选取可以极大地节约人的脑力, 而 IWOP 技术给出了构建表象的捷径. 在 2.4 节我们已经从双模厄米多项式构建连续变量双模纠缠态, 对于爱因斯坦 (Einstein)、波多尔斯基 (Podolsky)、罗森 (Rosen)(EPR)的量子纠缠概念它可以说是“应运而生”的. 本章我们介绍如何用纠缠态表象求解动力学问题. 首先讨论两个运动的带电粒子之间有弹性力相互作用的情况, 其哈密顿量是

$$H_1 = \frac{P_1^2}{2m_1} + \frac{P_2^2}{2m_2} + \kappa P_1 P_2 + F\left(Q_1 - Q_2\right), \tag{13.1}$$

其中 $F\left(Q_1 - Q_2\right)$ 代表弹性力, 运动限制在相应于 $Q_1 - Q_2$ 的经典值非负的范围内, $F > 0$ 是弹性系数 , $\kappa P_1 P_2$ 项代表流–流磁相互作用, 因为带电粒子运动就形成电流. 对于这样一个哈密顿量我们选择与质量有关的纠缠态表象求其能级和波

函数，首先我们介绍此表象.

13.2　与质量有关的纠缠态表象及其压缩

令 P_r 为两粒子的质量权重相对动量,

$$P_r = \mu_2 P_1 - \mu_1 P_2, \tag{13.2}$$

Q_cm 是质心坐标

$$Q_\mathrm{cm} = \mu_1 Q_1 + \mu_2 Q_2, \tag{13.3}$$

这里 $\mu_1 + \mu_2 = 1, \mu_i = m_i/M$ 是折合质量，$M = m_1 + m_2$. Q_i, P_i 与玻色算符以下式联系,

$$Q_i = \frac{\left(a_i + a_i^\dagger\right)}{\sqrt{2}}, \quad P_i = \frac{\left(a_i - a_i^\dagger\right)}{\left(\sqrt{2}\mathrm{i}\right)}, \tag{13.4}$$

$\left[a_i, a_j^\dagger\right] = \delta_{ij}$. 鉴于 Q_cm 与 P_r 是对易的, $[Q_\mathrm{cm}, P_\mathrm{r}] = 0$, 它们具有共同的本征态 $|\xi\rangle_{\mu_1}$,

$$\begin{aligned}|\xi\rangle_{\mu_1} = \exp\left\{-\frac{1}{2}|\xi|^2 + \frac{1}{\sqrt{\lambda}}\left[\xi + (\mu_1 - \mu_2)\xi^*\right]a_1^\dagger + \frac{1}{\sqrt{\lambda}}\left[\xi^* - (\mu_1 - \mu_2)\xi\right]a_2^\dagger\right.\\ \left. + \frac{1}{\lambda}\left[(\mu_2 - \mu_1)\left(a_1^{\dagger 2} - a_2^{\dagger 2}\right) - 4\mu_1\mu_2 a_1^\dagger a_2^\dagger\right]\right\}|00\rangle,\end{aligned} \tag{13.5}$$

$|00\rangle$ 是双模真空态, ξ 是复数, $\xi = \xi_1 + \mathrm{i}\xi_2, \lambda = 2\left(\mu_1^2 + \mu_2^2\right)$. 可以证明 $|\xi\rangle_{\mu_1}$ 是两粒子的质量权重相对动量和质心坐标的共同本征态. 事实上, 把 a_i 作用于 $|\xi\rangle_{\mu_1}$ 给出

$$a_1|\xi\rangle_{\mu_1} = \left\{\frac{1}{\sqrt{\lambda}}\left[\xi + (\mu_1 - \mu_2)\xi^*\right] + \frac{2}{\lambda}\left[(\mu_2 - \mu_1)a_1^\dagger - 4\mu_1\mu_2 a_2^\dagger\right]\right\}|\xi\rangle_{\mu_1}, \tag{13.6}$$

$$a_2|\xi\rangle_{\mu_1} = \left\{\frac{1}{\sqrt{\lambda}}\left[\xi^* - (\mu_1 - \mu_2)\xi\right] - \frac{2}{\lambda}\left[(\mu_2 - \mu_1)a_2^\dagger - 4\mu_1\mu_2 a_1^\dagger\right]\right\}|\xi\rangle_{\mu_1}, \tag{13.7}$$

这意味着

$$\left(\mu_1 a_1+\mu_2 a_2\right)|\xi\rangle_{\mu_1}=\left[\sqrt{\lambda}\xi_1-\left(\mu_1 a_1^{\dagger}+\mu_2 a_2^{\dagger}\right)\right]|\xi\rangle_{\mu_1}, \tag{13.8}$$

$$\left(\mu_1 a_2-\mu_2 a_1\right)|\xi\rangle_{\mu_1}=\left[-\mathrm{i}\sqrt{\lambda}\xi_1-\left(\mu_2 a_1^{\dagger}-\mu_1 a_2^{\dagger}\right)\right]|\xi\rangle_{\mu_1}. \tag{13.9}$$

故有

$$\begin{aligned}Q_{\mathrm{cm}}|\xi\rangle_{\mu_1}&=\frac{1}{\sqrt{2}}\left[\mu_1\left(a_1+a_1^{\dagger}\right)+\mu_2\left(a_2+a_2^{\dagger}\right)\right]|\xi\rangle_{\mu_1}=\sqrt{\frac{\lambda}{2}}\xi_1|\xi\rangle_{\mu_1}\\&=\sqrt{\mu_1^2+\mu_2^2}\xi_1|\xi\rangle_{\mu_1},\end{aligned} \tag{13.10}$$

$$\begin{aligned}P_{\mathrm{r}}|\xi\rangle_{\mu_1}&=\frac{\mathrm{i}}{\sqrt{2}}\left[\mu_1\left(a_2-a_2^{\dagger}\right)-\mu_2\left(a_1-a_1^{\dagger}\right)\right]|\xi\rangle_{\mu_1}=\sqrt{\frac{\lambda}{2}}\xi_2|\xi\rangle_{\mu_1}\\&=\sqrt{\mu_1^2+\mu_2^2}\xi_2|\xi\rangle_{\mu_1}.\end{aligned} \tag{13.11}$$

用 IWOP 技术我们证明完备正交性

$$\int\frac{\mathrm{d}^2\xi}{\pi}|\xi\rangle_{\mu_1\,\mu_1}\langle\xi|=1,\quad \mathrm{d}^2\xi=\mathrm{d}\xi_1\mathrm{d}\xi_2. \tag{13.12}$$

$${}_{\mu_1}\langle\xi'|\xi\rangle_{\mu_1}=\pi\delta\left(\xi_1'-\xi_1\right)\left(\xi_2'-\xi_2\right). \tag{13.13}$$

特别, 当 $\mu_1=\mu_2=1/2, |\xi\rangle_{\mu_1}$ 约化为式 (2.43)

$$|\xi\rangle_{\mu_1=\mu_2}=\exp\left(-\frac{1}{2}|\xi|^2+\xi a_1^{\dagger}+\xi^* a_2^{\dagger}+a_1^{\dagger}a_2^{\dagger}\right)|00\rangle, \tag{13.14}$$

现在我们介绍 $|\xi\rangle_{\mu_1}$ 的来源, 即它是如何导出的.

引入一个转动算符

$$R=\exp\left[\left(a_1^{\dagger}\ a_2^{\dagger}\right)\ln\begin{pmatrix}\dfrac{1}{\sqrt{\lambda}} & \dfrac{1}{\sqrt{\lambda}}\left(\mu_1-\mu_2\right)\\ \dfrac{1}{\sqrt{\lambda}}\left(\mu_2-\mu_1\right) & \dfrac{1}{\sqrt{\lambda}}\end{pmatrix}\begin{pmatrix}a_1\\ a_2\end{pmatrix}\right], \tag{13.15}$$

这里, $\lambda\equiv 2(\mu_1^2+\mu_2^2), \mu_1+\mu_2=1$, 注意

$$\det\begin{pmatrix} \dfrac{1}{\sqrt{\lambda}} & \dfrac{1\left(\mu_1-\mu_2\right)}{\sqrt{\lambda}} \\ \dfrac{1\left(\mu_2-\mu_1\right)}{\sqrt{\lambda}} & \dfrac{1}{\sqrt{\lambda}} \end{pmatrix}=1, \tag{13.16}$$

R 生成的变换是

$$\begin{aligned} a_1^{\dagger} &\to Ra_1^{\dagger}R^{-1}=\frac{1}{\sqrt{\lambda}}a_1^{\dagger}+\frac{\left(\mu_2-\mu_1\right)}{\sqrt{\lambda}}a_2^{\dagger}\equiv b_1^{\dagger}, \\ a_2^{\dagger} &\to Ra_2^{\dagger}R^{-1}=\frac{\left(\mu_1-\mu_2\right)}{\sqrt{\lambda}}a_1^{\dagger}+\frac{1}{\sqrt{\lambda}}a_2^{\dagger}\equiv b_2^{\dagger}, \end{aligned} \tag{13.17}$$

和

$$\begin{aligned} a_1 &\to Ra_1R^{-1}=\frac{1}{\sqrt{\lambda}}a_1+\frac{\left(\mu_2-\mu_1\right)}{\sqrt{\lambda}}a_2\equiv b_1, \\ a_2 &\to Ra_2R^{-1}=\frac{\left(\mu_1-\mu_2\right)}{\sqrt{\lambda}}a_1+\frac{1}{\sqrt{\lambda}}a_2\equiv b_2. \end{aligned} \tag{13.18}$$

可证 $\left[b_1,b_1^{\dagger}\right]=\left[b_2,b_2^{\dagger}\right]=1$, $\left[b_1,b_2^{\dagger}\right]=\left[b_2,b_1^{\dagger}\right]=0$. 把 R 作用于式 (13.14) 中的 $|\xi\rangle$ 就得到式 (13.5).

现在讨论广义压缩 $|\xi\rangle_{\mu_1}\to\left|\frac{\xi}{\nu}\right\rangle_{\mu_1}$.

构造 ket-bra 算符

$$S_{\mu_1}\equiv\int\frac{\mathrm{d}^2\xi}{\pi\nu}\left|\frac{\xi}{\nu}\right\rangle_{\mu_1\mu_1}\langle\xi|, \tag{13.19}$$

用 $|00\rangle\langle00|$ 的正规乘积表示式

$$|00\rangle\langle00|=:\exp\left(-a_1^{\dagger}a_1-a_2^{\dagger}a_2\right):, \tag{13.20}$$

及 IWOP 技术我们计算

$$\begin{aligned} S_{\mu_1}=\int\frac{\mathrm{d}^2\xi}{\pi\nu}:\exp&\left\{-\frac{\left(1+\nu^2\right)}{2\nu^2}|\xi|^2+\xi\frac{1}{\sqrt{\lambda}}\left[\left(\frac{1}{\nu}a_1^{\dagger}+a_2\right)+\left(\mu_1-\mu_2\right)\left(-\frac{1}{\nu}a_2^{\dagger}\right.\right.\right. \\ &\left.\left.+a_1\right)\right]+\xi^*\frac{1}{\sqrt{\lambda}}\left[\left(\frac{1}{\nu}a_2^{\dagger}+a_1\right)+\left(\mu_1-\mu_2\right)\left(\frac{1}{\nu}a_1^{\dagger}-a_2\right)\right] \\ &+\frac{1}{\lambda}\left(\mu_2-\mu_1\right)\left(a_1^{\dagger2}-a_2^{\dagger2}+a_1^2-a_2^2\right) \end{aligned}$$

$$-\frac{4\mu_1\mu_2}{\lambda}(a_1^\dagger a_2^\dagger + a_1a_2) - a_1^\dagger a_1 - a_2^\dagger a_2\bigg\} :$$

$$= \exp\left\{\left[\frac{\mu_1-\mu_2}{\lambda}\left(a_2^{\dagger 2} - a_1^{\dagger 2}\right) - \frac{4\mu_1\mu_2}{\lambda}a_1^\dagger a_2^\dagger\right]\tanh\gamma\right\}$$

$$\times \exp[(a_1^\dagger a_1 + a_2^\dagger a_2 + 1)\ln\operatorname{sech}\gamma]$$

$$\times \exp\left\{\left[\frac{\mu_1-\mu_2}{\lambda}\left(a_1^2 - a_2^2\right) + \frac{4\mu_1\mu_2}{\lambda}a_1a_2\right]\tanh\gamma\right\}, \tag{13.21}$$

其中

$$\nu = \mathrm{e}^\gamma, \quad \operatorname{sech}\gamma = \frac{2\nu}{1+\nu^2}, \quad \tanh\gamma = \frac{\nu^2+1}{\nu^2-1}, \tag{13.22}$$

从式 (13.21) 中既可以看出双模压缩的机制, 又可以看出存在两个单模压缩的机制. 注意

$$\frac{4\mu_1\mu_2}{\lambda} = \frac{2\mu_1\mu_2}{\mu_1^2+\mu_2^2} \leqslant 1, \tag{13.23}$$

故极大双模压缩的机制发生在 $\mu_1 = \mu_2 = 1/2$ 的情形下,

$$S_{\mu_1=\frac{1}{2}} = \exp\left(-a_1^\dagger a_2^\dagger \tanh\gamma\right)\exp[(a_1^\dagger a_1 + a_2^\dagger a_2 + 1)\ln\operatorname{sech}\gamma]$$

$$\times \exp\left(a_1a_2\tanh\gamma\right). \tag{13.24}$$

另一方面, 当 $m_2 \to 0, \mu_1 \to 1$,

$$S_{\mu_1\to 1} \to \exp\left[\frac{1}{2}\left(a_2^{\dagger 2} - a_1^{\dagger 2}\right)\tanh\gamma\right]\exp[(a_1^\dagger a_1 + a_2^\dagger a_2 + 1)\ln\operatorname{sech}\gamma]$$

$$\times \exp\left[\frac{1}{2}\left(a_1^2 - a_2^2\right)\tanh\gamma\right], \tag{13.25}$$

这是两个单模压缩的直积. 于是我们看到压缩算符 S_{μ_1} 既含有双模压缩又含有两个单模压缩的直积, 当两个粒子的质量差变大, 后者起了较主要的作用.

由于两个粒子的相对坐标 $Q_\mathrm{r} = Q_1 - Q_2$ 和总动量 $P = P_1 + P_2$ 分别共轭于 P_r 和 Q_cm,

$$[Q_\mathrm{cm}, P_1 + P_2] = \mathrm{i}, \quad [P_\mathrm{r}, Q_\mathrm{r}] = -\mathrm{i} \tag{13.26}$$

所以除了 $|\xi\rangle_{\mu_1}$ 表象, 我们也要考虑它的共轭态 $|\eta\rangle$,

$$|\eta\rangle = \exp\left(-\frac{|\eta|^2}{2} + \eta a_1^\dagger - \eta^* a_2^\dagger + a_1^\dagger a_2^\dagger\right)|00\rangle, \tag{13.27}$$

它满足本征方程

$$P|\eta\rangle = \sqrt{2}\eta_2|\eta\rangle, \quad Q_r|\eta\rangle = \sqrt{2}\eta_1|\eta\rangle. \tag{13.28}$$

和完备性关系

$$\int \frac{\mathrm{d}^2\eta}{\pi}|\eta\rangle\langle\eta| = 1, \quad \mathrm{d}^2\eta = \mathrm{d}\eta_1\mathrm{d}\eta_2. \tag{13.29}$$

可以证明 $\langle\eta|$ 与 $|\xi\rangle_{\mu_1}$ 的内积是

$$\langle\eta|\xi\rangle_{\mu_1} = \sqrt{\frac{\lambda}{4}}\exp\left\{\mathrm{i}\left[(\mu_1-\mu_2)(\eta_1\eta_2-\xi_1\xi_2)+\sqrt{\lambda}(\eta_1\xi_2-\eta_2\xi_1)\right]\right\}. \tag{13.30}$$

13.3 H_1 的能量本征态在 $\langle\xi|$ 表象

对于由式 (13.1) 支配的哈密顿量, 总动量 $P = P_1 + P_2$ 是守恒的

$$[H_1, P] = 0, \tag{13.31}$$

故我们引入 H_1 和 P 的共同本征态 ,

$$H_1|p, E_n\rangle = E_n|p, E_n\rangle, \tag{13.32}$$

$$P|p, E_n\rangle = p|p, E_n\rangle. \tag{13.33}$$

把 H_1 用式 (13.2) 和式 (13.3) 改写为

$$H_1 = \left[\left(\frac{1}{2M} + \kappa\mu_1\mu_2\right)P^2 + \kappa(\mu_2-\mu_1)PP_\mathrm{r} + F(Q_1-Q_2) + \left(\frac{1}{2\mu} - \kappa\right)P_\mathrm{r}^2\right], \tag{13.34}$$

其中 $\mu = m_1m_2/M$. 在纠缠态 $|\xi\rangle_{\mu_1}$ 表象中, 根据式 (13.11), 式 (13.33) 变成

$$
\begin{aligned}
{}_{\mu_1}\langle\xi|H_1|p,E_n\rangle = E_{n\mu_1}\langle\xi|p,E_n\rangle = &\left[\left(\frac{1}{2M}+\kappa\mu_1\mu_2\right)p^2+\kappa(\mu_2-\mu_1)\right.\\
&\left.\times\sqrt{\frac{\lambda}{2}}\xi_2 p+\frac{\lambda}{2}\xi_2^2\left(\frac{1}{2\mu}-\kappa\right)\right]_{\mu_1}\langle\xi|p,E_n\rangle\\
&+{}_{\mu_1}\langle\xi|F(Q_r)|p,E_n\rangle,
\end{aligned}\tag{13.35}
$$

而

$$
{}_{\mu_1}\langle\xi|P|p,E_n\rangle = p\langle\xi|p,E_n\rangle.\tag{13.36}
$$

用式 (13.30) 有

$$
\begin{aligned}
{}_{\mu_1}\langle\xi|P &= {}_{\mu_1}\langle\xi|\int\frac{\mathrm{d}^2\eta}{\pi}\sqrt{2}\eta_2|\eta\rangle\langle\eta|\\
&=\sqrt{\frac{2}{\lambda}}\left[-\mathrm{i}\frac{\partial}{\partial\xi_1}-(\mu_1-\mu_2)\xi_2\right]{}_{\mu_1}\langle\xi|,
\end{aligned}\tag{13.37}
$$

和

$$
\begin{aligned}
{}_{\mu_1}\langle\xi|Q_{\mathrm{r}} &= {}_{\mu_1}\langle\xi|\int\frac{\mathrm{d}^2\eta}{\pi}\sqrt{2}\eta_1|\eta\rangle\langle\eta|\\
&=\sqrt{\frac{2}{\lambda}}\left[\mathrm{i}\frac{\partial}{\partial\xi_2}+(\mu_1-\mu_2)\xi_1\right]{}_{\mu_1}\langle\xi|.
\end{aligned}\tag{13.38}
$$

用式 (13.38) 使得式 (13.35) 变成微分方程

$$
\begin{aligned}
&\left\{F\left[\mathrm{i}\sqrt{\frac{2}{\lambda}}\left(\frac{\partial}{\partial\xi_2}-\mathrm{i}(\mu_1-\mu_2)\xi_1\right)\right]+\left(\frac{1}{2M}+\kappa\mu_1\mu_2\right)p^2+\kappa(\mu_2-\mu_1)\sqrt{\frac{\lambda}{2}}\xi_2 p\right.\\
&\left.+\left(\frac{1}{2\mu}-\kappa\right)\frac{\lambda}{2}\xi_2^2-E_n\right\}{}_{\mu_1}\langle\xi|p,E_n\rangle=0
\end{aligned}\tag{13.39}
$$

而式 (13.36) 变成

$$
\left\{-\mathrm{i}\sqrt{\frac{2}{\lambda}}\left[\frac{\partial}{\partial\xi_1}-\mathrm{i}(\mu_1-\mu_2)\xi_2\right]-p\right\}{}_{\mu_1}\langle\xi|p,E_n\rangle=0.\tag{13.40}
$$

假设有如下形式的解

$$ {}_{\mu_1}\langle \xi \,|p, E_n\rangle = \varPsi_n \exp[\mathrm{i}\,(\mu_1 - \mu_2)\,\xi_1 \xi_2], \tag{13.41} $$

其中 $\varPsi_n$ 待求. 把式 (13.41) 代入式 (13.39) 得到

$$ \left[\mathrm{i}\sqrt{\frac{2}{\lambda}} F \frac{\partial}{\partial \xi_2} + \left(\frac{1}{2\mu} - \kappa\right) \frac{\lambda}{2} (\xi_2 - \xi_0)^2 + T - E_n\right] \varPsi_n = 0, \tag{13.42} $$

其中

$$ \xi_0 = \frac{\sqrt{2}\mu\kappa\,(\mu_1 - \mu_2)\,p}{(1 - 2\mu\kappa)\sqrt{\lambda}}, \tag{13.43} $$

$$ \begin{aligned} T &= \left(\frac{1}{2M} + \kappa\mu_1\mu_2\right) p^2 - \left(\frac{1}{2\mu} - \kappa\right) \frac{\lambda}{2} \xi_0^2 \\ &= \frac{1 - \mu M \kappa^2}{1 - 2\mu\kappa} \frac{p^2}{2M}. \end{aligned} \tag{13.44} $$

类似的, 把式 (13.41) 代入式 (13.40) 得到

$$ \left(-\mathrm{i}\sqrt{\frac{2}{\lambda}} \frac{\partial}{\partial \xi_1} - p\right) \varPsi_n = 0. \tag{13.45} $$

因此波函数 $\varPsi_n$ 的行为是

$$ \varPsi_n = \exp\left(\mathrm{i}\sqrt{\frac{\lambda}{2}} p \xi_1\right) \chi_n, \tag{13.46} $$

这里 χ_n 与 ξ_1 无关 . 把式 (13.46) 代入式 (13.42) 我们看到 χ_n 满足方程

$$ \left[\mathrm{i}\sqrt{\frac{2}{\lambda}} F \frac{\partial}{\partial \xi_2} + \frac{\lambda}{2}\left(\frac{1}{2\mu} - \kappa\right) (\xi_2 - \xi_0)^2 + T - E_n\right] \chi_n(\xi_2) = 0, \tag{13.47} $$

其解为

$$ \chi_n(\xi_2) = C \exp\left\{\mathrm{i}\frac{1}{F}\sqrt{\frac{\lambda}{2}}\left[\frac{\lambda}{6}\left(\frac{1}{2\mu} - \kappa\right)(\xi_2 - \xi_0)^3 + (T - E_n)(\xi_2 - \xi_0)\right]\right\}, \tag{13.48} $$

这里 C 是归一化常数. 联立式 (13.48), 式 (13.46) 和式 (13.41) 得到 ${}_{\mu_1}\langle \xi \,|p, E_n\rangle$.

13.4 波函数和能级

用式 (13.12), 式 (13.46) 和式 (13.48) 以及式 (13.30) 所表达的内积 $\langle\eta\,|\xi\rangle_{\mu_1}$, 可将波函数 $_{\mu_1}\langle\xi\,|p,E_n\rangle$ 转换为 $\langle\eta\,|p,E_n\rangle$, 这样做是为了方便地讨论能级.

$$
\begin{aligned}
\langle\eta\,|p,E_n\rangle &= \langle\eta|\int\frac{\mathrm{d}^2\xi}{\pi}\,|\xi\rangle_{\mu_1\mu_1}\langle\xi\,|p,E_n\rangle \\
&= C\sqrt{\frac{\lambda}{4}}\int\frac{\mathrm{d}^2\xi}{\pi}\exp\left\{\mathrm{i}\left[(\mu_1-\mu_2)\,\eta_1\eta_2+\sqrt{\lambda}\,(\eta_1\xi_2-\eta_2\xi_1)+\sqrt{\frac{\lambda}{2}}p\xi_1\right]\right\} \\
&\quad\times\exp\left\{\mathrm{i}\frac{1}{F}\sqrt{\frac{\lambda}{2}}\left[\frac{\lambda}{6}\left(\frac{1}{2\mu}-\kappa\right)(\xi_2-\xi_0)^3+(T-E_n)\,(\xi_2-\xi_0)\right]\right\} \\
&= C\sqrt{\frac{\lambda}{4}}\exp\left\{\mathrm{i}\eta_1\left[(\mu_1-\mu_2)\,\eta_2+\sqrt{\lambda}\xi_0\right]\right\}\iint_{-\infty}^{+\infty}\frac{\mathrm{d}\xi_1\mathrm{d}\xi_2}{\pi} \\
&\quad\times\exp\left[\mathrm{i}\left(\sqrt{\frac{\lambda}{2}}p-\sqrt{\lambda}\eta_2\right)\xi_1\right]\exp\left\{\mathrm{i}\frac{1}{F}\sqrt{\frac{\lambda}{2}}\left[\frac{\lambda}{6}\left(\frac{1}{2\mu}-\kappa\right)(\xi_2-\xi_0)^3\right.\right. \\
&\quad\left.\left.+\left(T-E_n+\sqrt{2}F\eta_1\right)(\xi_2-\xi_0)\right]\right\} \\
&= C\sqrt{\frac{8\pi}{\lambda}}\left[\frac{1}{F}\left(\frac{1}{2\mu}-\kappa\right)\right]^{-1/3}\delta\left(\sqrt{\frac{1}{2}}p-\eta_2\right) \\
&\quad\times\exp\left\{\mathrm{i}\eta_1\left[(\mu_1-\mu_2)\,\eta_2+\sqrt{\lambda}\xi_0\right]\right\}\int_0^{+\infty}\frac{\mathrm{d}\alpha}{\sqrt{\pi}}\cos\left(\frac{\alpha^3}{3}+\varepsilon\alpha\right),
\end{aligned}
\tag{13.49}
$$

这里的 δ 函数的出现吻合总动量守恒以及 $P\,|\eta\rangle=\sqrt{2}\eta_2\,|\eta\rangle$, 其他参数为

$$
\alpha=\left[\frac{1}{F}\left(\frac{1}{2\mu}-\kappa\right)\right]^{1/3}\sqrt{\frac{\lambda}{2}}\,(\xi_2-\xi_0)\,,
\tag{13.50}
$$

$$
\varepsilon=F^{-2/3}\left(\frac{1}{2\mu}-\kappa\right)^{-1/3}\left(T-E_n+\sqrt{2}F\eta_1\right)=\frac{\eta_1}{l}-g,
\tag{13.51}
$$

$$l = \sqrt{\frac{1}{2}} F^{-1/3} \left(\frac{1}{2\mu} - \kappa \right)^{1/3}, \tag{13.52}$$

$$g = F^{-2/3} \left(\frac{1}{2\mu} - \kappa \right)^{-1/3} (E_n - T) = 2 \left(\frac{1}{2\mu} - \kappa \right)^{-1} (E_n - T) \, l^2, \tag{13.53}$$

其中的积分 $\int_0^{+\infty} \frac{\mathrm{d}\alpha}{\sqrt{\pi}} \cos\left(\frac{\alpha^3}{3} + \varepsilon\alpha\right)$ 是数学物理中的以 ε 为宗量的艾丽 (Airy)函数. 当 $\varepsilon < 0$, 表示弹性力贡献的能量 $\sqrt{2}F\eta_1 < E_n - T$, (这是经典允许的范围), 艾丽函数变成第一类贝塞尔函数

$$\begin{aligned} \langle \eta | p, E_n \rangle = {} & C \left(\frac{8|\varepsilon|\pi}{\lambda} \right)^{1/2} \left[\frac{1}{F} \left(\frac{1}{2\mu} - \kappa \right) \right]^{-1/3} \exp\left\{ \mathrm{i}\eta_1 \left[(\mu_1 - \mu_2)\eta_2 + \sqrt{\lambda}\xi_0 \right] \right\} \\ & \times \delta\left(\sqrt{\frac{1}{2}} p - \eta_2 \right) \left[J_{1/3}\left(\frac{2}{3} |\varepsilon|^{3/2} \right) + J_{-1/3}\left(\frac{2}{3} |\varepsilon|^{3/2} \right) \right]. \end{aligned} \tag{13.54}$$

由于运动限制在相应于 $Q_1 - Q_2$ 的经典值非负的范围内 (可以说是一个边界条件), 所以能量量子化由 $\langle \eta_1 = 0, \eta_2 = \sqrt{1/2}p | p, E_n \rangle = 0$ 决定, 即是说, E_n 是由下式决定的

$$\left[J_{1/3}\left(\frac{2}{3} g^{3/2} \right) + J_{-1/3}\left(\frac{2}{3} g^{3/2} \right) \right] = 0, \tag{13.55}$$

它的解可用贝塞尔函数表查到

$$g = 2.3381,\ 4.0880,\ 5.5206,\ 6.7867,\ 7.9441,\ \cdots, \tag{13.56}$$

代入式 (13.53) 我们得到最低能级是

$$E_1 = 2.3381 F^{2/3} \left(\frac{1}{2\mu} - \kappa \right)^{1/3} + T. \tag{13.57}$$

用式 (13.44) 并恢复普朗克常数 $\hbar$,

$$E_1 = 2.3381 \left[\hbar^2 F^2 \left(\frac{1 - 2\mu\kappa}{2\mu} \right) \right]^{1/3} + \frac{1 - \mu M \kappa^2}{1 - 2\mu\kappa} \frac{p^2}{2M}. \tag{13.58}$$

小结　对于有两体相互作用的动力学问题, 选择纠缠态表象往往能突出物理.

13.5 有磁相互作用的两个运动带电粒子的能级和波函数

本节我们考虑当一个电子处在一个无穷大的介电平板上方, 距离为 x, 介电常数是 ϵ. 按照电磁学中的电–像方法, 电子与板的相互作用静电位势是

$$V(x)=\begin{cases}-g/x & \left(g=\dfrac{\mathrm{e}^2}{4\pi\epsilon_0}\dfrac{1}{4}\dfrac{\epsilon-1}{\epsilon+1}>0,\quad x>0\right),\\ \infty & (x<0),\end{cases}\tag{13.59}$$

这里 ϵ_0 是真空的介电常数. 现在我们把上式推广到两体情形

$$H=\frac{P_1^2}{2m_1}+\frac{P_2^2}{2m_2}+\frac{g}{X_1-X_2}+kP_1P_2,\tag{13.60}$$

其中 $\dfrac{g}{X_1-X_2}$ 表示库仑势, kP_1P_2 是两个动量的点乘 (运动耦合势), 例如可以代表磁相互作用 (一个带电粒子流 $\boldsymbol{j}$ 乘上另一粒子产生的矢量势 $\boldsymbol{A}$, 即 $\boldsymbol{j}\cdot\boldsymbol{A}$), 在非相对论情形, 莱纳德–威歇特 (Lienard-Wiechert)势所带来的复杂性可以不计, 因此, 当两个粒子的距离比起所在研究时间间隔内它们运动的路程大得多的情形下, 则该距离可以被近似认为是常数. 这时的动力学行为主要是受 kP_1P_2 项的支配. 为了求其能级, 我们引入

$$\mu_1=\frac{m_1}{M},\quad \mu_2=\frac{m_2}{M},\quad M=m_1+m_2,\quad \mu=\frac{m_2m_1}{M},$$

$$P_\mathrm{r}=\mu_2P_1-\mu_1P_2,\quad X_\mathrm{r}=X_1-X_2,\tag{13.61}$$

试图将哈密顿量分拆为质心运动和两粒子相对运动两部分,

$$H=\left(\frac{1}{2M}+k\mu_1\mu_2\right)P^2+\left(\frac{1}{2\mu}-k\right)P_\mathrm{r}^2+k\left(\mu_2-\mu_1\right)PP_\mathrm{r}+\frac{g}{X_\mathrm{r}},\tag{13.62}$$

但是由于 $k\left(\mu_2-\mu_1\right)PP_\mathrm{r}$ 项的存在, 这种分拆不能成功. 注意到 $\dfrac{g}{X_\mathrm{r}}$ 的存在, 我们自然会想到用纠缠态表象 $|\eta\rangle$, 因为 $|\eta\rangle$ 是 X_r 的本征态. 把能级方程 $H\left|E_n\right\rangle=E_n\left|E_n\right\rangle$ 投影到 $\langle\eta|$ 态上, 得

$$\langle\eta|\,H\left|E_n\right\rangle=E_n\left\langle\eta|\,E_n\right\rangle.\tag{13.63}$$

在式 (2.67) 中我们给出了其施密特分解

$$|\eta=\eta_1+i\eta_2\rangle=\mathrm{e}^{-\mathrm{i}\eta_1\eta_2}\int_{-\infty}^{+\infty}\mathrm{d}p\left|p+\sqrt{2}\eta_2\right\rangle_1\otimes|-p\rangle_2\,\mathrm{e}^{-\mathrm{i}\sqrt{2}\eta_1 p},\tag{13.64}$$

这里 $|p\rangle_i$ 是动量本征态. 由此给出

$$\begin{aligned}P_{\mathrm{r}}|\eta\rangle&=\mathrm{e}^{-\mathrm{i}\eta_1\eta_2}\int_{-\infty}^{+\infty}\mathrm{d}p\left(\mu_2 p+\sqrt{2}\eta_2+\mu_1 p\right)\left|p+\sqrt{2}\eta_2\right\rangle_1\otimes|-p\rangle_2\,\mathrm{e}^{-\mathrm{i}\sqrt{2}\eta_1 p}\\&=\sqrt{\frac{1}{2}}\left[\mathrm{i}\frac{\partial}{\partial\eta_1}-(\mu_1-\mu_2)\eta_2\right]|\eta\rangle.\end{aligned}\tag{13.65}$$

把式 (13.62) 代入式 (15.63) 并用式 (13.65) 得到

$$\begin{aligned}&\left\{\left(\frac{1}{M}+2k\mu_1\mu_2\right)\eta_2^2+\frac{1}{2}\left(k-\frac{1}{2\mu}\right)\left[\frac{\partial}{\partial\eta_1}-\mathrm{i}(\mu_1-\mu_2)\eta_2\right]^2\right.\\&\left.-\mathrm{i}\eta_2 k\left(\mu_2-\mu_1\right)\left[\frac{\partial}{\partial\eta_1}-\mathrm{i}(\mu_1-\mu_2)\eta_2\right]+\frac{g}{\sqrt{2}\eta_1}\right\}\psi_n(\eta)=E_n\psi_n(\eta),\end{aligned}\tag{13.66}$$

这里 $\psi_n(\eta)=\langle\eta|\,E_n\rangle$ 是 $|E_n\rangle$ 在纠缠态表象中的波函数.

令

$$\varphi_n=\exp[-\mathrm{i}(\mu_1-\mu_2)\eta_1\eta_2]\psi_n(\eta)\tag{13.67}$$

代 φ_n 入式 (13.66) 导致

$$\begin{aligned}&\left\{\frac{1}{2}\left(k-\frac{1}{2\mu}\right)\frac{\partial^2}{\partial\eta_1^2}-\mathrm{i}\eta_2 k\left(\mu_2-\mu_1\right)\frac{\partial}{\partial\eta_1}+\left[\left(\frac{1}{M}+2k\mu_1\mu_2\right)\eta_2^2\right.\right.\\&\left.\left.+\frac{g}{\sqrt{2}\eta_1}-E_n\right]\right\}\varphi_n(\eta)=0.\end{aligned}\tag{13.68}$$

进一步令

$$\varphi_n'(\eta_1,\eta_2)=\mathrm{e}^{-\mathrm{i}\eta_1\rho}\varphi_n,\quad\rho\equiv 2\eta_2 k\mu\frac{\mu_1-\mu_2}{1-2k\mu},\tag{13.69}$$

代 φ_n' 入式 (13.68) 导致

$$\left[\frac{1}{2}\left(k-\frac{1}{2\mu}\right)\frac{\partial^2}{\partial\eta_1^2}+\frac{g}{\sqrt{2}\eta_1}-E_n+\frac{1-k^2\mu M}{M(1-2\mu k)}\eta_2^2\right]\varphi_n'(\eta)=0.\tag{13.70}$$

把 $\varphi_n'(\eta_1,\eta_2)$ 相对于 η_1 实行傅里叶变换

$$\varphi_n'(\eta_1,\eta_2)\mapsto\phi_n'(\xi_1,\eta_2)=\int_{-\infty}^{+\infty}\mathrm{e}^{\mathrm{i}\xi_1\eta_1}\varphi_n'(\eta_1,\eta_2)\mathrm{d}\eta_1. \tag{13.71}$$

随之而来的是

$$\frac{\mathrm{d}}{\mathrm{d}\eta_1}\varphi_n'(\eta_1,\eta_2)\mapsto -\mathrm{i}\xi_1\phi_n'(\xi_1,\eta_2) \tag{13.72}$$

以及

$$\frac{1}{\eta_1}\varphi_n'(\eta_1,\eta_2)\mapsto \mathrm{i}\int_{-\infty}^{\xi_1}\phi_n'(\xi_1',\eta_2)\mathrm{d}\xi_1', \tag{13.73}$$

此式可类比于坐标表象 $\langle x_1|$ 和动量表象 $\langle p_1|$ 之间的变换, 即鉴于 $\langle x_1|\dfrac{1}{X_1}=\dfrac{1}{x_1}\langle x_1|, \langle x_1|P_1=-\mathrm{i}\dfrac{\mathrm{d}}{\mathrm{d}x_1}\langle x_1|, \langle p_1|X_1=\mathrm{i}\dfrac{\mathrm{d}}{\mathrm{d}p_1}\langle p_1|$, 则有 $\langle p_1|\dfrac{1}{X_1}=-\mathrm{i}\int_{-\infty}^{p_1}\mathrm{d}p_1'\langle p_1'|$, $(\hbar=1)$, 经过此傅里叶变换后式 (13.70) 变为

$$\frac{\mathrm{i}g}{\sqrt{2}}\int_{-\infty}^{\xi_1}\phi_n'(\xi_1',\eta_2)\mathrm{d}\xi_1'+\left[\frac{1}{2}\left(\frac{1}{2\mu}-k\right)\xi_1^2+\frac{1-k^2\mu M}{M(1-2\mu k)}\eta_2^2-E_n\right]\phi_n'(\xi_1,\eta_2)=0. \tag{13.74}$$

在此关于 ξ_1 的积分–微分方程中, η_2 仅以一个参数的身份出现, 故在下面我们不再明显地写出它. 式 (13.74) 可以简写为

$$\frac{\phi_n'(\xi_1)}{\int_{-\infty}^{\xi_1}\phi_n'(\xi_1')\mathrm{d}\xi_1'}=-\frac{\sqrt{2}\mathrm{i}g}{\left(\dfrac{1}{2\mu}-k\right)}\frac{1}{\xi_1^2+f^2}, \tag{13.75}$$

其中

$$f^2=\frac{4\mu}{1-2\mu k}\left[\frac{1-k^2\mu M}{M(1-2\mu k)}\eta_2^2-E_n\right], \tag{13.76}$$

这里 $E_n<0, f^2>0$, 解式 (13.75) 得到

$$\int_{-\infty}^{\xi_1}\phi_n'(\xi_1')\mathrm{d}\xi_1'=\exp\left[\frac{-\mathrm{i}\sqrt{2}g}{\left(\dfrac{1}{2\mu}-k\right)f}\arctan\frac{\xi_1}{f}\right]+C, \tag{13.77}$$

注意: $\arctan(\xi_1/f)$ 是 ξ_1 的多值函数, $\arctan(\xi_1/f)=[\arctan(\xi_1/f)]_{主值}\pm s\pi, s=1,2,3,\dots$, 为了保证波函数的单值性, 我们要求 $\dfrac{\sqrt{2}g}{\left(\dfrac{1}{2\mu}-k\right)f}=2n$, n 是整数,

$$f = \frac{g}{\sqrt{2}n\left(\frac{1}{2\mu} - k\right)\hbar}, \tag{13.78}$$

其中已恢复了普朗克常数 $\hbar$, 这导致能量值为

$$\begin{aligned} E_n &= \frac{1 - k^2\mu M}{M(1-2\mu k)}\eta_2^2 - \frac{1}{2}\left(\frac{1}{2\mu} - k\right)f^2 \\ &= \frac{1 - k^2\mu M}{M(1-2\mu k)}\eta_2^2 - \frac{g^2\mu}{2n^2\hbar^2(1-2k\mu)}, \end{aligned} \tag{13.79}$$

这里第一项的能量是有关质心运动的, 是连续的; 而第二项是 n 的函数, 是量子化的. 由于总动量守恒 $P = P_1 + P_2$, $[H, P] = 0$, 也可把式 (13.79) 写为

$$E_n = \frac{1 - k^2 m_1 m_2}{(1-2\mu k)}\frac{P^2}{2M} - \frac{g^2\mu}{2n^2\hbar^2(1-2k\mu)}, \tag{13.80}$$

特别, 当 $k=0$, 能级 $E_n = \frac{P^2}{2M} - \frac{g^2\mu}{2n^2\hbar^2}$. 从式 (13.80) 我们还注意到鉴于 $k>0$, 运动耦合项的存在使得两个相邻能级间距增大了.

将式 (13.77) 的两边对 ξ_1 微商 , 我们得到波函数

$$\phi_n'(\xi_1) = \frac{-2\sqrt{2}\mu g i}{(1-2\mu k)} \frac{1}{\left[\frac{\sqrt{2}\mu g}{n(1-2\mu k)}\right]^2 + \xi_1^2} \exp\left[-2ni\arctan\frac{n(1-2\mu k)\xi_1}{\sqrt{2}\mu g}\right]. \tag{13.81}$$

在这里我们强调, 在爱因斯坦原始的量子纠缠观点与解本节的哈密顿本征值问题之间并没有直接的关系, 前者是指在测量两纠缠粒子态中的一个粒子的力学量会完全决定另一个粒子的同一力学量的测量结果; 在测量时, 两个粒子之间的距离是如此的遥远, 以至于一方测量的影响来不及传到另一方. 而在本节中讨论的是由哈密顿量式 (13.60) 支配的动力学本身就含有两体相互作用, 这与爱因斯坦原始的议论无干. 注意到了这一点, 我们这里用到的纠缠态表象只是恰巧适用, 方便求解, 尽管表面上看都用了纠缠的术语.

13.6 用纠缠态表象求拉普拉斯微分的玻色实现

在 4.7 节中我们用 IWOP 技术发现了角动量算符的新的玻色子实现. 各种运算的玻色子实现是十分有用的. 例如角动量算符的施温格玻色子实现可以用来帮助建立相应的相干态. 在本节中我们要探索什么是二维系统的径向微商运算、相角微商运算和拉普拉斯微商运算的玻色子实现.

回忆在平面极坐标中线元 (段)是

$$\mathrm{d}s^2 = \mathrm{d}R^2 + R^2\mathrm{d}\varphi^2, \tag{13.82}$$

故一个经典粒子的动能是

$$T = \frac{1}{2}m\left(\frac{\mathrm{d}s}{\mathrm{d}t}\right)^2 = \frac{1}{2}m\left(\dot{R}^2 + R^2\dot{\varphi}^2\right) = \frac{1}{2m}\left(p_R^2 + \frac{1}{R^2}p_\varphi^2\right), \tag{13.83}$$

其中正则动量是

$$p_R = \frac{\partial T}{\partial \dot{R}} = m\dot{R}, \quad p_\varphi = \frac{\partial T}{\partial \dot{\varphi}} = mR^2\dot{\varphi}, \tag{13.84}$$

不过, 在量子化时, 不能天真地让 $p_R \to \hat{p}_R = -\mathrm{i}\hbar\frac{\partial}{\partial R}, p_\varphi \to \hat{p}_\varphi = -\mathrm{i}\hbar\frac{\partial}{\partial \varphi}$, 从而二维动能算符不是 $\frac{-\hbar^2}{2m}\left(\frac{\partial^2}{\partial R^2} + \frac{1}{R^2}\frac{\partial^2}{\partial \varphi^2}\right)$.

事实上, 由于 $x = R\cos\varphi, y = R\sin\varphi, \varphi = \arctan\frac{y}{x}$, 量子化必须保证动能算符为

$$\begin{aligned}\hat{T} &= -\frac{\hbar^2}{2m}\nabla^2 = -\frac{\hbar^2}{2m}\left(\frac{\partial^2}{\partial x^2} + \frac{\partial^2}{\partial y^2}\right) \\ &= -\frac{\hbar^2}{2m}\left(\frac{\partial^2}{\partial R^2} + \frac{1}{R}\frac{\partial}{\partial R} + \frac{1}{R^2}\frac{\partial^2}{\partial \varphi^2}\right).\end{aligned} \tag{13.85}$$

现在的新问题是: 我们能够把一个复杂的微商运算 $\frac{\partial^2}{\partial r^2} + \frac{1}{r}\frac{\partial}{\partial r} + \frac{1}{r^2}\frac{\partial^2}{\partial \varphi^2}$, 用玻色算符在某一个量子力学表象中实现出来吗? 如果能够, 该玻色算符是什么? 相

应的表象又是什么？特别地，径向微商运算 $\dfrac{\partial^2}{\partial r^2}+\dfrac{1}{r}\dfrac{\partial}{\partial r}$ 和角微商运算 $-\mathrm{i}\dfrac{\partial}{\partial\varphi}$ 的玻色实现分别是什么？

以下我们将揭示纠缠态表象 $|\eta\rangle$ 恰好适合描述极坐标系统的微商运算，首先回顾以下 $|\eta\rangle$

$$|\eta\rangle=\exp\left(-\frac{1}{2}|\eta|^2+\eta a^\dagger-\eta^* b^\dagger+a^\dagger b^\dagger\right)|00\rangle, \tag{13.86}$$

的性质，$\eta=\eta_1+\mathrm{i}\eta_2=|\eta|\,\mathrm{e}^{\mathrm{i}\varphi}$, $a, b, a^\dagger, b^\dagger$ 是玻色湮灭和产生算符，满足对易关系 $[a,a^\dagger]=1$, $[b,b^\dagger]=1$, $|00\rangle$ 是双模真空态. $|\eta\rangle$ 服从本征方程

$$\left(a-b^\dagger\right)|\eta\rangle=\eta\,|\eta\rangle,\quad \left(b-a^\dagger\right)|\eta\rangle=-\eta^*\,|\eta\rangle. \tag{13.87}$$

和正交完备性

$$\langle\eta'|\eta\rangle=\pi\delta\left(\eta'-\eta\right)\delta\left(\eta'^*-\eta^*\right), \tag{13.88}$$

$$\int\frac{\mathrm{d}^2\eta}{\pi}|\eta\rangle\langle\eta|=1. \tag{13.89}$$

所以 $|\eta\rangle$ 有资格成为一个表象.

13.6.1 在纠缠态表象中相应于拉普拉斯运算的玻色算符

从式 (13.86) 我们可知

$$a\,|\eta\rangle=\left(\eta+b^\dagger\right)|\eta\rangle,\quad a^\dagger\,|\eta\rangle=\left(\frac{\partial}{\partial\eta}+\frac{\eta^*}{2}\right)|\eta\rangle,$$

$$b\,|\eta\rangle=-\left(\eta^*-a^\dagger\right)|\eta\rangle,\quad b^\dagger\,|\eta\rangle=\left(-\frac{\partial}{\partial\eta^*}-\frac{\eta}{2}\right)|\eta\rangle,$$

$$2\frac{\partial}{\partial\eta}|\eta\rangle=\left(a^\dagger+b\right)|\eta\rangle,\quad -2\frac{\partial}{\partial\eta^*}|\eta\rangle=\left(a+b^\dagger\right)|\eta\rangle. \tag{13.90}$$

接着有

$$a^{\dagger}a\,|\eta\rangle = \left(\frac{\eta}{2} - \frac{\partial}{\partial \eta^*}\right)\left(\frac{\partial}{\partial \eta} + \frac{\eta^*}{2}\right)|\eta\rangle, \tag{13.91}$$

$$b^{\dagger}b\,|\eta\rangle = -\left(\frac{\partial}{\partial \eta} - \frac{\eta^*}{2}\right)\left(\frac{\partial}{\partial \eta^*} + \frac{\eta}{2}\right)|\eta\rangle \tag{13.92}$$

以及

$$\left(a^{\dagger}a - b^{\dagger}b\right)|\eta\rangle = \left(\eta\frac{\partial}{\partial \eta} - \eta^*\frac{\partial}{\partial \eta^*}\right)|\eta\rangle. \tag{13.93}$$

还有关于振幅 $|\eta|$ 的方程

$$\left(a - b^{\dagger}\right)\left(a^{\dagger} - b\right)|\eta\rangle = |\eta|^2\,|\eta\rangle, \tag{13.94}$$

联立以上诸式我们看到

$$\left[2\left(a^{\dagger}a + b^{\dagger}b\right) - |\eta|^2 + 2\right]|\eta\rangle = -4\frac{\partial^2}{\partial \eta^*\partial \eta}\,|\eta\rangle. \tag{13.95}$$

让 $\eta = re^{i\varphi}$, 就有

$$\frac{\partial^2}{\partial \eta^*\partial \eta} = \frac{1}{4}\left(\frac{\partial^2}{\partial r^2} + \frac{1}{r}\frac{\partial}{\partial r} + \frac{1}{r^2}\frac{\partial^2}{\partial \varphi^2}\right), \tag{13.96}$$

故

$$\begin{aligned}4\frac{\partial^2}{\partial \eta^*\partial \eta}\,|\eta\rangle &= \left(\frac{\partial^2}{\partial r^2} + \frac{1}{r}\frac{\partial}{\partial r} + \frac{1}{r^2}\frac{\partial^2}{\partial \varphi^2}\right)|\eta\rangle \\ &= \nabla^2\,|\eta\rangle = -\left[2\left(a^{\dagger}a + b^{\dagger}b\right) - |\eta|^2 + 2\right]|\eta\rangle \\ &= -\left[2\left(a^{\dagger}a + b^{\dagger}b\right) - \left(a - b^{\dagger}\right)\left(a^{\dagger} - b\right) + 2\right]|\eta\rangle \\ &= -\left[\left(a + b^{\dagger}\right)\left(a^{\dagger} + b\right)\right]|\eta\rangle.\end{aligned} \tag{13.97}$$

即是说, 相应于二维拉普拉斯运算的玻色算符是

$$\nabla^2 \rightarrow -\left(a + b^{\dagger}\right)\left(a^{\dagger} + b\right), \tag{13.98}$$

它作用于纠缠态得

$$\nabla^2 |\eta\rangle = \left(\frac{\partial^2}{\partial r^2} + \frac{1}{r}\frac{\partial}{\partial r} + \frac{1}{r^2}\frac{\partial^2}{\partial \varphi^2}\right)|\eta\rangle = -\left(a+b^\dagger\right)\left(a^\dagger+b\right)|\eta\rangle . \tag{13.99}$$

13.6.2　拉普拉斯玻色算符的本征态

回忆与 $|\eta\rangle$ 共轭的态是 $|\xi\rangle$

$$|\xi\rangle = \exp\left(-\frac{1}{2}|\xi|^2 + \xi a^\dagger + \xi^* b^\dagger - a^\dagger b^\dagger\right)|00\rangle , \tag{13.100}$$

它满足

$$\left(a+b^\dagger\right)|\xi\rangle = \xi|\xi\rangle , \quad \left(a^\dagger+b\right)|\xi\rangle = \xi^*|\xi\rangle , \tag{13.101}$$

所以

$$\left(a+b^\dagger\right)\left(a^\dagger+b\right)|\xi\rangle = |\xi|^2|\xi\rangle , \quad \nabla^2|\xi\rangle = -|\xi|^2|\xi\rangle , \tag{13.102}$$

$|\xi\rangle$ 是拉普拉斯玻色算符 $(a+b^\dagger)(a^\dagger+b)$ 的本征态. 联立式 (13.97) 和式 (13.102) 得到

$$\langle\xi|\left(a+b^\dagger\right)\left(a^\dagger+b\right)|\eta\rangle = |\xi|^2\langle\xi|\eta\rangle = -4\frac{\partial^2}{\partial\eta^*\partial\eta}\langle\xi|\eta\rangle , \tag{13.103}$$

可见与

$$\langle\xi|\eta\rangle = \frac{1}{2}\exp\left[\frac{1}{2}\left(\xi^*\eta-\eta^*\xi\right)\right] , \tag{13.104}$$

相吻合, 因子 $(\xi^*\eta-\eta^*\xi)$ 是纯虚的, $\langle\xi|\eta\rangle$ 实际上是傅里叶变换核.

$\langle\eta|$ 表象的另一个优点是它可以提供角微商运算 $-\mathrm{i}\dfrac{\partial}{\partial\varphi}$ 的玻色算符实现. 事实上, 从 $\eta = r\mathrm{e}^{\mathrm{i}\varphi}$ 我们导出

$$\frac{\partial}{\partial\eta} = \frac{1}{2}\mathrm{e}^{-\mathrm{i}\varphi}\left(\frac{\partial}{\partial r}+\frac{1}{\mathrm{i}r}\frac{\partial}{\partial\varphi}\right), \quad \frac{\partial}{\partial\eta^*} = \frac{1}{2}\mathrm{e}^{\mathrm{i}\varphi}\left(\frac{\partial}{\partial r}-\frac{1}{\mathrm{i}r}\frac{\partial}{\partial\varphi}\right), \tag{13.105}$$

用式 (13.86) 就有

$$\left(a^{\dagger}a-b^{\dagger}b\right)|\eta\rangle=\left(\eta\frac{\partial}{\partial\eta}-\eta^{*}\frac{\partial}{\partial\eta^{*}}\right)|\eta\rangle=\frac{1}{\mathrm{i}}\frac{\partial}{\partial\varphi}|\eta\rangle\,. \tag{13.106}$$

这是值得注记的.

现在求径向微商运算 $\dfrac{\partial^{2}}{\partial r^{2}}+\dfrac{1}{r}\dfrac{\partial}{\partial r}$ 在 $|\eta\rangle$ 表象中的玻色算符实现. 从式 (13.99), 式 (13.102) 和式 (13.106) 我们导出

$$\begin{aligned}\left(\frac{\partial^{2}}{\partial r^{2}}+\frac{1}{r}\frac{\partial}{\partial r}\right)|\eta\rangle&=\left(4\frac{\partial^{2}}{\partial\eta^{*}\partial\eta}-\frac{1}{r^{2}}\frac{\partial^{2}}{\partial\varphi^{2}}\right)|\eta\rangle\\&=\left[-\left(a+b^{\dagger}\right)\left(a^{\dagger}+b\right)+\left(b^{\dagger}b-a^{\dagger}a\right)^{2}\frac{1}{\left(a-b^{\dagger}\right)\left(a^{\dagger}-b\right)}\right]|\eta\rangle\\&=\left(a^{\dagger}b^{\dagger}-ab+1\right)^{2}\frac{1}{\left(a-b^{\dagger}\right)\left(a^{\dagger}-b\right)}|\eta\rangle\\&=\frac{1}{r^{2}}\left(a^{\dagger}b^{\dagger}-ab+1\right)^{2}|\eta\rangle,\end{aligned} \tag{13.107}$$

或者

$$r^{2}\left(\frac{\partial^{2}}{\partial r^{2}}+\frac{1}{r}\frac{\partial}{\partial r}\right)|\eta\rangle=\left(a^{\dagger}b^{\dagger}-ab+1\right)^{2}|\eta\rangle\,. \tag{13.108}$$

这里我们已经用了算符恒等式

$$\left(b^{\dagger}b-a^{\dagger}a\right)^{2}=\left(a^{\dagger}b^{\dagger}-ab+1\right)^{2}+\left(a^{\dagger}+b\right)\left(a+b^{\dagger}\right)\left(a-b^{\dagger}\right)\left(a^{\dagger}-b\right), \tag{13.109}$$

和

$$\left[\left(b^{\dagger}b-a^{\dagger}a\right),\left(a-b^{\dagger}\right)\left(a^{\dagger}-b\right)\right]=0. \tag{13.110}$$

作为式 (13.109) 的应用, 我们重写 $r^{2}\left(\dfrac{\partial^{2}}{\partial r^{2}}+\dfrac{1}{r}\dfrac{\partial}{\partial r}\right)=\left(r\dfrac{\partial}{\partial r}\right)^{2}$, 于是式 (13.108) 变成

$$\left(r\frac{\partial}{\partial r}\right)^{2}|\eta\rangle=\left(a^{\dagger}b^{\dagger}-ab+1\right)^{2}|\eta\rangle, \tag{13.111}$$

结合式 (13.111), 式 (13.96) 和式 (13.105) 我们能够证实

$$\left(a^{\dagger}b^{\dagger}-ab+1\right)|\eta\rangle=\left(|\eta|^{2}+b^{\dagger}\eta^{*}-\eta a^{\dagger}\right)|\eta\rangle$$

$$=\left(-\eta\frac{\partial}{\partial\eta}-\eta^*\frac{\partial}{\partial\eta^*}\right)|\eta\rangle=-r\frac{\partial}{\partial r}|\eta\rangle, \tag{13.112}$$

于是

$$\exp\left[\lambda\left(a^\dagger b^\dagger-ab+1\right)\right]|\eta\rangle=\mathrm{e}^{-\lambda r\frac{\partial}{\partial r}}\left|\eta=r\mathrm{e}^{\mathrm{i}\varphi}\right\rangle, \tag{13.113}$$

这里 λ 是实数. 让 $r=\mathrm{e}^y, r\frac{\partial}{\partial r}=\frac{\partial}{\partial y}$, 就有

$$\mathrm{e}^{-\lambda r\frac{\partial}{\partial r}}|\eta\rangle_{\eta=r\mathrm{e}^{\mathrm{i}\varphi}}=\mathrm{e}^{-\lambda\frac{\partial}{\partial y}}\left|\mathrm{e}^y\mathrm{e}^{\mathrm{i}\varphi}\right\rangle=\left|\mathrm{e}^{y-\lambda}\mathrm{e}^{\mathrm{i}\varphi}\right\rangle=\left|\eta\mathrm{e}^{-\lambda}\right\rangle_{\eta=r\mathrm{e}^{\mathrm{i}\varphi}}, \tag{13.114}$$

立刻得到

$$\exp\left[\lambda\left(a^\dagger b^\dagger-ab\right)\right]|\eta\rangle=\mathrm{e}^{-\lambda}\left|\eta\mathrm{e}^{-\lambda}\right\rangle. \tag{13.115}$$

即 $\exp\left[\lambda\left(a^\dagger b^\dagger-ab\right)\right]$ 把 $|\eta\rangle$ 压缩为 $\mathrm{e}^{-\lambda}\left|\eta\mathrm{e}^{-\lambda}\right\rangle$, 正是双模压缩算符, 可见 $\left(\frac{\partial^2}{\partial r^2}+\frac{1}{r}\frac{\partial}{\partial r}\right)$ 的玻色算符实现有双模压缩的功能.

作为第二个例子, 我们求 $a^\dagger a+b^\dagger b$ 与 $a^\dagger a-b^\dagger b$ 的共同本征态, 记为 $|m,l\rangle$,

$$\left(a^\dagger a+b^\dagger b\right)|m,l\rangle=m|m,l\rangle,\quad \left(a^\dagger a-b^\dagger b\right)|m,l\rangle=l|m,l\rangle. \tag{13.116}$$

将之投影到纠缠态表象, 有

$$\langle m,l|\left(a^\dagger a-b^\dagger b\right)|\eta\rangle=\frac{1}{\mathrm{i}}\frac{\partial}{\partial\varphi}\langle m,l|\eta\rangle=l\langle m,l|\eta\rangle \tag{13.117}$$

故 $\langle m,l|\eta\rangle=G(r)\mathrm{e}^{\mathrm{i}l\varphi}$, $G(r)$ 待定 , 用式 (13.95), 式 (13.96) 和式 (13.117) 有

$$\begin{aligned}\langle m,l|\left(a^\dagger a+b^\dagger b\right)|\eta\rangle&=\left(-2\frac{\partial^2}{\partial\eta^*\partial\eta}+\frac{1}{2}|\eta|^2-1\right)\langle m,l|\eta\rangle\\&=\left(\frac{1}{2}r^2-1-\frac{\partial^2}{2\partial r^2}-\frac{1}{2r}\frac{\partial}{\partial r}-\frac{1}{2r^2}\frac{\partial^2}{\partial\varphi^2}\right)\langle m,l|\eta\rangle\\&=\left(\frac{1}{2}r^2-1-\frac{\partial^2}{2\partial r^2}-\frac{1}{2r}\frac{\partial}{\partial r}+\frac{l^2}{2r^2}\right)\langle m,l|\eta\rangle\\&=m\langle m,l|\eta\rangle,\end{aligned} \tag{13.118}$$

记 $f=r^2$, 此方程可纳入常见标准型

$$\frac{\mathrm{d}^2}{\mathrm{d}f^2}Y+\frac{1}{f}\frac{\mathrm{d}Y}{\mathrm{d}f}+\left(\frac{m+1}{2f}-\frac{l^2}{4f^2}-\frac{1}{4}\right)Y=0. \tag{13.119}$$

Y 被看做是 $\langle m,l|\ \eta\rangle$, 它为大家熟知, 其解不再赘说.

小结　我们已经找到了二维极坐标系统的径向微商运算、相角微商运算和拉普拉斯微商运算的玻色算符实现.

13.7　若干双变数厄米多项式算符恒等式

在第 2 章我们演示了从双变数厄米多项式可以构建纠缠态表象, 本节我们指出用 IWOP 技术和纠缠态表可以导出若干双变数厄米多项式算符恒等式, 例如, $\mathrm{H}_{m,n}\left[\left(a+b^{\dagger}\right),\left(a^{\dagger}+b\right)\right]=:\left(a+b^{\dagger}\right)^{m}\left(a^{\dagger}+b\right)^{n}:$, 它们有广泛的应用.

考虑到 $\left[\left(a+b^{\dagger}\right),\left(a^{\dagger}+b\right)\right]=0$, 故有

$$\mathrm{e}^{t\left(a+b^{\dagger}\right)}\mathrm{e}^{t'\left(a^{\dagger}+b\right)}=\sum_{m,n=0}^{+\infty}\frac{t^{m}t'^{n}\left(a+b^{\dagger}\right)^{m}\left(a^{\dagger}+b\right)^{n}}{m!n!}, \tag{13.120}$$

另一方面, 用双变数厄米多项式的母函数公式 (2.91)有

$$\begin{aligned}\mathrm{e}^{t\left(a+b^{\dagger}\right)}\mathrm{e}^{t'\left(a^{\dagger}+b\right)}&=\mathrm{e}^{tt'}:\mathrm{e}^{tb^{\dagger}}\mathrm{e}^{t'a^{\dagger}}\mathrm{e}^{ta}\mathrm{e}^{t'b}:=\mathrm{e}^{-(\mathrm{i}t)(\mathrm{i}t')}:\mathrm{e}^{\mathrm{i}t\left[-\mathrm{i}\left(a+b^{\dagger}\right)\right]}\mathrm{e}^{\mathrm{i}t'\left[-\mathrm{i}\left(a^{\dagger}+b\right)\right]}:\\&=\sum_{m,n=0}^{+\infty}\frac{(\mathrm{i}t)^{m}(\mathrm{i}t')^{n}}{m!n!}:\mathrm{H}_{m,n}\left[-\mathrm{i}\left(a+b^{\dagger}\right),-\mathrm{i}\left(a^{\dagger}+b\right)\right]:.\end{aligned} \tag{13.121}$$

比较式 (13.120) 和式 (13.121), 我们得到 $\left(a+b^{\dagger}\right)^{m}\left(a^{\dagger}+b\right)^{n}$ 的正规乘积展开

$$\left(a+b^{\dagger}\right)^{m}\left(a^{\dagger}+b\right)^{n}=\mathrm{i}^{m+n}:\mathrm{H}_{m,n}\left[-\mathrm{i}\left(a+b^{\dagger}\right),-\mathrm{i}\left(a^{\dagger}+b\right)\right]:. \tag{13.122}$$

另一种处理式 (13.122) 的方法是用纠缠态 $|\xi\rangle$ 表象的完备性和 IWOP 技术,

$$\left(a+b^{\dagger}\right)^{m}\left(a^{\dagger}+b\right)^{n}=\int\frac{\mathrm{d}^2\xi}{\pi}|\xi\rangle\langle\xi|\left(a+b^{\dagger}\right)^{m}\left(a^{\dagger}+b\right)^{n}$$

$$= \int \frac{d^2\xi}{\pi} \xi^m \xi^{*n} : e^{-\left(\xi^* - a^\dagger - b\right)\left(\eta - a - b^\dagger\right)} :, \tag{13.123}$$

比较式 (13.122) 和式 (13.123) 给出

$$e^{-zz^*} \int \frac{d^2\xi}{\pi} \xi^m \xi^{*n} e^{-|\xi|^2 + \xi^* z + z^* \xi} = i^{m+n} H_{m,n}\left(-iz, -iz^*\right). \tag{13.124}$$

我们再讨论

$$\begin{aligned} e^{tf\left(a+b^\dagger\right)} e^{t'\left(a^\dagger+b\right)/f} &= e^{tt'} e^{-tt'} e^{tf\left(a+b^\dagger\right)} e^{t'\left(a^\dagger+b\right)/f} \\ &= e^{tt'} \sum_{m,n=0}^{+\infty} \frac{t^m t'^n}{m!n!} H_{m,n}\left[f\left(a+b^\dagger\right), \frac{\left(a^\dagger+b\right)}{f}\right], \end{aligned} \tag{13.125}$$

另一方面

$$\begin{aligned} e^{tf\left(a+b^\dagger\right)} e^{t'\left(a^\dagger+b\right)/f} &= e^{tt'} : e^{tf\left(a+b^\dagger\right)} e^{t'\left(a^\dagger+b\right)/f} : \\ &= e^{tt'} \sum_{m,n=0}^{+\infty} \frac{t^m t'^n}{m!n!} : \left[f\left(a+b^\dagger\right)\right]^m \left[\frac{\left(a^\dagger+b\right)}{f}\right]^n :, \end{aligned} \tag{13.126}$$

于是得到算符恒等式

$$H_{m,n}\left[f\left(a+b^\dagger\right), \frac{\left(a^\dagger+b\right)}{f}\right] =: \left[f\left(a+b^\dagger\right)\right]^m \left[\frac{\left(a^\dagger+b\right)}{f}\right]^n :, \tag{13.127}$$

当 $f = 1$,

$$H_{m,n}\left[\left(a+b^\dagger\right), \left(a^\dagger+b\right)\right] =: \left(a+b^\dagger\right)^m \left(a^\dagger+b\right)^n :, \tag{13.128}$$

再一次用纠缠态 $|\xi\rangle$ 表象的完备性和 IWOP 技术, 我们导出

$$\begin{aligned} H_{m,n}\left[\left(a+b^\dagger\right), \left(a^\dagger+b\right)\right] &= \int \frac{d^2\xi}{\pi} H_{m,n}\left[\left(a+b^\dagger\right), \left(a^\dagger+b\right)\right] |\xi\rangle\langle\xi| \\ &= \int \frac{d^2\xi}{\pi} H_{m,n}\left[\xi, \xi^*\right] : e^{-\left(\xi^*-a^\dagger-b\right)\left(\xi-a-b^\dagger\right)} :, \end{aligned} \tag{13.129}$$

比较式 (13.129) 和式 (13.128) 导出积分公式

$$e^{-zz^*} \int \frac{d^2\xi}{\pi} H_{m,n}\left[\xi, \xi^*\right] e^{-|\xi|^2 + \xi^* z + z^* \xi} = z^m z^{*n}. \tag{13.130}$$

注意：我们得到式 (13.124) 和式 (13.130) 并没有直接去做积分, 而是用算符恒等式和表象完成的.

13.7.1 用 $\mathrm{H}_{m,n}\left[\left(a+b^{\dagger}\right),\left(a^{\dagger}+b\right)\right]$ 表示双模福克态

用式 (13.128) 有

$$\begin{aligned}\mathrm{H}_{m,n}\left[\left(a+b^{\dagger}\right),\left(a^{\dagger}+b\right)\right]|00\rangle &=:\left(a+b^{\dagger}\right)^{m}\left(a^{\dagger}+b\right)^{n}:|00\rangle \\ &=b^{\dagger m}a^{\dagger n}|00\rangle=\sqrt{m!n!}\,|n,m\rangle\,,\end{aligned}\tag{13.131}$$

故双模粒子数态可以表达为

$$|n,m\rangle=(m!n!)^{-1/2}\,\mathrm{H}_{m,n}\left[\left(a+b^{\dagger}\right),\left(a^{\dagger}+b\right)\right]|00\rangle\,,\tag{13.132}$$

由此看双模压缩数态

$$\begin{aligned}S_2(\mu)|m,n\rangle &=\frac{1}{\sqrt{m!n!}}S_2(\mu)\,\mathrm{H}_{m,n}\left(a+b^{\dagger},a^{\dagger}+b\right)|00\rangle \\ &=\frac{\mu}{\sqrt{m!n!}}\int\frac{\mathrm{d}^2\xi}{\pi}\,|\mu\xi\rangle\langle\xi|\,\mathrm{H}_{m,n}\left(a+b^{\dagger},a^{\dagger}+b\right) \\ &=\frac{\mu}{\sqrt{m!n!}}\int\frac{\mathrm{d}^2\xi}{\pi}\,|\mu\xi\rangle\langle\xi|\,\mathrm{H}_{m,n}\left(\xi,\xi^{*}\right) \\ &=\frac{\operatorname{sech}\lambda}{\sqrt{m!n!}}\mathrm{H}_{m,n}\left(\frac{\sqrt{2}b^{\dagger}}{\sqrt{\sinh 2\lambda}},\frac{\sqrt{2}a^{\dagger}}{\sqrt{\sinh 2\lambda}}\right)\exp(\tanh\lambda a^{\dagger}b^{\dagger})\,|00\rangle\,.\end{aligned}\tag{13.133}$$

那么将 $\mathrm{H}_{m,n}\left[\left(a+b^{\dagger}\right),\left(a^{\dagger}+b\right)\right]$ 作用于 $|n',m'\rangle$ 结果如何呢？

$$\begin{aligned}\mathrm{H}_{m,n}\left[\left(a+b^{\dagger}\right),\left(a^{\dagger}+b\right)\right]|n',m'\rangle &=(m!n!)^{-\frac{1}{2}}\,\mathrm{H}_{m,n}\left[\left(a+b^{\dagger}\right),\left(a^{\dagger}+b\right)\right] \\ &\quad\times\mathrm{H}_{m',n'}\left[\left(a+b^{\dagger}\right),\left(a^{\dagger}+b\right)\right]|00\rangle\,,\end{aligned}\tag{13.134}$$

要回答此问题, 我们必须知道两个 $\mathrm{H}_{m,n}$ 函数的乘积.

13.7.2 两个 $\mathrm{H}_{m,n}$ 函数的乘积

用式 (13.128) 我们考虑两个 $\mathrm{H}_{m,n}$ 的乘积

$$\begin{aligned}
&\mathrm{H}_{m,n}\left(a+b^{\dagger},a^{\dagger}+b\right)\mathrm{H}_{m',n'}\left(a+b^{\dagger},a^{\dagger}+b\right)\\
&=:\left(a+b^{\dagger}\right)^{m}\left(a^{\dagger}+b\right)^{n}::\left(a+b^{\dagger}\right)^{m'}\left(a^{\dagger}+b\right)^{n'}:\\
&=\sum_{l}\sum_{k}\sum_{p}\sum_{q}\binom{m}{l}\binom{n}{k}\binom{m'}{p}\binom{n'}{q}b^{\dagger m-l}a^{\dagger k}(a^{l}\,b^{n-k}\,b^{\dagger m'-p}a^{\dagger q})a^{p}b^{n'-q}.
\end{aligned} \tag{13.135}$$

用相干态表象 $|z\rangle=\exp\left(\frac{-|z|^2}{2}+za^{\dagger}\right)|0\rangle$ 和 IWOP 技术

$$\begin{aligned}
a^{l}a^{\dagger q}&=\int\frac{\mathrm{d}^2z}{\pi}z^{l}\,|z\rangle\,\langle z|\,z^{*q}=\int\frac{\mathrm{d}^2z}{\pi}z^{l}z^{*q}:\exp\left(-|z|^2+za^{\dagger}+z^{*}a-a^{\dagger}a\right):\\
&=\sum_{s=0}\frac{l!q!a^{\dagger q-s}a^{l-s}}{s!\,(l-s)!\,(q-s)!}=\sum_{s=0}\binom{l}{s}\binom{q}{s}s!a^{\dagger q-s}a^{l-s},
\end{aligned} \tag{13.136}$$

把式 (13.136) 代入式 (13.135) 我们有

$$\begin{aligned}
&\mathrm{H}_{m,n}\left(a+b^{\dagger},a^{\dagger}+b\right)\mathrm{H}_{m',n'}\left(a+b^{\dagger},a^{\dagger}+b\right)\\
&=\sum_{l}\sum_{k}\sum_{p}\sum_{q}\binom{m}{l}\binom{n}{k}\binom{m'}{p}\binom{n'}{q}b^{\dagger m-l}a^{\dagger k}\sum_{t=0}\binom{n-k}{t}\\
&\quad\times\binom{m'-p}{t}t!b^{\dagger m'-p-t}b^{n-k-t}\sum_{s=0}\binom{l}{s}\binom{q}{s}s!a^{\dagger q-s}a^{l-s}a^{p}\,b^{n'-q}\\
&=\sum_{t=0}\sum_{s=0}\sum_{l}\sum_{k}\sum_{p}\sum_{q}\binom{m}{l}\binom{l}{s}\binom{n}{n-k}\binom{n-k}{t}\binom{m'}{m'-p}\binom{m'-p}{t}
\end{aligned}$$

$$\times\binom{n'}{q}\binom{q}{s}s!t!:b^{\dagger m+m'-l-p-t}b^{n+n'-k-q-t}a^{\dagger k+q-s}a^{l+p-s}:$$

$$=\sum_{t=0}\sum_{s=0}\sum_{l}\sum_{k}\sum_{p}\sum_{q}:b^{\dagger m+m'-l-p-t}b^{n+n'-k-q-t}a^{\dagger k+q-s}a^{l+p-s}$$

$$\times\binom{m-s}{l-s}b^{\dagger m-s-l+s}a^{l-s}\binom{m'-t}{p}b^{\dagger m'-t-p}a^{p}\binom{n'-s}{q-s}b^{n'-s-q+s}a^{\dagger q-s}$$

$$\times\binom{n-t}{k}b^{n-t-k}a^{\dagger k}:\frac{m!n!m'!n'!}{s!\,(m-s)!\,(n'-s)!\,(n-t)!\,(m'-t)!t!}$$

$$=\sum_{t=0}\sum_{s=0}\frac{m!n!m'!n'!}{(m-s)!\,(n'-s)!\,(n-t)!\,(m'-t)!s!t!}$$

$$\times:\left(a+b^{\dagger}\right)^{m-s+m'-t}\left(a^{\dagger}+b\right)^{n-t+n'-s}:,\tag{13.137}$$

再一次用式 (13.128) 得到两个 $\mathrm{H}_{m,n}$ 函数的乘积

$$\mathrm{H}_{m,n}\left(a+b^{\dagger},a^{\dagger}+b\right)\mathrm{H}_{m',n'}\left(a+b^{\dagger},a^{\dagger}+b\right)$$

$$=\sum_{t=0}\sum_{s=0}\frac{m!n!m'!n'!}{(m-s)!\,(n'-s)!\,(n-t)!\,(m'-t)!s!t!}$$

$$\times\mathrm{H}_{m+m'-t-s,n+n'-t-s}\left(a+b^{\dagger},a^{\dagger}+b\right),\tag{13.138}$$

由此给出

$$\mathrm{H}_{m,n}\left[\left(a+b^{\dagger}\right),\left(a^{\dagger}+b\right)\right]|n',m'\rangle$$

$$=\sum_{t=0}\sum_{s=0}\frac{m!n!\sqrt{m'!n'!}}{(m-s)!\,(n'-s)!\,(n-t)!\,(m'-t)!s!t!}$$

$$\times:\left(a+b^{\dagger}\right)^{m-s+m'-t}\left(a^{\dagger}+b\right)^{n-t+n'-s}:|00\rangle$$

$$=\sum_{t=0}\sum_{s=0}\frac{m!n!\sqrt{m'!n'!}\sqrt{(m+m'-t-s)!\,(n+n'-t-s)!}}{(m-s)!\,(n'-s)!\,(n-t)!\,(m'-t)!s!t!}$$

$$\times|n+n'-t-s,m+m'-t-s\rangle,\tag{13.139}$$

用纠缠态表象又有

$$
\begin{aligned}
&\mathrm{H}_{m,n}\left(a+b^{\dagger},a^{\dagger}+b\right)\mathrm{H}_{m',n'}\left(a+b^{\dagger},a^{\dagger}+b\right)\\
&\quad=\int\frac{\mathrm{d}^{2}\xi}{\pi}\mathrm{H}_{m,n}\left(\xi,\xi^{*}\right)\mathrm{H}_{m',n'}\left(\xi,\xi^{*}\right)\left|\xi\right\rangle\left\langle\xi\right|\\
&\quad=\int\frac{\mathrm{d}^{2}\xi}{\pi}\mathrm{H}_{m,n}\left(\xi,\xi^{*}\right)\mathrm{H}_{m',n'}\left(\xi,\xi^{*}\right):\mathrm{e}^{-\left(\xi^{*}-a^{\dagger}-b\right)\left(\xi-a-b^{\dagger}\right)}:,
\end{aligned}
\tag{13.140}
$$

与式 (13.137) 比较得新积分公式

$$
\begin{aligned}
&\mathrm{e}^{-zz^{*}}\int\frac{\mathrm{d}^{2}\xi}{\pi}\mathrm{H}_{m,n}\left[\xi,\xi^{*}\right]\mathrm{H}_{m',n'}\left(\xi,\xi^{*}\right)\mathrm{e}^{-|\xi|^{2}+\xi^{*}z+z^{*}\xi}\\
&\quad=\sum_{t=0}\sum_{s=0}\frac{m!n!m'!n'!}{(m-s)!\,(n'-s)!\,(n-t)!\,(m'-t)!s!t!}z^{m-s+m'-t}z^{*n-t+n'-s}.
\end{aligned}
\tag{13.141}
$$

其各种应用读者可自寻之.

第 14 章　纠缠菲涅耳算符及其分解

在第 8 章我们用相干态表象把经典的辛变换 $\begin{pmatrix} q \\ p \end{pmatrix} \to \begin{pmatrix} A & B \\ C & D \end{pmatrix}\begin{pmatrix} q \\ p \end{pmatrix}$, 其中 $AD - BC = 1$, 或等价地表示为

$$\begin{pmatrix} z \\ z^* \end{pmatrix} \Longleftrightarrow \begin{pmatrix} s & r \\ r^* & s^* \end{pmatrix}\begin{pmatrix} z \\ z^* \end{pmatrix}, \quad z = \frac{(q + \mathrm{i}p)}{\sqrt{2}}, \tag{14.1}$$

其中

$$\begin{aligned} s &= \frac{1}{2}\left[A + D - \mathrm{i}\,(B - C)\right], \\ r &= \frac{1}{2}\left[A - D + \mathrm{i}\,(B + C)\right], \quad ss^* - rr^* = 1, \end{aligned} \tag{14.2}$$

映射到了量子光学的菲涅耳变换, 就发现了单模菲涅耳算符, 之所以起这个名字, 是因为它的经典对应是柯林斯衍射公式和菲涅耳变换. 一个更深入的问题是把此辛变换推广到双模时, 有

$$\begin{pmatrix} s & r \\ r^* & s^* \end{pmatrix}\begin{pmatrix} z \\ z^* \end{pmatrix} \to \begin{pmatrix} s & 0 & 0 & r \\ 0 & s^* & r^* & 0 \\ 0 & r & s & 0 \\ r^* & 0 & 0 & s^* \end{pmatrix}\begin{pmatrix} z_1 \\ z_1^* \\ z_2 \\ z_2^* \end{pmatrix}, \tag{14.3}$$

那么什么是其量子映像 (在双模福克空间的量子算符)呢？在下一节我们将在双模相干态表象中实现此映射, 而得到所谓的纠缠菲涅耳算符, 然后再把它分解为纠缠

形式的光学算符, 它的经典对应有望在经典光学实验中看到.

14.1　纠缠菲涅耳算符

受单模菲涅耳算符的启发, 我们把纠缠菲涅耳算符 $F_2(r,s)$ 定义为在二维复相空间中的混合辛变换 $(z_1,z_2)\to(sz_1+rz_2^*, rz_1^*+sz_2)$ 通过双模相干态表象的量子映射, 即

$$F_2(r,s)=s\int\frac{\mathrm{d}^2z_1\mathrm{d}^2z_2}{\pi^2}\left|\begin{pmatrix}s&0&0&r\\0&s^*&r^*&0\\0&r&s&0\\r^*&0&0&s^*\end{pmatrix}\begin{pmatrix}z_1\\z_1^*\\z_2\\z_2^*\end{pmatrix}\right\rangle\left\langle\begin{pmatrix}z_1\\z_1^*\\z_2\\z_2^*\end{pmatrix}\right|$$

$$=s\int\frac{\mathrm{d}^2z_1\mathrm{d}^2z_2}{\pi^2}\left|sz_1+rz_2^*, rz_1^*+sz_2\right\rangle\left\langle z_1,z_2\right|,\tag{14.4}$$

这里

$$\left|sz_1+rz_2^*, rz_1^*+sz_2\right\rangle=\left|sz_1+rz_2^*\right\rangle\otimes\left|rz_1^*+sz_2\right\rangle,\tag{14.5}$$

$$\left|z_1,z_2\right\rangle=\exp\left(-\frac{1}{2}\left|z_1\right|^2-\frac{1}{2}\left|z_2\right|^2+z_1a_1^\dagger+z_2a_2^\dagger\right)\left|00\right\rangle.\tag{14.6}$$

s,r 满足幺模条件 $|s|^2-|r|^2=1$. 用 IWOP 技术和双模真空投影算符 $\left|00\right\rangle\left\langle00\right|=\,:\exp\left(-a_1^\dagger a_1-a_2^\dagger a_2\right):$ 以及积分公式

$$\int\frac{\mathrm{d}^2z}{\pi}\exp\left(\zeta\left|z\right|^2+\xi z+\eta z^*\right)=-\frac{1}{\zeta}\exp\left(-\frac{\xi\eta}{\zeta}\right)\quad(\mathrm{Re}\,(\xi)<0),\tag{14.7}$$

得到

$$F_2(r,s)=s\int\frac{1}{\pi^2}\mathrm{d}^2z_1\mathrm{d}^2z_2:\ \exp[-|s|^2\left(|z_1|^2+|z_2|^2\right)-r^*sz_1z_2-rs^*z_1^*z_2^*$$

$$+\left(sz_1+rz_2^*\right)a_1^\dagger+\left(rz_1^*+sz_2\right)a_2^\dagger+z_1^*a_1+z_2^*a_2-a_1^\dagger a_1-a_2^\dagger a_2]:$$

$$=\frac{1}{s^*}\exp\left(\frac{r}{s^*}a_1^\dagger a_2^\dagger\right):\exp\left[\left(\frac{1}{s^*}-1\right)\left(a_1^\dagger a_1+a_2^\dagger a_2\right)\right]:\exp\left(-\frac{r^*}{s^*}a_1a_2\right)$$

$$=\exp\left(\frac{r}{s^*}a_1^\dagger a_2^\dagger\right)\exp\left[\left(a_1^\dagger a_1+a_2^\dagger a_2+1\right)\ln\left(s^*\right)^{-1}\right]\exp\left(-\frac{r^*}{s^*}a_1a_2\right). \tag{14.8}$$

$F_2(r,s)$ 诱导出变换

$$F_2(r,s)\,a_1F_2^{-1}(r,s)=s^*a_1-ra_2^\dagger,$$

$$F_2(r,s)\,a_2F_2^{-1}(r,s)=s^*a_2-ra_1^\dagger. \tag{14.9}$$

在纠缠态 $|\eta\rangle$

$$|\eta\rangle=\exp\left(-\frac{1}{2}|\eta|^2+\eta a_1^\dagger-\eta^*a_2^\dagger+a_1^\dagger a_2^\dagger\right)|00\rangle,\quad \eta=\eta_1+\mathrm{i}\eta_2,$$

表象中

$$\langle\eta'|\,F_2(t,s)\,|\eta\rangle=\prod\int\frac{\mathrm{d}^2z_i\mathrm{d}^2z_i'}{\pi^2}\langle\eta'|\,z_1,z_2\rangle\langle z_1,z_2|\,F_2(t,s)\,|z_1',z_2'\rangle\langle z_1',z_2'\,|\eta\rangle$$

$$=\frac{1}{t-s-t^*+s^*}\exp\left[\frac{(t-s)\,|\eta'|^2-(t+s^*)\,|\eta|^2+\eta\eta'^*+\eta^*\eta'}{t-s-t^*+s^*}\right.$$

$$\left.-\frac{|\eta|^2+|\eta'|^2}{2}\right]. \tag{14.10}$$

用式 (14.2) 可以将式 (14.10) 变为

$$\langle\eta'|\,F_2(r,s)\,|\eta\rangle=\frac{1}{2\mathrm{i}B\pi}\exp\left[\frac{\mathrm{i}}{2B}\left(A\,|\eta|^2-\left(\eta\eta'^*+\eta^*\eta'\right)+D\,|\eta'|^2\right)\right], \tag{14.11}$$

称为二维纠缠菲涅耳变换. 用相干态的正则形式 $|z\rangle\equiv\left|\begin{pmatrix}q\\p\end{pmatrix}\right\rangle$, $z=(q+\mathrm{i}p)/\sqrt{2}$, $F_2(r,s)$ 又可写

$$F_2(r,s)=\frac{s}{(2\pi)^2}\int \mathrm{d}q_1\mathrm{d}q_2\mathrm{d}p_1\mathrm{d}p_2\left|G\begin{pmatrix}q_1\\q_2\\p_1\\p_2\end{pmatrix}\right\rangle\left\langle\begin{pmatrix}q_1\\q_2\\p_1\\p_2\end{pmatrix}\right|,\tag{14.12}$$

其中

$$G=\frac{1}{2}\begin{pmatrix}A+D & A-D & B-C & B+C\\ A-D & A+D & B+C & B-C\\ C-B & B+C & A+D & D-A\\ B+C & C-B & D-A & A+D\end{pmatrix}.\tag{14.13}$$

我们将在式 (14.90) 中对式 (14.12) 做进一步的说明. 或

$$F_2(r,s)\to F_2(A,B,C,D)=\frac{s}{(2\pi)^2}\int \mathrm{d}q_1\mathrm{d}q_2\mathrm{d}p_1\mathrm{d}p_2\left|\begin{pmatrix}A & D & -C & B\\ A & -D & C & B\\ C & -B & A & D\\ C & B & -A & D\end{pmatrix}\right.$$

$$\left.\times\begin{pmatrix}q_1+q_2\\q_1-q_2\\p_1-p_2\\p_1+p_2\end{pmatrix}\right\rangle\left\langle\begin{pmatrix}q_1\\q_2\\p_1\\p_2\end{pmatrix}\right|\tag{14.14}$$

而式 (14.8) 用式 (14.2) 也可表达为

$$\begin{aligned}F_2(A,B,C,D)=&\exp\left[-\frac{A-D+\mathrm{i}(B+C)}{A+D+\mathrm{i}(B-C)}a_1^\dagger a_2^\dagger\right]\\&\times\exp\left[\left(a_1^\dagger a_1+a_2^\dagger a_2+1\right)\ln\frac{2}{A+D+\mathrm{i}(B-C)}\right]\\&\times\exp\left[\frac{A-D-\mathrm{i}(B+C)}{A+D+\mathrm{i}(B-C)}a_1a_2\right]\equiv F_2(A,B,C).\end{aligned}\tag{14.15}$$

当 (A,B,C) 给定, D 可由 $AD-BC=1$ 定出, 所以有时候我们无须在 $F_2(A,B,C)$ 中明显写出 D.

14.2 两个纠缠菲涅耳算符的乘法规则

在 8.4 节我们导出了两个单模菲涅耳算符的乘法规则, 证明了菲涅耳算符的乘法成群. 类似的, 用式 (14.4) 和 IWOP 技术我们可以证明两个纠缠菲涅耳算符 $F_2(A,B,C)$ 的乘积也是一个双模菲涅耳算符

$$F_2(A,B,C)\,F_2(A',B',C')=F_2(A'',B'',C''), \tag{14.16}$$

伴随着

$$\begin{pmatrix} A'' & B'' \\ C'' & D'' \end{pmatrix}=\begin{pmatrix} A & B \\ C & D \end{pmatrix}\begin{pmatrix} A' & B' \\ C' & D' \end{pmatrix}. \tag{14.17}$$

式 (14.16) 是群乘法式 (14.17) 的实现. 或用

$$s=\frac{1}{2}[A+D+\mathrm{i}(B-C)],\quad t=\frac{1}{2}[A-D-\mathrm{i}(B+C)],\quad AD-BC=1. \tag{14.18}$$

写为乘法规则

$$F_2(t',s')\,F_2(t,s)=F_2(t'',s''). \tag{14.19}$$

伴随着

$$\begin{pmatrix} s' & t' \\ t'^{*} & s'^{*} \end{pmatrix}\begin{pmatrix} s & t \\ t^{*} & s^{*} \end{pmatrix}=\begin{pmatrix} s'' & t'' \\ t''^{*} & s''^{*} \end{pmatrix},\quad |s''|^2-|t''|^2=1. \tag{14.20}$$

14.3 纠缠菲涅耳算符的分拆

现在我们可进一步证明 $F_2(A,B,C)$ 用 $(Q_1,Q_2;P_1,P_2)$正则算符表示的形式是

$$F_2(A,B,C)=\exp\left[\frac{\mathrm{i}C}{4A}\left((Q_1-Q_2)^2+(P_1+P_2)^2\right)\right]$$
$$\times\exp\left[\mathrm{i}(Q_1P_2+Q_2P_1)\ln A\right]$$
$$\times\exp\left[-\frac{\mathrm{i}B}{4A}\left((Q_1+Q_2)^2+(P_1-P_2)^2\right)\right]\quad(A\neq 0),\tag{14.21}$$

证明　事实上, 当 $A\neq 0$, 根据矩阵分解

$$\begin{pmatrix}A&B\\C&D\end{pmatrix}=\begin{pmatrix}1&0\\C/A&1\end{pmatrix}\begin{pmatrix}A&0\\0&A^{-1}\end{pmatrix}\begin{pmatrix}1&B/A\\0&1\end{pmatrix},\tag{14.22}$$

由其中每一个矩阵的行列式皆为 1, 以及菲涅耳算符的乘法规则, 我们可以分拆 $F_2(A,B,C)$ 为

$$F_2(A,B,C)=F_2(1,0,C/A)\,F_2(A,0,0)\,F_2(1,B/A,0),\tag{14.23}$$

首先来看 $F_2(1,0,C/A)$, 从式 (14.15) 我们知道

$$F_2(1,0,C/A,D=1)=\exp\left(\frac{-\mathrm{i}C/A}{2-\mathrm{i}C/A}a_1^\dagger a_2^\dagger\right)\exp\left[\left(a_1^\dagger a_1+a_2^\dagger a_2+1\right)\right.$$
$$\left.\times\ln\frac{2}{2-\mathrm{i}C/A}\right]\exp\left(\frac{-\mathrm{i}C/A}{2-\mathrm{i}C/A}a_1a_2\right).\tag{14.24}$$

另一方面, 由纠缠态表象 $|\eta\rangle$ 满足的本征态方程及完备性式 (13.86) ~ 式 (13.89), 以及 IWOP 技术我们求如下的正规乘积展开

$$\exp\left\{\frac{\mathrm{i}C}{4A}\left[(Q_1-Q_2)^2+(P_1+P_2)^2\right]\right\}$$
$$=\int\frac{\mathrm{d}^2\eta}{\pi}\exp\left(\frac{\mathrm{i}C}{2A}|\eta|^2\right)|\eta\rangle\langle\eta|$$

$$
\begin{aligned}
&=\int\frac{\mathrm{d}^2\eta}{\pi}:\ \exp\left[\left(\frac{\mathrm{i}C}{2A}-1\right)|\eta|^2+\eta\left(a_1^\dagger-a_2\right)-\eta^*\left(a_2^\dagger-a_1\right)+a_1^\dagger a_2^\dagger\right.\\
&\left.+a_1a_2-a_1^\dagger a_1-a_2^\dagger a_2\right]:\\
&=\frac{1}{1-\mathrm{i}C/2A}:\ \exp\left[\frac{-\mathrm{i}C}{2A-\mathrm{i}C}\left(a_1^\dagger-a_2\right)\left(a_2^\dagger-a_1\right)\right.\\
&\left.+a_1^\dagger a_2^\dagger+a_1a_2-a_1^\dagger a_1-a_2^\dagger a_2\right]:\\
&=\exp\left(\frac{-\mathrm{i}C/A}{2-\mathrm{i}C/A}a_1^\dagger a_2^\dagger\right):\ \exp\left[\left(a_1^\dagger a_1+a_2^\dagger a_2+1\right)\frac{2}{2-\mathrm{i}C/A}\right]:\\
&\times\exp\left(\frac{-\mathrm{i}C/A}{2-\mathrm{i}C/A}a_1a_2\right),
\end{aligned}
\tag{14.25}
$$

恰与式 (14.23) 相同, 所以

$$
F_2(1,0,C/A)=\exp\left\{\frac{\mathrm{i}C}{4A}\left[(Q_1-Q_2)^2+(P_1+P_2)^2\right]\right\},
\tag{14.26}
$$

它相应于单模情形中的平方相算符.

再来看 $F_2(A,0,0)$, 从式 (14.15) 我们知道

$$
\begin{aligned}
F_2(A,0,0,1/A)&=\exp\left(\frac{1-A^2}{A^2+1}a_1^\dagger a_2^\dagger\right)\exp\left[\left(a_1^\dagger a_1+a_2^\dagger a_2+1\right)\ln\frac{2A}{A^2+1}\right]\\
&\times\exp\left(\frac{A^2-1}{A^2+1}a_1a_2\right)\\
&=\exp\left[\left(a_1a_2-a_1^\dagger a_2^\dagger\right)\ln A\right]=\exp\left[\mathrm{i}\left(Q_1P_2+Q_2P_1\right)\ln A\right]\\
&=A\int_{-\infty}^{+\infty}\frac{\mathrm{d}^2\eta}{\pi}\left|A\eta\right\rangle\left\langle\eta\right|.
\end{aligned}
\tag{14.27}
$$

这是一个双模压缩算符. 最后看 $F_2(1,B/A,0)$, 从式 (14.15) 我们知道

$$
\begin{aligned}
F_2(1,B/A,0,1)&=\exp\left(\frac{-\mathrm{i}B/A}{2+\mathrm{i}B/A}a_1^\dagger a_2^\dagger\right):\ \exp\left[\left(a_1^\dagger a_1+a_2^\dagger a_2+1\right)\frac{2}{2+\mathrm{i}B/A}\right]:\\
&\times\exp\left(\frac{\mathrm{i}BA}{2+\mathrm{i}B/A}a_1a_2\right),
\end{aligned}
\tag{14.28}
$$

另一方面, 用 $\langle\eta|$ 的共轭态 $\langle\xi|$, 有

$$|\xi\rangle=\exp\left(-\frac{1}{2}|\xi|^2+\xi a_1^\dagger+\xi^* a_2^\dagger-a_1^\dagger a_2^\dagger\right)|00\rangle,\quad \xi=\xi_1+\mathrm{i}\xi_2, \tag{14.29}$$

其完备性 $\int\frac{\mathrm{d}^2\xi}{\pi}|\xi\rangle\langle\xi|=1, |\xi\rangle$ 是 Q_1+Q_2 和 P_1-P_2 的共同本征态,

$$(Q_1+Q_2)|\xi\rangle=\sqrt{2}\xi_1|\xi\rangle,\quad (P_1-P_2)|\xi\rangle=\sqrt{2}\xi_2|\xi\rangle, \tag{14.30}$$

我们有

$$\begin{aligned}
&\exp\left[-\frac{\mathrm{i}B}{4A}\left((Q_1+Q_2)^2+(P_1-P_2)^2\right)\right]\\
&=\int\frac{\mathrm{d}^2\xi}{\pi}\exp\left[-\frac{\mathrm{i}B}{2A}|\xi|^2\right]|\xi\rangle\langle\xi|\\
&=\int\frac{\mathrm{d}^2\xi}{\pi}:\exp\left[\left(-\frac{\mathrm{i}B}{2A}-1\right)|\xi|^2+\xi\left(a_1^\dagger+a_2\right)+\xi^*\left(a_2^\dagger+a_1\right)\right.\\
&\quad\left.-a_1^\dagger a_2^\dagger-a_1a_2-a_1^\dagger a_1-a_2^\dagger a_2\right]:\\
&=\frac{1}{1+\mathrm{i}B/2A}:\exp\left[\frac{\mathrm{i}B}{2A+\mathrm{i}B}\left(a_1^\dagger+a_2\right)\left(a_2^\dagger+a_1\right)\right]:\\
&=\exp\left(\frac{-\mathrm{i}B/A}{2+\mathrm{i}B/A}a_1^\dagger a_2^\dagger\right):\exp\left[\left(a_1^\dagger a_1+a_2^\dagger a_2+1\right)\frac{2}{2+\mathrm{i}B/A}\right]\\
&\quad:\exp\left(\frac{\mathrm{i}BA}{2+\mathrm{i}B/A}a_1a_2\right),
\end{aligned} \tag{14.31}$$

比较式 (14.31) 和式 (14.28) 我们导出

$$F_2(1,B/A,0,1)=\exp\left\{-\frac{\mathrm{i}B}{4A}\left[(Q_1+Q_2)^2+(P_1-P_2)^2\right]\right\}. \tag{14.32}$$

它相应于单模情形下的自由空间的菲涅耳传播算符. 于是结合式 (14.23), 式 (14.26) 和式 (14.32) 就证得了式 (14.21).

还有一个特别情形, 即当 $A=D=0, B=1, C=-1, F_2(0,1,-1)=\exp\left[-\mathrm{i}\frac{\pi}{2}\left(a_1^\dagger a_1+a_2^\dagger a_2+1\right)\right]$, 它被称为傅里叶算符, 因为它生成的变换是 $F_2^\dagger(0,1,-1)Q_iF_2(0,1,-1)=P_i, F_2^\dagger(0,1,-1)P_iF_2(0,1,-1)=-Q_i$.

有趣的是以上出现的算符遵守如下对易关系:

$$
\left[\frac{(Q_1-Q_2)^2+(P_1+P_2)^2}{4},\frac{(Q_1+Q_2)^2+(P_1-P_2)^2}{4}\right]
=-\frac{\mathrm{i}}{2}\left(Q_1P_2+Q_2P_1\right), \tag{14.33}
$$

$$
\left[-\frac{\mathrm{i}}{2}\left(Q_1P_2+Q_2P_1\right),\frac{(Q_1-Q_2)^2+(P_1+P_2)^2}{4}\right]
=\frac{(Q_1+Q_2)^2+(P_1-P_2)^2}{4}, \tag{14.34}
$$

和

$$
\left[-\frac{\mathrm{i}}{2}\left(Q_1P_2+Q_2P_1\right),\frac{(Q_1-Q_2)^2+(P_1+P_2)^2}{4}\right]
=-\frac{(Q_1+Q_2)^2+(P_1-P_2)^2}{4}, \tag{14.35}
$$

表明它们组成 su(1, 1)李代数.

14.4 $F_2(A,B,C)$ 的其他分解式

式 (14.23) 的分拆对于 $A=0$ 的情形不适用, 当 $A=0$ 时. 我们参考 $\begin{pmatrix} A & B \\ C & D \end{pmatrix}^{-1}=\begin{pmatrix} D & -B \\ -C & A \end{pmatrix}$ 可以先导出 $F_2^{-1}(A,B,C)$ 的分拆,

$$
\begin{aligned}
F_2^{-1}(A,B,C)=&\exp\left\{-\frac{\mathrm{i}C}{4D}\left[(Q_1-Q_2)^2+(P_1+P_2)^2\right]\right\}\\
&\times\exp\left[\mathrm{i}\left(Q_1P_2+Q_2P_1\right)\ln D\right]\\
&\times\exp\left\{\frac{\mathrm{i}B}{4D}\left[(Q_1+Q_2)^2+(P_1-P_2)^2\right]\right\},
\end{aligned} \tag{14.36}
$$

再取其逆得 $F_2(A,B,C)$ 的分拆

$$F_2(A,B,C)=\exp\left\{-\frac{\mathrm{i}B}{4D}\left[(Q_1+Q_2)^2+(P_1-P_2)^2\right]\right\}$$
$$\times\exp\left[-\mathrm{i}\left(Q_1P_2+Q_2P_1\right)\ln D\right]$$
$$\times\exp\left\{\frac{\mathrm{i}C}{4D}\left[(Q_1-Q_2)^2+(P_1+P_2)^2\right]\right\},\tag{14.37}$$

这对 $D\neq0$ 适用 . 另外, 对于用以下矩阵分解

$$\begin{pmatrix}A&B\\C&D\end{pmatrix}=\begin{pmatrix}1&0\\D/B&1\end{pmatrix}\begin{pmatrix}B&0\\0&1/B\end{pmatrix}\begin{pmatrix}0&1\\-1&0\end{pmatrix}$$
$$\times\begin{pmatrix}1&0\\A/B&1\end{pmatrix},\tag{14.38}$$

或

$$\begin{pmatrix}A&B\\C&D\end{pmatrix}=\begin{pmatrix}1&A/C\\0&1\end{pmatrix}\begin{pmatrix}-1/C&0\\0&-C\end{pmatrix}\begin{pmatrix}0&1\\-1&0\end{pmatrix}$$
$$\times\begin{pmatrix}1&D/C\\0&1\end{pmatrix},\tag{14.39}$$

相应的有 $B\neq0$ 情形下 F_2 的分拆 ,

$$F_2(A,B,C)=\exp\left\{\frac{\mathrm{i}D}{4B}\left[(Q_1-Q_2)^2+(P_1+P_2)^2\right]\right\}$$
$$\times\exp\left[\mathrm{i}\left(Q_1P_2+Q_2P_1\right)\ln B\right]\exp\left[-\mathrm{i}\frac{\pi}{2}\left(a_1^\dagger a_1+a_2^\dagger a_2+1\right)\right]$$
$$\times\exp\left\{\frac{\mathrm{i}A}{4B}\left[(Q_1-Q_2)^2+(P_1+P_2)^2\right]\right\},\tag{14.40}$$

和有 $C\neq0$ 情形下 F_2 的分拆

$$F_2(A,B,C)=\exp\left\{-\frac{\mathrm{i}A}{4C}\left[(Q_1+Q_2)^2+(P_1-P_2)^2\right]\right\}$$

$$\times \exp\left[\mathrm{i}\left(Q_1P_2+Q_2P_1\right)\ln\left(-\frac{1}{C}\right)\right]\exp\left[-\mathrm{i}\frac{\pi}{2}\left(a_1^{\dagger}a_1+a_2^{\dagger}a_2+1\right)\right]$$

$$\times \exp\left\{-\frac{\mathrm{i}D}{4C}\left[\left(Q_1+Q_2\right)^2+\left(P_1-P_2\right)^2\right]\right\}. \tag{14.41}$$

如果改用

$$\begin{pmatrix} A & B \\ C & D \end{pmatrix}=\begin{pmatrix} 1 & 0 \\ (D-1)/B & 1 \end{pmatrix}\begin{pmatrix} 1 & B \\ 0 & 1 \end{pmatrix}\begin{pmatrix} 1 & 0 \\ (A-1)/B & 1 \end{pmatrix}, \tag{14.42}$$

或

$$\begin{pmatrix} A & B \\ C & D \end{pmatrix}=\begin{pmatrix} 1 & (A-1)/C \\ 0 & 1 \end{pmatrix}\begin{pmatrix} 1 & 0 \\ C & 1 \end{pmatrix}\begin{pmatrix} 1 & (D-1)/C \\ 0 & 1 \end{pmatrix}, \tag{14.43}$$

对于 $B\neq 0$ 和 $C\neq 0$ 我们就可分别得到如下的分拆

$$F_2(A,B,C)=\exp\left\{\frac{\mathrm{i}(D-1)}{4B}\left[\left(Q_1-Q_2\right)^2+\left(P_1+P_2\right)^2\right]\right\}$$

$$\times \exp\left\{-\frac{\mathrm{i}B}{4}\left[\left(Q_1+Q_2\right)^2+\left(P_1-P_2\right)^2\right]\right\}$$

$$\times \exp\left\{\frac{\mathrm{i}(A-1)}{4B}\left[\left(Q_1-Q_2\right)^2+\left(P_1+P_2\right)^2\right]\right\}, \tag{14.44}$$

和

$$F_2(A,B,C)=\exp\left\{\frac{-\mathrm{i}(A-1)}{4C}\left[\left(Q_1+Q_2\right)^2+\left(P_1-P_2\right)^2\right]\right\}$$

$$\times \exp\left\{\frac{\mathrm{i}C}{4}\left[\left(Q_1-Q_2\right)^2+\left(P_1+P_2\right)^2\right]\right\}$$

$$\times \exp\left\{\frac{-\mathrm{i}(D-1)}{4C}\left[\left(Q_1+Q_2\right)^2+\left(P_1-P_2\right)^2\right]\right\}. \tag{14.45}$$

我们还能导出若干新算符恒等式, 例如当 $A=0, C=-B^{-1}$, 从

$$\begin{pmatrix} 0 & B \\ -B^{-1} & D \end{pmatrix} = \begin{pmatrix} 1 & 0 \\ D/B & 1 \end{pmatrix} \begin{pmatrix} B & 0 \\ 0 & B^{-1} \end{pmatrix} \begin{pmatrix} 0 & 1 \\ -1 & 0 \end{pmatrix}, \tag{14.46}$$

根据式 (14.37) 就有算符恒等式

$$\begin{aligned} & \exp\left\{-\frac{\mathrm{i}B}{4D}\left[(Q_1+Q_2)^2+(P_1-P_2)^2\right]\right\}\exp\left[-\mathrm{i}\left(Q_1P_2+Q_2P_1\right)\ln D\right] \\ & \quad \times \exp\left\{-\frac{\mathrm{i}}{4BD}\left[(Q_1-Q_2)^2+(P_1+P_2)^2\right]\right\} \\ & \quad = \exp\left\{\frac{\mathrm{i}D}{4B}\left[(Q_1-Q_2)^2+(P_1+P_2)^2\right]\right\}\exp\left[\mathrm{i}\left(Q_1P_2+Q_2P_1\right)\ln B\right] \\ & \quad \times \exp\left[-\frac{\mathrm{i}\pi}{2}\left(a_1^{\dagger}a_1+a_2^{\dagger}a_2+1\right)\right]. \end{aligned} \tag{14.47}$$

特别的, 当 $A=D=0, C=-B^{-1}$, 这相应于理想的谱, 式 (14.46) 就约化为

$$\begin{pmatrix} 0 & B \\ -B^{-1} & 0 \end{pmatrix} = \begin{pmatrix} B & 0 \\ 0 & B^{-1} \end{pmatrix} \begin{pmatrix} 0 & 1 \\ -1 & 0 \end{pmatrix}, \tag{14.48}$$

于是根据式 (14.45) 和式 (14.48) 就有

$$\begin{aligned} & \exp\left[-\frac{\mathrm{i}B}{4}\left[(Q_1+Q_2)^2+(P_1-P_2)^2\right]\right]\exp\left\{-\frac{\mathrm{i}}{4B}\left[(Q_1-Q_2)^2+(P_1+P_2)^2\right]\right\} \\ & \times \exp\left\{-\frac{\mathrm{i}B}{4}\left[(Q_1+Q_2)^2+(P_1-P_2)^2\right]\right\} \\ & \quad = \exp\left[\mathrm{i}\left(Q_1P_2+Q_2P_1\right)\ln B\right]\exp\left[-\mathrm{i}\frac{\pi}{2}\left(a_1^{\dagger}a_1+a_2^{\dagger}a_2+1\right)\right]. \end{aligned} \tag{14.49}$$

而当 $B=0, D=A^{-1}$, 从

$$\begin{pmatrix} A & 0 \\ C & A^{-1} \end{pmatrix} = \begin{pmatrix} 1 & 0 \\ C/A & 1 \end{pmatrix} \begin{pmatrix} A & 0 \\ 0 & A^{-1} \end{pmatrix}, \tag{14.50}$$

我们可导出

$$\exp\left[\mathrm{i}\left(Q_1P_2+Q_2P_1\right)\ln A\right]\exp\left\{\frac{\mathrm{i}AC}{4}\left[(Q_1-Q_2)^2+(P_1+P_2)^2\right]\right\}$$

$$= \exp\left\{\frac{\mathrm{i}C}{4A}\left[(Q_1-Q_2)^2+(P_1+P_2)^2\right]\right\}\exp\left[\mathrm{i}\left(Q_1P_2+Q_2P_1\right)\ln A\right]. \quad (14.51)$$

当 $C=0, A=D^{-1}$,

$$\begin{pmatrix} D^{-1} & B \\ 0 & D \end{pmatrix} = \begin{pmatrix} 1 & B/D \\ 0 & 1 \end{pmatrix}\begin{pmatrix} D^{-1} & 0 \\ 0 & D \end{pmatrix}, \quad (14.52)$$

这对应于远焦光学系统

$$\begin{aligned}
&\exp\left\{\frac{\mathrm{i}D}{4B}\left[(Q_1-Q_2)^2+(P_1+P_2)^2\right]\right\}\exp\left\{\mathrm{i}\left[Q_1P_2+Q_2P_1\right]\ln B\right\} \\
&\times\exp\left[-\mathrm{i}\frac{\pi}{2}\left(a_1^\dagger a_1+a_2^\dagger a_2+1\right)\right]\exp\left\{\frac{\mathrm{i}}{4BD}\left[(Q_1-Q_2)^2+(P_1+P_2)^2\right]\right\} \\
&= \exp\left\{-\frac{\mathrm{i}B}{4D}\left[(Q_1+Q_2)^2+(P_1-P_2)^2\right]\right\}\exp\left[-\mathrm{i}\left(Q_1P_2+Q_2P_1\right)\ln D\right]
\end{aligned} \quad (14.53)$$

当 $D=0, C=-B^{-1}$, 相当于菲涅耳系统,

$$\begin{pmatrix} A & B \\ -B^{-1} & 0 \end{pmatrix} = \begin{pmatrix} B & 0 \\ 0 & B^{-1} \end{pmatrix}\begin{pmatrix} 0 & 1 \\ -1 & 0 \end{pmatrix}\begin{pmatrix} 1 & 0 \\ A/B & 1 \end{pmatrix}, \quad (14.54)$$

就有

$$\begin{aligned}
&\exp\left\{-\frac{\mathrm{i}}{4AB}\left[(Q_1-Q_2)^2+(P_1+P_2)^2\right]\right\}\exp\left[\mathrm{i}\left(Q_1P_2+Q_2P_1\right)\ln A\right] \\
&\times\exp\left[-\frac{\mathrm{i}B}{4A}\left((Q_1+Q_2)^2+(P_1-P_2)^2\right)\right] \\
&\quad= \exp\left[\mathrm{i}\left(Q_1P_2+Q_2P_1\right)\ln B\right]\exp\left[-\mathrm{i}\frac{\pi}{2}\left(a_1^\dagger a_1+a_2^\dagger a_2+1\right)\right] \\
&\quad\times\exp\left\{\frac{\mathrm{i}A}{4B}\left[(Q_1-Q_2)^2+(P_1+P_2)^2\right]\right\}.
\end{aligned} \quad (14.55)$$

14.5 纠缠菲涅耳算符的外尔编序和坐标表象中纠缠菲涅耳算符的矩阵元

根据 6.4 节中介绍的化算符为其外尔编序的公式的双模推广是

$$\vdots F\left(a_1,a_2,a_2,a_2^\dagger\right)\vdots=\frac{4}{\pi^2}\int \mathrm{d}^2\beta_1 d^2\beta_1\left\langle-\beta_1,-\beta_2\right|F\left(a_1,a_2,a_2,a_2^\dagger\right)\left|\beta_1,\beta_2\right\rangle$$
$$\times\vdots\exp\left[2\left(\beta_1^*a_1-\beta_1a_1^\dagger+a_1^\dagger a_1+\beta_2^*a_2-\beta_2a_2^\dagger+a_2^\dagger a_2\right)\right]\vdots. \tag{14.56}$$

$|\beta_1,\beta_2\rangle$ 是双模相干态. 把式 (14.8) 代入 (14.56) 中的非对角矩阵元, 用 $\langle-\beta_1,-\beta_2|\beta_1,\beta_2\rangle=\exp\left[-2\left(|\beta_1|^2+|\beta_2|^2\right)\right]$ 得到

$$\langle-\beta_1,-\beta_2|\exp\left(\frac{r}{s^*}a_1^\dagger a_2^\dagger\right):\exp\left[\left(\frac{1}{s^*}-1\right)\left(a_1^\dagger a_1+a_2^\dagger a_2\right)\right]:\exp\left(-\frac{r^*}{s^*}a_1a_2\right)|\beta_1,\beta_2\rangle$$
$$=\exp\left[-\frac{1+s^*}{s^*}\left(|\beta_1|^2+|\beta_2|^2\right)+\frac{r}{s^*}\beta_1^*\beta_2^*-\frac{r^*}{s^*}\beta_1\beta_2\right], \tag{14.57}$$

将式 (14.57) 代入式 (14.56) 积分得

$$F_2(r,s)=\frac{4}{\pi^2s^*}\vdots\int \mathrm{d}^2\beta_1\mathrm{d}^2\beta_2\exp\left[-\frac{1+s^*}{s^*}\left(|\beta_1|^2+|\beta_2|^2\right)+\left(\frac{r}{s^*}\beta_2^*+2a_1\right)\beta_1^*\right.$$
$$\left.-\left(\frac{r^*}{s^*}\beta_2+2a_1^\dagger\right)\beta_1+2a_1^\dagger a_1+2\beta_2^*a_2-2\beta_2a_2^\dagger+2a_2^\dagger a_2\right]\vdots$$
$$=\frac{4}{s^*+s+2}\vdots\exp\frac{2}{s^*+s+2}\left[(s-s^*)\left(a_1^\dagger a_1+a_2^\dagger a_2\right)\right.$$
$$\left.-ra_1^\dagger a_2^\dagger+r^*a_1a_2\right]\vdots. \tag{14.58}$$

用

$$a_i=\frac{Q_i+\mathrm{i}P_i}{\sqrt{2}},\quad a_i^\dagger=\frac{Q_i-\mathrm{i}P_i}{\sqrt{2}},\quad i=1, \tag{14.59}$$

改写式 (14.58), 就有

$$F_2(A,B,C)=\frac{4}{2+A+D}\vdots\exp\left\{\frac{\mathrm{i}}{2+A+D}\Big[(C-B)\left(Q_1^2+P_1^2+Q_2^2+P_2^2\right)\right.$$
$$\left.+(Q_1Q_2-P_1P_2)(B+C)+(D-A)(P_1Q_2+P_2Q_1)\Big]\right\}\vdots. \tag{14.60}$$

做替代 $Q_i\to q_i, P_i\to p_i, (i=1,2)$, 我们就得到 $F_2(A,B,C)$ 的经典外尔对应

$$F_2(A,B,C)\to\frac{4}{2+A+D}\exp\left\{\frac{\mathrm{i}}{2+A+D}\Big[(C-B)\left(q_1^2+p_1^2+q_2^2+p_2^2\right)\right.$$
$$\left.+(q_1q_2-p_1p_2)(B+C)+(D-A)(p_1q_2+p_2q_1)\Big]\right\}. \tag{14.61}$$

式 (14.60) 给出 F_2 在坐标表象的矩阵元

$$\langle q_1',q_2'|F_2(A,B,C)|q_1,q_2\rangle=\frac{4}{2+A+D}\langle q_1',q_2'|\vdots\exp\left\{\frac{\mathrm{i}}{2+A+D}\Big[(C-B)\right.$$
$$\times\left(Q_1^2+P_1^2+Q_2^2+P_2^2\right)+(Q_1Q_2-P_1P_2)(B+C)$$
$$\left.+(D-A)(P_1Q_2+P_2Q_1)\Big]\right\}\vdots|q_1,q_2\rangle. \tag{14.62}$$

代入外尔变换关系

$$\langle q'|H(P,Q)|q\rangle=\int_{-\infty}^{+\infty}\frac{\mathrm{d}p}{2\pi}\mathrm{e}^{\mathrm{i}p(q'-q)}h\left(p,\frac{q+q'}{2}\right), \tag{14.63}$$

其中 $h(p,q)$ 是 $H(P,Q)$ 的经典外尔对应, 用式 (14.62) 就得

$$\langle q_1',q_2'|F_2(A,B,C)|q_1,q_2\rangle$$
$$=\frac{4}{2+A+D}\int_{-\infty}^{+\infty}\frac{\mathrm{d}p_1\mathrm{d}p_2}{4\pi^2}\exp\left[\mathrm{i}p_1(q_1'-q_1)+\mathrm{i}p_2(q_2'-q_2)\right]$$
$$\times\exp\left[\frac{(q_1+q_1')^2+(q_2+q_2')^2+4(p_1^2+p_2^2)}{4}\frac{\mathrm{i}(C-B)}{2+A+D}\right.$$
$$+\frac{(q_1+q_1')(q_2+q_2')-4p_1p_2}{4}\frac{\mathrm{i}(B+C)}{2+A+D}$$

$$+\frac{p_1(q_2+q_2')+p_2(q_1+q_1')}{2}\frac{\mathrm{i}(D-A)}{2+A+D}\Big]$$

$$=\frac{1}{2\pi\sqrt{BC}}\exp\left\{\frac{\mathrm{i}}{4B}\left[A(q_1-q_2)^2-2(q_1-q_2)(q_1'-q_2')+D\left(q_1'-q_2'\right)^2\right]\right\}$$

$$\times\exp\left\{-\frac{\mathrm{i}}{4C}\left[A(q_1'+q_2')^2-2(q_1'+q_2')(q_1+q_2')+D(q_1+q_2)^2\right]\right\} \quad (14.64)$$

这被称为是纠缠菲涅耳变换的积分核, 是式 (8.18) 中单模菲涅耳变换的非平庸推广.

以上我们用量子光学的方法导出了经典光学的新变换式 (14.64).

14.6　柱坐标中的柯林斯衍射变换的乘法规则和柯林斯衍射的逆变换

在式 (8.58) 中我们已经用菲涅耳算符的乘法规则导出了柯林斯衍射变换的乘法规则, 鉴于柯林斯衍射公式 (用光线转移矩阵元来表征)在近轴透镜光学波传播和经典光学成像中有广泛的应用, 本节我们推导柱坐标系的柯林斯衍射变换的乘法规则. 当经历 $\begin{pmatrix}A & B\\ C & D\end{pmatrix}$ 光学系统的入射光信号是圆对称的情形, 我们就可以先把二维柯林斯衍射积分的 θ 变数积分掉, 只剩下对径向变数的积分

$$g(r')=\frac{\mathrm{i}^{q+1}}{B}\int_0^{+\infty}\exp\left[\frac{1}{2\mathrm{i}B}\left(Ar^2+Dr'^2\right)\right]J_q\left(\frac{rr'}{B}\right)f(r)\,r\mathrm{d}r, \quad (14.65)$$

这里 $g(r')$ 是输出光信号, J_q 是 q-阶贝塞尔函数. 当光场 $g(r')$ 再经历另一个以 $\begin{pmatrix}A' & B'\\ C' & D'\end{pmatrix}$ 表征的光学系统, 出射光场是

$$h(r'')=\frac{\mathrm{i}^{q+1}}{B'}\int_0^{+\infty}\exp\left[\frac{1}{2\mathrm{i}B'}\left(A'r'^2+D'r''^2\right)\right]J_q\left(\frac{r'r''}{B'}\right)g(r')\,r'\mathrm{d}r' \quad (14.66)$$

我们要证明这两次连续变换的结果等价于一个单积分变换, 它直接联系着 $f(r)$ 与 $h(r'')$,

$$h(r'') = \frac{\mathrm{i}^{q+1}}{A'B+B'D}\int_0^{+\infty}\exp\left\{\frac{\mathrm{i}}{2\mathrm{i}(A'B+B'D)}\left[(A'A+B'C)r^2 + (C'B+D'D)r''^2\right]\right\}J_q\left(\frac{rr''}{A'B+B'D}\right)f(r)\,r\mathrm{d}r, \tag{14.67}$$

这是一个新的定理. 我们用纠缠态表象 $|\eta\rangle$ 来证明之.

从 $|\eta = r\mathrm{e}^{\mathrm{i}\theta}\rangle$ 我们可以导出一个新的态矢量

$$|q,r\rangle = \frac{1}{2\pi}\int_0^{2\pi}\mathrm{d}\theta\left|\eta = r\mathrm{e}^{\mathrm{i}\theta}\right\rangle \mathrm{e}^{-\mathrm{i}q\theta}, \tag{14.68}$$

这里 q 是分立的, 可证 $|q,r\rangle$ 是完备的

$$\sum_{q=-\infty}^{+\infty}\int_0^{+\infty}\mathrm{d}r^2\,|q,r\rangle\langle q,r| = 1, \tag{14.69}$$

和正交的

$$\langle q',r'|\,q,r\rangle = \delta_{q'q}\frac{1}{2r}\delta(r-r''). \tag{14.70}$$

用贝塞尔函数 $J_q(x)$ 的母函数公式

$$\mathrm{e}^{\mathrm{i}x\sin\theta} = \sum_{q=-\infty}^{+\infty}J_q(x)\,\mathrm{e}^{\mathrm{i}q\theta}, \tag{14.71}$$

以及式 (14.11) 我们就可导出双模菲涅耳算符在 $|q,r\rangle$ 表象中的矩阵元

$$\begin{aligned}\langle q',r'|\,F_2(A,B,C)\,|q,r\rangle &= \frac{1}{4\pi^2}\int_0^{2\pi}\mathrm{d}\theta'\int_0^{2\pi}\mathrm{d}\theta\mathrm{e}^{\mathrm{i}q'\theta'} \\ &\langle\eta' = r'\mathrm{e}^{\mathrm{i}\theta'}\right|F_2(A,B,C)\left|\eta = r\mathrm{e}^{\mathrm{i}\theta}\rangle\mathrm{e}^{-\mathrm{i}q\theta} \\ &= \delta_{q,q'}\frac{\mathrm{i}^{q+1}}{2B}\exp\left[\frac{1}{2\mathrm{i}B}\left(Ar^2+Dr'^2\right)\right]J_q\left(\frac{rr'}{B}\right).\end{aligned} \tag{14.72}$$

它正好是柯林斯衍射积分 (径向变数的积分)公式式 (14.65). 让 $F_2(t,s)\,|f\rangle = |g\rangle$, $f(r) = \langle q,r|\,f\rangle$, 则用式 (14.70) 和式 (14.71) 我们得到

$$g(r') = \langle q', r'| F_2(A,B,C)|f\rangle = \sum_q \int_0^{+\infty} \mathrm{d}r^2 \langle q', r'| F_2(A,B,C)|q,r\rangle \langle q,r| f\rangle$$

$$= \frac{\mathrm{i}^{m+1}}{B}\int_0^{+\infty} \exp\left[\frac{1}{2\mathrm{i}B}\left(Ar^2 + Dr'^2\right)\right] J_m\left(\frac{rr'}{B}\right) f(r)\, r\mathrm{d}r, \tag{14.73}$$

这就是柱坐标中的柯林斯公式的量子力学版本. 进一步, 考虑 $|f\rangle$ 的两个接连的菲涅耳变换,

$$|h\rangle = F_2(A',B',C')|g\rangle = F_2(A',B',C') F_2(A,B,C)|f\rangle, \tag{14.74}$$

由于 $F_2(A',B',C') F_2(A,B,C) = F_2(A'',B'',C'')$, 按照矩阵乘法

$$\begin{pmatrix} A'' & B'' \\ C'' & D'' \end{pmatrix} = \begin{pmatrix} A' & B' \\ C' & D' \end{pmatrix}\begin{pmatrix} A & B \\ C & D \end{pmatrix}$$

$$= \begin{pmatrix} A'A + B'C & A'B + B'D \\ C'A + D'C & C'B + D'D \end{pmatrix}, \tag{14.75}$$

以及 $|h\rangle = F_2(t'', s'')|f\rangle$, 我们就有

$$h(r'') = \langle q'', r''| h\rangle = \langle q'', r''| F_2(t', s') F_2(t, s)|f\rangle$$

$$= \frac{\mathrm{i}^{q+1}}{B'}\int_0^{+\infty} \exp\left[\frac{1}{2\mathrm{i}B'}\left(A'r'^2 + D'r''^2\right)\right] J_q\left(\frac{r'r''}{B'}\right) g(r')\, r'\mathrm{d}r' \tag{14.76}$$

这样我们就用量子光学的方法证明了柱坐标中的柯林斯衍射变换的乘法规则.

我们还要导出柱坐标中的柯林斯衍射公式的逆变换, 它反映了客体和其像的互换.

由式 (14.4) 我们知道

$$F_2(t,s)=s\int\frac{1}{\pi^2}\mathrm{d}^2z_1\mathrm{d}^2z_2\left|\begin{pmatrix}s&&&t\\&s^*&t^*&\\&t&s&\\t^*&&&s^*\end{pmatrix}\begin{pmatrix}z_1\\z_1^*\\z_2\\z_2^*\end{pmatrix}\right\rangle\left\langle\begin{pmatrix}z_1\\z_1^*\\z_2\\z_2^*\end{pmatrix}\right|, \tag{14.77}$$

这里 $\left\langle\begin{pmatrix}z_1\\z_1^*\\z_2\\z_2^*\end{pmatrix}\right|\equiv\langle z_1,z_2|$. 所以

$$\begin{aligned}F_2^\dagger(t,s)&=\int\frac{s^*}{\pi^2}\mathrm{d}^2z_1\mathrm{d}^2z_2\left|\begin{pmatrix}z_1\\z_1^*\\z_2\\z_2^*\end{pmatrix}\right\rangle\left\langle\begin{pmatrix}s&&&t\\&s^*&t^*&\\&t&s&\\t^*&&&s^*\end{pmatrix}\begin{pmatrix}z_1\\z_1^*\\z_2\\z_2^*\end{pmatrix}\right|\\&=\int\frac{s^*}{\pi^2}\mathrm{d}^2z_1\mathrm{d}^2z_2\left|\begin{pmatrix}s^*&&&-t\\&s&-t^*&\\&-t&s^*&\\-t^*&&&s\end{pmatrix}\begin{pmatrix}z_1\\z_1^*\\z_2\\z_2^*\end{pmatrix}\right\rangle\left\langle\begin{pmatrix}z_1\\z_1^*\\z_2\\z_2^*\end{pmatrix}\right|\\&=F_2(-t,s^*)=F_2^{-1}(t,s).\end{aligned} \tag{14.78}$$

由于

$$|g\rangle=F_2(r,s)|f\rangle,\quad F_2^{-1}(t,s)|g\rangle=F_2(-t,s^*)|g\rangle=|f\rangle, \tag{14.79}$$

以及

$$s^*=\frac{1}{2}[A+D-\mathrm{i}(B-C)],\quad -t=\frac{1}{2}[D-A+\mathrm{i}(B+C)], \tag{14.80}$$

因此式 (14.65) 的逆积分变换是

$$f(r) = -\frac{\mathrm{i}^{q+1}}{B}\int_0^{+\infty}\exp\left[\frac{\mathrm{i}}{2B}\left(Dr'^2 + Ar^2\right)\right] J_q\left(\frac{-rr'}{B}\right) g(r')\, r'\mathrm{d}r', \tag{14.81}$$

这是由像反过来求原物的公式.

14.7　作为广义双模菲涅耳算符

考察式 (14.21) 中 F_2 的分拆, 其中

$$\begin{aligned}\exp\left[\mathrm{i}\left(Q_1P_2 + Q_2P_1\right)\ln A\right] &= A\int\frac{\mathrm{d}^2\eta}{\pi}\left|A\eta\right\rangle\left\langle\eta\right| \\ &= \int\frac{\mathrm{d}^2\xi}{A\pi}\left|\xi/A\right\rangle\left\langle\xi\right|,\end{aligned} \tag{14.82}$$

我们看出

$$\begin{aligned}&\exp\left[\mathrm{i}\left(Q_1P_2 + Q_2P_1\right)\ln A\right]\left(Q_1 + Q_2\right)\exp\left[-\mathrm{i}\left(Q_1P_2 + Q_2P_1\right)\ln A\right] \\ &\times\int\frac{\mathrm{d}^2\xi}{A\pi}\left|\xi/A\right\rangle\left\langle\xi\right|\left(Q_1 + Q_2\right)A\int\frac{\mathrm{d}^2\xi'}{\pi}\left|A\xi'\right\rangle\left\langle\xi'\right| \\ &= \int\frac{\mathrm{d}^2\xi}{\pi}\int\mathrm{d}^2\xi'\sqrt{2}A\xi_1'\left|\xi/A\right\rangle\left\langle\xi'\right|\delta^{(2)}\left(\xi - A\xi'\right) \\ &= \int\frac{\mathrm{d}^2\xi'}{\pi A}\sqrt{2}\xi_1'\left|\xi'\right\rangle\left\langle\xi'\right| = \frac{\left(Q_1 + Q_2\right)}{A},\end{aligned} \tag{14.83}$$

又有

$$\begin{aligned}&\exp\left[\frac{\mathrm{i}C}{4A}\left(P_1 + P_2\right)^2\right]\left(Q_1 + Q_2\right)\exp\left[\frac{-\mathrm{i}C}{4A}\left(P_1 + P_2\right)^2\right] \\ &= \left(Q_1 + Q_2\right) + \frac{C}{A}\left(P_1 + P_2\right),\end{aligned} \tag{14.84}$$

所以就有

$$F_2(Q_1+Q_2)F_2^\dagger = A(Q_1+Q_2)+C(P_1+P_2),$$

$$F_2(P_1-P_2)F_2^\dagger = A(P_1-P_2)-C(Q_1-Q_2), \tag{14.85}$$

和

$$F_2(Q_1-Q_2)F_2^\dagger = D(Q_1-Q_2)-B(P_1-P_2),$$

$$F_2(P_1+P_2)F_2^\dagger = B(Q_1+Q_2)+D(P_1+P_2), \tag{14.86}$$

或写成

$$F_2\begin{pmatrix} Q_1-Q_2 \\ P_1-P_2 \\ Q_1+Q_2 \\ P_1+P_2 \end{pmatrix} F_2^\dagger = \begin{pmatrix} D & -B & 0 & 0 \\ -C & A & 0 & 0 \\ 0 & 0 & A & C \\ 0 & 0 & B & D \end{pmatrix}\begin{pmatrix} Q_1-Q_2 \\ P_1-P_2 \\ Q_1+Q_2 \\ P_1+P_2 \end{pmatrix}, \tag{14.87}$$

因而

$$F_2Q_1F_2^\dagger = \frac{1}{2}\left[(A+D)Q_1-(B-C)P_1+(A-D)Q_2+(B+C)P_2\right],$$

$$F_2Q_2F_2^\dagger = \frac{1}{2}\left[(A+D)Q_2-(B-C)P_2+(A-D)Q_1+(B+C)P_1\right],$$

$$F_2P_1F_2^\dagger = \frac{1}{2}\left[(A+D)P_1+(B-C)Q_1-(A-D)P_2+(B+C)Q_2\right],$$

$$F_2P_2F_2^\dagger = \frac{1}{2}\left[(A+D)P_2+(B-C)Q_2-(A-D)P_1+(B+C)Q_1\right], \tag{14.88}$$

也可写成紧凑形式

$$F_2\begin{pmatrix} Q_1 \\ P_1 \\ Q_2 \\ P_2 \end{pmatrix} F_2^\dagger = \begin{pmatrix} A+D & C-B & A-D & B+C \\ B-C & A+D & B+C & D-A \\ A-D & B+C & A+D & C-B \\ B+C & D-A & B-C & A+D \end{pmatrix}\begin{pmatrix} Q_1 \\ P_1 \\ Q_2 \\ P_2 \end{pmatrix}. \tag{14.89}$$

由此可知其在相干态表象中的形式

$$F_2(r,s)=\frac{A+D-\mathrm{i}(B-C)}{2}\int\prod_{i=1}\frac{\mathrm{d}q_i\mathrm{d}p_i}{2\pi}\left|G\begin{pmatrix}q_1\\q_2\\p_1\\p_2\end{pmatrix}\right\rangle\left\langle\begin{pmatrix}q_1\\q_2\\p_1\\p_2\end{pmatrix}\right|,\quad(14.90)$$

其中

$$G=\frac{1}{2}\begin{pmatrix}A+D & A-D & B-C & B+C\\A-D & A+D & B+C & B-C\\C-B & B+C & A+D & D-A\\B+C & C-B & D-A & A+D\end{pmatrix}.\tag{14.91}$$

现在我们试图求以下算符

$$\begin{aligned}U_2\equiv\exp\Big\{&\mathrm{i}\alpha\left[(Q_1+Q_2)^2+(P_1-P_2)^2\right]+\mathrm{i}\beta\left[(Q_1-Q_2)^2+(P_1+P_2)^2\right]\\&+\mathrm{i}\gamma\,(Q_1P_2+Q_2P_1)\Big\},\end{aligned}\tag{14.92}$$

的分拆, 注意到

$$\begin{aligned}&[(Q_1P_2+Q_2P_1),(Q_1-Q_2)]=\mathrm{i}\,(Q_1-Q_2),\\&\left[(P_1-P_2)^2,(Q_1-Q_2)\right]=-2\mathrm{i}\,(P_1-P_2),\\&[(Q_1P_2+Q_2P_1),(P_1-P_2)]=\mathrm{i}\,(P_2-P_1).\end{aligned}\tag{14.93}$$

并用贝克–豪斯多夫公式有

$$\begin{aligned}U_2^{-1}(Q_1-Q_2)\,U_2&=(Q_1-Q_2)+\left[\mathrm{i}\gamma\,(Q_1P_2+Q_2P_1)+\mathrm{i}\alpha\,(P_1-P_2)^2,(Q_1-Q_2)\right]\\&\quad+\cdots\\&=(Q_1-Q_2)+2\alpha\,(P_1-P_2)-\gamma\,(Q_1-Q_2)+\cdots\end{aligned}$$

$$= (Q_1 - Q_2)\cosh\lambda - \frac{\alpha}{\lambda}\left[(P_1 - P_2) + \frac{\gamma}{\alpha}(Q_1 - Q_2)\right]\sinh\lambda, \tag{14.94}$$

以及

$$U_2^{-1}(P_1 - P_2)U_2 = (P_1 - P_2)\cosh\lambda + \frac{1}{\lambda}[\gamma(P_1 - P_2) + \beta(Q_1 - Q_2)]\sinh\lambda, \tag{14.95}$$

这里

$$\lambda = \sqrt{\gamma^2 - \alpha\beta}. \tag{14.96}$$

又设

$$U_2 = \exp\left(\frac{\mathrm{i}\mathrm{C}'}{2\mathrm{A}'}\left[(Q_1 + Q_2)^2 + (P_1 - P_2)^2\right]\right)\exp\left[-\frac{\mathrm{i}}{2}(Q_1P_2 + Q_2P_1)\ln\mathrm{A}'\right]$$
$$\times\exp\left(-\frac{\mathrm{i}\mathrm{B}'}{2\mathrm{A}'}\left[(Q_1 - Q_2)^2 + (P_1 + P_2)^2\right]\right) \tag{14.97}$$

其中 $\mathrm{A}',\mathrm{B}',\mathrm{C}'$ 待定. 比较式 (14.97) 和式 (14.87) 我们能够定出

$$\begin{pmatrix} \mathrm{A}' & \mathrm{B}' \\ \mathrm{C}' & \mathrm{D}' \end{pmatrix} = \begin{pmatrix} \cosh\lambda - \dfrac{\gamma\sinh\lambda}{\lambda} & -\dfrac{\alpha\sinh\lambda}{\lambda} \\ \dfrac{\beta\sinh\lambda}{\lambda} & \cosh\lambda + \dfrac{\gamma\sinh\lambda}{\lambda} \end{pmatrix}. \tag{14.98}$$

因此, 按照式 (14.21) 我们可知 U_2 的分拆是

$$U_2 = \exp\left\{\frac{\mathrm{i}\beta\sinh\lambda}{2(\lambda\cosh\lambda - \gamma\sinh\lambda)}\left[(Q_1 + Q_2)^2 + (P_1 - P_2)^2\right]\right\}$$
$$\times\exp\left[-\frac{\mathrm{i}}{2}(Q_1P_2 + Q_2P_1)\ln\left(\cosh\lambda - \frac{\gamma\sinh\lambda}{\lambda}\right)\right]$$
$$\times\exp\left\{\frac{\mathrm{i}\alpha\sinh\lambda}{2(\lambda\cosh\lambda - \gamma\sinh\lambda)}\left[(Q_1 - Q_2)^2 + (P_1 + P_2)^2\right]\right\}, \tag{14.99}$$

所以 $\exp\left\{\mathrm{i}\alpha\left[(Q_1 + Q_2)^2 + (P_1 - P_2)^2\right] + \mathrm{i}\beta\left[(Q_1 - Q_2)^2 + (P_1 + P_2)^2\right] + \mathrm{i}\gamma(Q_1P_2 + Q_2P_1)\right\}$ 是广义双模菲涅耳算符.

第 15 章　描写电子在均匀磁场中运动的纠缠态表象及应用

作为宏观量子现象的量子霍尔效应的发现是上世纪物理界的一件大事. 研究量子霍尔效应的理论基础之一是电子在均匀磁场 $\boldsymbol{B}=B\boldsymbol{z}$ 中运动的动力学和电子的朗道 (Landau)能级. 如狄拉克所说, “When one has a particular problem to work out in quantum mechanics, one can minimize the labour by using a representation in which the representatives of the more important abstract quantities occurring in that problem are as simple as possible”, 所以我们对此系统要建立合适的纠缠态表象以更方便地处理各种有关问题.

15.1　描写电子在均匀磁场中运动的纠缠态表象的引入

描述电子在均匀磁场中的哈密顿量是 (取普朗克常数 $\hbar=1$, 光速 $c=1$ 单位制)

$$H=\frac{1}{2M}\left(\Pi_x^2+\Pi_y^2\right)=\left(\Pi_+\Pi_-+\frac{1}{2}\right)\Omega. \tag{15.1}$$

这里 $\Pi_\pm$ 是机械动量,

$$\Pi_{\pm}=\frac{\Pi_x\pm \mathrm{i}\Pi_y}{\sqrt{2M\Omega}},\quad \Pi_x=p_x+eA_x,\quad \Pi_y=p_y+eA_y, \tag{15.2}$$

M 是电子质量, $\Omega=\dfrac{eB}{M}$ 是电子旋转同步频率, 磁矢势 $\boldsymbol{A}=\left(-\dfrac{1}{2}By,\dfrac{1}{2}Bx,0\right)$. 由于磁场 $\boldsymbol{B}$(沿着 z 方向）的作用, 此系统哈密顿量中的动力学变量是机械动量 $\Pi_{\pm},[\Pi_-,\Pi_+]=1$, 电子轨道中心坐标 (x_0,y_0) 是另一对不能同时精确测量的量，

$$[x_0,y_0]=\frac{\mathrm{i}}{M\Omega}, \tag{15.3}$$

它们与电子坐标 (x,y)的关系为

$$x_0=x-\frac{\Pi_y}{M\Omega},\quad y_0=y+\frac{\Pi_x}{M\Omega}, \tag{15.4}$$

引入

$$K_{\pm}=\sqrt{\frac{M\Omega}{2}}\left(x_0\mp \mathrm{i}y_0\right), \tag{15.5}$$

则

$$[K_-,K_+]=1,\quad [K_{\pm},\Pi_{\pm}]=0. \tag{15.6}$$

电子位置的本征矢量就应自然地用 $\Pi_{\pm}$ 和 $K_{\pm}$ 表示出来, 也可以对 $\Pi_{\pm}$ 和 $K_{\pm}$ 引入正规乘积的排序. 用对于电子和磁场这样特殊的两体系统我们也可以引入形式是纠缠态的表象

$$|\lambda\rangle=\exp\left(-\frac{1}{2}|\lambda|^2-\mathrm{i}\lambda\Pi_++\lambda^*K_++\mathrm{i}\Pi_+K_+\right)|00\rangle,\quad \lambda=\lambda_1+\mathrm{i}\lambda_2=|\lambda|\,\mathrm{e}^{\mathrm{i}\varphi}, \tag{15.7}$$

这里真空态满足 $\Pi_-|00\rangle=0,\ K_-|00\rangle=0,\lambda$ 是电子的复坐标, 可以证明 $|\lambda\rangle$ 是电子坐标 (x,y)的共同本征态 $[x,y]=0$,

$$x|\lambda\rangle=\sqrt{\frac{2}{M\Omega}}\lambda_1|\lambda\rangle,\quad y|\lambda\rangle=-\sqrt{\frac{2}{M\Omega}}\lambda_2|\lambda\rangle,\quad \Omega=\frac{eB}{M}, \tag{15.8}$$

用 IWOP 技术和

$$|00\rangle\langle 00|=:\exp\left(-\Pi_+\Pi_--K_+K_-\right):, \tag{15.9}$$

可以证明 $|\lambda\rangle$ 的完备性

$$\begin{aligned}\int\frac{\mathrm{d}^2\lambda}{\pi}|\lambda\rangle\langle\lambda| &= \int\frac{\mathrm{d}^2\lambda}{\pi}:\exp\Big[-|\lambda|^2+\lambda\left(K_- - \mathrm{i}\varPi_+\right)+\lambda^*(\mathrm{i}\varPi_- + K_+)\\ &\quad -\left(K_- - \mathrm{i}\varPi_+\right)\left(\mathrm{i}\varPi_- + K_+\right)\Big]:\\ &= 1,\end{aligned} \tag{15.10}$$

及正交性

$$\langle\lambda'|\lambda\rangle = \pi\delta\left(\lambda_1' - \lambda_1\right)\delta\left(\lambda_2' - \lambda_2\right). \tag{15.11}$$

均匀磁场诱导了轨道中心坐标和运动动量的量子纠缠.

15.2　均匀磁场中的电子角动量在纠缠态表象中的表示

由于正则动量

$$\begin{aligned}p_x &= \varPi_j - eA_j = \varPi_x + \frac{1}{2}eB\left(y_0 - \frac{\varPi_x}{M\varOmega}\right) = \frac{1}{2}\left(\varPi_x + M\varOmega y_0\right),\\ p_y &= \varPi_y - \frac{1}{2}eB\left(x_0 + \frac{\varPi_y}{M\varOmega}\right) = \frac{1}{2}\left(\varPi_y - M\varOmega x_0\right),\end{aligned} \tag{15.12}$$

在 $\langle\lambda|$ 表象中 p_x 和 p_y 的行为是

$$\langle\lambda|p_x = -\mathrm{i}\sqrt{\frac{M\varOmega}{2}}\frac{\partial}{\partial\lambda_1}\langle\lambda|,\quad \langle\lambda|p_y = \mathrm{i}\sqrt{\frac{M\varOmega}{2}}\frac{\partial}{\partial\lambda_2}\langle\lambda|, \tag{15.13}$$

电子角动量

$$\begin{aligned}L_z &= xp_y - yp_x = \frac{M\varOmega}{2}\left[-y\left(y_0 + \frac{\varPi_x}{M\varOmega}\right) - x\left(x_0 - \frac{\varPi_y}{M\varOmega}\right)\right]\\ &= \frac{M\varOmega}{2}\left[\frac{1}{(M\varOmega)^2}\left(\varPi_x^2 + \varPi_y^2\right) - \left(x_0^2 + y_0^2\right)\right] = \varPi_+\varPi_- - K_+K_-,\end{aligned} \tag{15.14}$$

在 $|\lambda\rangle$ 表象中 L_z 的实现是

$$
\begin{aligned}
L_z|\lambda\rangle &= -\mathrm{i}\left(|\lambda|\,\mathrm{e}^{-\mathrm{i}\varphi}\Pi_+ - \mathrm{i}\,|\lambda|\,\mathrm{e}^{\mathrm{i}\varphi}K_+\right)\\
&\quad\times\exp\left(-\frac{1}{2}|\lambda|^2 - \mathrm{i}\,|\lambda|\,\mathrm{e}^{-\mathrm{i}\varphi}\Pi_+ + |\lambda|\,\mathrm{e}^{\mathrm{i}\varphi}K_+ + \mathrm{i}\Pi_+K_+\right)|00\rangle\\
&= \mathrm{i}\frac{\partial}{\partial\varphi}|\lambda\rangle,\\
\langle\lambda|\,L_z &= -\mathrm{i}\frac{\partial}{\partial\varphi}\langle\lambda|,
\end{aligned}
\tag{15.15}
$$

这是值得注记的,因为在 $|\lambda\rangle$ 表象中, $L_z=\mathrm{i}\dfrac{\partial}{\partial\varphi}$, 很简洁, 使人马上想起角变量的正则对易关系 $\left[\mathrm{i}\dfrac{\partial}{\partial\varphi},\phi\right]=\mathrm{i}$.

定义 $\Pi_+\Pi_-$ 和 K_+K_- 的共同本征态 (福克态),

$$
|n,m\rangle = \frac{\Pi_+^m K_+^n}{\sqrt{n!m!}}|00\rangle, \tag{15.16}
$$

则有

$$
L_z|n,n-m_l\rangle = m_l|n,n-m_l\rangle. \tag{15.17}
$$

15.3 在纠缠态表象中电子运动哈密顿量的表示和朗道波函数

由电子运动哈密顿量式 (15.1) 知道 $[H,L_z]=0$,

$$
H|n,n-m_l\rangle = \left(n+\frac{1}{2}\right)\Omega|n,n-m_l\rangle, \tag{15.18}
$$

所以朗道能态是 $|n,n-m_l\rangle$. 把 H 明确写成

$$
H=\frac{p_x^2+p_y^2}{2}+\frac{\Omega}{2}L_z+\frac{M\Omega^2}{8}\left(x^2+y^2\right), \tag{15.19}
$$

用式 (15.13), 式 (15.15) 和式 (15.8) 我们得到在纠缠态表象中哈密顿量的表示

$$\langle\lambda| H |n, n-m_l\rangle = \left[-\frac{\Omega}{4}\left(\frac{\partial^2}{\partial|\lambda|^2}+\frac{1}{|\lambda|}\frac{\partial}{\partial|\lambda|}+\frac{1}{|\lambda|^2}\frac{\partial^2}{\partial\varphi^2}\right)+\mathrm{i}\frac{\Omega}{2}\frac{\partial}{\partial\varphi}\right.$$
$$\left.+\frac{\Omega}{4}|\lambda|^2\right]\langle\lambda| n, n-m_l\rangle$$
$$=\left(n+\frac{1}{2}\right)\Omega\langle\lambda| n, n-m_l\rangle. \tag{15.20}$$

这里 $\Psi_{nm_l}(\lambda)=\langle\lambda| n, m-m_l\rangle$ 就是纠缠态表象中的朗道波函数, 其具体形式推导如下.

先用双变数厄米多项式

$$\mathrm{H}_{m,n}(\lambda,\lambda^*)=\sum_{l=0}^{\min(m,n)}\frac{(-1)^l m!n!}{l!(m-l)!(n-l)!}\lambda^{m-l}\lambda^{*n-l}=\mathrm{H}^*_{n,m}(\lambda,\lambda^*), \tag{15.21}$$

的母函数公式

$$\sum_{m,n=0}^{+\infty}\frac{s^m s'^n}{m!n!}\mathrm{H}_{m,n}(\lambda,\lambda^*)=\mathrm{e}^{-ss'+s\lambda+s'\lambda^*}. \tag{15.22}$$

就可以把 $|\lambda\rangle$ 展开为

$$|\lambda\rangle=\mathrm{e}^{-\frac{|\lambda|^2}{2}}\sum_{m,n=0}^{+\infty}\frac{(-\mathrm{i})^n}{\sqrt{m!n!}}\mathrm{H}_{n,m}(\lambda,\lambda^*)|n,m\rangle. \tag{15.23}$$

所以

$$\langle\lambda| n, m-m_l\rangle=(\mathrm{i})^n\,\mathrm{e}^{-|\lambda|^2/2}\frac{\mathrm{H}_{n-m_l,n}(\lambda,\lambda^*)}{\sqrt{(n-m_l)!n!}}. \tag{15.24}$$

又可进一步写为

$$\langle\lambda| n, n-m_l\rangle=\mathrm{i}^n\sqrt{(n-m_l)!n!}\mathrm{e}^{-|\lambda|^2/2}\sum_{k=0}^{\min(n-m_l,n)}$$
$$\times\frac{(-1)^k}{k!(n-m_l-k)!(n-k)!}\lambda^{n-m_l-k}\lambda^{*n-k}$$
$$=N_{nm_l}|\lambda|^{|m_l|}\mathrm{e}^{-|\lambda|^2/2}\sum_{k=0}^{n-(|m_l|+m_l)/2}$$

$$
\begin{aligned}
&\times \frac{[n+(|m_l|-m_l)/2]!}{k!\,[n+(|m_l|-m_l)/2-k]!\,[n-(|m_l|+m_l)/2-k]!} \\
&\times \left(-|\lambda|^2\right)^{n-(|m_l|+m_l)/2-k} \mathrm{e}^{-\mathrm{i}m_l\varphi} \\
&= N_{nm_l} |\lambda|^{|m_l|} \mathrm{e}^{-|\lambda|^2/2} \sum_{j=0}^{n-(|m_l|+m_l)/2} \\
&\times \binom{n+\frac{(|m_l|-m_l)}{2}}{n-\frac{(|m_l|+m_l)}{2}-j} \frac{\left(-|\lambda|^2\right)^j}{j!} \mathrm{e}^{-\mathrm{i}m_l\varphi}.
\end{aligned} \tag{15.25}
$$

把它与伴随拉盖尔多项式 $\mathrm{L}_n^{\alpha}(x)$

$$
\mathrm{L}_n^{\alpha}(x) = \sum_{k=0}^{n} \binom{n+\alpha}{n-k} \frac{1}{k!} (-x)^k, \tag{15.26}
$$

比较得到

$$
\langle\lambda|\, n, n-m_l\rangle = C_{nm_l} |\lambda|^{|m_l|} \mathrm{e}^{-|\lambda|^2/2} \mathrm{L}^{|m_l|}_{n-(|m_l|+m_l)/2} \left(|\lambda|^2\right) \mathrm{e}^{-\mathrm{i}m_l\varphi}, \tag{15.27}
$$

其中归一化系数是

$$
C_{nm_l} = (-1)^{(|m_l|+m_l)/2} (-\mathrm{i})^n \sqrt{\frac{\left(n-\frac{|m_l|+m_l}{2}\right)!}{\left(n+\frac{|m_l|-m_l}{2}\right)!}}. \tag{15.28}
$$

由于用了合适的表象, 本节中我们并没有解微分方程也得到了朗道波函数.

15.4 电子运动的轨道半径 – 相描述

根据式 (15.2) $\sim$ 式 (15.5) 可重写电子坐标为

$$
x = \frac{1}{\sqrt{2\mu\Omega}} \left(K_+ + K_- + \mathrm{i}\Pi_- - \mathrm{i}\Pi_+\right), \tag{15.29}
$$

$$
y = \frac{1}{\sqrt{2\mu\Omega}} \left(\mathrm{i}K_+ - \mathrm{i}K_- - \Pi_- - \Pi_+\right). \tag{15.30}
$$

即

$$x + \mathrm{i}y = \sqrt{\frac{2}{\mu\Omega}}(K_- - \mathrm{i}\Pi_+), \quad x - \mathrm{i}y = \sqrt{\frac{2}{\mu\Omega}}(K_+ + \mathrm{i}\Pi_-), \tag{15.31}$$

于是

$$x^2 + y^2 = \frac{2}{\mu\Omega}(K_- - \mathrm{i}\Pi_+)(K_+ + \mathrm{i}\Pi_-). \tag{15.32}$$

于是可以定义描述电子运动的相算符

$$\frac{x - \mathrm{i}y}{\sqrt{x^2 + y^2}} = \sqrt{\frac{K_+ + \mathrm{i}\Pi_-}{K_- - \mathrm{i}\Pi_+}} \equiv \mathrm{e}^{\mathrm{i}\phi}. \tag{15.33}$$

这表明电子轨道也可用半径算符和相算符描述. 而 $|\lambda\rangle$ 表象的引入为之提供了方便. $\mathrm{e}^{\mathrm{i}\phi}$ 是幺正的, 允许 $K_+ + \mathrm{i}\Pi_-$ 与 $K_- - \mathrm{i}\Pi_+$ 同居在同一个根号下是因为

$$[K_+ + \mathrm{i}\Pi_-, K_- - \mathrm{i}\Pi_+] = 0, \tag{15.34}$$

注意到

$$(K_- - \mathrm{i}\Pi_+)|\lambda\rangle = \lambda^*|\lambda\rangle, \quad (K_+ + \mathrm{i}\Pi_-)|\lambda\rangle = \lambda|\lambda\rangle. \tag{15.35}$$

就有

$$\mathrm{e}^{\mathrm{i}\phi}|\lambda\rangle = \left(\frac{\lambda}{\lambda^*}\right)^{\frac{1}{2}}|\lambda\rangle = \mathrm{e}^{\mathrm{i}\varphi}|\lambda\rangle \quad (\varphi = \arg\lambda). \tag{15.36}$$

于是

$$\sqrt{\frac{K_+ + \mathrm{i}\Pi_-}{K_- - \mathrm{i}\Pi_+}} = \int \frac{\mathrm{d}^2\lambda}{\pi}\mathrm{e}^{\mathrm{i}\varphi}|\lambda\rangle\langle\lambda|. \tag{15.37}$$

$\mathrm{e}^{\mathrm{i}\phi}$ 是幺正的, $\mathrm{e}^{\mathrm{i}\varphi}$ 是其在 $|\lambda\rangle$ 基上的本征值.

相算符与角动量算符的对易关系是

$$\left[L_z, \sqrt{\frac{K_+ + \mathrm{i}\Pi_-}{K_- - \mathrm{i}\Pi_+}}\right] = -\sqrt{\frac{K_+ + \mathrm{i}\Pi_-}{K_- - \mathrm{i}\Pi_+}}. \tag{15.38}$$

记

$$\cos\varphi = \frac{x}{\sqrt{x^2 + y^2}}, \quad \sin\varphi = -\frac{y}{\sqrt{x^2 + y^2}}, \tag{15.39}$$

就有

$$[L_z, \cos\varphi] = -\mathrm{i}\sin\varphi, \quad [L_z, \sin\varphi] = \mathrm{i}\cos\varphi, \tag{15.40}$$

15.5 电子轨迹的分析和轨道中心的不确定以及简并数

用 $\langle\lambda|$ 表象, 式 (15.8), 式 (15.27) 以及式 (15.28) 我们计算电子运动轨道半径的量子化值,

$$\begin{aligned}\left\langle\rho^{2}\right\rangle_{n,n-m_l} &= \langle n,n-m_l|\left(x^2+y^2\right)|n,n-m_l\rangle \\ &= \langle n,n-m_l|\int\frac{\mathrm{d}^2\lambda}{\pi}\left(x^2+y^2\right)|\lambda\rangle\langle\lambda|\,n,n-m_l\rangle \\ &= 2R_{\mathrm{c}}^2\int\frac{\mathrm{d}^2\lambda}{\pi}\left|C_{nm_l}\right|^2|\lambda|^{2(|m_l|+1)}\,\mathrm{e}^{-|\lambda|^2}\left[\mathrm{L}_{n-(|m_l|+m_l)/2}^{|m_l|}\left(|\lambda|^2\right)\right]^2 \\ &= 2R_{\mathrm{c}}^2\left(2n-m_l+1\right),\end{aligned} \tag{15.41}$$

这里 $R_{\mathrm{c}}=\dfrac{1}{\sqrt{eB}}$, 其中用了数学公式

$$\int_0^{+\infty}x^{\alpha+1}\mathrm{e}^{-x}\left[\mathrm{L}_n^{\alpha}(x)\right]^2dx=\left(2n-m_l+1\right)\frac{\left(n+\frac{|m_l|-m_l}{2}\right)!}{\left(n-\frac{|m_l|+m_l}{2}\right)!}. \tag{15.42}$$

为了分析电子运动轨迹, 令 D 是电子轨道中心坐标到 z 轴的距离算符,

$$D^2=x_0^2+y_0^2=R_{\mathrm{c}}^2\left(2K_+K_-+1\right), \tag{15.43}$$

计算其在朗道态的期望值

$$\left\langle D^2\right\rangle_{n,n-m_l}=\langle n,n-m_l|\,D^2\,|n,n-m_l\rangle=2R_{\mathrm{c}}^2\left(n-m_l+\frac{1}{2}\right), \tag{15.44}$$

表明对于确定的能量值 n, 此距离依赖于角动量量子数 m_l. 由于 $[x_0,y_0]\neq 0$, 电子运动的轨道中心是不确定的, 我们可以算出

$$\left(\Delta x_0\right)^2=\left(\Delta y_0\right)^2=R_{\mathrm{c}}^2\left(n-m_l+\frac{1}{2}\right). \tag{15.45}$$

说明对于给定的 n, 当 m_l 越大, 轨道中心的不确定性越小.

虽然 x_0,y_0 不能被同时精确地测定, 但是 x_0,y_0 与哈密顿对易, 这引起了朗道

能级的简并. 从式 (15.45) 我们看到对于同一个 n, 而不同的 m_l, 两个相邻的 $\langle D^2\rangle$ 之差是

$$\Delta S=\pi\left(\left\langle D^2\right\rangle_{n,n-m_l}-\left\langle D^2\right\rangle_{n,n-(m_l-1)}\right)=2\pi R_{\mathrm{c}}^2=2\pi\frac{\hbar c}{eB},\tag{15.46}$$

因此在半径为 R 的圆盘内, 朗道态的简并度是

$$g=\frac{\pi R^2}{\Delta S}=\frac{\pi R^2 B}{\phi_0}.\tag{15.47}$$

这里 ϕ_0 是单位磁通量, $\pi R^2 B$ 是穿过圆盘的磁通量.

15.6　磁场强度改变和附加谐振子势引起的量子压缩

电子运动依赖于磁场强度 B, 这一点也可从 x 和 y 的本征态方程式 (15.8) 看出, 本征值与 B 有关. 磁场强度 B 的变化可以与 $|\lambda\rangle$ 的压缩变化相联系. 为此用 $\langle\lambda|$ 表象构造算符

$$S_B=\frac{1}{\mu}\int\frac{\mathrm{d}^2\lambda}{\pi}\left|\frac{\lambda}{\mu}\right\rangle\langle\lambda|\quad(\mu=\mathrm{e}^f),\tag{15.48}$$

用 IWOP 技术得

$$\begin{aligned}S_B=&\frac{1}{\mu}\int_{-\infty}^{+\infty}\frac{\mathrm{d}^2\lambda}{\pi}:\exp\Big(-|\lambda|^2-\mathrm{i}\lambda\Pi_+ +\lambda^*K_+ +\mathrm{i}\lambda^*\Pi_- +\lambda K_-\\&-\mathrm{i}\Pi_-K_- +\mathrm{i}\Pi_+K_+ -K_+K_- -\Pi_+\Pi_-\Big):\\=&\operatorname{sech}f\exp\left(\mathrm{i}\Pi_+K_+\tanh f\right)\exp[(K_+K_- +\Pi_+K_+)\ln\operatorname{sech}f]\\&\times\exp\left(\mathrm{i}\Pi_-K_-\tanh f\right)\\=&\exp\left[\mathrm{i}f\left(\Pi_+K_+ +\Pi_-K_-\right)\right].\end{aligned}\tag{15.49}$$

其形式类似于量子光学的双模压缩算符. S_B 把 $|\lambda\rangle$ 压缩为

$$S_B|\lambda\rangle = \frac{1}{\mu}\left|\frac{\lambda}{\mu}\right\rangle \quad (\mu = \mathrm{e}^f), \tag{15.50}$$

用式 (15.49) 可知在 S_B 变换下

$$S_B K_- S_B^{-1} = K_- \cosh f - \mathrm{i}\Pi_+ \sinh f,$$

$$S_B \Pi_- S_B^{-1} = \Pi_- \cosh f - \mathrm{i}K_+ \sinh f, \tag{15.51}$$

$$S_B x_0 S_B^{-1} = x_0 \cosh f + \frac{\Pi_y \sinh f}{M\Omega} \equiv x_0', \tag{15.52}$$

$$S_B y_0 S_B^{-1} = y_0 \cosh^2 f - \frac{\Pi_x \sinh f}{M\Omega} = y_0' \tag{15.53}$$

故有

$$S_B x S_B^{-1} = \mu x, \quad S_B y S_B^{-1} = \mu y, \quad \mu = \mathrm{e}^f, \tag{15.54}$$

结合式 (15.8) 中所示 $x|\lambda\rangle = \sqrt{\frac{2}{M\Omega}}\lambda_1|\lambda\rangle$, $y|\lambda\rangle = -\sqrt{\frac{2}{M\Omega}}\lambda_2|\lambda\rangle$, $\Omega = \frac{eB}{M}$ 和式 (15.54) 我们看到当磁场强度 $\sqrt{B} \to \mu\sqrt{B}$, 电子运动半径压缩为 r/μ.

以下我们指出此类压缩效应也可以由附加的谐振子势引起, 设一个量子点其结构类似于一个 x-y 平面上的两维同性谐振子阱, 磁场 $\boldsymbol{B} = B\boldsymbol{z}$ 在垂直于平面方向. 描述均匀磁场中电子受制于一个量子点的哈密顿量是

$$\begin{aligned} H_0 &= \frac{1}{2M}(\boldsymbol{P} + e\boldsymbol{A})^2 + \frac{M}{2}\omega^2(x^2 + y^2) \\ &\equiv \frac{1}{2M}\left(p_x^2 + p_y^2\right) + \frac{\Omega}{2}L_z + \frac{M}{2}\left(\omega^2 + \frac{1}{4}\Omega^2\right)(x^2 + y^2), \end{aligned} \tag{15.55}$$

可以把 H_0 写为

$$H_0 = A\left(\Pi_+\Pi_- + \frac{1}{2}\right) + DK_+K_- - \mathrm{i}D(\Pi_+K_+ - K_-\Pi_-) + \frac{D}{2}. \tag{15.56}$$

其中

$$A = \Omega + D, \quad D = \frac{\omega^2}{\Omega}. \tag{15.57}$$

H_0 可以用压缩算符对角化, 压缩参数是

$$\tanh f = -\frac{2D}{A+D}, \quad f = \frac{1}{4}\ln\frac{\Omega^2}{\Omega^2+4\omega^2}, \quad \mu = \mathrm{e}^f = \left(\frac{\Omega^2}{\Omega^2+4\omega^2}\right)^{1/4}, \tag{15.58}$$

结果是

$$S_B H S_B^{-1} = \frac{1}{2}\left[\left(\Omega+\Omega'\right)\Pi_+\Pi_- + \left(\Omega'-\Omega\right)K_+K_- + \Omega'\right] \equiv H', \tag{15.59}$$

代表两个独立的谐振子, 频率分别是 $(\Omega'-\Omega)$ 和 $1/[2(\Omega'+\Omega)]$,

$$\Omega' = \sqrt{\Omega^2+4\omega^2}. \tag{15.60}$$

Ω' 是一个新的同步频率, $\mu = \sqrt{\Omega/\Omega'}$.

15.7　电子运动的轨道半径—角动量纠缠态表象, 角动量的上升、下降

本节我们指出从 $\langle\lambda|$ 表象可以生成描述电子在均匀磁场中角动量 L_z 的本征值上升和下降的新表象, 它是 L_z 和 $(K_- - \mathrm{i}\Pi_+)(K_+ + \mathrm{i}\Pi_-)$ 的共同本征态, 记为 $|l,r\rangle$,

$$(K_- - \mathrm{i}\Pi_+)(K_+ + \mathrm{i}\Pi_-)|l,r\rangle = r^2|l,r\rangle, \tag{15.61}$$

$$L_z|l,r\rangle = l|l,r\rangle, \tag{15.62}$$

因为

$$[(K_- - \mathrm{i}\Pi_+)(K_+ + \mathrm{i}\Pi_-),\ L_z] = 0. \tag{15.63}$$

现在我们来导出它.

在 $\langle\lambda|$ 表象中, 有

$$\langle\lambda| L_z |l,r\rangle = l\langle\lambda|l,r\rangle = -\mathrm{i}\frac{\partial}{\partial\varphi}\langle\lambda|l,r\rangle, \tag{15.64}$$

另一方面, 又有

$$\langle\lambda|(K_- - \mathrm{i}\Pi_+)(K_+ + \mathrm{i}\Pi_-)|l,r\rangle = |\lambda|^2\langle\lambda|l,r\rangle = r^2\langle\lambda|l,r\rangle, \tag{15.65}$$

所以 $|l,r\rangle$ 在 $\langle\lambda|$ 表象中的波函数是

$$\langle\lambda|l,r\rangle = \delta\left(|\lambda|^2 - r^2\right)\mathrm{e}^{-\mathrm{i}l\varphi}, \tag{15.66}$$

用 $\langle\lambda|$ 表象的完备性, 当

$$|l,r\rangle = \int\frac{\mathrm{d}^2\lambda}{\pi}|\lambda\rangle\langle\lambda|l,r\rangle = \frac{1}{2\pi}\int_0^{2\pi}\mathrm{d}\varphi\left|\lambda = r\mathrm{e}^{-\mathrm{i}\varphi}\right\rangle\mathrm{e}^{-\mathrm{i}l\varphi}, \tag{15.67}$$

对 $\mathrm{d}\varphi$ 积分后

$$|l,r\rangle = \exp\left(-\frac{1}{2}r^2 + \mathrm{i}\Pi_+K_+\right)\sum_n(-1)^n\frac{r^{n+l/2}}{\sqrt{(n+l)!n!}}|n+l,n\rangle, \tag{15.68}$$

这里 $|n+l,n\rangle$ 是福克态. 用 $|\lambda\rangle$ 的正交完备性可证

$$\langle l,r|l',r'\rangle = \frac{1}{2r}\delta(r-r')\delta_{ll'}, \tag{15.69}$$

$$\sum_{l'=-\infty}^{+\infty}\int_0^{+\infty}\mathrm{d}r^2|l,r\rangle\langle l,r| = 1. \tag{15.70}$$

由式 (15.67) 得到角动量 L_z 的本征值上升和下降

$$(K_- - \mathrm{i}\Pi_+)|l,r\rangle = \frac{1}{2\pi}\int_0^{2\pi}\mathrm{d}\varphi\left|\lambda = r\mathrm{e}^{-\mathrm{i}\varphi}\right\rangle\mathrm{e}^{-\mathrm{i}(l+1)\varphi} = r|l+1,r\rangle, \tag{15.71}$$

$$(K_+ + \mathrm{i}\Pi_-)|l,r\rangle = \frac{1}{2\pi}\int_0^{2\pi}\mathrm{d}\varphi\left|\lambda = r\mathrm{e}^{-\mathrm{i}\varphi}\right\rangle\mathrm{e}^{-\mathrm{i}(l-1)\varphi} = r|l-1,r\rangle. \tag{15.72}$$

本章我们建立了描述电子在均匀磁场中量子性质的纠缠态表象, 它简洁而用途广泛.

结　语

我们已向读者介绍了有序算符内积分理论如何起到深化与发展符号法的作用, 看到它如何使牛顿–莱布尼茨理论直接用于狄拉克 ket-bra 符号的积分；看到引入纠缠态表象如何以优美的方式丰富了数学物理, 从而体会到补充这些知识的必要性. 可以说, 不懂有序算符内积分理论就没有真正懂得量子力学的基本框架和它的结构、逻辑、韵律, 当然更谈不上欣赏它的简单性和科学美.

清代学者梅曾亮说：“文在天地, 如云物烟景焉；一俯仰之间而遁乎万里之外. 故善为文者, 无失其机.” 作者脑海里流动着的思潮变为固定的文字与符号载于此书, 读者有望得以启迪, 培养从学到研的创新思维, 实现从增添知识到探新知识的历程, 早出成果.

狄拉克在 31 岁那年获得诺贝尔奖, 这位在理论物理学中有奇想的和有特殊贡献的人物, 偶尔也会有令人沮丧的黑色“幽默”, 他曾写过这样一首诗：

岁月是无情的鞭策, 物理学家为此担忧；

年过三十而无成就, 人世已然无足恋留！

在默顿著的《科学社会学》一书中也记载了狄拉克这样一段话：“…… 年龄犹如伤寒, 每一个物理学家必然为之恐惧, 一旦过了三十, 他虽生不如去死. ”

此话当然不足为训, 因为创造高峰滞后或大器晚成的物理学家也不乏其人. 但是每一个有志于对科学做贡献的年轻大学生都应该有学习的紧迫感, 在 30 岁前勤奋学习与钻研. 本书作者自恨在“文革”期间耽误了人生中最宝贵的 7 年青春 (1966~1974), 以至于未能在 30 岁前对物理学的某个部分有独到的理解或贡

献. 尽管我于 1966 年在自学狄拉克的《量子力学原理》一书中的坐标表象完备性 $\int_{-\infty}^{+\infty} \mathrm{d}q \,|q\rangle \langle q| = 1$ 时就产生了要对 $\int_{-\infty}^{+\infty} |\mathrm{q}/\mu\rangle \langle q| \,\mathrm{d}q/\sqrt{\mu}$ 积分的想法, 但由于 "文革" 的影响, 到 1978 年才能静下心来研究此问题, 到 80 年代初 (35 岁左右)才发明处理此类积分的 IWOP 技术, 认定它有广泛的应用前景并能自成一个研究方向. 回想在开始研究阶段, 我对于这个"冷门"课题是懵懵懂懂的, 天晓得能否取得突破与进展, 这样的选题值得吗? 有意义吗? 倘有意义, 天才如狄拉克他自己为何没有提到它, 又为什么多少代的量子力学研究者中无人问津此事? 我能在这方面有所作为吗? 彷徨忐忑之心使我曾在这扇科学门的入口处徘徊了好久, 正所谓处在科学探索中" 自疑不信人, 自信不疑人"的阶段. 后来机遇垂青了我, 终于在某一天, 我找到了解决问题的方法, 当我第一次把积分 $\int_{-\infty}^{+\infty} |q/\mu\rangle \langle q| \,\mathrm{d}q/\sqrt{\mu}$ 用 IWOP 技术完成并得到了其优美的正规乘积形式时, 我对于这种标新立异又无斧凿痕的计算结果简直不敢相信是真的, 古人说: "使人信己者易, 而蒙衣自信者难" , 在经历了很多次做类似的 ket-bra 积分并用其他方法验证后, 我才有了像欣赏杜甫的诗那样感到内心滋润的愉悦. 另一方面, 也为狄拉克符号法的简单性和蕴含的潜力感到惊奇. 我国功勋卓著的物理学家彭桓武先生、于敏先生、何祚庥先生、冼鼎昌先生、杨国桢先生和张宗烨先生曾让我专程去北京介绍如何发展量子力学符号法的理论, 如今 IWOP 方法是量子力学的"果园"里的一棵"常青树", 已被国际量子理论物理学界普遍接受.

让我们把上面所引的狄拉克这段话理解为大学生要珍惜年轻时的创造高峰期, 要耐得住寂寞, 积累学识和经验, 勤奋工作. 诗曰:

李白感叹: "自古圣贤皆寂寞" ,
普朗克花十五年质难自己成果,
——小园香径独徘徊.
我非圣贤,
幸在孤独中开拓了,
量子论一片果硕.
爱翁的广义相对论有几人能读,

寂寞开无主的梅花,

不愿到“非诚勿扰”去消磨.

人说科学家要耐得住寂寞,

桐叶秋风,

残云隐迹,

月黑夜坐,

去悟那流星的陨落,

体验愉悦的思考求索.